普通高等教育材料成形及控制工程专业改革教材

数字化成形与先进制造技术

主　编　黄明吉
副主编　陈　平　乔小溪
参　编　张宗信　宫飞红

机 械 工 业 出 版 社

数字化成形与先进制造技术是一种以数字模型文件为基础，运用数控技术、通信技术、计算机技术、软件技术，通过逆向工程、增材制造、无模成形等方式来制造产品的技术。数字化成形与先进制造技术让产品的制造更加快捷和高效，用户可以将所想的概念融入产品中，同时各种大胆的设计也可以通过数字化成形与先进制造技术实现。本书共 12 章，内容包括模型的数据获取与处理技术、各种快速成形技术、无模成形技术及快速模具制造技术等。

本书适用于所有对数字化成形与先进制造技术感兴趣的人群，如学生、技术人员、技术销售、管理人员、创客、玩家和 3D 打印爱好者等。我们相信通过对这本技术普及型教材的深入学习，不同职业和不同阶层的人群都能从中受益。

图书在版编目（CIP）数据

数字化成形与先进制造技术/黄明吉主编. —北京：机械工业出版社，2020. 8

普通高等教育材料成形及控制工程专业改革教材

ISBN 978-7-111-66411-6

Ⅰ. ①数… Ⅱ. ①黄… Ⅲ. ①立体印刷-印刷术-高等学校-教材②机械制造工艺-高等学校-教材 Ⅳ. ①TS853②TH16

中国版本图书馆 CIP 数据核字（2020）第 160848 号

机械工业出版社（北京市百万庄大街 22 号 邮政编码 100037）
策划编辑：马军平 责任编辑：马军平
责任校对：朱继文 封面设计：张 静
责任印制：常天培
北京盛通商印快线网络科技有限公司印刷
2020 年 8 月第 1 版第 1 次印刷
184mm×260mm · 18. 25 印张 · 452 千字
标准书号：ISBN 978-7-111-66411-6
定价：59. 00 元

电话服务
客服电话：010-88361066
010-88379833
010-68326294

网络服务
机 工 官 网：www. cmpbook. com
机 工 官 博：weibo. com/cmp1952
金 书 网：www. golden-book. com
机工教育服务网：www. cmpedu. com

逆向工程技术可以自动、直接、快速、精确地将设计思想转变为具有一定功能的原型或直接制造零件，从而为零件原型制作、新设计思想的校验等提供一种高效、低成本的实现手段，现已逐步应用于航天、军工、医疗等多个领域。增材制造是从 20 世纪 70 年代末、80 年代初，由快速成形（也称为快速原型制造）（Rapid Prototyping，RP ）和快速制造（Rapid Mamifacturing，RM）技术发展起来的。随着计算机技术的发展，计算机辅助设计技术在产品开发中扮演着越来越重要的角色，产品开发的周期越来越短，人们对快速制造技术的需求越来越迫切，与传统的去除材料的制造技术相比，RP、RM 技术通过层层堆积，快速获得设计的产品原型，大大提高了产品成形的速度。据不完全统计，目前使用增材制造技术的 3D 打印方法有 30 多种，每一种方法都有其独特的特点：从打印材料看，有的使用液态材料，有的使用粉末材料，还有的使用固态材料；从打印方式看，有的使用喷嘴，有的使用激光，有的使用投影等。但还没有一种通用的 3D 打印方式能够满足所有 3D 打印的需要。本书专门介绍了与 3D 打印技术相关的数据处理、软硬件系统等方面的内容，适应产业界对人才培养的最新需求，有助于加深学生对先进设计和制造技术的了解和掌握，同时本书也重点选择了几种主要的 3D 打印方法和各种数字化快速成形技术进行介绍，读者通过学习这些方法，可以触类旁通地深入学习其他 3D 打印技术。

本书第 1 章对逆向工程技术的流程进行了概述，对数字化测量技术（包括接触式、三坐标测量、光学非接触扫描测量及同时具有两种测量方式的关节臂测量）进行了介绍。第 2 章对数字化成形的数据处理进行了概述，对模型数据的处理、模型处理、路径规划进行了介绍。第 3 章到第 8 章针对目前市场上主要的 3D 打印方法，系统全面地对 3D 打印技术进行了深入浅出的介绍。第 9 章到第 12 章对几种数字化快速成形技术，尤其是激光熔覆、无模铸造、快速模具制造进行了介绍。最后给出了 FDM 技术、SLM 快速成形制造、激光熔覆及扫描数据处理等实验应用案例。

本书由北京科技大学先进制造技术教学团队编写，黄明吉任主编，陈平、乔小溪任副主编，由黄明吉统稿。具体分工如下：黄明吉编写第 1~2 章；陈平编写第 3~9 章；乔小溪编写第 10~12 章；张宗信、宫飞红编写附录。

本书将专业理论技术与实际应用紧密结合，强调基础性和实践性，以解决相关系统应用的具体问题。在本书中，对关键部分都有对应的综合实例，以实例的方式提高学生正确使用逆向技术的能力，使其深入了解相关快速成形制造技术原理，培养学生的动手能力及实践创新能力，对于培养掌握先进数字化技术的未来工程师有着重要的意义。

本书涵盖了从模型数据的获取与处理到各种数字化成形技术全过程的理论及实践，涉及计算机控制、软件设计、精密机械及材料学等多个学科，介绍了数字化成形与先进制造这一前沿交叉领域。尽管内容较为丰富，但仍有许多新问题、新现象亟待解决。书中难免出现疏漏和错误，欢迎广大读者批评指正。

作者联系方式：

Email：huangmingji@ustb.edu.cn

作　者

目录

逆向工程技术

1.1 逆向工程技术简介

1.1.1 逆向工程的定义

逆向工程（Reverse Engineering, RE），也称为反求工程、反向工程，其思想最初来自从油泥模型到产品实物的设计过程。作为产品设计制造的一种手段，自20世纪90年代初，逆向工程技术开始引起各国工业界和学术界的高度重视。从此，有关逆向工程技术的研究和应用受到政府、企业和研究者的关注，特别是随着现代计算机技术及测试技术的发展，逆向工程技术已成为CAD/CAM领域的一个研究热点。

传统的产品设计通常是从概念设计到图样，再制造出产品。产品的逆向设计与此相反，它是根据零件（或原型）生成图样，再制造出产品。逆向工程技术是一种以实物样件、软件或影像作为研究对象，应用现代设计方法学、生产工程学、材料学和有关专业知识进行系统分析和研究，探索掌握其中的关键技术，进而开发出更为先进产品的技术。广义的逆向工程包括几何形状逆向、工艺逆向和材料逆向等方面，是一个复杂的系统工程。

目前，逆向工程技术的研究和应用大多集中在几何形状方面，即产品实物CAD模型的重建和最终产品的制造，又称为“实物逆向工程”。这是因为一方面，作为研究对象，产品实物是面向消费市场最广、最多的一类设计成果，也是最容易获得的研究对象；另一方面，在产品开发和制造过程中，虽已广泛使用了计算机几何造型技术，但是由于种种原因，仍有许多产品最初并不是由计算机辅助设计（Computer Aided Design, CAD）模型描述的，设计和制造者面对的是实物、样件。为了适应先进制造技术的发展，需要通过一定途径将实物样件转化为CAD模型，以期利用计算机辅助制造（Computer Aided Manufacturing, CAM）、快速成形制造和快速模具（Rapid Prototype Manufacturing/Rapid Tooling, RPM/RT）、产品数据管理（Product Data Management, PDM）及计算机集成制造系统（Computer Integrated Mamifacturing System, CIMS）等先进技术对其进行处理或管理。同时，随着现代测试技术的发展，快速、精确地获取实物的几何信息已能够实现。目前，这种从实物样件获取产品数据模型并制造得到新产品的相关技术，已成为CAD/CAM系统中的一个研究及应用热点，并发展成为一个相对独立的领域。在这一意义下，逆向工程可定义为：逆向工程是将实物转变为CAD模型的相关的数字化技术、几何模型重建技术和产品制造技术的总称。图1.1所示为逆向工程概念图。

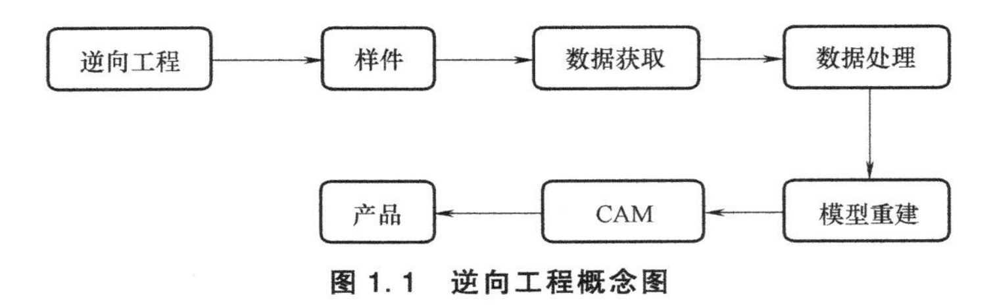

图 1.1　逆向工程概念图

1.1.2　逆向工程的应用

在制造业领域，逆向工程有着广泛的应用背景，已成为产品开发中不可缺少的一环，其应用范围包括：

1）在对产品外形的美学有特别要求的领域，为方便评价其美学效果，设计师广泛利用油泥、黏土或木头等材料进行快速、大量的模型制作，将所要表达的意向以实体方式表现出来，而不是采用在计算机屏幕上显示缩小比例的物体投影图的方法。此时，如何根据造型师 制作出来的模型快速建立 CAD 模型，就需要引入逆向工程技术。

2）当设计需要通过试验测试才能定型的工件模型时，通常采用逆向工程的方法，如在航空航天、汽车等领域，为了满足产品对空气动力学的要求，首先要求在实体模型、缩小模型的基础上经过各种性能测试（如风洞试验等）建立符合要求的产品模型。此类产品通常是由复杂的自由曲面拼接而成的，最终确认的试验模型需借助逆向工程转换为产品的 CAD 模型及模具。

3）在没有设计图样或者设计图样不完整，以及没有 CAD 模型的情况下，通过对零件原型进行测量，形成零件的设计图样或 CAD 模型，并以此为依据生成数控加工的 NC 代码或快速成形加工所需的数据，复制一个相同的零件。

4）在模具行业，经常需要反复修改原始设计的模具型面，以得到符合要求的模具。但是这些几何外形的改变却未曾反映在原始的 CAD 模型上。借助逆向工程的功能和在设计、制造中所扮演的角色，设计者现在可以建立或修改在制造过程中变更过的设计模型。

5）很多物品很难用基本几何形状来表现与定义，如流线型产品、艺术浮雕及不规则线条等，利用通用的 CAD 软件，以正向设计的方式来重建这些物体的 CAD 模型，在功能、速度及精度方面都将异常困难。在这种场合下，需要引入逆向工程，以加速产品设计，降低开发的难度。

6）在新产品开发、创新设计上，逆向工程同样具有相当高的应用价值。为了研究的需要，许多知名企业也会运用逆向工程协助产品研究开发。如韩国现代汽车在发展汽车工业制造技术时，曾参考日本本田汽车设计，将它的各个部件经由逆向工程还原成产品，进行包括安全测试在内的各类测试研究，协助现代汽车的设计师了解日系车辆的设计意图。这是基于逆向工程进行新产品开发的典型案例。基于逆向工程的新产品开发设计过程具有如下的优点：可以直接在已有的国内外先进产品的基础上，进行结构性能分析、设计模型重构、再设计优化与制造，吸收并改进国内外先进的产品和技术，极大地缩短产品开发周期，迅速地占领市场。

7）逆向工程也广泛应用于破损文物、艺术品的修复等。此时不需要复制整个物品，只需借助逆向工程技术抽取原来零件的设计思想，用于指导修复工作。

8）特种服装、头盔的制造要以使用者的身体为原始设计依据，此时需要利用逆向工程技术建立人体的几何模型。

9）在快速成形制造中通过逆向工程，可以方便地对快速成形制造的原型产品进行快速、准确的测量。图 1.2 所示为逆向工程应用于汽车的案例。

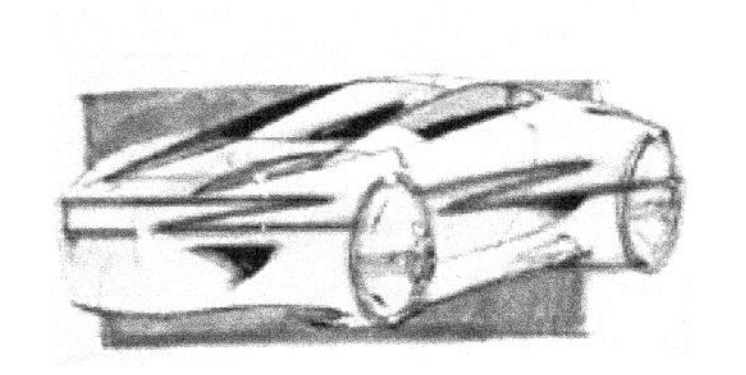

设计师的概念草图

测量保时捷底盘

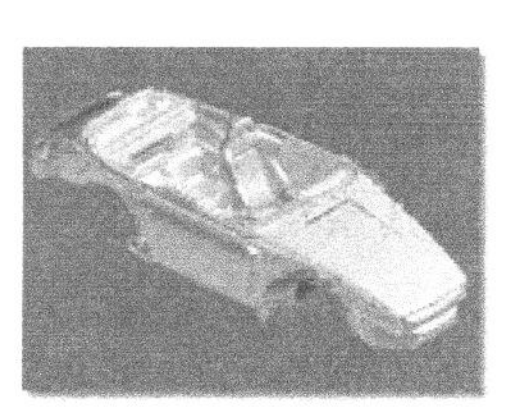

1:4缩小制作实物

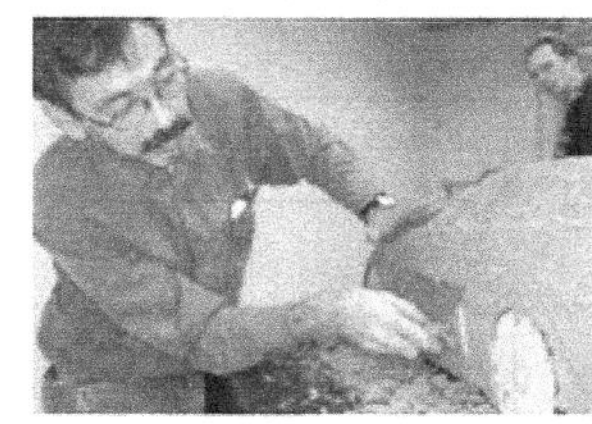

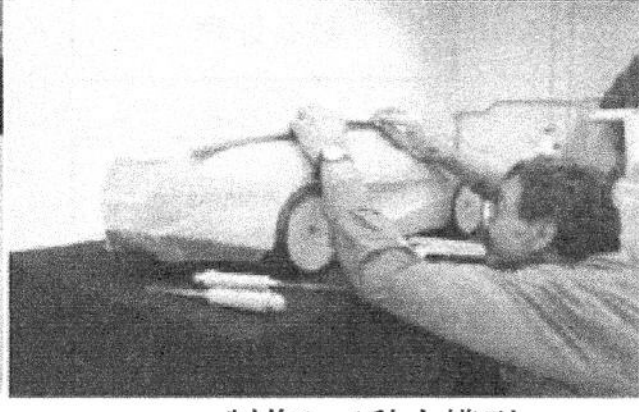

制作1:4黏土模型

测量1:4模型，再在计算机中放大4倍

根据1:1计算机模型制作实物模型，修改完善

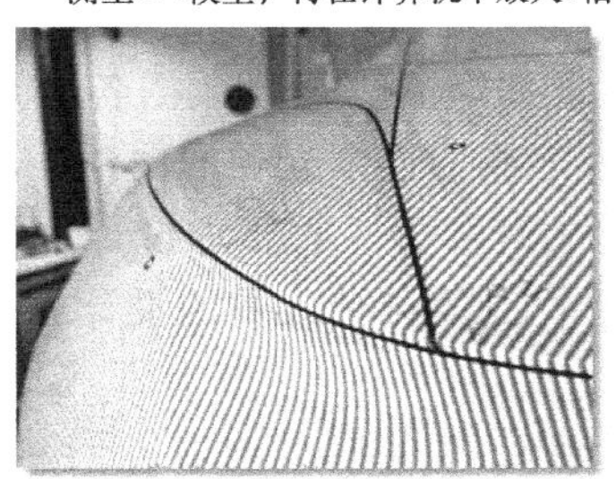

测量1:1模型及分界特征线

1:1模型及分界特征线测量结果

从最初的概念草图到新车上市，只用了7个月

图 1.2　逆向工程应用案例

1.1.3 逆向工程的工作流程

逆向工程技术并不是简单意义的仿制，而是综合运用现代工业设计的理论方法、工程学、材料学和相关的专业知识，进行系统分析，进而快速开发制造出高附加值、高技术水平的新产品。

逆向工程的一般过程可分为实物样件三维数据采集、数据处理与CAD模型重构、模型制造几个阶段。图1.3所示为逆向工程工作流程及其系统框架。

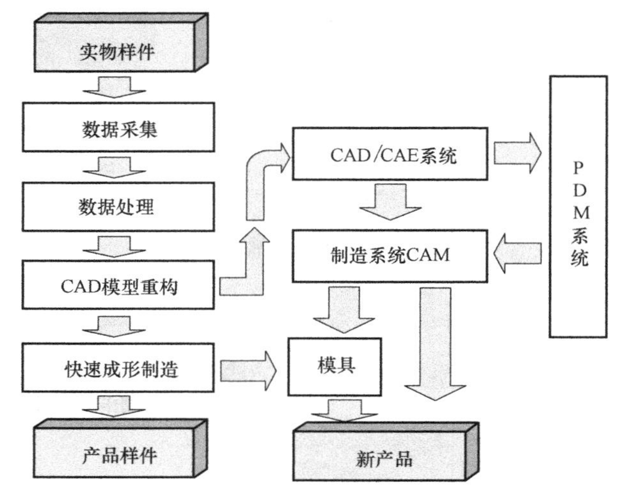

图1.3 逆向工程工作流程及其系统框架

数据采集——这是逆向工程的第一步重要阶段，也是后续工作的基础。设备的便捷程度、操作的简易程度，以及数据的准确性、完整性是衡量采集设备的重要指标，也是保证后续工作高质量完成的重要前提。目前样件的三维数据采集主要通过三维测量技术来实现，通常采用三坐标测量机（CMM）激光三维扫描、结构光测量等装置来获取样件的三维表面坐标值。

数据处理——通过三坐标测量机得到的测量坐标点数据在CAD模型重构之前必须进行格式转换、噪声滤除、平滑、对齐、合并和插值补点等一系列的数据处理。对于海量的复杂点云数据还要进行数据精简，按测量数据的几何属性进行数据分割处理，采用几何特征匹配法获取样件原型所具有的设计和加工特征。数据采集设备厂家一般会提供这些功能，当然不少软件也提供这方面的功能。

CAD模型重构——模型重构是在获取了处理好的测量数据后，根据数据各面片的特性分别进行曲面拟合，然后在面片间求交、拼接和匹配，使之成为连续光顺的曲面，从而获得样件原型CAD模型的过程。CAD模型重构是后续处理的关键步骤，它要求设计人员不仅熟练掌握软件，还要熟悉逆向造型的方法步骤，并且要洞悉产品原设计人员的设计思路，然后才有所创新，结合实际情况进行造型。

CAD模型重构完成以后，可以采用三种方法进行后续处理（模型制造）：快速成形制造、2D图纸加工或无图纸加工、虚拟现实。

快速成形制造——快速成形是制造技术的一次飞跃，它从成形原理上提出一个全新的思维模式。自从这种材料累加成形思想产生以来，研究人员开发出了许多快速成形技术，如光固化成形（SLA）、选择性激光烧结（SLS）、分层实体制造（LOM）、熔融沉积制造（FDM）等十余种具体的工艺方法。这些工艺方法都是在材料累加成形的原理基础上，结合材料的物理化学特性和先进的工艺方法而形成的，它们与其他学科的发展密切相关。

虚拟现实——虚拟现实（Virtual Reality，VR），也称为虚拟实境，是一种利用计算机技术生成一个逼真的、具有视、听、触等多种感知的虚拟环境，创建和体验虚拟世界的计算机系统。虚拟现实是用户通过使用各种交互设备与虚拟环境中的实体相互作用，从而产生身临其境感觉的交互式视景仿真和信息交流，是一种先进的数字化人机接口技术。与传统的模拟技术相比，其主要特征是：操作者能够真正进入一个由计算机生成的交互式三维虚拟环境中，与之产生互动，进行交流。通过参与者与仿真环境的相互作用，并借助人本身对所接触事物的感知和认知能力，帮助启发参与者，以全方位地获取虚拟环境所蕴含的各种空间信息和逻辑信息。

虚拟现实技术自诞生以来，已经在先进制造、城市规划、地理信息系统、医学生物等领域显示出巨大的经济效益和社会效益，其与网络、多媒体并称为21世纪最具应用前景的三大技术。

因为在整个逆向工程工作流程中，实物样件的三维数据采集是基础，也是逆向工程整个过程的首要前提，是其余各阶段工作的重要保证，所以数据采集的好坏直接影响到原型CAD模型重建的质量，数据处理是关键，从测量设备所获取的点云数据，不可避免地会带入误差和噪声，而且由于数据量庞大，只有通过数据处理才能提高精度和曲面重建的算法效率。曲面重构是当中最重要、最困难的问题，其目的在于寻找某种数学描述，精确、简洁地描述一个给定的物理曲面形状，并以此为依据进行分析、计算、修改和绘制。

1.2　逆向工程系统的组成

从逆向工程的工作流程可以看出，随着计算机辅助几何设计理论和技术的发展与应用，以及CAD/CAE/CAM集成系统的开发和商业化，在产品实物的逆向设计过程中，首先通过测量扫描仪及各种先进的数据处理手段获得产品实物信息，然后充分利用成熟的CAD/CAM技术，快速准确地建立实体几何模型。在工程分析的基础上，数控加工出产品模具，最后制成产品，实现“产品或模型—设计—产品”的整个生产流程，其具体系统框架如图1.3所示。

从逆向工程的工作流程及其系统框架图可以看出，逆向工程主要由三部分组成：实物样件几何外形的数字化、CAD模型重构和产品或模具制造，包含的硬件、软件主要有：

1）测量机与测量探头。测量机与测量探头是进行实物样件数字化的关键设备。测量机有三坐标测量机、多轴专用测量机、多轴关节式机械臂等；测量探头分接触式和非接触式两种。其相关知识将在本书第1.3节讲述。

2）模型重构软件。用于模型重构的软件有三种：①用于正向设计的CAD/CAE/CAM软件；②集成有逆向功能模块的正向CAD/CAE/CAM软件；③专用的逆向工程软件。这些软件一般具有数据处理、参数化、曲面重构等功能。支撑该软件的硬件平台有个人计算机和工作站。

3）CAE软件。计算机辅助工程分析，包括机构运动分析、结构分析、流场及温度场分析等。目前较流行的分析软件有ANSYS、Nastran、I-DEAS、Adams等。

4）CNC加工设备。各种用来制作原型和模具的CNC加工设备，主要有数控车床、数控铣床、加工中心、电火花线切割机床等。

5）快速成形机。按制造工艺原理可分为光固化成形、分层实体制造、选择性激光烧结、熔融沉积制造、三维喷涂黏结、焊接成形和数码累积造型等快速成形机。采用快速成形机快速形成模型样件，可缩短产品开发周期。

6）产品制造设备。包括各种注塑机、钣金成形机、轧机等。

1.3 三维扫描技术

1.3.1 接触式

1. 三坐标测量机

三坐标测量机是20世纪60年代发展起来的一种新型高效的精密测量仪器。它的出现，一方面是由于自动机床、数控机床高效率加工及越来越多复杂形状零件的加工需要有快速可靠的测量设备与之配套；另一方面是由于电子技术、计算机技术、数字控制技术及精密加工技术的发展为三坐标测量机的产生提供了技术基础。

1960年，英国FERRANTI公司成功研制了世界上第一台三坐标测量机。到20世纪60年代末，已有近十个国家的三十多家公司在生产三坐标测量机，不过这一时期的三坐标测量机尚处于初级阶段。进入20世纪80年代后，以ZEISS、Leitz、DEA、LK、三丰、Fer-ranti、Moore等为代表的众多公司不断推出新产品，使得三坐标测量机迅速发展。现代三坐标测量机不仅能在计算机控制下完成各种复杂测量，而且可以通过与数控机床交换信息，实现对加工的控制，还可以根据测量数据实现逆向工程。

目前，三坐标测量机已广泛用于机械制造业、汽车工业、电子工业、航空航天工业和国防工业等领域，成为现代工业检测和质量控制不可缺少的测量设备。

(1) 三坐标测量机的组成

三坐标测量机是典型的机电一体化设备，它由机械系统和电子系统两大部分组成，如图1.4所示。

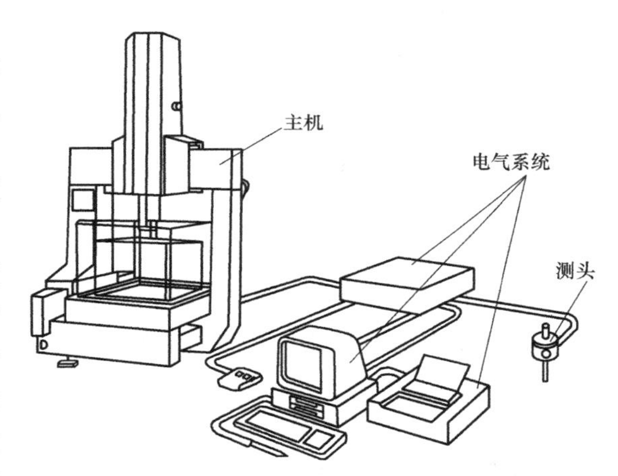

图1.4 三坐标测量机的组成

1) 机械系统。一般由三个正交的直线运动轴构成。在图1.4所示的结构中，x向导轨系统装在工作台上，移动桥架横梁是y向导轨系统，z向导轨系统装在中央滑架内。三个方向的轴上均装有光栅尺，用于度量各轴的位移值。人工驱动的手轮及机动、数控驱动的电动机一般都在各轴附近。用于触测被检测零件表面的测头装在z轴端部。

2) 电子系统。一般由光栅计数系统、测头信号接口和计算机等组成，用于获得被测坐标点数据，并对数据进行处理。

(2) 三坐标测量机的工作原理

三坐标测量机是基于坐标测量的通用化数字测量设备。它首先将各被测几何元素的测量转化为对这些几何元素上一些点的坐标位置的测量，在测得这些点的坐标位置后，再根据这些点的空间坐标值，经过数学运算求出其尺寸和形位误差。要测量工件上一圆柱孔的直径，可以在垂直于孔轴线的截面I内，触测内孔壁上三个点（点1、2、3），则根据这三点的坐标值就可计算出孔的直径及圆心的坐标。如果在该截面内触测更多的点（点1，2，…，n，n为测点数），则可以根据最小二乘法或最小条件法计算出该截面圆的圆度误差；如果对多个垂直于孔轴线的截面圆（I，II，…，m，m为测量的截面圆数）进行测量，则根据测得点的坐标值可计算出孔的圆柱度误差及各截面圆的圆心坐标，再根据各圆心坐标值又可以计算出孔轴线的位置；如果再在孔端面上触测三点，则可以计算出孔轴线对端面的位置度误差。由此可见，三坐标测量机的这一工作原理使其具有很大的通用性与柔性。从原理上说，它可以测量任何工件的任何几何元素的任何参数。

2. 机械手式测量机

机械手式测量机也是一种接触式测量设备，与三坐标测量机相比，它并没有精密的工作台、立柱、导轨等装置。机械手臂为关节式机构，具有多自由度，可用作弹性坐标测量机。传感器可装置在其爪部，各关节的旋转角度可由旋转编码器获取，由机构学原理可求得传感器在空间的坐标位置。使用时需操作者手持测量手臂，末端探针接触被测量物体表面时按下按钮，记录坐标和探针手柄方向，并通过串口线传回测量软件。这种测量机几乎不受方向限制，可在工作空间进行任意方向的测量，一般用于大型钣金模具件的逆向工程测量。CIMCORE 手动测臂如图 1.5 所示，FARO 手动测臂如图 1.6 所示。

机械手式测量机的特点：精度相对三坐标测量机要低些，但测量范围大，受被测物体的体积、形状等的限制较少；测量机本身结构小巧，测量方式相对灵活，适合在线测量；其他方面与三坐标测量机相似。

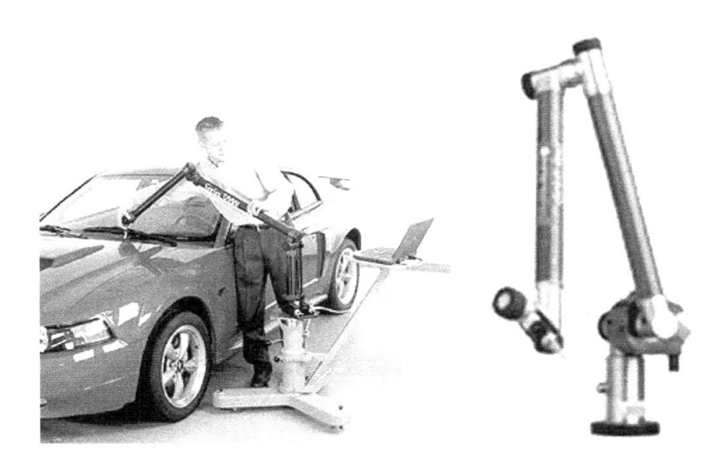

图 1.5　CIMCORE 手动测臂

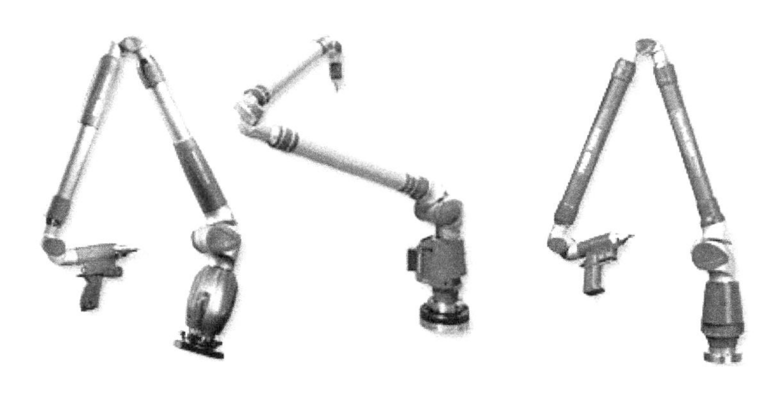

图 1.6　FARO 手动测臂

1.3.2 非接触式

非接触式测量主要运用光学原理进行数据采集，主要方法有激光测距法、激光三角形法、结构光法、图像分析法、干涉测量法等。光学测量设备具有测量速度快、自动化程度高等优点，由于没有接触压力和摩擦力，消除了样件受力变形导致的测量误差，非常适合对各种复杂模型快速地进行大规模数据采集。

光学测量法的基本原理是通过将一定的物理模拟量通过适当的算法转化为样件表面的坐标数据。

1. 激光测距法

激光测距法是将激光束的飞行时间，通过光速 $c=299792458\mathrm{m/s}$ 和大气折射系数 n 计算出被测点与参考平面间的距离。由于直接测量时间比较困难，通常是测定连续波的相位，称为测相式测距仪。此法的最大测距可达几百米，精度为毫米级，各种激光测距仪如图 1.7 所示。

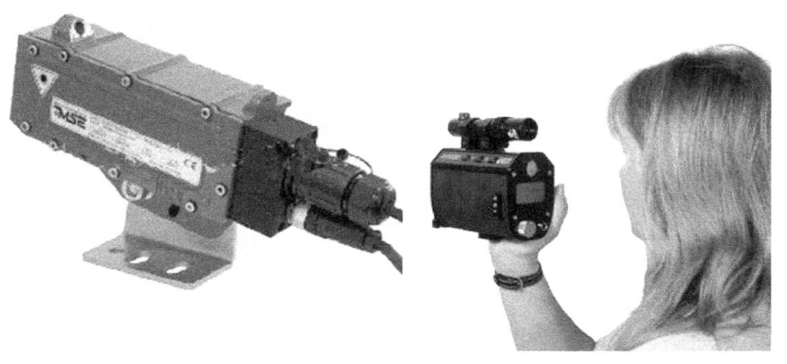

a) 工业用激光测距仪　b) 手持式激光测距仪　c) Leica DISTO激光测距仪

图 1.7　各种激光测距仪

2. 激光三角形法

激光三角形法的测量特点：

1）工作距离大，即使在离样件表面很远处也可对工件进行测量。

2）测量范围大，大测量范围导致的非线性误差，可以通过标定，利用软件进行修正。

3）测头不与被测物体接触，能对松软材料的表面进行数据采集，并能很好地测量到表面尖角、凹陷等复杂轮廓。

4）数据采集速度很快，对大型表面可在三坐标测量机或数控机床上迅速完成数据采集，不需测头补偿。

5）价格较贵，杂散反射，对于垂直壁等表面特征会影响采集精度。

6）对被测材料、表面粗糙度、反射特性敏感，精度一般比三坐标测量机略低。

激光三角形法利用光源与影像感应装置（如摄像机）间的位置及角度来推算点的空间坐标，激光三角形测距原理如图 1.8 所示。激光三角形法分为点测量、线测量和面测量，如图 1.9 所示。

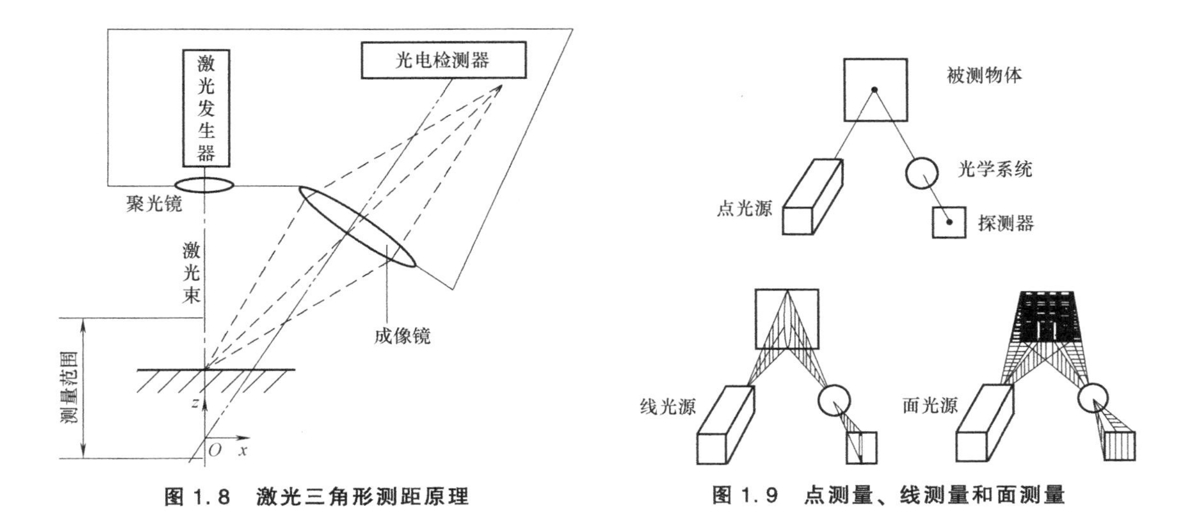

图 1.8 激光三角形测距原理

图 1.9 点测量、线测量和面测量

3. 结构光法

结构光法是将一定模式的光（如条形光、栅格状光）投射到被测物体表面，并捕获光被曲面反射后的图像，通过对比不同模式之间的差别来获取样件表面的三维点坐标。

最典型的结构光是投影光栅。其原理是把光栅投射到被测样件的表面上，光栅影线会因受到样件表面高度的调制而发生变形，再通过解调变形的光栅影线来确定样件表面的高度。结构光法与图像分析法的主要不同是该方法需要投射具有一定模式的人工光源，其中最典型的是莫尔干涉条纹法。

（1）被动式立体视觉技术

被动式立体视觉技术通常利用相机成像技术，采用单目相机、双目相机乃至多个相机摄取物体不同视角的图像，得到具有视差的图像序列，确定二维图像所对应的物体深度信息。单相机时需要通过变换角度、位置进行拍摄。双目结构光测量系统结构图和双目视觉系统示意图，如图 1.10 所示。

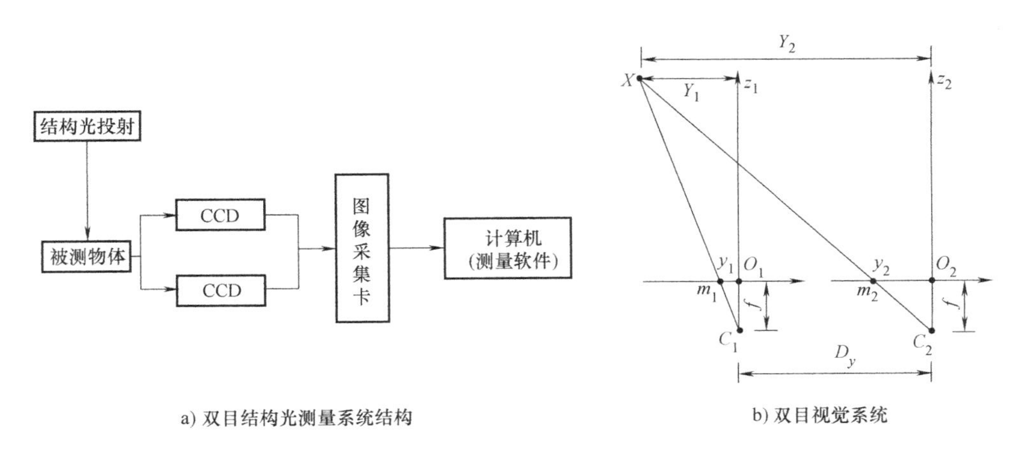

a) 双目结构光测量系统结构

b) 双目视觉系统

图 1.10 双目结构光立体测量

双目结构光投影立体测量具有以下主要特点：

1）一次可获取大量数据（可达百万点以上）。

2）由于是非接触式测量，因此可以测量柔性物体。

3）适合对复杂自由曲面的高效率测量。

4）分析相对复杂。

5）测量结果受物体表面光学特性的影响（如在透明、黑色等情况下都会产生问题）。

6）精度比接触式测量略低。

如图 1.10b 所示，C_1、C_2 分别为左右两相机的光心；O_1、O_2 分别对应左右相机的投影中心，m_1、m_2 分别对应空间点 X 在左右相机的各自像平面的投影点。根据几何关系，可建立关系式

$$\frac{y_1}{Y_1}=\frac{f}{f+z}$$

$$\frac{y_2}{Y_2}=\frac{f}{f+z}$$

$$Y_2=Y_1+D_y$$

联立上面的式子求解，可得到空间点 X 的深度信息 z 为

$$z=\frac{-f(y_2-y_1-D_y)}{y_2-y_1}$$

即知道投影点在左右相机像平面的像点坐标和相机内参 f，以及两相机位置关系，就可以获取空间点的深度信息。

德国 GOM 公司生产的 ATOS 流动式光学扫描仪（见图 1.11）是目前世界上最先进的非接触式三坐标扫描仪之一，是一种结构光测量设备。该扫描仪可将特定光栅条纹照射于被测物体上，通过光栅间距的变化，借助两个高分辨率 CCD 数码相机对光栅干涉条纹进行拍照，经过数码影像分析并基于光学原理计算，求得实物表面的三维坐标数据，可在极短时间内获得复杂结构表面的完整点云，实现三维扫描高速化。

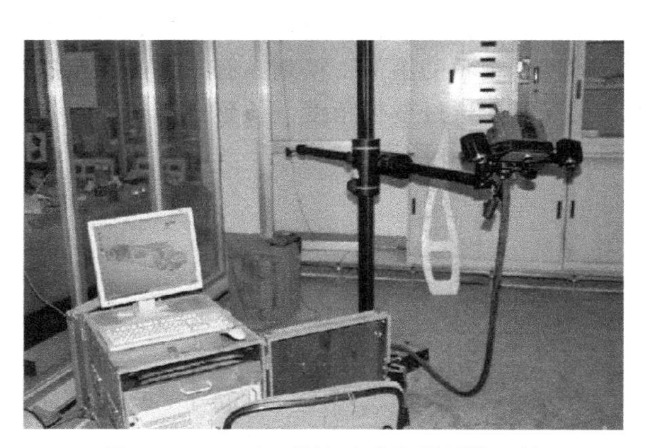

图 1.11　ATOS Ⅱ流动式光学测量系统

ATOS Ⅱ在距被测物体约 700mm 处高速摄取实物表面数据，一次测量的有效测量区域为 280mm×350mm，获得的扫描点数最大可达 130 万个。

由于一次测量的范围有限，可通过多角度测量，然后拼合到一个共同的坐标系下，从而得到一个完整的测量模型。在两次测量中设置共同可见的至少三个参考点就可实现。

ATOS Ⅱ单次测量精度可达±0.03mm，多角度测量的拼合测量精度为 0.1mm/m。

（2）格雷码光栅

格雷码结合正弦相移的方法是目前结构光方法中使用较多的一种，该方法首先用格雷码对被测空间进行区域划分，确定出被测空间中各点所在的大致区域，然后用相移法对各区域内部的点进行精确划分，找到各点所在的准确位置。

格雷码对投影图案的编码是唯一的，生成的码字数量与能够将被测空间划分成的区域的数量是相同的，即如果码字的位数为 n，那么生成的码字的数量就为 2^n，能够将被测空间划分成的区域数量也为 2^n。因此，格雷码具有较好的鲁棒性，解码时出错率低，对物体表面的连续性不敏感，能够完成对较大范围的测量。

格雷码最大的特点是相邻的码字之间只能有一个不同的二进制位，另外，我们把最小数和最大数也视为相邻码，因此这二者之间也需要满足只有一个不同二进制位的要求。通常在实际的数字系统中，我们要求设计出的码字要按照一定的规律变化，如按照其相应的十进制数从小到大的规律进行变化，若直接采用较为常用的 8421 码进行编码，当十进制数从 7 变到 8 时，相应的二进制数需要从 0111 变到 1000，共需要变化四个二进制位。然而在实际的电路中，四个二进制位不可能严格地在同一时刻发生变化，这样就会产生一些中间状态的码字，在某些情况下这些中间状态的码字会使电路产生错误的输出，其他一些码字也会出现类似的情况；而格雷码可以很好地解决这一问题。

格雷码具有如下一些特点：

1）格雷码编码错误率最小，是一种可靠的编码方式。虽然利用数模转换器可以将自然二进制码直接转换成相应的模拟信号，但当与二进制码相对应的十进制数从 3 变为 4 时，相应的二进制码中的各个位都需要变化，这会在电路中产生尖峰电流脉冲，而格雷码在设计的过程中就要求相邻码字在互相转换时只有一个不同的二进制位，这就很好地避免了电路中错误状态的产生。同时，正是格雷码在设计过程中的这样一种要求，使得在转角-数字转换装置中，当发生由转角位置变化而引起数字信号变化时，相应的数字信号的格雷码表示中只有一位发生变化，与其他的编码方式相比，这样的编码方式发生变化的位数更少，出现错误的可能性也越小。

2）格雷码是变权码，每一个二进制位不代表实际的大小，不同格雷码之间不能直接比较大小和进行算术运算。若有必要，需要先将格雷码转换成相应的自然二进制码，再由机器读取。

3）格雷码表示的十进制数的奇偶性可以通过其码字中 1 的个数来判断，若码字中 1 的个数为奇数，则相应的十进制数也为奇数；若码字中 1 的个数为偶数，则相应的十进制数也为偶数。

（3）多频外差相位光栅技术

光栅相位测量法的原理是用计算机生成数字光栅（节距根据实际需要可以调整），使用 DLP 投影仪将光栅图样投影到被测物体表面，光栅影像随物体表面的变化而发生变形，使用两个 CCD 数码相机将此变形条纹图像同步拍摄下来，用图像采集卡传输给计算机处理，通过运用相位卷绕、相位展开和相位坐标转换等理论，得到被测物形貌的三维点云数据。在此测量系统中，光栅投影仪可以简单灵活地提供所需要的频率光栅，也可以保证相移法中每次光栅在栅线的垂直方向上平移距离的精确度。

多频外差相位光栅技术的基本原理是将两种不同频率的相位函数和 $\Phi_1(x)$ 和 $\Phi_2(x)$ 叠加得到一种频率更高的相位函数 $\Phi_b(x)$，如图 1.12 所示，其中，λ_1、λ_2、λ_b 分别为相位函

数 $\Phi_1(x)$、$\Phi_2(x)$、$\Phi_b(x)$ 的频率。$\Phi_b(x)$ 的频率 λ_b 经过计算可表示为

$$\lambda_b=\frac{\lambda_1\lambda_2}{\lambda_1-\lambda_2}$$

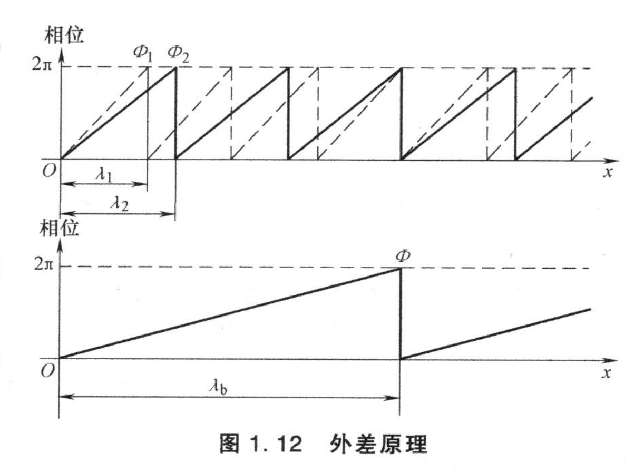

图 1.12 外差原理

4. 图像分析法

图像分析法是利用一点在多个图像中的相对位置，通过视差计算距离，从而得到点的空间坐标。图像分析法系统结构如图 1.13 所示，多种光学方法的组合测量如图 1.14 所示。

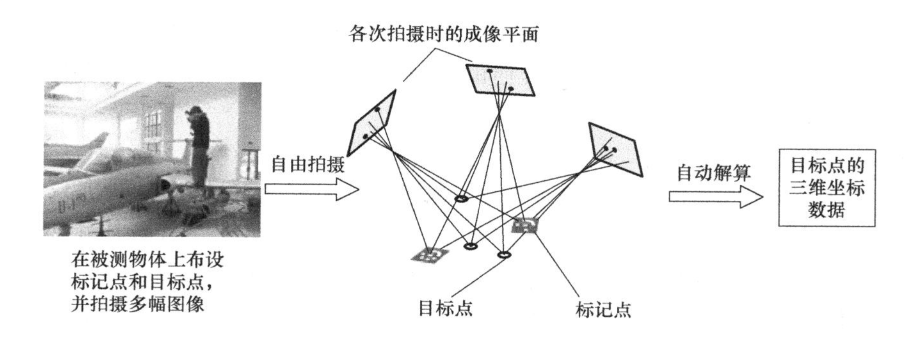

图 1.13 图像分析法系统结构

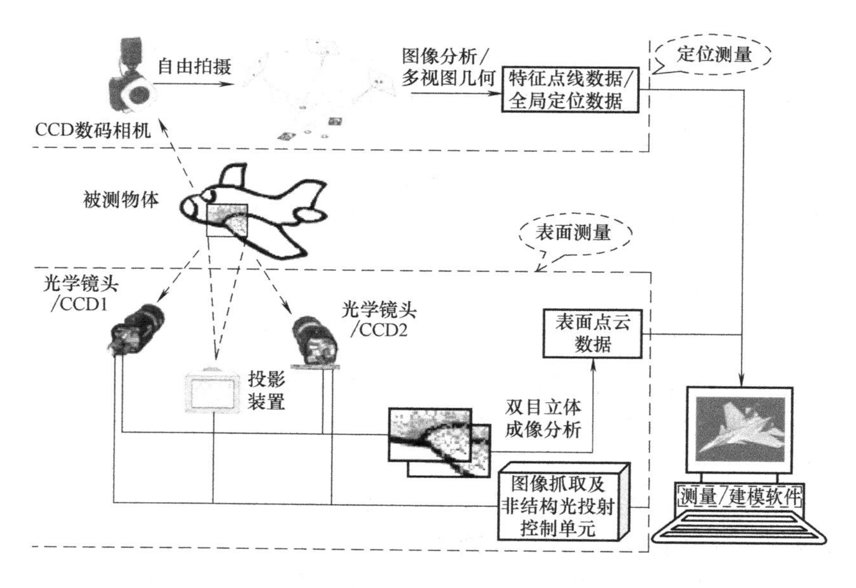

图 1.14 图像分析法与双目立体测量组合

1.3.3 破坏式

1. 自动断层扫描仪

采用逐层去除材料与逐层扫描相结合的方法获得模型的内外轮廓数据。首先将待测零件用专用树脂材料（填充石墨粉或颜料）完全封装，待树脂固化后，固定到铣床上，进行微吃刀量切削，得到包含零件和树脂材料的截面，然后移到CCD数码相机下，对当前截面进行数字化采样，由于封装材料与零件存在明显边界，利用滤波、边缘提取、纹理分析、二值化等数字图像处理技术进行边界轮廓提取，得到轮廓的坐标值。重复到铣床上切削一个片层，再分析截面图像，直至得到模型各截面的坐标数据。自动断层扫描的佛像模型数据如图1.15所示。

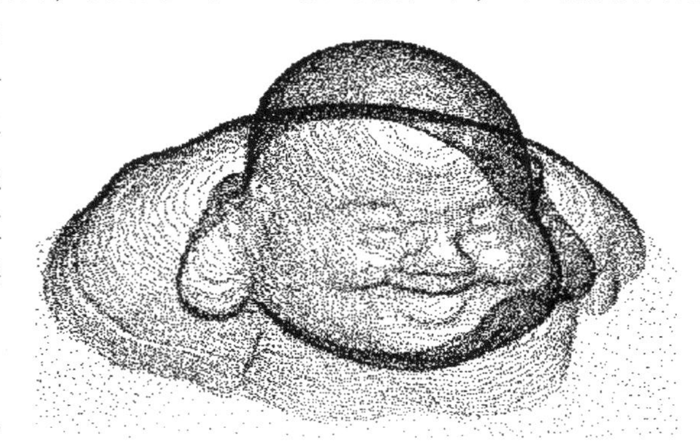

图1.15 自动断层扫描的佛像模型数据

相对于工业计算机断层扫描成像，自动断层扫描仪的设备费用和运行费用更低。由于是基于像素提取，所以每层内测得的数据量也较大。自动断层扫描系统的明显缺点是要破坏被测物体。市场上比较成熟的自动断层扫描仪为美国CGI公司的RE1000。

2. 工业计算机断层扫描成像

工业计算机断层扫描成像（Industrial Computer Tomography，ICT）技术提供了一种无损地再现物体内、外部复杂结构及其材质形态的数字层析技术。ICT是对实物样件经过层析扫描后，获得一系列断面图像切片和数据，这些切片和数据提供了工件截面轮廓及其内部结构的完整信息。ICT技术是医学CT获得成功应用之后向工业界的拓展和延伸。ICT可对各种复杂结构的大、中、小型成形件实施反求建模及质量控制，也可用于技术破译和产品故障、可靠性无损诊断、装配结构分析等。ICT测量与分析系统的基本组成如图1.16所示，ICT测量实例如图1.17所示。

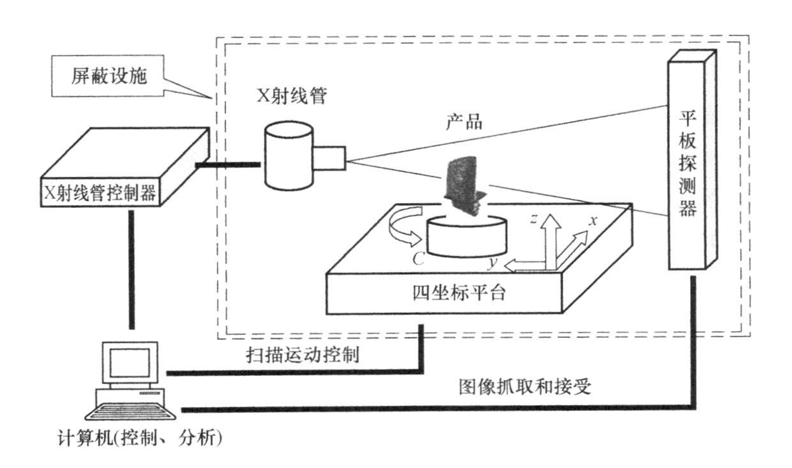

图1.16 ICT测量与分析系统的基本组成

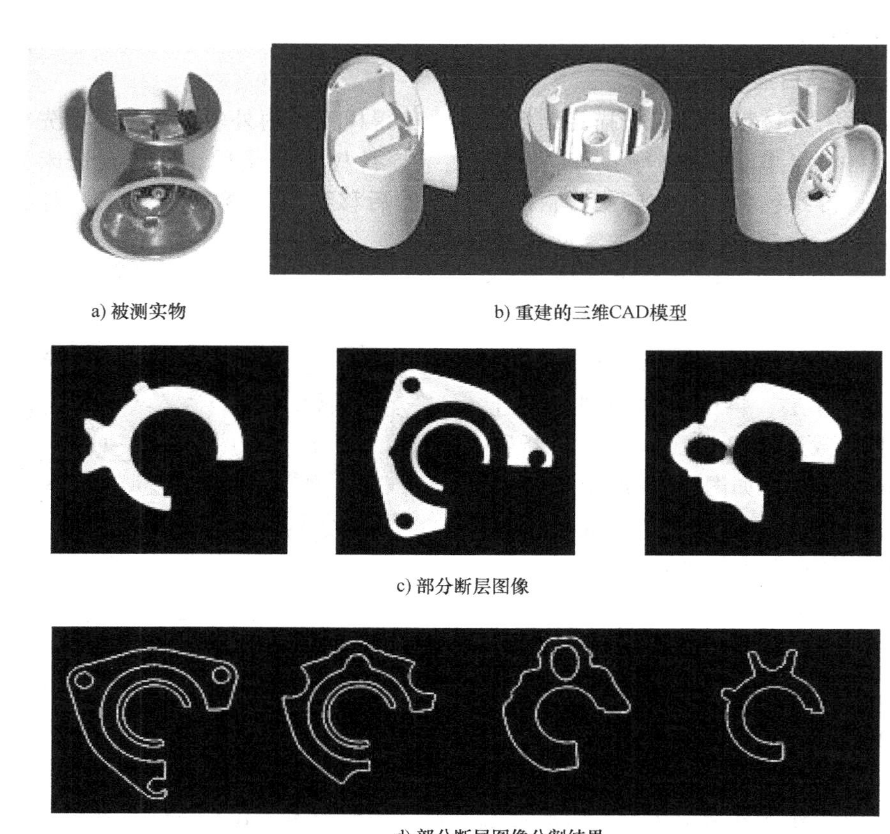

图 1.17　ICT 测量实例

1.4　点云数据预处理技术

1.4.1　数据格式

1. LAS 格式

LiDAR 数据的工业标准格式，旨在提供一种开放的格式标准，允许不同的硬件和软件提供商输出可交互操作的统一格式，是一种二进制文件格式。LAS 文件按每条扫描线排列方式存放数据，包括激光点的三维坐标、多次回波信息、强度信息、扫描角度、分类信息、飞行航带信息、飞行姿态信息、项目信息、GPS 信息和数据点颜色信息等。LAS 格式定义中用到的数据类型遵循 1999 年 ANSI（American National Standards Institute，美国国家标准化协会）C 语言标准。

一个符合 LAS 标准的 LiDAR 文件分为三个部分：公用文件头块（Public Header Block）、变量长度记录（Variable Length Records）和点数据记录（Point Data Record）。

LAS 文件包含以下信息：C（Class，所属类）、F（Flight，航线号）、T（Time，GPS 时间）、I（Intensity，回波强度）、R（Return，第几次回波）、N（Number of Return，回波次数）、A（Scan Angle，扫描角）、RGB（Red Green Blue，RGB 颜色值）。LAS 点云数据如图 1.18 所示。

C	F	T	X	Y	Z	I	R	N	A	R	G	B
1	5	405652.3622	656970.13	4770455.11	127.99	5.6	First	1	30	180	71	96
3	5	405652.3622	656968.85	4770455.33	130.45	2.8	First	1	30	113	130	122
3	5	405653.0426	656884.96	4770424.85	143.28	0.2	First	2	-11	120	137	95
1	5	405653.0426	656884.97	4770421.30	132.13	5.2	Last	2	-11	176	99	110

图 1.18 LAS 点云数据

2. OBJ 格式

OBJ 文件是 Wavefront 公司为它的一套基于工作站的 3D 建模和动画软件 “Advanced Visualizer” 开发的一种文件格式，这种格式同样也以通过 MAYA 读写。OBJ 文件是一种文本文件，可以直接用写字板打开进行查看和编辑修改。通常用以 “#” 开头的注释行作为文件头。数据部分每一行的开头关键字代表该行数据所表示的几何和模型元素，以空格作为数据分隔符。

对于点云数据来说，其中最基本的四个关键字如下：

v 表示顶点，后面的三个浮点数，分别表示该顶点的 x、y、z 坐标值。

f 表示面片，后面的三个整数分别表示面片三个顶点的序列号。这是 OBJ 文件中必不可少的文件信息。

vt 表示指定一个纹理坐标，后面的两个浮点数，分别表示此纹理坐标的 u、v 值。

vn 表示指定一个顶点法线向量，后面的三个浮点数，分别表示该法向量的 x、y、z 坐标值。

OBJ 文件定义面片信息的几种格式：

1) $f\ a\ b\ c$。这是最简单的面片信息，面片 f 是由三个顶点序列号组成的，不包含纹理和法向量的信息，f 后面的三个整数分别表示模型顶点的索引，三个顶点组成一个三角面片。

2) $f\ a/a_1\ b/b_1\ c/c_1$。a、b、c 分别表示构成此面片的三个顶点的索引号，a_1、b_1、c_1 分别表示每个顶点纹理坐标的索引值。

3) $f\ a//a_2\ b//b_2\ c//c_2$。$a$、$b$、$c$ 分别表示构成此面片的三个顶点的索引号，a_2、b_2、c_2 分别表示三个顶点法向量的索引值。

4) $f\ a/a_1/a_2\ b/b_1/b_2\ c/c_1/c_2$。$a$、$b$、$c$ 分别表示构成此面片的三个顶点的索引号，a_1、b_1、c_1 分别表示三个顶点的纹理坐标的索引值，a_2、b_2、c_2 分别表示三个顶点法向量的索引值。

示例：

```
v 0.710800 124.254501 -0.940180
v -0.439800 124.254501 0.771320
v 1.410200 111.127296 0.388418
v 1.545900 111.127296 -1.669382
v -0.426600 124.254501 -2.397080
v -0.169200 111.127296 -2.358282
…
vt 0.168200 0.647700
vt 0.086000 0.643700
```

vt 0. 164300 0. 285600
vt 0. 250400 0. 647700
vt 0. 332500 0. 647700
…
f 95/52 94/53 97/54
f 98/46 99/47 100/49
f 101/48 100/49 103/50
f 103/50 102/51 104/53
f 105/52 104/53 107/54

3. OFF 格式

OFF 文件为 ASCII 文件，以 OFF 关键字开头。在文件的开头注明顶点、面片和边的总数。文件内部只包含顶点和面片的信息，前半部分是顶点坐标，每一行都是由面片的三个顶点的坐标值组成，顶点以 x、y、z 坐标列出，每个顶点占一行。

OFF 文件的面片信息的表示很简单。如“3 a b c”，3 在 OFF 文件中相当于 OBJ 文件中面片的标志 f，a、b、c 分别表示组成一个面片的三个顶点的索引号。在顶点列表之后是面列表，每个面片占一行。对于每个边，首先指定其包含的顶点数，随后是这个面片所包含的各顶点在前面顶点列表中的索引。

OFF 文件中边的数量总是忽略不计的，表示为 0。因为 OFF 文件的格式简单，很多在输出三维模型数据的时候，采用 OFF 文件的格式。OFF 文件格式如下：

OFF
顶点数 面数 边数
x y z
x y z
…
n 个顶点 顶点 1 的索引 顶点 2 的索引…顶点 n 的索引
…

一个立方体的例子如下：

OFF
8 6 0
-0. 500000 -0. 500000 0. 500000
0. 500000 -0. 500000 0. 500000
-0. 500000 0. 500000 0. 500000
0. 500000 0. 500000 0. 500000
-0. 500000 0. 500000 -0. 500000
0. 500000 0. 500000 -0. 500000
-0. 500000 -0. 500000 -0. 500000
0. 500000 -0. 500000 -0. 500000
4 0 1 3 2
4 2 3 5 4

4 4 5 7 6
4 6 7 1 0
4 1 7 5 3
4 6 0 2 4

4. PCD格式

PCD格式是PCL库官方指定格式，是典型的为点云量身定制的格式。其优点是支持n维点类型扩展机制，能够更好地发挥PCL库的点云处理性能。文件格式有文本和二进制两种格式。PCD格式具有文件头，用于描绘点云的整体信息。数据本体部分由点的笛卡儿坐标构成，文本模式下以空格作为分隔符。

PCD文件头包含如下的字段：

VERSION，指定PCD文件版本。

FIELDS，指定一个点可以有的每一个维度和字段的名字。如：

FIELDS x y z //XYZ数据
FIELDS x y z rgb //XYZ+颜色
FIELDS x y z normal_x normal_y normal_z //XYZ+表面法向量
FIELDS j_1 j_2 j_3 //力矩(弯矩)变量

SIZE，用字节数指定每一个维度的大小。如：unsigned char/char有1个字节，unsigned short/short有2个字节，unsigned int/int/float有4个字节，double有8个字节。

TYPE，用一个字符指定每一个维度的类型。现在被接受的类型有I、U、F。I表示有符号类型int8（char）、int16（short）和int32（int）；U表示无符号类型uint8（unsigned char）、uint16（unsigned short）和uint32（unsigned int）；F表示浮点类型。

COUNT，指定每一个维度包含的元素数目。如，x这个数据通常有一个元素，但是像VFH这样的特征描述子就有308个。实际上这是在给每一点引入n维直方图描述符的方法，把它们当作单个的连续存储块。默认情况下，如果没有Count，所有维度的数目被设置成1。

WIDTH，用点的数量表示点云数据集的宽度。

HEIGHT，用点的数目表示点云数据集的高度（对于无序数据集它被设置成1）。

VIEWPOINT，指定数据集中点云的获取视点。VIEWPOINT有可能在不同坐标系之间转换的时候应用，在辅助获取其他特征时也比较有用，如曲面法线，在判断方向一致性时，需要知道视点的方位，视点信息被指定为平移（t_x t_y t_z）+四元数（q_w q_x q_y q_z）。默认值是：VIEWPOINT 0 0 0 1 0 0 0

POINTS，指定点云中点的总数。

DATA，指定存储点云数据的数据类型。

示例：

. PCD v. 7-点云数据文件格式
VERSION .7
FIELDS x y z rgb
SIZE 4 4 4 4
TYPE F FFF
COUNT 1 1 1 1

```
WIDTH 213
HEIGHT 1
VIEWPOINT 0 0 0 1 0 0 0
POINTS 213
DATA ascii
0. 93773 0. 33763 0 4. 2108e+06
0. 90805 0. 35641 0 4. 2108e+06
```

5. PLY 格式

PLY 格式是由斯坦福大学的 Turk 等人设计开发的一种多边形文件格式，因而也被称为斯坦福三角格式。文件格式有文本和二进制两种格式。典型的 PLY 对象定义仅是顶点的 (x, y, z) 三元组列表和由顶点列表中的索引描述的面的列表。

文件结构为：Header（头部）、Vertex List（顶点列表）、Face List（面列表）（lists of other elements）（其他元素列表）。

示例：

```
ply
format ascii 1. 0
comment author: Greg Turk
comment object: another cube
element vertex 8
property float x
property float y
property float z
property uchar red                    //第一个顶点的颜色
property uchar green
property uchar blue
element face 7
property list uchar int vertex_index  //每个面的顶点数
element edge 5                        //目标物的 5 条边
property int vertex1                  //边的第一个顶点的索引
property int vertex2                  //边的第二个顶点的索引
property uchar red                    //第一条边的颜色
property uchar green
property uchar blue
end_header
0 0 0 255 0 0                         //第一个顶点列表
0 0 1 255 0 0
0 1 1 255 0 0
0 1 0 255 0 0
1 0 0 0 0 255
```

```
1 0 1 0 0 255
1 1 1 0 0 255
1 1 0 0 0 255
3 0 1 2                          //第一个三角形面的列表
3 0 2 3                          //另外一个三角形面的列表
4 7 6 5 4                        //四边形面的列表
4 0 4 5 1
4 1 5 6 2
4 2 6 7 3
4 3 7 4 0
0 1 255 255 255                  //从一条白边开始的边列表
1 2 255 255 255
2 3 255 255 255
3 0 255 255 255
2 0 0 0 0                        //以一条单独的黑色直线结束
```

6. PTS 格式

PTS 格式被称为最简便的点云格式，属于文本格式。只包含点坐标的信息，按 x y z 顺序存储，数字之间用空格间隔。

示例：

```
0.780933 -45.9836 -2.47675
4.75189 -38.1508 -4.34072
7.16471 -35.9699 -3.60734
9.12254 -46.1688 -8.60547
15.4418 -46.1823 -9.14635
2.83145 -52.2864 -7.27532
0.160988 -53.076 -5.00516
```

7. STL 格式

STL 格式是由 3D Systems 公司创建的模型文件格式，用于表示三角形网格，主要应用于 CAD、CAM 领域。STL 格式从功能上只能用来表示封闭面或体，有文本和二进制两种文件格式。

文本格式的 STL 文件的首行给出了文件路径及文件名，下面逐行给出三角面片的几何信息，每一行以 1 个或 2 个关键字开头。STL 文件格式以三角面（facet）为单位组织数据，每一个三角面由 7 行数据组成：facet normal 是三角面片指向实体外部的法矢量坐标，outer loop 说明随后的 3 行数据分别是三角面片的 3 个顶点坐标（vertex），3 个顶点沿指向实体外部的法向量方向逆时针排列。最后一行是结束标志。

文件格式：

```
solidfilenamestl      //文件路径及文件名
facet normal x y z    // 三角面片法向量的 3 个分量值
outer loop
vertex x y z          //三角面片第一个顶点的坐标
```

```
vertex x y z          // 三角面片第二个顶点的坐标
vertex x y z          //三角面片第三个顶点的坐标
endloop
endfacet              // 第一个三角面片定义完毕
……
……
endsolid filenamestl //整个文件结束
```

示例：

```
solid 1
  facet normal 0.000000e+000 0.000000e+000 1.000000e+000
    outer loop
      vertex -3.418733e+000 -2.000000e+000 2.000000e+001
      vertex 2.581267e+000 -7.000000e+000 2.000000e+001
      vertex -3.418733e+000 8.000000e+000 2.000000e+001
    endloop
  endfacet
……
  facet normal 7.228015e-017 -1.000000e+000 0.000000e+000
    outer loop
      vertex 8.581267e+000 3.000000e+000 0.000000e+000
      vertex 2.581267e+000 3.000000e+000 2.000000e+001
      vertex 2.581267e+000 3.000000e+000 0.000000e+000
    endloop
  endfacet
endsolid
```

8. XYZ 格式

XYZ 格式是一种文本格式，前面 3 个数字表示点坐标，后面 3 个数字是点的法向量，数字间以空格分隔。有多少行就代表有多少个点。

示例：

```
17.371559 -6.531680 -8.080792 0.242422 0.419118 0.874970
15.640106 -16.101347 -9.550241 -0.543610 -0.382877 0.746922
17.750742 -6.395478 -8.307115 0.333093 0.494766 0.802655
15.432834 -15.947010 -9.587061 -0.548083 -0.385148 0.742473
23.626318 -7.729815 -13.608750 0.081697 0.502976 0.860431
15.300377 -15.610346 -9.547507 -0.569658 -0.341132 0.747743
23.975805 -7.512131 -13.775388 0.082388 0.564137 0.821561
24.251831 -7.345085 -13.949208 0.099309 0.574142 0.812711
14.999881 -15.463743 -9.748975 -0.629676 -0.333713 0.701530
14.804974 -15.162496 -9.758424 -0.616575 -0.334426 0.712737
```

1.4.2　点云类型

1）散乱点云。这些点主要是通过随机扫描采集到的数据点集，在三维空间分布中，这些数据点之间不存在特定的拓扑关系，没有一定的排列次序，几何规律也不明显，整个点云呈现出杂乱无规律的特点，如图1.19所示。

2）扫描线点云。主要是通过三维扫描仪沿着一条直线获取的数据点集，因此数据点都比较规则，一般都由几条扫描线组成，沿着扫描轨迹的方向呈线性排列，但是在这条直线上的点又是散乱无序的，如图1.20所示。

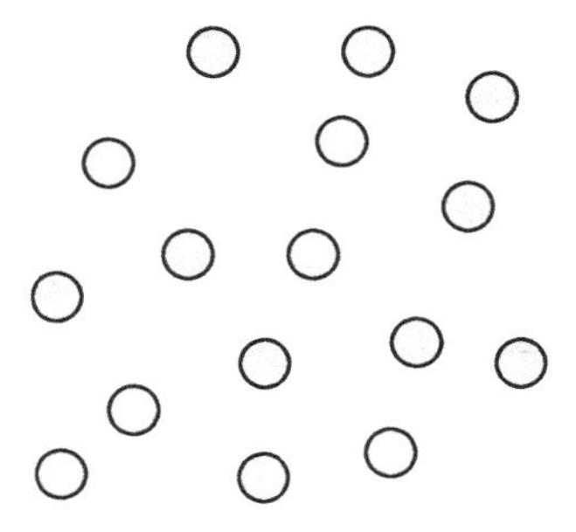

图1.19　散乱点云

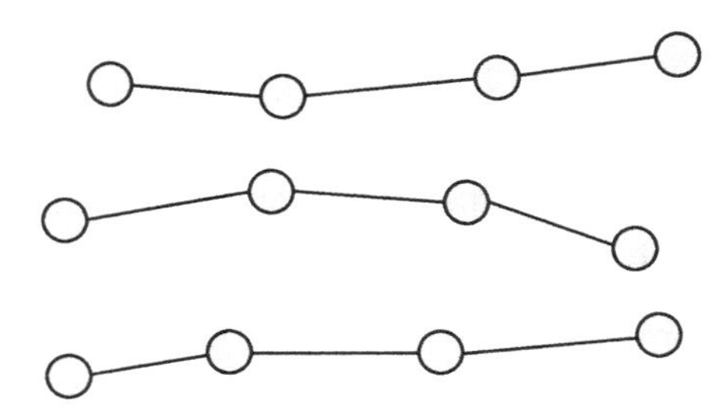

图1.20　扫描线点云

3）网格化点云。它是通过三维扫描仪采集到的数据再经过网格和插值得到的矩阵式排列的点云，数据点集中的每个点都和矩阵网格中的一个顶点相对应，是一种排列有序的点云数据结构，因此也称为矩阵点云，如图1.21所示。

4）多边形点云。通过三维扫描仪获取的数据点集都排列在相互平行的平面上，在同一个平面上相邻的距离比较接近的点用一些直线连接起来，最终构成了一系列的平面多边形，它们之间呈现嵌套和拓扑关系的结构，也是一种排列有序的点云，如图1.22所示。多边形点云主要应用在工业生产、机器导航等领域。

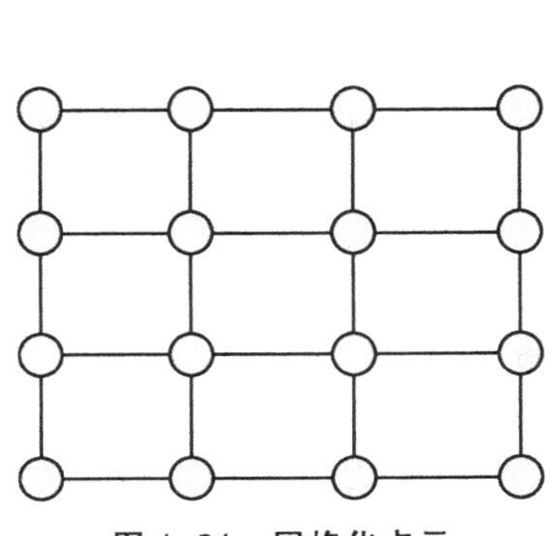

图1.21　网格化点云

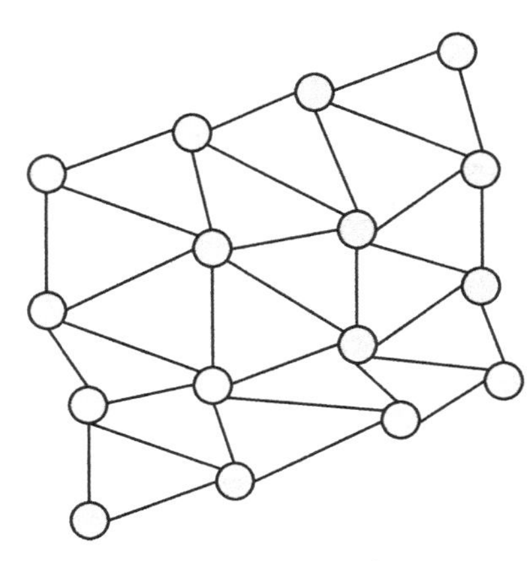

图1.22　多边形点云

1.4.3　数据高效搜索

1. *k*d-tree 简介

*k*d-tree 与二叉树数据结构相似，是一种特殊的二叉空间分割树，其中，*k* 表示空间的维数，轴平面是 *k*d-tree 的空间划分基准。也就是说，*k*d-tree 是一种能够将数据空间分割为 *k*

维的数据结构，是给无序的空间数据添加索引以便于快速查找修改的数据结构，它是一种高维索引树形数据结构，主要应用在大规模高维数据密集的查找比对场景中，主要用于最近邻查找和近似最近邻查找。

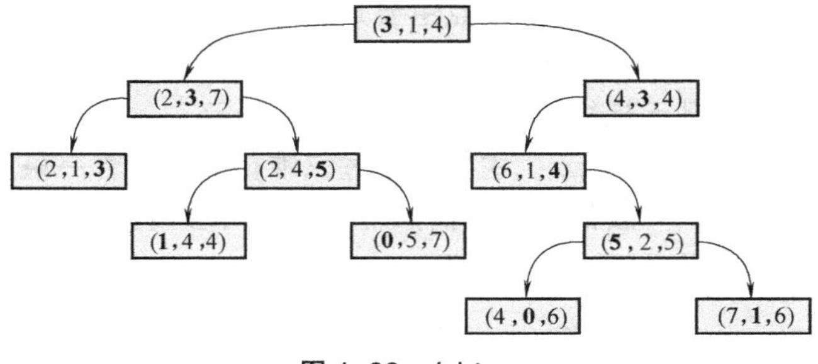

图 1.23 *k*d-tree

图 1.23 所示的树就是一棵 *k*d-tree，这里的 $k=3$。首先来看下树的组织原则。将每一个元组按 0 排序（第一项序号为 0，第二项序号为 1，第三项序号为 2），在树的第 n 层，第 $n\%3$（%为求余）项被用粗体显示，而这些被粗体显示的树就是作为二叉搜索树的 key 值。比如，根节点的左子树中的每一个节点的第一个项均小于根节点的第一项，右子树的节点中第一项均大于根节点的第一项，子树依此类推。一个简单的三维 *k*d-tree 模型如图 1.24 所示。

简而言之，*k*d-tree 就是一个树形的数据结构，在这个数据结构中存储着若干 k 维数据，如果要实现对当前 k 维数据集合构成的 k 维空间的划分，就要在当前的 k 维数据集合上构建一棵 *k*d-tree，也就是说当前构建的树中的各个节点分别与一个 k 维的超矩形区域相对应。通过这一数据结构实现了对散乱点云数据的空间划分，相当于给每一个空间增加了索引，可以大大提高点云数据的查找速度，优化算法效率。

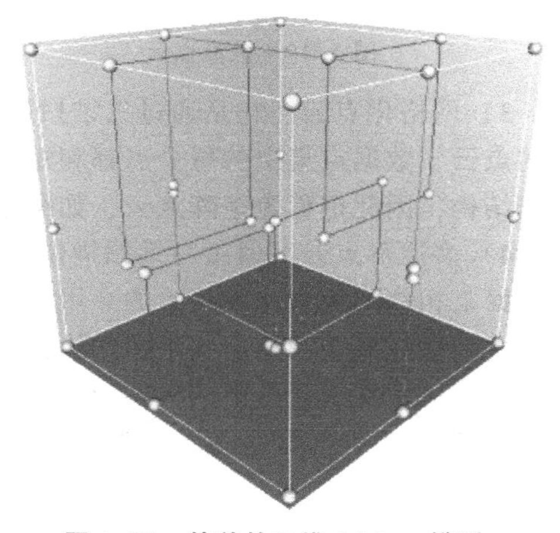

图 1.24 简单的三维 *k*d-tree 模型

2. 构造 *k*d-tree

建立 *k*d-tree 数据结构时，会对点云数据所存在的三维场景进行空间划分，划分完成的每一个空间超矩形都是 *k*d-tree 数据结构中的一个节点，*k*d-tree 的各个节点都为该数据结构中的所有数据提供了存储位置。另外，在 *k*d-tree 中节点与节点之间需要存在索引关系，所以每一个节点需要定义相同节点数据类型的左子树、右子树及父节点，使节点与节点之间相互关联起来。定义 *k*d-tree 的每一个节点的数据结构见表 1.1。

表 1.1 kd-tree 数据结构

变量名	数据类型	变量含义
node-data	*k*d-tree	*k*d-tree 上的数据节点
range	三维数组	空间向量，该节点所代表的空间范围
split	int	整数，垂直于分割超平面的方向轴序号
left	*k*d-tree	*k*d-tree，该节点的左子树
right	*k*d-tree	*k*d-tree，该节点的右子树
parent	*k*d-tree	该节点的父节点

从 kd-tree 节点的定义可以看出，每一个节点存在一个空间的左子树和右子树，所以在建树的过程中要最大限度地保证左子树和右子树的相对平衡，也就是建树时左、右子树划分维度和轴点的选择。

点云数据中的每一个数据点是包含 x、y、z 三个空间维度信息的三维数据，在 kd-tree 建树过程中，确定初始的划分维度可以有效地避免 kd-tree 在维度上划分的不均衡。因此，选用最大方差和各个维度的数据范围作为依据，确定初始划分的维度，以确保三维空间树在不同维度上的均衡。

传统的 kd-tree 维度划分是在不同维度上依次进行的空间划分，也就是若这次选择了在第几维上进行数据划分，那下一次就在第几维上进行划分。传统的空间划分思想以切豆腐的过程为例来说明。在完整的豆腐块上分别沿横向、纵向切一刀，这样一整块豆腐被切成了四块相对来说较小的方块，这就相当于对原来完整的豆腐进行了空间划分。最大方差法是在不同的维度上选取方差最大的一个维度进行空间划分，也就是在每个维度上都要计算出一个方差值，而这个方差值是基于所有的在该维度上的数据计算出来的，经过对所有的方差值进行大小比较而得到的最大方差，该方差所对应的维度就是划分空间的基准。

在选取的这个基准维度上，这些空间数据比较分散，因此我们就更容易在这个维度上将它们划分开，以获得切割数据的最好分辨率，也就是说在这个维度上进行分割可以获得最好的平衡。在轴点选取的时候，在方差最大的基础上增加数据范围的判断依据，数据范围最大的那一维作为分割维度，之后也是在这个维度中选取合适的轴点进行分割，分割结果如图 1.25 所示，这样的结果对 kd-tree 的构建是非常友好的。

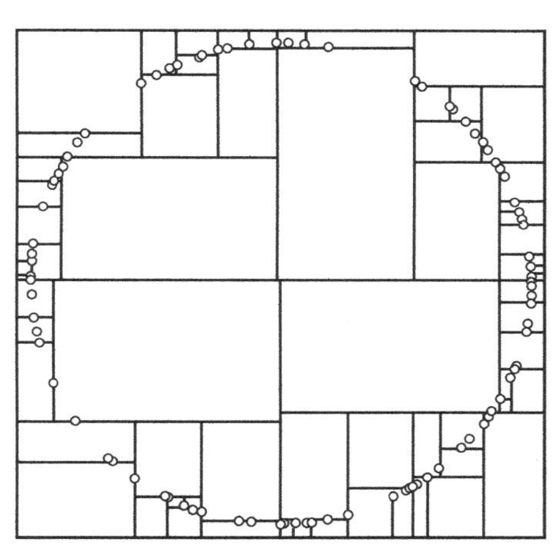

图 1.25　分割均匀的二维 kd-tree

在确定了 kd-tree 建树的空间分割维度后，重要的一点是在该维度上选取合适的轴点，使左、右子树的数据点相对平衡。首先进行维度的选择，根据最大方差和各个维度的数据范围选取合适的维度 i，然后分割该维度 i 上的 k 维数据集 M，将其分割成两个子集合 X 和 Y，并且要保证子集合 X 中的数据均小于子集合 Y 中的数据。最简单的分割方法就是选取第一个数作为划分基准，并将 M 中其他的 k 维数据均与该基准在维度 i 上进行比较，若该数据小于划分基准则划分到集合 X，大于则划分到集合 Y。集合 X 和集合 Y 就相当于该维度上的左子树和右子树，可是这样的划分不能保证左、右子树的相对平衡。所以采用的方式是在划分维度确定后，以该维度上所有数据的中值作为划分基准，比较所选维度上的其他数据和该中值的大小，从而得出集合 X 和集合 Y，采用这种划分方式可以得到数据个数大致相同的两个子集合。

举一个二维例子构建 kd-tree。假设有 6 个点 $\{(1,4),(3,6),(5,8),(8,2),(9,1),(4,3)\}$，空间划分如图 1.26 所示，开始建树：

第 1 步，因为这些点是二维空间内的点，所以分别计算 x 和 y 两个方向的方差。x 方向的平均值为 $(1+3+5+8+9+4)/6=5$，方差为 $(16+4+0+9+16+1)/6=7.67$；y 方向的平均值

为 $(4+6+8+2+1+3)/6=4$，方差为 $(0+4+16+4+9+1)/6=5.67$。因为 x 方向的方差比较大，因此对 x 方向的 {1,3,5,8,9,4} 排序，找到中位数 5，因此此树的根节点为 (5,8)，而且将数据分为两个部分，左子树部分 {(1,4),(3,6),(4,3)} 和右子树部分 {(8,1),(9,2)}。

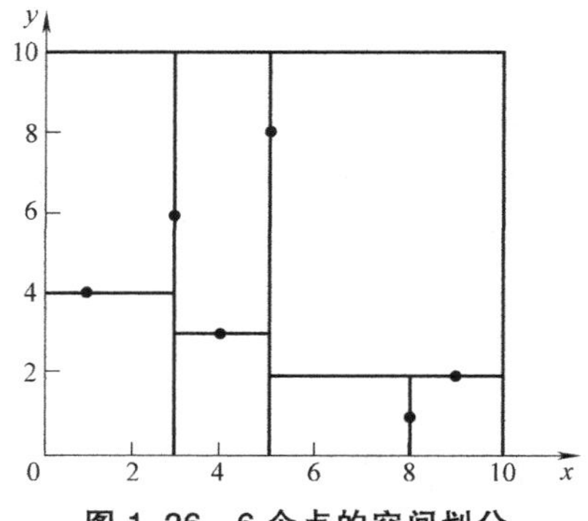

图 1.26　6 个点的空间划分

第 2 步，对上述两组数据重复第 1 步操作，以第一组数据为例进行处理。x 方向的平均值为 $(1+3+4)/3=2.67$，方差为 1.55；y 方向的平均值为 $(4+6+3)/3=4.33$，方差为 1.00。对 x 和 y 方向的方差进行比较，选取方差较大的方向，所以对 x 方向的 {1,3,4} 排序，找到中位数 3，因此此树的根节点为 (3,6)，而且将数据分为两个部分 {(1,4)} 和 {(4,3)}，左、右子树分别都只有 1 个数据；另一部分选取根节点 (9,2)，左子树是 (8,1)，右子树是空，此时树的构建完成，如图 1.27 所示。

同理，将一个 k 维数据与 kd-tree 的根节点和中间节点进行比较，只是不对 k 维数据进行整体的比较，而是先选取维度 i，然后在选取的维度 i 上比较两个 k 维数据，即每次以所选取的维度 i 作为基准，然后确定一个与该维度 i 垂直的平面，用该平面将 k 维数据划分成两部分，这样得到了在平面两侧与维度 i 相对应的 k 维数据的两组值，并且这两组值总保持一侧的那组值小于另一侧的那组值。也就是说，对 k 维数据空间每进行一次上述的划分，该空间就会变成两部分，然后继续对得到的两个子空间分别按照上述方法进行划分，就会获得新的子空间，对所有的子空间一直进行这种形式的划分，直到划分得到的子空间不能被划分为止。

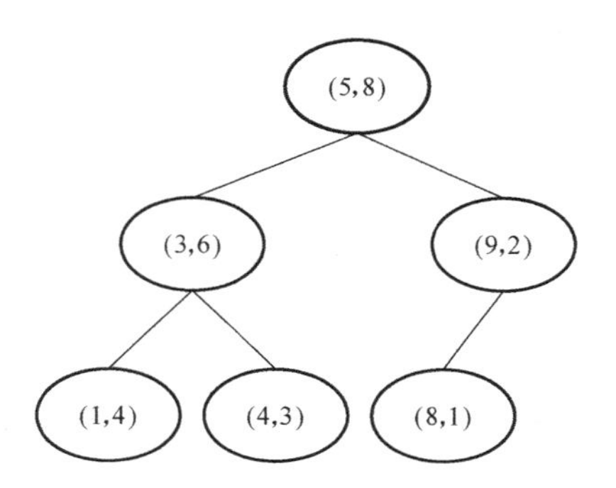

图 1.27　生成的二维 kd-tree

3. 搜索 kd-tree

kd-tree 数据结构将会大大减少近邻点的搜索时间，因为 kd-tree 数据结构的点云数据建立完成后，要拼接的点云数据将被进行空间划分，给每一个空间点添加索引，方便查找。

(1) 空间点云数据的最近邻搜索

空间点云数据的近邻搜索是指在给定一个空间点云数据的 kd-tree 数据结构和该 kd-tree 中的一个数据节点，在整棵树中查找距离该数据节点空间欧氏距离最近的数据节点，这一过程被称为空间点云数据的最近邻搜索。

$$d(x,y)=\sqrt{(x_1-y_1)^2+(x_2-y_2)^2+\cdots+(x_n-y_n)^2}=\sqrt{\sum_{i=1}^{n}(x_i-y_i)^2} \tag{1-1}$$

针对空间三维两点 $a\ (x_1,\ y_1,\ z_1)$ 与 $b\ (x_2,\ y_2,\ z_2)$ 间的欧氏距离为

$$d_{12}=\sqrt{(x_1-x_2)^2+(y_1-y_2)^2+(z_1-z_2)^2} \tag{1-2}$$

实现这一搜索的基本思路很简单，主要分为二叉空间搜索和回溯查找两个基本步骤，具

体的实现思路如下所述，具体的最近邻搜索流程如图 1.28 所示。

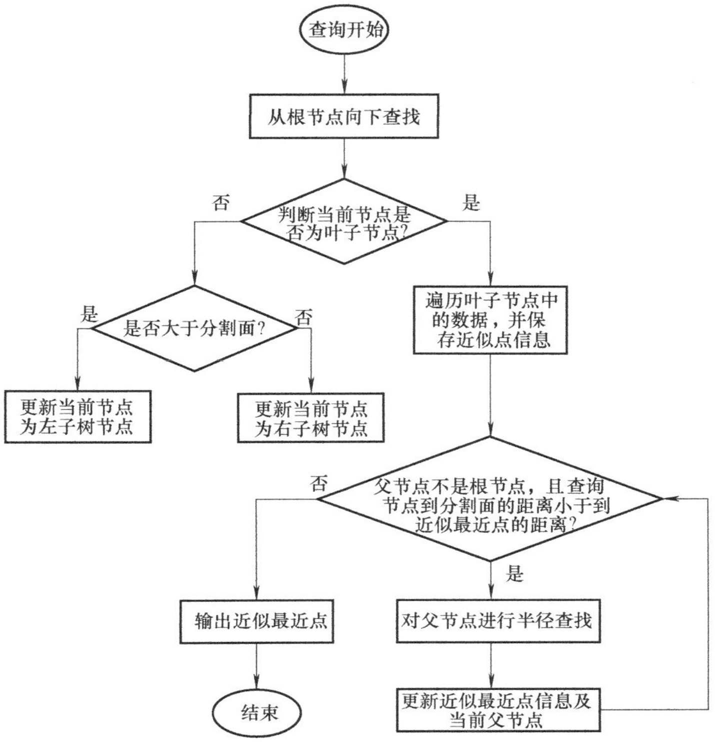

查询开始
从根节点向下查找
判断当前节点是否为叶子节点?
否
是
是否大于分割面?
是
否
更新当前节点为左子树节点
更新当前节点为右子树节点
遍历叶子节点中的数据，并保存近似点信息
父节点不是根节点，且查询节点到分割面的距离小于到近似最近点的距离?
否
是
输出近似最近点
对父节点进行半径查找
结束
更新近似最近点信息及当前父节点

图 1.28　三维点云 *kd*-tree 最近邻搜索流程

第 1 步，使用二叉树搜索的方法沿着 *k*d-tree 的节点一直搜索到叶节点，该叶节点作为待查询点的近似最近邻点，也就是在三维点云数据空间 *k*d-tree 的叶节点的空间超矩形中寻找待查询节点的近似最近邻，具体思路是比较待查询节点和同一分割维度下轴点的值，小于轴点在分割维度下的值就进入左子树分支进行搜索查询，反之就进入右子树分支进行搜索查询，直到搜索查询进入三维点云数据空间 *k*d-tree 的叶节点。

第 2 步，回溯搜索路径判断。搜索路径上节点的其他子节点空间中是否可能存在距离查询点更近的数据点。若存在，则将搜索路径跳转到其他子节点空间以搜索最近的点。

第 3 步，重复此过程，直到搜索路径为空。

在第 2 步的回溯搜索过程中，需要用到一个队列，存储需要回溯的点，在判断其他子节点空间中是否可能有更接近查询点的数据点时，以查询点为圆心，当前的最近距离为半径作候选超球。若候选超球与回溯点的轴平面相交，则将轴平面另一侧的节点加入回溯队列，如图 1.29 所示假设标记为五角星的点是待查询点，点 1 是在同一叶节点空间超矩形内找到的近似点，但是在其他叶节点的空间超矩形内存在欧氏距离更近的点，这时就会进行回溯搜索，创建候选超球进行候选节点的入栈出栈操作。

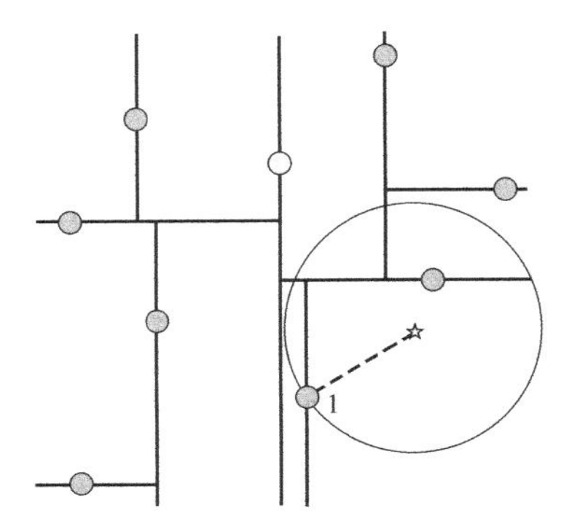

图 1.29　进行回溯搜索的条件

判断回溯点的轴是否与候选超球相交可以通过候选超球的球心与回溯点的轴的距离是否大于候选超球的半径来实现，具体方法如图 1.30 所示。

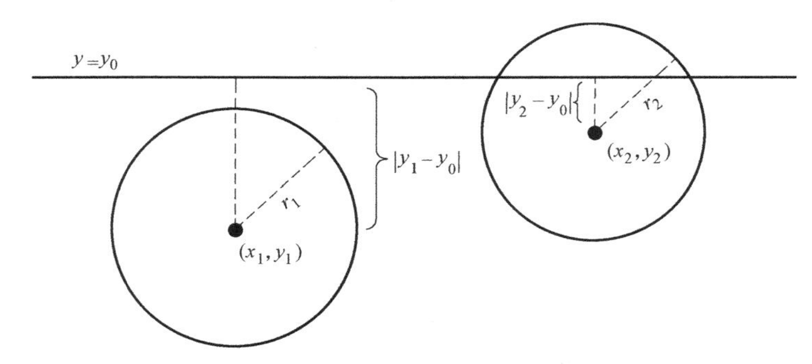

图 1.30　回溯点轴与候选超球相交的判断

同样以二维类比三维，举一个二维空间树最近邻点查找的例子。构建的二维空间树如图 1.31 所示，查找点（2,4.5）的最近邻点，在点（7,2）处进行查找，沿着搜索路径到达点（5,4），接着向下进行搜索，到达点（4,7），点（4,7）为该二维空间树的叶节点，然后当前的搜索路径为<(7,2),(5,4),(4,7)>，点（4,7）就是当前搜索路径下的最近邻的最佳节点，空间欧氏距离为 3.202。

接着回溯至点（5,4），以点（2,4.5）为圆心，以空间欧氏距离 3.202 为半径画一个圆，该候选超球与超平面 $y=4$ 相交，如图 1.30 所示，此时要进行搜索的路径就要转到点（5,4）的左子空间中。这样点（2,3）就会进入记录搜索路径的栈，栈内存放的节点为<(7,2),(2,3)>；另外，点（5,4）与点（2,4.5）的空间欧式距离为 3.04，小于之前的 3.202，所以点（5,4）就会成为待查询点的最近邻点。搜索根据栈内存放的数据点接着回溯，至点（2,3），由于点（2,3）是叶节点，计算点（2,3）与待搜索点（2,4.5）之间的欧式距离，计算得到距离为 1.5，小于 3.04，这时最近邻点更新为点（2,3）。搜索过程接着回溯，栈内的数据点（7,2）出栈，以点（2,4.5）为圆心，以空间欧氏距离 1.5 为半径画一个圆，该候选超球并不与超平面 $x=7$ 相交，至此栈内的数据点全部出栈，最近邻点的搜索过程结束，查找到的最近邻点为点（2,3），最近距离为 1.5。

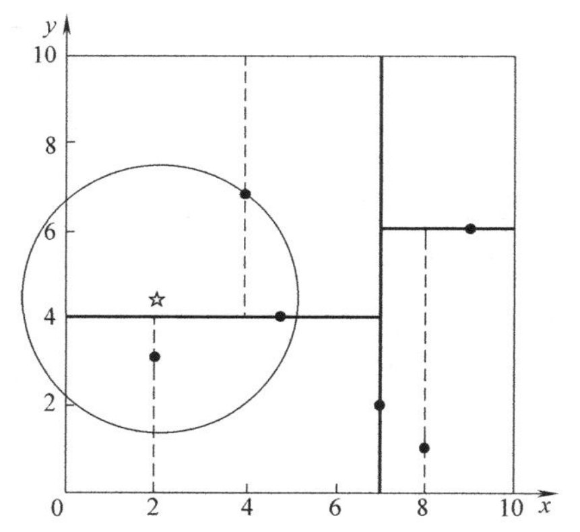

图 1.31　二维空间树的最近邻搜索

（2）空间点云数据的 KNN 搜索

KNN 即 K-Nearest-Neighbor，顾名思义，KNN 搜索是指通过一定的搜索算法找到待查询点与其他空间点中欧氏距离最近的 k 个点。查找的时候与找最近邻类似，只是 KNN 搜索中，需要维护存放第 k 个近邻点和待查询点之间的最大距离的变量和一个存放当前近邻点的数据结构，通过 KNN 搜索可以快速查找指定节点距离最近的 k 个数据点。

1.4.4　多视拼合

采用 4PCS 算法来完成粗拼接阶段两帧点云的拼接，4PCS 算法依据在拼接过程中，被扫描物体或场景中的共面四点在不同视角下仿射不变的特性来进行共面四点对的查找。4PCS 算法的基本流程是从三维点云 P 中选取共面四点作为基础点集 B，在另一帧三维点云 Q 中找到所有与基础点集 B 近似全等的四点共面集合，通过最小二乘法计算基础点集 B 与近似全等共面四点集之间的刚性变换，寻找满足不确定度 δ 的最优解。

仿射变换是指空间坐标线性变换和平移变换的结合。仿射变换具有以下特点：在给定的三个共线点 $\{a,b,c\}$ 中，比例 $r=\frac{\|a-b\|}{\|a-c\|}$是不变的。Huttenlocher 利用仿射变换的这一特性，在待拼接点云中寻找近似仿射变换相等的共面四点对，将共面四点对作为近似全等四点集，判断近似全等四点集与给定的基础点集合是否重合来进行点云拼接。

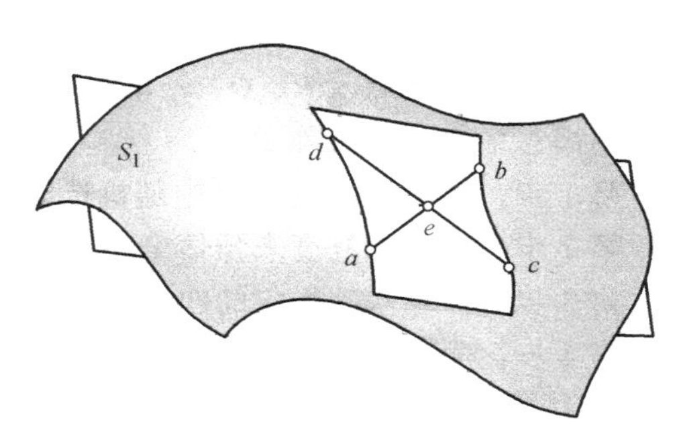

图 1.32 共面四点集合

在 4PCS 算法中，关键步骤是在三维点云中寻找合适的共面四点，下面以二维的四点计算为例，进行仿射不变四点对的计算。如图 1.32 所示，在共面不全共线的四点 $\{a,b,c,d\}$ 中定义两个独立的比，计算式为

$$\begin{cases} r_1=\|a-e\|/\|a-b\| \\ r_2=\|c-e\|/\|c-d\| \end{cases} \tag{1-3}$$

r_1 和 r_2 在仿射变换中是唯一且不变的，这样就可以定义仿射变换中的唯一四点。根据以上方法，在数量为 n 的点集 Q 中，可以确定近似共面的四点集合，通过下式计算点集 Q 中任意两点 q_1 和 q_2 的交点

$$\begin{cases} e_1=q_1+r_1(q_2-q_1) \\ e_2=q_1+r_2(q_2-q_1) \end{cases} \tag{1-4}$$

交点近似相同的任意两点 q_1 和 q_2，便属于符合要求的基础点的仿射对应点，四点仿射不变量如图 1.33 所示。

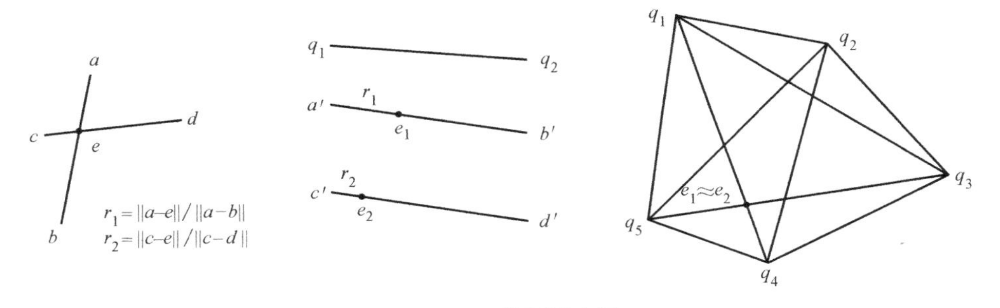

图 1.33 仿射不变量

与二维类似，在空间近似全等四点搜索算法就是在一帧给定的三维点云中选取共面四点的基础点集，同时在给定误差范围内从另一帧三维点云中搜索与基础点集近似全等的四点集合。

具体的算法思路总结如下：

第 1 步，计算基础点集的仿射不变比 r_1 和 r_2。

第 2 步，使用上述算法在另一帧点云中寻找满足条件的近似全等四点集合。

第 3 步，对近似全等四点集合进行筛选，剔除原始位置不合理的四点对。

第 4 步，在近似全等四点集合中，通过最小二乘法确定最佳变换矩阵。

对于待拼接的三维点云，满足条件的近似全等四点集的数量为 $O(n)$ 和一个常数的和，搜索算法的时间复杂度为 $O(n^2)$。当不确定度 $\delta=0$ 时，搜索得到的近似全等四点集的个数限制在其上界 $O(n^{5/3})$ 之内。

4PCS 算法步骤具体如下：

输入：待拼接点云 P、Q，不确定度 δ。

输出：最佳变换矩阵 $\boldsymbol{T}$。

第 1 步，在待拼接点云 P 中随机选取共面三点。

第 2 步，使用重复度来预估第四个点与其他三点的最大距离，确定基础点集 B。

第 3 步，计算基础点集的四点仿射不变比 r_1 和 r_2。

第 4 步，通过近似全等共面四点集搜索法，搜索待拼接点云 Q 上所有满足条件的四点集 $U=\{U_1,U_2,\cdots,U_x\}$。

第 5 步，点集 U 中的每一个 U_i 与点集 B 计算变换矩阵 $\boldsymbol{T}_i$。

第 6 步，根据不确定度 δ，筛选满足条件的 $\boldsymbol{T}_i$。

第 7 步，对这些变换矩阵 $\boldsymbol{T}_i$ 进行评估，确定最佳变换矩阵 $\boldsymbol{T}$。

第 7 步中的评估方法为从待拼接点云 P 中选取固定数量的点云，使用变换矩阵 $\boldsymbol{T}_i$ 对选取的点云进行刚性变换，变换完成后通过近邻搜索算法寻找 Q 中的最近邻域，最近邻域中的匹配点数量作为评估标准，匹配点数量越多，评估得分越高，最后选取最优的 $\boldsymbol{T}_i$ 为最佳变换矩阵 $\boldsymbol{T}$。

当三维点云中空间点的数量为 n 时，空间近似全等四点搜索算法的时间复杂度为 $O(n^2)$，实时三维扫描过程中，每一帧点云中三维点的数量巨大，这样会导致整个过程的时间成本极高。以两帧点云中曲率特征明显的点作为新的点集来进行 4PCS 粗配准，这样大大减少了四点集合的筛选难度，降低了共面四点集的个数，提高算法的时间效率，同时匹配点对具有很关键的几何信息，会使粗配准效果更加明显（图 1.34）。

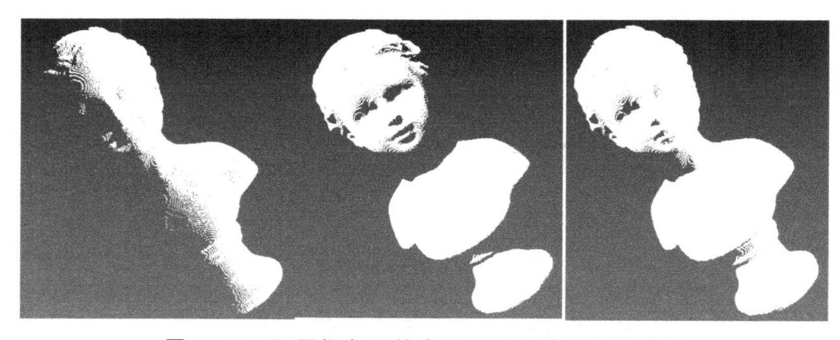

图 1.34　不同视角下的点云 4PCS 的粗拼接效果

1.4.5　数据精简

冗余数据表示的是在原始数据中大量的数据存在相关性，它们直接所表达的物理信息有重复，在进行数据处理之前可以对这些数据进行处理，减少数据量，降低数据的处理难度。处理数据的时候可以只使用这些数据的一部分，用部分数据来完成建模，通过抽样简化使处理数据量大幅降低。这样可以极大地提高数据处理速度和模型精度。

因此引入 k 均值聚类方法对点云数据进行分类，将每一聚类中的点云数据拟合成曲面，通过比较每一点的均方根曲率值和所有点均方根曲率的平均值来删减点云数据，达到点云精简的目的。k 均值聚类方法不同于包围盒法，此方法考虑到点云整体的形状，根据距离直接进行点云分类，不需要建立格网，提高了程序运行的速度。

k 均值聚类算法是硬聚类算法的一种，根据目标函数进行聚类。目标函数为点云数据到初始聚类中心的欧式距离。具体过程如下：

1）原始点云数据 $\boldsymbol{P}=(p_1,p_2,\cdots,p_n)$，给定分类组数 B（$B\leqslant n$），根据 B 值的大小，点云数据会随机产生 B 个聚类中心 $\boldsymbol{O}=(O_1,O_2,\cdots,O_B)$。

2）计算所有点云数据 $\boldsymbol{P}$ 与每个聚类中心 $\boldsymbol{O}$ 的欧式距离，根据距离的最小值选择最近的聚类，从而得到 B 个聚类。

3）分别计算每个聚类中的点云数据的中心值，作为新的聚类中心。

4）所有点云数据按照新的聚类中心重新聚类。

5）重复3)、4）步，直到聚类中心不再变化，以此得到的 B 个聚类即为聚类结果。

根据每个聚类中的点云数据利用最小二乘法拟合曲面，并计算每个三维点的均方根曲率值。设曲面方程为

$$z=a_0+a_1x+a_2y+a_3x^2+a_4y^2+a_5xy$$

令 $u=\dfrac{\partial z}{\partial x}$，$v=\dfrac{\partial z}{\partial y}$，从而得出

$$E=1+u^2,\ F=uv,G=1+v^2$$

$$L=\frac{\dfrac{\partial u}{\partial x}}{\sqrt{1+u^2+v^2}},\ M=\frac{\dfrac{\partial u}{\partial y}}{\sqrt{1+u^2+v^2}}=\frac{\dfrac{\partial v}{\partial x}}{\sqrt{1+u^2+v^2}},\ N=\frac{\dfrac{\partial v}{\partial y}}{\sqrt{1+u^2+v^2}}$$

则高斯曲率为

$$K=k_1k_2=\frac{LN-M_2}{EG-F_2}$$

平均曲率为

$$H=\frac{k_1+k_2}{2}=\frac{EN-2FM+GL}{2(EG-F^2)}$$

均方根曲率为

$$C=\sqrt{\frac{{k_1}^2+{k_2}^2}{2}}=\sqrt{2H^2-k}$$

选用均方根曲率为点云精简的依据。以第 i（$i=1,2,\cdots,B$）个聚类为例，根据聚类中各点的均方根曲率 C_{ij}（表示第 i 个聚类中的第 j 个点云数据的均方根曲率），计算出均方根曲率的平均值 $\overline{C}_i$，比较 C_{ij} 和 $\overline{C}_i$ 的大小。若 $C_{ij}<\overline{C}_i$，则认为此点曲率过小，所包含的特征信息较少，故删除该点；若 $C_{ij}>\overline{C}_i$，则认为此点曲率过大，所包含的特征信息较大，应保留

该点。精简示例如图 1.35 所示。

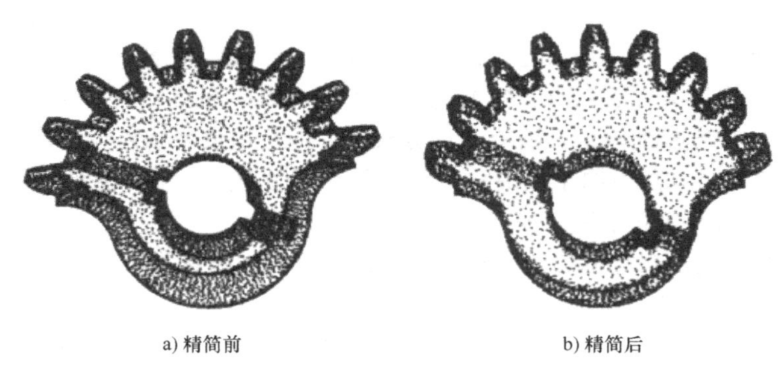

a) 精简前　　b) 精简后

图 1.35　精简前后对比

1.4.6　数据降噪

三维激光扫描仪在扫描获取点云数据的时候，不可避免地会产生一些误差较大的点，这些误差较大的点就称为噪声点。在建立三维模型时，这些噪声会产生很大的影响，因此必须将其剔除。如果不进行去噪工作，建立出来的三维模型与原有实体会有很大差异，曲面拟合的质量和三维模型建立的精度就不满足要求。大尺度噪声点指那些与点云模型主体关联性小，或距离点云模型主体中心较远的错误点；小尺度噪声点指那些与点云模型主体表面关联，或与点云模型真实点混杂的表面点。

采用统计滤波和半径滤波去除大尺度噪声点。统计滤波指对查询点与邻域点集之间的距离进行统计分析，并去除一些不在设定范围内的大尺度噪声。三维点云模型中的第 n 个数据点记为 q_n（$n=1,\ 2,\ 3,\ \cdots,\ s$），假设 q_n 到任意点的距离为 d_i，则 q_n 到它所有 k 个邻近点的平均距离 $D_{\text{avt-}n}$ 用高斯分布（均值为 μ，标准差为 σ）表示为

$$D_{\text{avt-}n}=\frac{\sum_{i=1}^{k}d_i}{k} \tag{1-5}$$

设定标准范围 $S_{\text{pa-}n}$，用于判断模型中的数据点是否为噪声点，计算为

$$S_{\text{pa-}n}=\mu\pm g\sigma\quad(g=1,2,\cdots)$$

根据平均距离 $D_{\text{avt-}n}$ 和标准范围 $S_{\text{pa-}n}$ 选择相应的点。当点 q_n 对应的平均距离 $D_{\text{avt-}n}$ 大于标准范围 $S_{\text{pa-}n}$ 时，则删除该点；反之，则保留该点。如图 1.36 所示，以 $k=4$ 为例，随机选取模型中一个数据点，计算其周围四个邻近点的平均距离 $D_{\text{avt-}n}$，只有 b 点被删除。

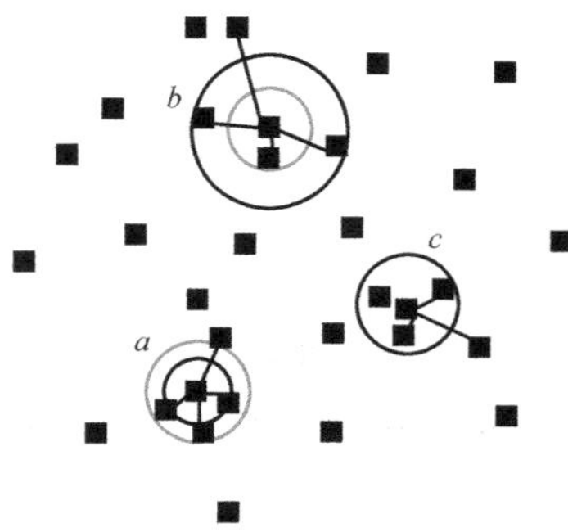

图 1.36　降噪原理

对于小尺度的噪声点，将三维点云模型表面的噪声点依次沿着数据点的法向量方向移动，逐渐调整噪声点的坐标和位置。

双边滤波的表达式为

$$p_i'=p_i+\alpha n_i$$

式中，p_i'为滤波后的点云数据；p_i 为原始点云数据；α 为

双边滤波权重因子；n_i 为点 p_i 的法向量。

$$\alpha = \frac{\sum_{p_j \in N(p_i)} \omega_c(\|p_i - p_j\|)\omega_s(\| < n_i, n_j > - 1\|) < p_i - p_j, n_j >}{\sum_{p_j \in N(p_i)} \omega_c(\|p_i - p_j\|)\omega_s(\| < n_i, n_j > - 1\|)}$$

光顺平滑权函数是标准高斯滤波，定义为

$$\omega_c(x) = \exp[-x^2/(2\sigma_c^2)]$$

特征保持权函数也是标准高斯滤波，定义为

$$\omega_s(y) = \exp[-y^2/(2\sigma_s^2)]$$

式中，σ_c 为数据点 p_i 到其邻近点的距离对 p_i 的影响因子，主要反映每个采样点的双边滤波因子的切向影响范围及控制光顺程度；σ_s 为数据点 p_i 到邻近点的距离在其法向上的投影对数据点 p_i 的影响因子，主要反映每个采样点的双边滤波因子的法向影响范围及控制特征保持程度。

算法步骤如下：

第 1 步，对于每个数据点 p_i 进行 k 邻域搜索，求出它的 k 个最近邻域点 $N(p_i)$。

第 2 步，散乱点云法向量估计。遍历三维点云模型中的每个数据点 p_i，在 k 邻域用主成分分析法获得数据点 p_i 的法向量的基础上，通过法向一致性调整，使得所有法向量都朝向模型的外侧。

第 3 步，求出每个邻域点的光顺平滑权函数参数和特征保持权函数参数，分别代表点 p_i 到邻域点 p_j 的距离 $x = | p_i - p_j |$ 和点 p_i 的法向量与邻域点 p_j 的法向量两者的内积 $y = \boldsymbol{n}_i \cdot \boldsymbol{n}_j$。

第 4 步，将第 3 步的结果代入公式计算出光顺平滑权函数 $\omega_c(x)$ 和特征保持权函数 $\omega_s(y)$。

第 5 步，将第 4 步的结果代入式（1-8），计算出改进双边滤波因子的值 α'。

第 6 步，调整数据点 p_i 的几何位置。通过式（1-7）计算使用改进双边滤波后的新数据点 p_i'的位置，将采样点 p_i 移动到新的几何位置 p_i'处。

第 7 步，当遍历完所有数据点后，得到光顺去噪后的新点云模型，算法终止。

降噪示例如图 1.37 所示。

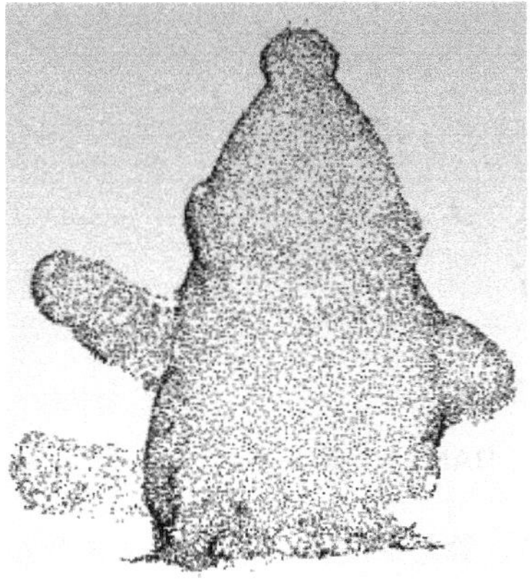

图 1.37　降噪示例

1.4.7　数据分割

数据分割是提取点云中的不同物体，从而实现分而治之、突出重点、单独处理的目的。在现实点云数据中，往往对场景中的物体有一定的先验知识。对于复杂场景中的物体，其几何外形可以归结于简单的几何形状。这为分割带来了巨大的便利，因为简单几何形状是可以用方程来描述的，或者说，可以用有限的参数来描述复杂的物体。而方程则代表物体的拓扑抽象。于是，RANSAC（Random Sample Consensus）算法可以很好地将此类物体分割出来。

RANSAC 算法步骤：

第 1 步，假定模型（如直线方程），并随机抽取 Nums 个（以 2 个为例）样本点，对模型进行拟合，如图 1.38 所示。

第 2 步，由于不是严格线性，数据点都有一定波动，假设容差范围为 sigma，找出距离拟合曲线容差范围内的点，并统计点的个数，如图 1.39 所示。

第 3 步，重新随机选取 Nums 个点，重复第 1 步～第 2 步的操作，直到迭代结束，如图 1.40 所示。

第 4 步，每一次拟合后，容差范围内都有对应的数据点个数，找出数据点个数最多的情况，就是最终的拟合结果，如图 1.41 所示。

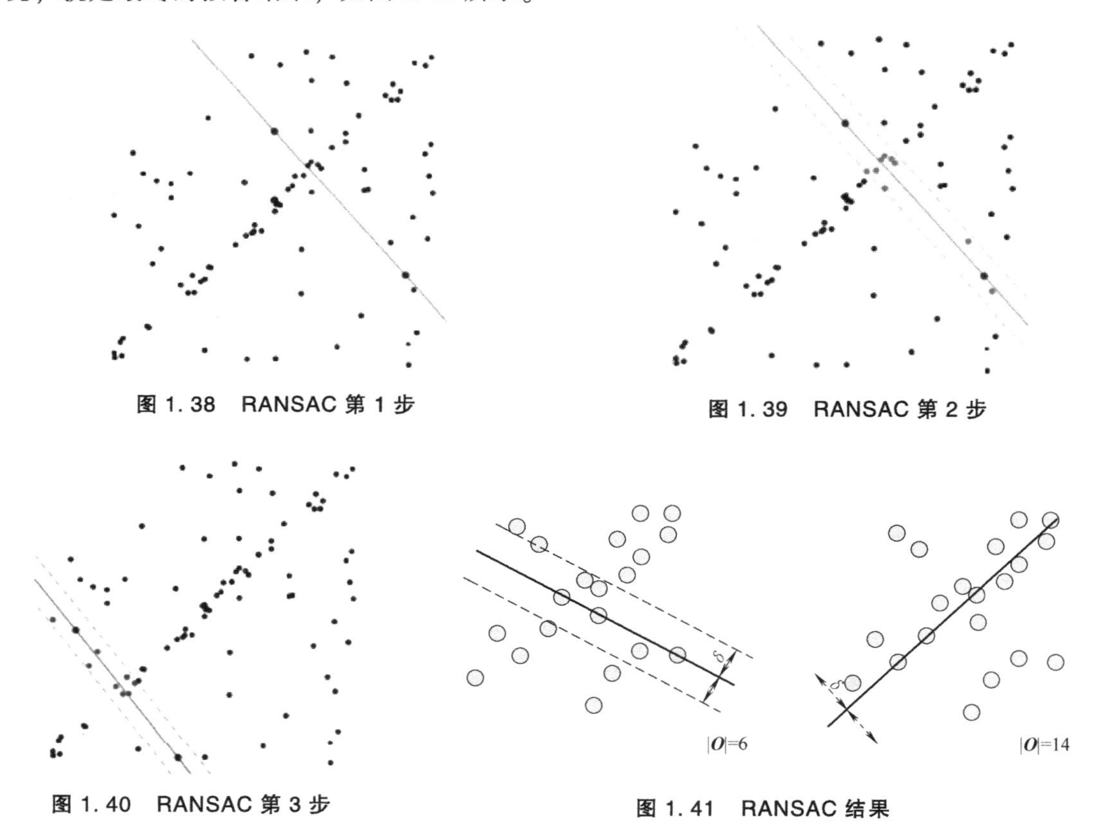

图 1.38　RANSAC 第 1 步

图 1.39　RANSAC 第 2 步

图 1.40　RANSAC 第 3 步

图 1.41　RANSAC 结果

RANSAC 算法的输入是一组观测数据、一个可以解释者适用于观测数据的参数化模型、一些可信的参数。RANSAC 通过反复选择数据中的一组随机子集来达成目标。被选取的子集被假设为局内点，并用下述方法进行验证：

1）有一个模型适应于假设的局内点，即所有的未知参数都能从假设的局内点计算得出。

2）用1）中得到的模型去测试所有的其他数据，如果某个点适用于估计的模型，那么认为它也是局内点。

3）如果有足够多的点被归类为假设的局内点，那么估计的模型就足够合理。

4）用所有假设的局内点去重新估计模型，因为它仅被初始的假设局内点估计过。

5）通过估计局内点与模型的错误率来评估模型。

RANSAC算法伪代码：

```
输入：
data——一组观测数据
model——适用于数据的模型
n——适用于模型的最少数据个数
k——算法的迭代次数
t——用于决定数据是否适用于模型的阈值
d——判定模型是否适用于数据集的数据数目
输出：
best_model——与数据最匹配的模型参数（如果没有找到好的模型，返回null）
best_consensus_set——估计出模型的数据点
best_error——与数据相关的估计出的模型错误
开始：
iterations=0
best_model=null
best_consensus_set=null
best_error=无穷大
while（iterations<k）
    maybe_inliers=从数据集中随机选择n个点
    maybe_model=适用于maybe_inliers的模型参数
    consensus_set=maybe_inliers
    for（每个数据集中不属于maybe_inliers的点）
    if（如果点适合于maybe_model，且错误小于t）
      将点添加到consensus_set
    if（consensus_set中的元素数目大于d）
    已经找到了好的模型，现在测试该模型到底有多好
    better_model=适用于consensus_set中所有点的模型参数
    this_error=better_model究竟如何适用于这些点的度量
    if（this_error<best_error）
      发现了比以前好的模型，保存该模型，直到更好的模型出现
      best_model=better_model
    best_consensus_set=consensus_set
```

best_error = this_error

增加迭代次数

返回 best_model，best_consensus_set，best_error

RANSAC 算法应用于三维点云数据，通过随机取样剔除局外点，构建一个仅由局内点数据组成的基本子集。当从采集到的点云数据中提取目标区域时，首先针对性地设计出目标判断准则模型，然后利用该判断准则通过迭代剔除目标区域以外的点云数据。该算法要求在一定的概率下，基本子集最小抽样数 M 与至少取得一个良性取样子集的概率 $P(P>\varepsilon)$ 满足关系

$$P=1-[1-(1-\varepsilon)^m]^M$$

式中，ε 为数据错误率；m 为计算模型参数需要的最小数据量。

设点云数据为 P_k (x_k, y_k, z_k)，具有明显的几何特征，可以近似看作一个椭球体，用方程表示

$$\frac{x_k^2}{a^2}+\frac{y_k^2}{b^2}+\frac{z_k^2}{c^2}=d$$

式中，(a, b, c) 为平面法向量，且 $a^2+b^2+c^2=1$；d 为坐标原点到曲面的距离。

假设要提取的目标点云为 $R=(x_k, y_k, z_k)(k=1, 2, \cdots, n, n$ 为点云总数$)$，基本矩阵 $\boldsymbol{M}$ 满足式

$$\begin{cases}(x_k,y_k,z_k,-1)\boldsymbol{M}=0\\ \boldsymbol{M}=(a,b,c,d)^{\mathrm{T}}\end{cases}$$

基本矩阵具有 3 个自由度，因此需要至少 3 个数据点才能计算。为了较大地提高点云数据计算效率，最大限度地提高分割准确性，下面直接利用随机选出的 3 个原始数据点作为内点得到参数初始值，然后寻找点云集合中其他的内点。本书改进了文献中的判断准则选取办法，通过计算点云数据 P_k (x_k, y_k, z_k) 到曲面 Q (a, b, c, d) 的欧氏距离来设置判断内外点的条件。

$$d(P_k,Q)=|ax_k+by_k+cz_k-d|$$

本算法局内点与平面之间的距离不是理论上的零值，而是通过设定合适的容忍值阈值 δ 来近似地拟合目标曲面。

第 1 步，从采集到的目标数据中随机选择 3 个点，接着计算初始设定的模型参数并设置目标点云数据中所有的点距离阈值。如果模型与点之间的距离小于该阈值，那么此点即是局内点；否则为局外点。

第 2 步，计算局内点的个数，判断该值是否大于设定的阈值。如果大于设定值，则用内点重新估计模型，作为模型输出，并且保存所有内点作为分割的结果；如果小于设定值，则与当前最大局内点个数对比，大于的话则取代当前最大局内点个数，存储当前的模型系数。

第 3 步，进行迭代计算，直到分割出有效目标点集。

分割示例如图 1.42 所示。

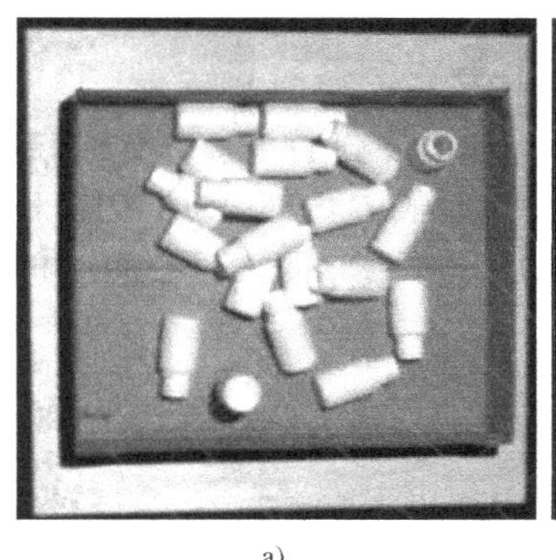
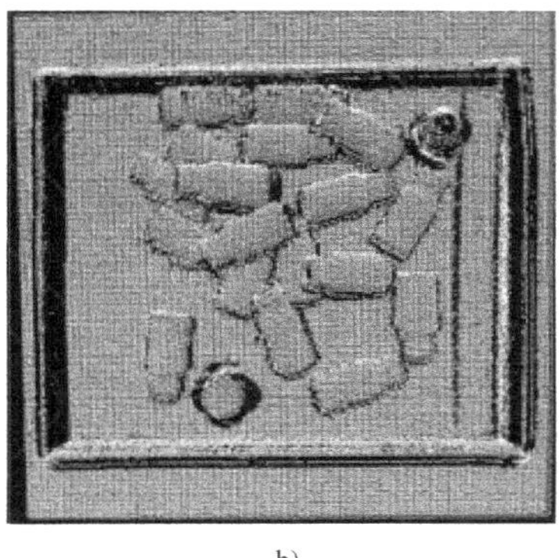
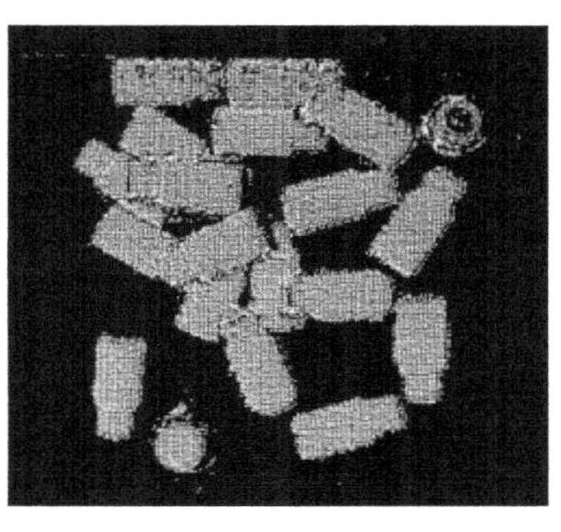

a)　　b)　　c)

图 1.42　数据分割示例

1.5　基于点云数据的表面重建

1.5.1　三维曲面表示

在数学领域，三维曲面的表示形式主要可分为参数表示、显示表示和隐式表示。曲面的参数表示形式便于对曲面进行平移、旋转、比例缩放等几何变换，因此是计算机图形学中最常用的曲面表示形式，但是参数表示法只能表示形状和拓扑结构较简单的曲面。曲面的显示表示，实际上就是用一个确定的函数来表示曲面，但并不是所有的曲面都存在显示表示式。曲面的隐式表示是将曲面表示为一个三元函数 f 的零等值面，即对曲面上的任意一个数据点 p，满足

$$f(p)=0 \tag{1-6}$$

所以曲面的隐式表示定义为：$s=\{p\in\mathbf{R}^3 \mid f(p)=0\}$。另外，根据点与曲面的相对位置，定义函数值的符号：若点 p 位于曲面内部，则 $f(p)<0$；相应地，若点 p 位于曲面外部，则 $f(p)>0$。对于一个连续可微的隐式曲面函数，曲面上任意一个点 p_i 的法向量 $\boldsymbol{n}_i$ 与函数在该点处的梯度应该相等，即

$$\boldsymbol{n}_i=\nabla f(p_i)=\left(\frac{\partial f}{\partial x}(p_i),\frac{\partial f}{\partial y}(p_i),\frac{\partial f}{\partial z}(p_i)\right)\begin{pmatrix}\boldsymbol{i}\\ \boldsymbol{j}\\ \boldsymbol{k}\end{pmatrix} \tag{1-7}$$

式中，p_i 为第 i 个样本点；$\boldsymbol{n}_i$ 为第 i 个样本点的法向量。

隐式表示简单有效，不仅可以表示简单曲面，还可以表示形状及拓扑结构复杂的曲面，同时也便于对曲面进行分析，故该表示形式在构造三维曲面模型上有着不可替代的优势。隐式表示的优势使得越来越多的国内外学者致力于采用隐式表示重建三维曲面。实际上由隐式表示重建三维曲面的问题可描述如下：

用给定曲面 S 上的离散点集合 P 构造隐函数 $f(p)$，使得 $f(p_i)=0(i=1,2,\cdots,N)$，也就是用函数的零等值面插值或逼近曲面 S。

基于符号距离函数（SDF）的表面重建算法通过符号距离函数来隐式表示重建表面。

1.5.2 基于 SDF 的表面数学模型

1. 符号距离函数

在某一个度量空间 X 中，集合 Ω 的符号距离函数决定任一给定点 x 到 Ω 的边界 $\partial\Omega$ 的距离，点 x 位于 Ω 的内部还是外部则决定符号距离函数的正负号：x 位于 Ω 内部，SDF 的符号为负；x 位于 Ω 外部，SDF 的符号为正（或内部为正，外部为负）。如果 Ω 是度量空间 X 的一个子集，其中距离度量为 d，那么符号距离函数 f 定义为

$$f(x)=\begin{cases}-d(x,\partial\Omega) & (x\in\Omega)\\ d(x,\partial\Omega) & (x\in\Omega^{c})\end{cases} \tag{1-8}$$

式中，x 为任意一个给定点；$\partial\Omega$ 为 Ω 的边界；$d(x,\ \partial\Omega)$ 为 x 到 $\partial\Omega$ 的最小距离。

由符号距离函数的定义，$\partial\Omega$ 上的所有点都满足 $f(x)=0$，而所有满足 $f(x)=0$ 的点都在 $\partial\Omega$ 上。故在二维空间中，$f(x)=0$ 可以用来表示曲线；在三维空间中，则可以用来表示曲面。基于符号距离函数重建算法中，重建表面就是由 $f(x)=0$ 隐式定义的。

三维扫描技术的发展使点云模型中不仅可以包含点的坐标信息，还可以包含每个点对应的颜色信息。因此，基于点云的表面重建可分为两种情况，一种是无颜色点云表面重建，另一种是有颜色点云表面重建。无颜色点云表面重建只对坐标信息进行重建，而有颜色点云表面重建则不仅包含坐标信息的重建，也包含颜色信息的重建。基于上述理论，将表面重建划分为两部分，一部分为坐标信息的重建，另一部分为颜色信息的重建。

2. 表面坐标信息数学模型

为了建造坐标信息的数学模型，首先，定义一个符号距离函数 $f(p)$，并假设当点 p 位于曲面外部时，$f(p)>0$；位于曲面内部时，$f(p)<0$；而位于曲面上的点满足 $f(p)=0$。从上述定义可以看出，重建的表面 S 就是由隐函数 $f(p)=0$ 定义的，其中，p 是曲面上的点。如果 $f(p)$ 是连续函数，则重建的表面 S 是水密表面。

一组有限的有向点集 $P=\{(p_1,n_1),(p_2,n_2),\cdots,(p_N,n_N)\}$ 是对表面 S 进行采样得到的样本点，其中，p_i 表示点集中第 i 个点的坐标，$\boldsymbol{n}_i$ 表示第 i 个点对应的朝向表面外部的法向量，模的大小为 1。由表面 S 的定义可知，如果某点（p，$\boldsymbol{n}$）在曲面上，则该点处的函数应该满足 $f(p)=0$ 且 $\nabla f(p)=\boldsymbol{n}$。因为点集 P 是曲面 S 的局部采样点，所以由插值法的定义，对于点集 P 中的每一个点（p_i，$\boldsymbol{n}_i$）都应满足 $f(p_i)=0$ 且 $\nabla f(p_i)=\boldsymbol{n}_i$，其中，$i=1$，2，…，$N$。但由于扫描、点云处理等过程中会产生误差，所以上述两个等式事实上只是近似成立。将点集 P 中的所有点都考虑在内，然后由最小二乘法的思想，计算残差平方和并将其作为能量函数（在这里，能量函数就是我们所说的数学模型）。分别对上述两个插值条件计算能量函数，可得

$$E_1(f)=\frac{1}{N}\sum_{i=1}^{N}f(p_i)^2, \tag{1-9}$$

$$E_2(f)=\frac{1}{N}\sum_{i=1}^{N}\|\nabla f(p_i)-\boldsymbol{n}_i\|^2. \tag{1-10}$$

式中，p_i 为第 i 个样本点；$\boldsymbol{n}_i$ 为第 i 个样本点的法向量；N 为样本点的数量；$\frac{1}{N}$是为了消除样本点的数量对总能量的影响（此时还没有作用，在加入第三个能量项后才会起作用）；$\|\cdot\|$表示矩阵的 F 范数，矩阵 $\boldsymbol{A}$ 的范数：$\|\boldsymbol{A}\|=\sqrt{\sum_{i=1}^{m}\sum_{j=1}^{n}|a_{ij}|^2}$。

总能量函数为

$$E=\lambda_1 E_1(f)+\lambda_2 E_2(f) \tag{1-11}$$

式中，λ_1 为能量项 $E_1(f)$ 占总能量的权重，正常数；λ_2 为能量项 $E_2(f)$ 占总能量的权重，正常数。

表面坐标信息重建的实质是通过能量函数最小化来使函数 f 逼近重建表面的符号距离函数，满足上述能量函数最小化的函数可能有很多，将这些函数称为 f 的函数族。式（1-11）只规定了位于重建表面附近的点应满足的条件，没有指定远离表面的点应该表现为何种形式，因此，它并不能完全实现对重建表面的约束。故根据该公式估计的表面 S 可能最终会包含远离数据点的伪分量，也就是说重建出的表面可能会存在许多虚假的表面片，如图 1.43 所示。

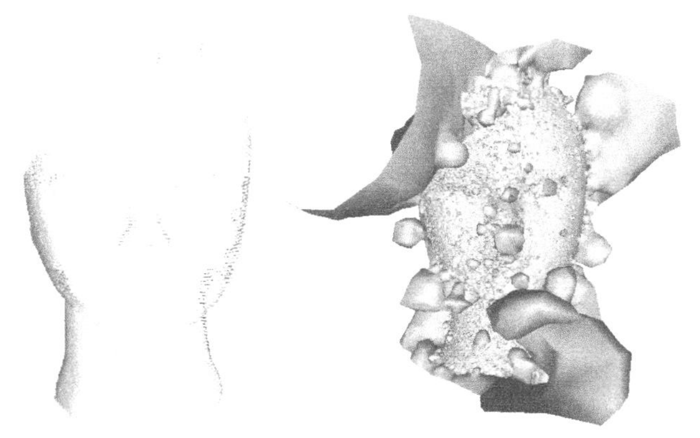

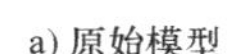

a) 原始模型　　b) 点云模型　　c) 带有虚假表面片的重建表面

图 1.43　带有虚假表面片的重建表面示例

为了获得较好的重建效果，需要再对 $\nabla f(p)$ 的变化速率［$\nabla f(p)$ 的偏导数，即 $f(p)$ 的二阶偏导数 $\boldsymbol{H}(f)$（Hessian 矩阵）］进行约束。因此，在式（1-11）中加入能量项 $E_3(f)$

$$E_3(f)=\frac{1}{|V|}\int_V \|\boldsymbol{H}(f)\|^2 \mathrm{d}p \tag{1-12}$$

式中，V 为重建表面包围盒的体积，$|V|=\int_V \mathrm{d}p$；$\|\boldsymbol{H}(f)\|$ 表示矩阵 $\boldsymbol{H}(f)$ 的 F-范数。

从微积分的角度来说，$E_3(f)$ 代表整个包围盒内所有小单元对应的函数梯度变化速率的总和。使 $E_3(f)$ 最小化就是使函数梯度的变化率最小，即函数的梯度在整个重建表面上是连续变化的，以保证重建表面的光滑性。将 $E_3(f)$ 加到式（1-11）中，总能量函数变为

$$E=\lambda_1 E_1(f)+\lambda_2 E_2(f)+\lambda_3 E_3(f) \tag{1-13}$$

式中，λ_3 为能量项 $E_3(f)$ 占总能量的权重，正常数；λ_1、λ_2 与 λ_3 满足：$\lambda_1+\lambda_2+\lambda_3=1$。

从式（1-13）来看，对于重建表面附近的点，前两个能量项起主导作用，能量函数的最小化使求解出的函数逼近重建表面的符号距离函数；对于远离重建表面的点，第三个能量项起主导作用，使第三个能量项最小化可以使函数在远离数据点处的梯度值几乎保持恒定，也就是将函数限制在了函数族中表示重建表面的符号距离函数的附近。因此，式（1-13）可以较好地实现对重建表面的约束。

从式（1-13）的能量函数可以看出，$E_1(f)$、$E_2(f)$ 和 $E_3(f)$ 都是关于 f 的二次函数，因此可以将能量函数抽象为二次函数 $\boldsymbol{F}^{\mathrm{T}}\boldsymbol{A}\boldsymbol{F}-2\boldsymbol{b}^{\mathrm{T}}\boldsymbol{F}+\boldsymbol{c}$，其中，$\boldsymbol{F}$ 是不同点在函数 f 上对应的函数值形成的一维列向量。当矩阵 $\boldsymbol{A}$ 为对称正定矩阵时（极特殊的情况下，矩阵 $\boldsymbol{A}$ 才会不是对称正定矩阵），能量函数的最小化问题可以转化为线性方程组 $\boldsymbol{AF}=\boldsymbol{b}$ 的解的问题。

3. 表面颜色信息数学模型

点云模型中的颜色信息与坐标信息类似，同样可以根据相似的原理实现颜色信息的重建。点云模型中的颜色信息是通过 RGB 标准表示的。RGB 包含三个颜色通道，以此将颜色信息的提取分为三部分，每一部分完成一个通道的求解。

假设重建表面的其中一个颜色通道对应的函数为 $g(p)$，点集 $P=\{(p_1,n_1,c_1),(p_2,n_2,c_2),\cdots,(p_N,n_N,c_N)\}$ 是对表面 S 进行采样得到的样本点，故在理想情况下，点云模型中的任意一点 p_i 都应满足 $g(p_i)=c_i(i=1,2,\cdots,N)$，$c_i$ 表示 RGB 信息内当前颜色通道对应的颜色值。由最小二乘法构建与颜色相关的能量函数

$$C_1(g)=\frac{1}{N}\sum_{i=0}^{N}[g(p_i)-c_i]^2 \tag{1-14}$$

颜色图的重建同样是使能量函数最小化，以使函数 g 逼近于重建表面的颜色图。满足 $C_1(g)$ 最小化的函数也是一个函数族，$C_1(g)$ 类似于点的坐标信息重建过程中的 $\lambda_1E_1(f)+\lambda_2E_2(f)$，同样没有对远离表面的点进行约束，故在能量函数中加入对梯度的约束

$$C_2(g)=\frac{1}{|V|}\int_V\|\nabla g(p)\|^2\mathrm{d}p \tag{1-15}$$

式中，$|V|$表示与坐标信息重建过程中相同的包围盒的体积；$\nabla g(p)$ 是函数 $g(p)$ 的梯度。则总能量函数为

$$C=\mu_1C_1(g)+\mu_2C_2(g) \tag{1-16}$$

式中，μ_1、μ_2 是两个正常数，分别表示两个能量项占总能量项的比重。

与坐标重建中类似，将式（1-16）抽象为二次函数 $\boldsymbol{G}^{\mathrm{T}}\boldsymbol{B}\boldsymbol{G}-2\boldsymbol{d}^{\mathrm{T}}\boldsymbol{G}+\boldsymbol{e}$，因此，颜色信息的重建同样可以进一步转化为线性方程组 $\boldsymbol{BG}=\boldsymbol{d}$ 的解的问题。

上述定义的表面数学模型 $f(p)$ 与 $g(p)$ 都是连续函数，而在实际的表面重建过程中，为了简化运算，通常需要将连续问题离散化，将复杂的整体计算转化为每个离散小空间内的简单计算。因此，需要对连续函数进行离散处理。

1.5.3 连续函数的离散

本书算法所用到的两种离散方法分别为有限元法与有限差分法。

有限元法主要包含两部分内容：离散和分片插值。离散是一个化整为零的过程，该过程将较大的求解单元分割为许多个微小单元，将整体问题转化为多个小单元内的局部问题。分片插值则是一个化零为整的过程：先在每一个小单元内求解问题，然后将各单元解的线性组合作为总体问题的解。

有限差分法也要先进行化整为零，将求解区域划分为差分网格，然后在每一个小单元内将偏微分方程的导数用差商代替，推导出含有有限个未知数的差分方程组。

离散法的第 1 步是对求解空间的划分，该步的实现在实际重建过程中，假设对求解空间划分完成后，每一个小单元均为一个小立方体。本节主要介绍基于立方体节点求解连续函数

离散化模型的理论与过程，在介绍离散原理之前，先对有限元法中分片插值所采用的三线性插值进行理论推导。

1. 三线性插值

三线性插值是针对三维数据的插值而言的，是对线性插值及双线性插值的扩展。为了获得三线性插值的结果，先对线性插值及双线性插值的插值结果进行推导。

线性插值就是在一维（即直线）上进行的插值。假设直线上有两个点 x_0 与 x_1，其对应的函数值分别为 f_0 和 f_1，线性插值就是要计算区间［x_0，x_1］内的任意一点 x 处的函数值 f，插值点的分布情况如图 1.44 所示。

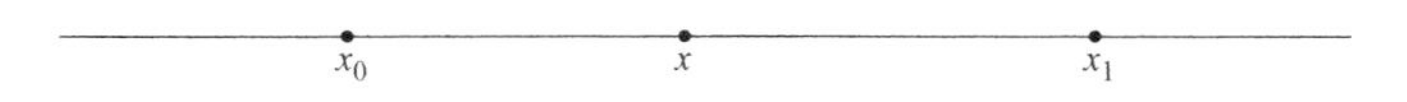

图 1.44　线性插值点的分布情况

由线性插值得

$$\frac{f_1-f_0}{x_1-x_0}=\frac{f-f_0}{x-x_0} \tag{1-17}$$

化简后得到

$$f=\frac{x_1-x}{x_1-x_0}f_0+\frac{x-x_0}{x_1-x_0}f_1 \tag{1-18}$$

若 $x_0=0$，$x_1=1$，此时，区间长度 x_1-x_0 为 1，则式（1-18）可进一步化简为

$$f=(1-x)f_0+xf_1 \tag{1-19}$$

双线性插值，又称为双线性内插，是在二维情况下对线性插值的扩展，其核心思想是在两个方向上分别进行线性插值。假设在二维平面中存在四个点 Q_{11}（x_1，y_1）、Q_{12}（x_1，y_2）、Q_{21}（x_2，y_1）、Q_{22}（x_2，y_2），分布情况如图 1.46 所示。四个点对应的函数值分别为 f_{11}，f_{12}，f_{21}，f_{22}，双线性插值就是根据这四个点的坐标及函数值计算这四个点构成的平面范围内任意一点 P（x，y）处的函数值 f。

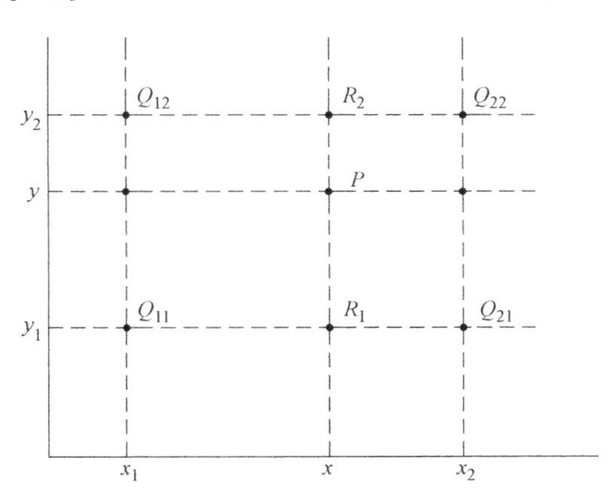

图 1.45　双线性插值点的分布情况

首先，将四个插值点中 y 值相同的两个点作为一组线性插值数据，图 1.45 所示的插值点分布图中，Q_{11} 和 Q_{21} 为一组，Q_{12} 和 Q_{22} 为一组。R_1（x，y_1）和 R_2（x，y_2）分别为点 P 在直线 $Q_{11}Q_{21}$ 与直线 $Q_{12}Q_{22}$ 上的投影。在 x 方向分别对两组数据进行线性插值可得

$$f(R_1)=\frac{x_2-x}{x_2-x_1}f_{11}+\frac{x-x_1}{x_2-x_1}f_{21} \tag{1-20}$$

$$f(R_2)=\frac{x_2-x}{x_2-x_1}f_{12}+\frac{x-x_1}{x_2-x_1}f_{22} \tag{1-21}$$

以R_1与R_2两点作为一组线性插值数据，在y方向进行线性插值，可得点P处的函数值

$$f=\frac{y_2-y}{y_2-y_1}f(R_1)+\frac{y-y_1}{y_2-y_1}f(R_2) \tag{1-22}$$

综合上述三式可得

$$f=\frac{(x_2-x)(y_2-y)}{(x_2-x_1)(y_2-y_1)}f_{11}+\frac{(x-x_1)(y_2-y)}{(x_2-x_1)(y_2-y_1)}f_{21}+\frac{(x_2-x)(y-y_1)}{(x_2-x_1)(y_2-y_1)}f_{12}+\frac{(x-x_1)(y-y_1)}{(x_2-x_1)(y_2-y_1)}f_{22} \tag{1-23}$$

若四个已知点的坐标分别为（0，0）、（0，1）、（1，0）、（1，1），此时，求解区间是以边长为单位长度的正方形区间，则上式可以简化为

$$f=(1-x)(1-y)f_{11}+x(1-y)f_{21}+(1-x)yf_{12}+xyf_{22} \tag{1-24}$$

三线性插值是对双线性插值的进一步扩展，即在三个方向上分别进行线性插值。为了简化运算，直接用单位长度的立方体作为三线性插值的求解区间。以线性插值与双线性插值为基础，将三线性插值分解为两步，如图1.46所示：第1步，在z方向进行四次线性插值，获得与插值点P位于同一平面的四个插值点Q_{11}、Q_{12}、Q_{21}、Q_{22}，这四个插值点与P点的z坐标值相等；第2步，将四个插值点及点P投影到xOy平面，在该投影面上进行双线性插值即可获得插值点P对应的函数值f。这里的推导过程不再赘述，最终得到的三线性插值结果为

$$f=(1-x)(1-y)(1-z)\cdot f_{000}+(1-x)(1-y)z\cdot f_{001}+(1-x)y(1-z)\cdot f_{010}+(1-x)yz\cdot f_{011}+x(1-y)(1-z)\cdot f_{100}+x(1-y)z\cdot f_{101}+xy(1-z)\cdot f_{110}+xyz\cdot f_{111} \tag{1-25}$$

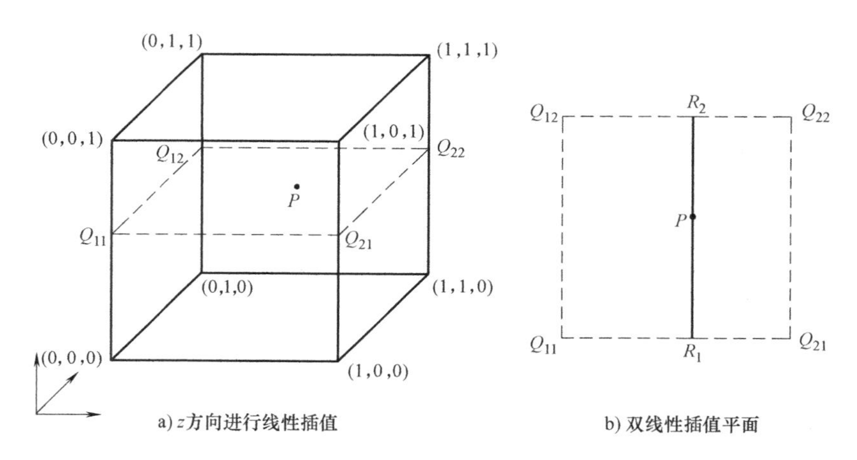

图1.46　三线性插值过程分解

2. 坐标函数的离散

通过隐式函数$f(p)=0$定义了重建表面的坐标信息，式中的符号距离函数$f(p)$是一个连续函数，重建表面上的每一个采样点都满足$f(p_i)=0$。为了获得最终等值面提取阶段所依赖的立方体各顶点的函数值，需要将重建表面采样点对应的函数值通过一定的关系离散化为节点顶点对应的函数值，也就是对坐标函数进行离散化。

（1）已有的连续函数离散算法

Calakli 与 Taubin 提出的基于符号距离函数的表面重建算法中，对函数f采用有限元法进行离散，对函数梯度 ∇f 及函数 Hessian 矩阵 $\boldsymbol{H}(f)$ 则采用有限差分法进行离散。

1）函数的离散。采用某种方式将求解空间划分为有限元单元（节点），以三线性插值作为分片插值的依据，对函数f进行有限元离散。如果点 p_i 位于节点 n 内，则对节点 n 的立方体网格进行单位化，然后由三线性插值得

$$\begin{aligned} f(p_i) = &(1-x)(1-y)(1-z)\cdot f_{n000}+(1-x)(1-y)z\cdot f_{n001}+(1-x)y(1-z)\cdot f_{n010}+\\ &(1-x)yz\cdot f_{n011}+x(1-y)(1-z)\cdot f_{n100}+x(1-y)z\cdot f_{n101}+\\ &xy(1-z)\cdot f_{n110}+xyz\cdot f_{n111} \end{aligned} \tag{1-26}$$

式中，f_{n000}、f_{n001}、f_{n010}、f_{n011}、f_{n100}、f_{n101}、f_{n110} 和 f_{n111} 为单元 n 的第 1 至 8 顶点所对应的函数值；x、y、z 为点 p_i 相对于单元 n 归一化后各个方向上的坐标。

将式（1-26）中的$f(p)$看作 8 个基函数的线性组合，即

$$f(p) = \sum_{i=0}^{7} \varphi_i(p) f_i \tag{1-27}$$

式中，f_i（$i=0$，…，7）对应式（1-26）中的 f_{n000}，f_{n001}，…，f_{n111}；$\varphi_i(p)$ 是式（1-25）中相应的三线性插值系数。上式以向量形式可以表示为

$$f(p)=\boldsymbol{\varphi}(p)^{\mathrm{T}}\cdot \boldsymbol{F} \tag{1-28}$$

$\boldsymbol{\varphi}(p)$ 与 $\boldsymbol{F}$ 都为一维列向量，分别为

$$\boldsymbol{\varphi}(p)=(\varphi_0(p),\varphi_1(p),\varphi_2(p),\varphi_3(p),\varphi_4(p),\varphi_5(p),\varphi_6(p),\varphi_7(p))^{\mathrm{T}}$$

$$\boldsymbol{F}=(f_0,f_1,f_2,f_3,f_4,f_5,f_6,f_7)^{\mathrm{T}}$$

2）函数梯度与函数 Hessian 矩阵的离散。用数值平均法对每一个节点上的梯度进行近似计算：某个方向的梯度值可以近似表示为函数值在该方向上的变化速率。在有限元单元（节点）的每一个方向，都可以根据节点的 8 个顶点的函数值求出四对函数值的差值，对四对差值取平均值，并除以相应方向上节点的边长，就可以获得每个方向上函数值的平均变化率，相应方向上的平均变化率就是该方向上梯度的近似值。由上述理论，可以将节点 n 的梯度 $\nabla_n f$ 表示为矩阵

$$\nabla_n f=\frac{1}{4\Delta_n}\begin{pmatrix} f_{n4}-f_{n0}+f_{n5}-f_{n1}+f_{n6}-f_{n2}+f_{n7}-f_{n3}\\ f_{n2}-f_{n0}+f_{n3}-f_{n1}+f_{n6}-f_{n4}+f_{n7}-f_{n5}\\ f_{n1}-f_{n0}+f_{n3}-f_{n2}+f_{n5}-f_{n4}+f_{n7}-f_{n6} \end{pmatrix} \tag{1-29}$$

式中，Δ_n 为节点 n 的边长。

矩阵的三行元素分别代表梯度在 i、j、k 三个方向的分量。将式中的常数量提取出来，则式（1-29）可进一步表示为

$$\nabla_n f=\frac{1}{4\Delta_n}\begin{pmatrix} -1 & -1 & -1 & -1 & 1 & 1 & 1 & 1\\ -1 & -1 & 1 & 1 & -1 & -1 & 1 & 1\\ -1 & 1 & -1 & 1 & -1 & 1 & -1 & 1 \end{pmatrix}\begin{pmatrix} f_{n0}\\ f_{n1}\\ f_{n2}\\ f_{n3}\\ f_{n4}\\ f_{n5}\\ f_{n6}\\ f_{n7} \end{pmatrix}=\frac{1}{4\Delta_n}\boldsymbol{X}\boldsymbol{F}_n \tag{1-30}$$

式中，矩阵 $\boldsymbol{X}=\begin{pmatrix}-1 & -1 & -1 & -1 & 1 & 1 & 1 & 1\\ -1 & -1 & 1 & 1 & -1 & -1 & 1 & 1\\ -1 & 1 & -1 & 1 & -1 & 1 & -1 & 1\end{pmatrix}$；$\boldsymbol{F}_n=\begin{pmatrix}f_{n0}\\ f_{n1}\\ f_{n2}\\ f_{n3}\\ f_{n4}\\ f_{n5}\\ f_{n6}\\ f_{n7}\end{pmatrix}$。每个节点上的梯度值都可以表示为式（1-30）的形式。

由式（1-30），梯度仅与节点顶点的函数值相关，由于顶点对应的函数值都是常数，所以每一个节点对应的梯度也都是一个常数，也就是在每一个节点内部，梯度的变化速率 $\boldsymbol{H}(f)$ 都为零。同时，两个相邻节点的梯度值通常是不同的，因此，梯度的变化只发生在相邻的两节点之间。通过相邻两节点 m 和 n 的梯度值可以近似求出梯度在这两个节点上的平均变化速率，也就是 $\boldsymbol{H}(f)$ 的某一项，如式（1-31）所示

$$\boldsymbol{H}_{mn}(f)=\frac{1}{\Delta_{mn}}(\nabla_m f-\nabla_n f)=\frac{1}{\Delta_{mn}}\left(\frac{1}{4\Delta_n}\boldsymbol{XF}_n-\frac{1}{4\Delta_m}\boldsymbol{XF}_m\right). \tag{1-31}$$

式中，Δ_{mn} 为节点单元 m 与节点单元 n 体心之间的欧几里得距离（欧式距离），即如图 1.47 所示的边 e_{mn} 的长。

能量函数的第三项是在整个体积 V 中对 $\|\boldsymbol{H}(f)\|^2$ 进行积分，从微积分的角度来看，即对体积 V 中的所有 $\|\boldsymbol{H}(f)\|^2\Delta V$ 求和。对于每一个节点，其内部的梯度值都是不变的，所以可以将相邻节点的梯度变化看作只发生在两节点的共有面上。此时，$E_3(f)$ 中的 $\|\boldsymbol{H}(f)\|^2$ 在广义上可以看作支撑集为共有面的支撑函数。能量函数的第三项 $E_3(f)$ 可离散为有限个 $|V|_{mn}\|\boldsymbol{H}_{mn}(f)\|^2$ 的和

$$E_3(f)\approx\frac{1}{|V|}\sum_{(m,n)}|V|_{mn}\|\boldsymbol{H}_{mn}(f)\|^2 \tag{1-32}$$

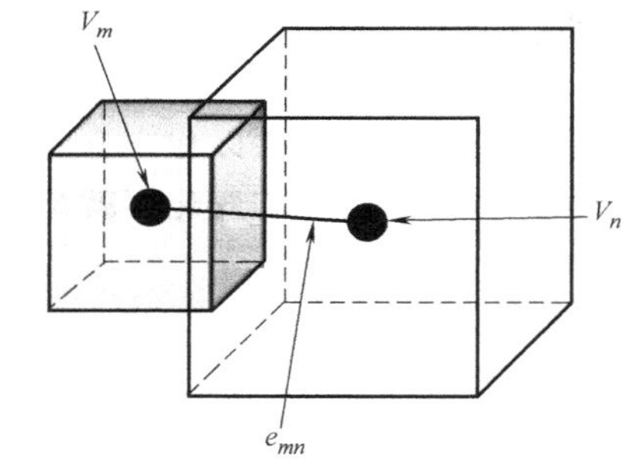

图 1.47 相邻节点的距离

式中，$\|\boldsymbol{H}_{mn}(f)\|$ 由式（1-31）计算，而此处的 $|V|_{mn}$ 则变为相邻两节点共有面的面积。

（2）连续函数离散算法改进

在原始算法中，某一个节点的梯度是通过对该节点每个方向上的四对函数值之差取均值获得的，这样获得的梯度值误差较大，会直接影响重建表面的质量。此外，这种方式相当于把整个表面的梯度看作一个分段常函数，因此重建出的表面不够光滑。

函数在三个方向上的偏导数分别对应梯度的三个分量，考虑到这一关系，本书直接通过式（1-30）对应的函数表达式求三个方向上的偏导数，由偏导数来构造梯度。由式（1-30），函数梯度 $\nabla f(p_i)$ 在三个方向的分量可分别表示为

$$\begin{aligned}f_x(p_i)=&-(1-y)(1-z)\cdot f_{n000}+[-(1-y)z]\cdot f_{n001}+[-y(1-z)]\cdot f_{n010}+(-yz)\cdot f_{n011}+\\&(1-y)(1-z)\cdot f_{n100}+(1-y)z\cdot f_{n101}+y(1-z)\cdot f_{n110}+yz\cdot f_{n111}\end{aligned} \tag{1-33}$$

$$f_y(p_i)=-(1-x)(1-z)\cdot f_{n000}+[-(1-x)z]\cdot f_{n001}+(1-x)(1-z)\cdot f_{n010}+(1-x)z\cdot f_{n011}+$$

$$[-x(1-z)]\cdot f_{n100}+(-xz)\cdot f_{n101}+x(1-z)\cdot f_{n110}+xz\cdot f_{n111} \tag{1-34}$$

$$f_z(p_i)=-(1-x)(1-y)\cdot f_{n000}+(1-x)(1-y)\cdot f_{n001}+[-(1-x)y]\cdot f_{n010}+(1-x)y\cdot f_{n011}+$$
$$[-x(1-y)]\cdot f_{n100}+x(1-y)\cdot f_{n101}+[-xy]\cdot f_{n110}+xyf_{n111} \tag{1-35}$$

根据式（1-28）~式（1-30），将梯度的三个分量分别以向量形式表示为

$$f_x(p)=\boldsymbol{\varphi}_x(p)^{\mathrm{T}}\cdot \boldsymbol{F} \tag{1-36}$$

$$f_y(p)=\boldsymbol{\varphi}_y(p)^{\mathrm{T}}\cdot \boldsymbol{F} \tag{1-37}$$

$$f_z(p)=\boldsymbol{\varphi}_z(p)^{\mathrm{T}}\cdot \boldsymbol{F} \tag{1-38}$$

式中，$f_x(p)$、$f_y(p)$、$f_z(p)$ 分别为 $f(p)$ 对 x、y、z 的偏导数，即 $\nabla f(p)$ 的三个分量；$\boldsymbol{\varphi}_x(p)$、$\boldsymbol{\varphi}_y(p)$、$\boldsymbol{\varphi}_z(p)$ 分别为式（1-33）、式（1-34）、式（1-35）中对应的系数形成的一维列向量，即式（1-34）中 $\boldsymbol{\varphi}(p)$ 的每一项分别对 x、y、z 求偏导所形成的向量。$\nabla f(p)$ 可以进一步表示为

$$\nabla f(p)=\nabla\boldsymbol{\varphi}(p)\cdot \boldsymbol{F} \tag{1-39}$$

式中，$\nabla\boldsymbol{\varphi}(p)=\begin{pmatrix}\boldsymbol{\varphi}_x(p)^{\mathrm{T}}\\ \boldsymbol{\varphi}_y(p)^{\mathrm{T}}\\ \boldsymbol{\varphi}_z(p)^{\mathrm{T}}\end{pmatrix}$。

在改进算法中，对梯度采用式（1-39）所示的离散方式，函数和 Hessian 矩阵的离散仍采用原始算法中的离散方式。

3. 颜色函数的离散

将函数 $g(p)$ 的离散采用与坐标重建中 $f(p)$ 相同的离散方式，即采用有限元离散法对函数进行离散。若某个点 p_i 在节点 n 内，同样由三线性插值，将点 p_i 对应的函数值 $g(p_i)$ 表示为节点顶点对应的函数值，即

$$g(p_i)=\boldsymbol{\Psi}(p)^{\mathrm{T}}\cdot \boldsymbol{G} \tag{1-40}$$

式中，$\boldsymbol{\Psi}(p)^{\mathrm{T}}$ 与坐标重建过程中的 $\boldsymbol{\varphi}(p)^{\mathrm{T}}$ 相同；G 是由节点顶点在函数 $g(p)$ 上对应的函数值构成的列向量。

为了将能量项 $C_2(g)$ 中的积分运算转化为有限项和的运算，对函数梯度 $\nabla g(p)$ 采用有限差分法进行离散。首先使用数值平均法来表示每个离散点对应的函数值。若某个点 p_i 在节点 n 内，当节点 n 足够小，点 p_i 对应的函数值 $g(p_i)$ 可近似看作等于节点 n 的体心对应的函数值 g_n，即

$$g(p_i)\approx g_n \tag{1-41}$$

由三线性插值，体心对应的函数值 g_n 可进一步表示为：

$$g_n=(0.5^3,0.5^3,0.5^3,0.5^3,0.5^3,0.5^3,0.5^3,0.5^3)\begin{pmatrix}g_{n0}\\ g_{n1}\\ g_{n2}\\ g_{n3}\\ g_{n4}\\ g_{n5}\\ g_{n6}\\ g_{n7}\end{pmatrix}=\boldsymbol{Y}\cdot \boldsymbol{G} \tag{1-42}$$

式中，$\boldsymbol{Y}=(0.5^3, 0.5^3, 0.5^3, 0.5^3, 0.5^3, 0.5^3, 0.5^3, 0.5^3)$。

若所有离散点的函数值均由式（1-36）表示，则函数 $g(p)$ 是一个分段常函数，在每一个节点内部，函数梯度均为 0，函数梯度的变化只发生在相邻两节点的公共面上。由相邻两节点 m 和 n 的函数值可近似得出函数梯度在这两个节点上的近似值

$$\nabla_{mn} g \approx \frac{1}{\Delta_{mn}}(g_m - g_n) \tag{1-43}$$

式中，Δ_{mn} 为两节点体心之间的欧式距离。

由式（2-38），将能量项 $C_2(g)$ 转化为有限项的和，即

$$C_2(g) = \frac{1}{|V|}\sum_{(m,n)} \frac{|V|_{mn}}{\Delta_{mn}}(g_m - g_n)^2 \tag{1-44}$$

式中，$|V|_{mn}$ 表示节点 m 和节点 n 共有面的面积。

1.5.4 表面重建算法的实现

1. 求解空间的离散

点云通常包含海量的离散点，在表面重建过程中，若直接用顺序存储方式，则无论是存取效率还是计算复杂度都不具备优势。为了提高存取效率、降低计算复杂度，故采用空间数据结构八叉树对离散点进行存储。

（1）八叉树

八叉树是一种常用的空间数据结构，可以将其看作二维空间中四叉树的扩展。

基于方形或矩形的四叉树通过将二维图形四等分来构造树状的数据结构，因此，对于四叉树中的每个节点，其子节点的数目只能是 0 或 4。四叉树的基本结构如图 1.48 所示。

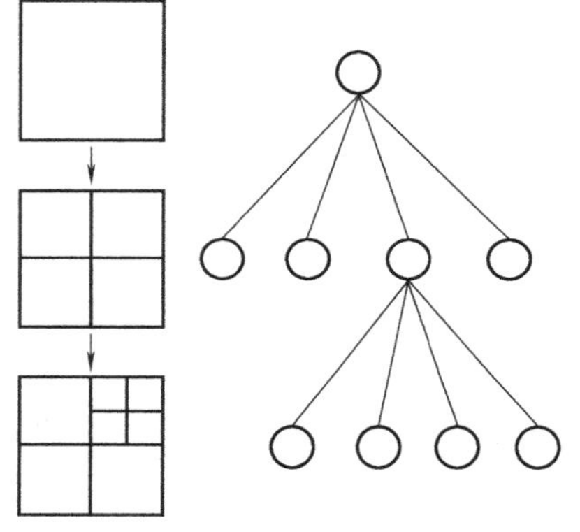

图 1.48 四叉树的基本结构

四叉树常用于二维空间中数据的划分，若要对三维空间中的数据进行划分则需要采用八叉树。

在三维空间中，将一个正方体划分为相等的小正方体，其个数最少为 8。因此，将空间中的一个立方体递归地划分为 8 个子立方体并保存相应节点之间的关系，就形成了一个八叉树，其基本结构如图 1.49 所示。在八叉树中，每个节点子节点的数目只能为 0 或 8，子节点数目为 0 的节点称为叶节点。

最常用的八叉树是一对八式八叉树，其存储结构是一对八方式，即每个节点中都有 8 个指针用来存储其 8 个子节点。这种八叉树子节点的顺序是随机的，因此构建及遍历过程都比较简单。下面构建的八叉树就是一对八式八叉树。

八叉树的构建过程可以归结为以下步骤：

1）设置八叉树的最大深度 L_{max}。

2）计算整个场景的最大包围盒，并将长方体包围盒转化为正方体包围盒，将该包围盒作为根节点，并设当前深度 L 为 0。

3）将所有单位元素放入根节点对应的立方体中。

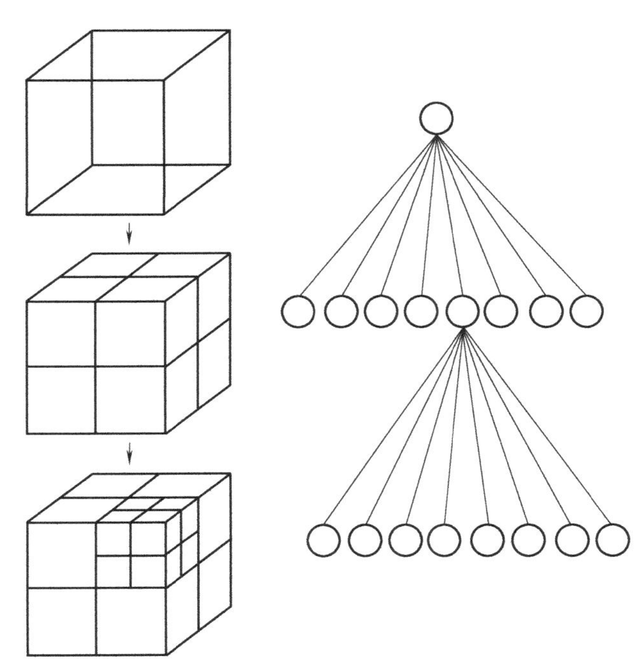

图 1.49　八叉树的基本结构

4）判断节点是否达到最大深度，若没达到最大深度，则将该节点分割为 8 个子节点，并将深度 L 加 1，同时将该节点内的单位元素全部分配到相应的子立方体中。

5）重复 4），直到达到八叉树的最大深度。

（2）自适应八叉树的构建

下面根据输入的离散点集构建自适应八叉树，以实现点云数据的存储与划分。基于点云构建自适应八叉树的流程如图 1.50 所示。

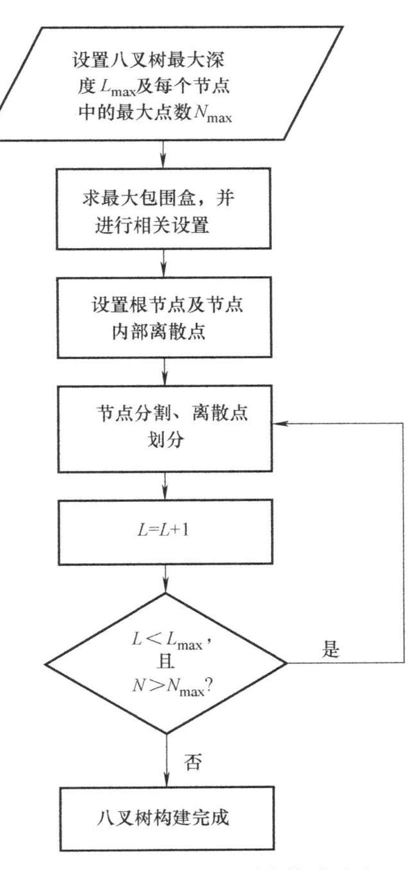

图 1.50　自适应八叉树的构建流程

具体实现过程可分为以下步骤：

1）遍历点云中的离散点，分别找出数据在 x、y、z 方向的最大值及最小值，由最大值及最小值构建整个点集的包围盒。根据包围盒的最大点及最小点对应的坐标，由式 center[i] = (max[i]+min[i])×0.5 和 side[i] = max[i]−min[i] 计算包围盒的中心坐标及各个方向的边长，其中，i=0，1，2。

2）遍历三个方向的边长，获得三个方向中边长的最大值 max_side，重新计算以 center 为中心，max_side 为边长的正方体包围盒，并将三个方向上的边长都设为 max_side，将长方体包围盒转化为正方体包围盒。

3）为了保证所有离散点均位于包围盒内部，将整个包围盒扩展一定的倍数（一般为1.1倍），以包围盒的center为中心，将三个方向的边长同时扩大相应的倍数，并重新计算包围盒的最大值及最小值。将扩展后的包围盒作为八叉树的根节点，然后将所有离散点放入根节点，并将根节点的深度值L设为0。

4）判断节点的深度值L是否超过给定的最大深度值L_{max}，节点中点的数目samplesInNode是否超过规定的每个节点中点的最大数目samplesPerNode。如果$L<L_{max}$且samplesInNode>samplesPerNode，则将该节点分割为8个子节点，并将深度L加1，然后根据1）中的式计算每个子节点的中心坐标及边长。为了便于计算，对节点的顶点及子节点进行编号，如图1.51所示。

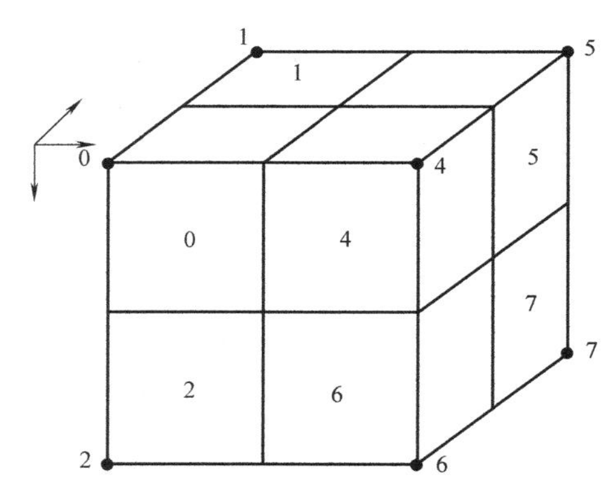

图1.51　八叉树顶点及子节点顺序

5）如果节点被分割了，则对该节点内的离散点进行划分。离散点划分的实质是依次判断父节点中的每一个点属于哪个子节点，将每一个点放入相应的子节点，最后将父节点中的离散点全部删除的过程。该过程通过每个点的坐标$p_i(x_i, y_i, z_i)$与父节点中心点的坐标$p(x, y, z)$的比较及或运算共同实现。具体实现过程如下：

第1步，遍历父节点中的离散点，对每个点进行第2步。

第2步，定义一个整型变量code，并将其初值设为0，分别比较x_i、y_i、z_i与x、y、z的大小。若$x_i>x$，则该点可能位于子节点4、5、6或7中，考虑到这4个数的二进制表示，将code与4按位或运算获得新的code，即code=code | 4；若$y_i>y$，则该点可能位于子节点2、3、6或7中，将code与2按位或运算获得新的code，即code=code | 2；若$z_i>z$，则该点可能位于子节点1、3、5或7中，将code与1按位或运算获得新的code，即code=code | 1。三个方向都完成比较后，获得的code值即为该点所属的子节点的索引，将该点放入相应的子节点即可。

第3步，当父节点中的离散点全部完成遍历后，将父节点中的离散点清除，以保证只有叶节点中存在离散点。

6）对每个节点递归调用4）和5），直到所有节点都不满足分割条件时，就实现了基于点云的八叉树的构建。

（3）自适应八叉树的构建效果

基于标准的测试点云模型bunny、angel及实际扫描的点云模型face，分别构建自适应八叉树，构建效果图如图1.52~图1.54所示。

从图中可以看出，内部不存在离散点的节点并没有进行进一步划分，而对于内部离散点密集的节点，则进行了多次划分，最终的效果就是点越密集的地方，网格越精细。

2. 坐标重建问题的构建与求解

数学建模将基于符号距离函数的表面坐标重建抽象为线性方程组$\boldsymbol{AF}=\boldsymbol{b}$的解的问题。因此，表面坐标重建的第一步就是根据实际输入的数据构建线性方程组$\boldsymbol{AF}=\boldsymbol{b}$。构建线性方程组的关键是系数矩阵$\boldsymbol{A}$与$\boldsymbol{b}$的求解，下面将从系数矩阵的求解开始，对线性方程组的构

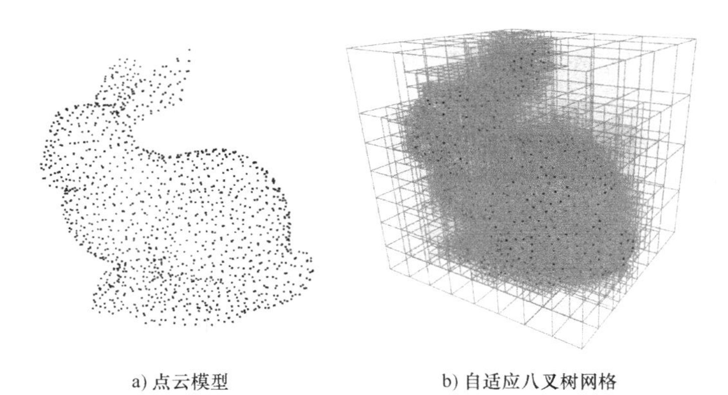

a) 点云模型　　b) 自适应八叉树网格

图 1.52 自适应八叉树构建效果图（bunny）

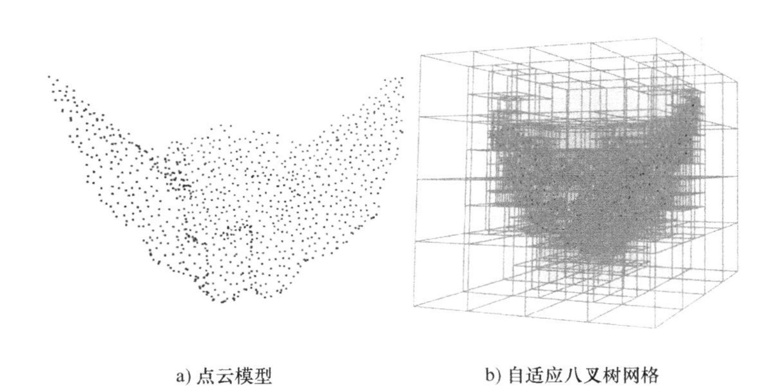

a) 点云模型　　b) 自适应八叉树网格

图 1.53 自适应八叉树构建效果图（angel）

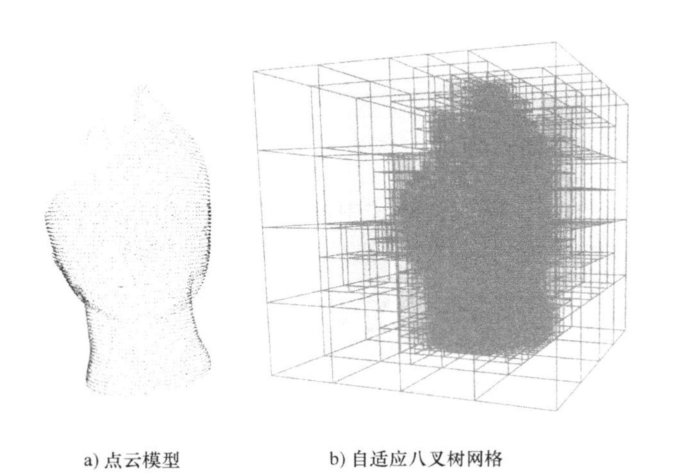

a) 点云模型　　b) 自适应八叉树网格

图 1.54 自适应八叉树构建效果图（face）

建与求解过程进行详细介绍。

（1）各系数矩阵的求解

矩阵 $\boldsymbol{A}$ 是二次函数 $\boldsymbol{F}^{\mathrm{T}}\boldsymbol{A}\boldsymbol{F}-2\boldsymbol{b}^{\mathrm{T}}\boldsymbol{F}+\boldsymbol{c}$ 的二次项系数矩阵，而能量函数的三项中都包括 f 的

平方项，因此，这三项中都存在矩阵 $\boldsymbol{A}$ 的分量。

为了求解各能量项对矩阵 $\boldsymbol{A}$ 的贡献，先假设有一个形如 $g=\boldsymbol{\varphi}^{\mathrm{T}} \cdot \boldsymbol{G}$ 的函数，$\boldsymbol{\varphi}$ 与 $\boldsymbol{G}$ 均为列向量，$\boldsymbol{\varphi}=(\varphi_0, \varphi_1, \cdots, \varphi_n)^{\mathrm{T}}$，$\boldsymbol{G}=(g_0, g_1, \cdots, g_n)^{\mathrm{T}}$。为了获得函数 g 的二次项系数矩阵，对函数 g 进行平方，求解过程为

$$\begin{aligned} g &= (\varphi_0, \varphi_1, \cdots, \varphi_n)\begin{pmatrix} g_0 \\ g_1 \\ \vdots \\ g_n \end{pmatrix} \\ &= \varphi g_0 + \varphi_1 g_1 + \cdots + \varphi_n g_n \end{aligned} \tag{1-45}$$

$$\begin{aligned} g^2 &= (\varphi_0 g_0 + \varphi_1 g_1 + \cdots + \varphi_n g_n)^2 \\ &= \varphi_0{}^2\, g_0{}^2 + \varphi_1{}^2\, g_1{}^2 + \cdots + \varphi_n{}^2\, g_n{}^2 + 2\varphi_0\varphi_1 g_0 g_1 + 2\varphi_0\varphi_2 g_0 g_2 + \cdots + 2\varphi_{n-1}\varphi g_{n-1} g_n \end{aligned} \tag{1-46}$$

由式（1-46）可知，二次项 $g_i g_j$ 对应的系数为 $\varphi_i\varphi_j$，也就是说，矩阵 $\boldsymbol{A}$ 的第 i 行第 j 列的系数 A_{ij} 为 $\varphi_i\varphi_j$，则矩阵 $\boldsymbol{A}$ 为

$$\boldsymbol{A} = \begin{pmatrix} \varphi_0\varphi_0 & \varphi_0\varphi_1 & \cdots & \varphi_0\varphi_n \\ \varphi_1\varphi_0 & \varphi_1\varphi_1 & \cdots & \varphi_1\varphi_n \\ \vdots & \vdots & & \vdots \\ \varphi_n\varphi_0 & \varphi_n\varphi_1 & \cdots & \varphi_n\varphi_n \end{pmatrix} \tag{1-47}$$

由矩阵的乘法运算可得

$$\boldsymbol{A} = \begin{pmatrix} \varphi_0 \\ \varphi_1 \\ \vdots \\ \varphi_n \end{pmatrix} (\varphi_0, \varphi_1, \cdots, \varphi_n) = \boldsymbol{\varphi}\boldsymbol{\varphi}^{\mathrm{T}} \tag{1-48}$$

第一个能量项 $E_1(f)=\dfrac{1}{N}\sum\limits_{i=1}^{N} f(p_i)^2$，见式（1-9），将八叉树的叶节点作为有限元求解单元，由式（1-28），将第一个能量项进一步表示为 $E_1(f)=\dfrac{1}{N}\sum\limits_{i=1}^{N}[\boldsymbol{\varphi}(p_i)^{\mathrm{T}} \cdot \boldsymbol{F}]^2$。将式中的 $f(p_i)^2$ 看作式（1-46）中的g^2，同时，将式中的 $\boldsymbol{\varphi}(p_i)$ 看作式（1-48）中的 $\boldsymbol{\varphi}$，则第一项 $E_1(f)$ 对矩阵 $\boldsymbol{A}$ 的贡献为

$$\boldsymbol{A}^0 = \frac{1}{N}\sum_{i=1}^{N} \boldsymbol{\varphi}(p_i)\boldsymbol{\varphi}(p_i)^{\mathrm{T}} \tag{1-49}$$

第二个能量项 $E_2(f)=\dfrac{1}{N}\sum\limits_{i=1}^{N}\|\nabla f(p_i)-n_i\|^2$，见式（1-10），$\|\nabla f(p_i)-n_i\|^2=\|\nabla f(p_i)\|^2-2\,\boldsymbol{n}_i^{\mathrm{T}}\,\nabla f(p_i)+\|\boldsymbol{n}_i\|^2$，故第二项对矩阵 $\boldsymbol{A}$ 的贡献由$\|\nabla f(p_i)\|^2$ 产生。将八叉树的叶节点作为有限元网格，由 $\|\nabla f(p_i)\|^2=\|\nabla\varphi(p_i)^{\mathrm{T}} \cdot \boldsymbol{F}\|^2$，将式中的 $\nabla f(p_i)^2$ 看作式（1-46）中的 g^2，同时，将式中的 $\nabla\varphi(p)$ 看作式（1-46）中的 φ，则第二项$E_2(f)$ 对矩阵 $\boldsymbol{A}$ 的贡献为

$$\boldsymbol{A}^1 = \frac{1}{N}\sum_{i=1}^{N} \nabla\varphi(p_i)\,\nabla\varphi(p_i)^{\mathrm{T}} \tag{1-50}$$

其中，梯度由 x、y、z 三个方向的分量组成，所以第二项对 $\boldsymbol{A}$ 的贡献又可分为三部分，即 $\boldsymbol{A}^1=\boldsymbol{A}^{1x}+\boldsymbol{A}^{1y}+\boldsymbol{A}^{1z}$，$\boldsymbol{A}^{1x}$、$\boldsymbol{A}^{1y}$、$\boldsymbol{A}^{1z}$ 分别为

$$\boldsymbol{A}^{1x}=\frac{1}{N}\sum_{i=1}^{N}\boldsymbol{\varphi}_x(p_i)\boldsymbol{\varphi}_x(p_i)^{\mathrm{T}} \tag{1-51}$$

$$\boldsymbol{A}^{1y}=\frac{1}{N}\sum_{i=1}^{N}\boldsymbol{\varphi}_y(p_i)\boldsymbol{\varphi}_y(p_i)^{\mathrm{T}} \tag{1-52}$$

$$\boldsymbol{A}^{1z}=\frac{1}{N}\sum_{i=1}^{N}\boldsymbol{\varphi}_z(p_i)\boldsymbol{\varphi}_z(p_i)^{\mathrm{T}} \tag{1-53}$$

式中，$\boldsymbol{\varphi}_x(p_i)$、$\boldsymbol{\varphi}_y(p_i)$、$\boldsymbol{\varphi}_z(p_i)$ 分别表示 $\boldsymbol{\varphi}(p_i)$ 对 x、y、z 的偏导数，即 $\nabla\varphi(p_i)$ 的三个分量。

第三个能量项 $E_3(f)=\frac{1}{|V|}\sum_{(m,n)}|V|_{mn}\cdot\|\boldsymbol{H}_{mn}(f)\|^2$，见式（1-12），将八叉树的叶节点作为有限差分网格，由式（1-31）可得：$\|\boldsymbol{H}_{mn}(f)\|^2=\left\|\frac{1}{\Delta_{mn}}\left(\frac{1}{4\Delta_n}\boldsymbol{X}\boldsymbol{F}_n-\frac{1}{4\Delta_m}\boldsymbol{X}\boldsymbol{F}_m\right)\right\|^2=\left\|\frac{1}{4}\boldsymbol{X}\left[\frac{1}{\Delta_{mn}}\left(\frac{1}{\Delta_n}\boldsymbol{F}_n-\frac{1}{\Delta_m}\boldsymbol{F}_m\right)\right]\right\|^2$，同理，可得第三项 $E_3(f)$ 对矩阵 $\boldsymbol{A}$ 的贡献为

$$\boldsymbol{A}^2=\frac{1}{|V|}\sum_{(m,n)}\left(\frac{1}{4}\boldsymbol{X}\right)\left(\frac{1}{4}\boldsymbol{X}\right)^{\mathrm{T}}\cdot|V|_{mn} \tag{1-54}$$

此时，$\boldsymbol{A}^2$ 对应的 $\boldsymbol{F}$ 与前两个能量项不同，这里 $\boldsymbol{F}$ 中的某一项 $\boldsymbol{F}_{mn}$ 为

$$\boldsymbol{F}_{mn}=\frac{1}{\Delta_{mn}}\left(\frac{1}{\Delta_n}\boldsymbol{F}_n-\frac{1}{\Delta_m}\boldsymbol{F}_m\right) \tag{1-55}$$

由于只有第二项 $E_2(f)$ 存在 f 的一次项，所以矩阵 $\boldsymbol{b}$（二次函数 $\boldsymbol{F}^{\mathrm{T}}\boldsymbol{A}\boldsymbol{F}-2\boldsymbol{b}^{\mathrm{T}}\boldsymbol{F}+\boldsymbol{c}$ 的一次项系数矩阵）只存在于能量函数的第二项 $E_2(f)$ 中，$\|\nabla f(p_i)-\boldsymbol{n}_i\|^2=\|\nabla f(p_i)\|^2-2\boldsymbol{n}_i^{\mathrm{T}}\nabla f(p_i)+\|\boldsymbol{n}_i\|^2$，故矩阵 $\boldsymbol{b}$ 由 $\boldsymbol{n}_i^{\mathrm{T}}\nabla f(p_i)$ 项产生，由式（1-39），第二项 $E_2(f)$ 对 $\boldsymbol{b}$ 的贡献为

$$\boldsymbol{b}^1=\frac{1}{N}\sum_{i=1}^{N}\boldsymbol{n}_i^{\mathrm{T}}\nabla\varphi(p_i) \tag{1-56}$$

由于法向量与梯度均包含三个方向的分量，故可将矩阵 $\boldsymbol{b}^1$ 分解为三项

$$\boldsymbol{b}^{1x}=\frac{1}{N}\sum_{i=1}^{N}\boldsymbol{n}_{i_x}\boldsymbol{\varphi}_x(p_i) \tag{1-57}$$

$$\boldsymbol{b}^{1y}=\frac{1}{N}\sum_{i=1}^{N}\boldsymbol{n}_{i_y}\boldsymbol{\varphi}_y(p_i) \tag{1-58}$$

$$\boldsymbol{b}^{1z}=\frac{1}{N}\sum_{i=1}^{N}\boldsymbol{n}_{i_z}\boldsymbol{\varphi}_z(p_i) \tag{1-59}$$

根据上述对各能量项对 $\boldsymbol{A}$ 和 $\boldsymbol{b}$ 贡献值的求解结果，构建贡献值表，见表 1.2。

表 1.2　各能量项对 $\boldsymbol{A}$ 和 $\boldsymbol{b}$ 的贡献值表

	$\boldsymbol{A}$	$\boldsymbol{b}$
$E_1(f)$	$\boldsymbol{A}^0=\frac{1}{N}\sum_{i=1}^{N}\boldsymbol{\varphi}(p_i)\boldsymbol{\varphi}(p_i)^{\mathrm{T}}$	$\boldsymbol{b}^0=\boldsymbol{0}$

（续）

	A	b
$E_2(f)$	$A^1=\frac{1}{N}\sum_{i=1}^{N}\nabla\varphi(p_i)\ \nabla\varphi(p_i)^{\mathrm{T}}$	$b^1=\frac{1}{N}\sum_{i=1}^{N}n_i^{\mathrm{T}}\ \nabla\varphi(p_i)$
$E_3(f)$	$A^2=\frac{1}{\|V\|}\sum_{(m,n)}\left(\frac{1}{4}X\right)\left(\frac{1}{4}X\right)^{\mathrm{T}}\cdot\|V\|_{mn}$	$b^2=0$

（2）线性方程组的构建

线性方程组的构建可分为两个部分：一部分是等号左边 AF 的构建，另一部分是等号右边矩阵 b 的构建。其中，AF 的构建过程比较复杂，它是矩阵 A 与列矩阵 F 相乘，F 由所有顶点对应的函数值构成，是线性方程组中的未知量，也就是线性方程组最终要求解的量。为了构建线性方程组，先假设向量 F 中所有项的初始值均为 0，然后在构建及求解过程中不断地更新向量 F 各项的值。

由上节各系数矩阵的求解结果知：A^0 和A^1 与每一个离散点相关，而A^2 则与节点相关，以此将 AF 的构建分解为两部分，即 A^0F+A^1F 与 A^2F。同时，b 只存在于第二个能量项，所以将 b 的构建也归于A^0F+A^1F 的构建中。

1）A^0F+A^1F 的构建过程。A^0 和 A^1 均包含 N 项，每一项都对应一个离散点，而 A^0、A^1 对 A 的贡献分别由系数 λ_1、λ_2 确定，故单个离散点对 A^0 和 A^1 的贡献分别为$\frac{\lambda_1}{N}$和$\frac{\lambda_2}{N}$。

为了简化计算，我们先假设有一个形如 $A=\varphi\varphi^{\mathrm{T}}$ 的矩阵 A，则 $AF=(\varphi\varphi^{\mathrm{T}})F$，由矩阵乘法的结合律将 AF 变换为 $AF=\varphi(\varphi^{\mathrm{T}}F)$。由于 φ 与 F 都是一维矩阵（向量），所以可将矩阵 φ^{T} 与 F 的乘法运算看作向量的点积运算，通过点积得到的是一个数而不是一个向量，然后用得到的数与列向量 φ 进行数乘。该方法将矩阵的乘法运算转化为向量的点乘与数乘运算，大大提高了计算效率。由于第一个和第二个能量项对矩阵 A 的贡献只与单个节点相关，且形如 $\varphi\varphi^{\mathrm{T}}$，所以将与这两个能量项相关的 AF 用该法求解。

在计算 AF 与 b 之前，需要根据八叉树所包含的顶点的总数量 N 构建容量为 N 的数组 A_f 和 b_0 来存储每个点对应的 AF 与 b 值，并将数组内的初始值均设为 0，A_f 和 b_0 中每一项的索引与顶点的索引一一对应。数组构建完成后，接下来要八叉树的叶节点为基本单元，遍历所有的离散点，并不断更新数组内的值，下面讲解具体实现过程。

遍历八叉树的所有叶节点，若某个叶节点 n 内的离散点个数不为 0，则将该节点某个方向上的边长 side[i] 的倒数作为相应方向上的单位化系数 scal[i]，即 $\mathrm{scal}[i]=\frac{1}{\mathrm{side}[i]}(i=0,1,2)$。遍历该节点内的所有离散点，对每个离散点 p_i 进行如下步骤：

第 1 步，由点 p_i 的全局坐标（x，y，z）、节点 n 包围盒的最小坐标（min[0]，min[1]，min[2]）与节点 n 包围盒在每个方向上的单位化系数（scal[0]，scal[1]，scal[2]），求 p_i 相对于节点 n 的坐标（x_n，y_n，z_n）计算过程为

$$x_n=(x-\mathrm{min}[0])\times\mathrm{scal}[0] \tag{1-60}$$

$$y_n=(y-\mathrm{min}[1])\times\mathrm{scal}[1] \tag{1-61}$$

$$z_n=(z-\mathrm{min}[2])\times\mathrm{scal}[2] \tag{1-62}$$

第 2 步，由相对坐标（x_n，y_n，z_n）求函数与梯度对应的系数矩阵 $\varphi(p_i)$、$\varphi_x(p_i)$、

$\varphi_y(p_i)$、$\varphi_z(p_i)$。设 $1-x_n=x'_n$，$1-y_n=y'_n$，$1-z_n=z'_n$，则由式（1-59）~式（1-62）得

$$\varphi(p_i)^{\mathrm{T}}=(x'_ny'_nz'_n,x'_ny'_nz_n,x'_ny_nz'_n,x'_ny_nz_n,x_ny'_nz'_n,x_ny'_nz_n,x_ny_nz'_n,x_ny_nz_n)$$

$$\varphi_x(p_i)^{\mathrm{T}}=(-y'_nz'_n,-y'_nz_n,-y_nz'_n,-y_nz_n,y'_nz'_n,y'_nz_n,y_nz'_n,y_nz_n)$$

$$\varphi_y(p_i)^{\mathrm{T}}=(-x'_nz'_n,-x'_nz_n,x'_nz'_n,x'_nz_n,-x_nz'_n,-x_nz_n,x_nz'_n,x_nz_n)$$

$$\varphi_z(p_i)^{\mathrm{T}}=(-x'_ny'_n,x'_ny'_n,-x'_ny_n,x'_ny_n,-x_ny'_n,x_ny'_n,-x_ny_n,x_ny_n)$$

第 3 步，求 $\boldsymbol{AF}$。首先，获得节点 n 的 8 个顶点的索引及每个点对应的函数值（默认初始值均为 0），根据八叉树对节点顶点的编码顺序，将各顶点对应的函数值依序放入该节点对应的列向量 $\boldsymbol{F}$ 中，然后计算$\varphi(p_i)^{\mathrm{T}}\cdot\boldsymbol{F}$、$\varphi_x(p_i)^{\mathrm{T}}\cdot\boldsymbol{F}$、$\varphi_y(p_i)^{\mathrm{T}}\cdot\boldsymbol{F}$ 和$\varphi_z(p_i)^{\mathrm{T}}\cdot\boldsymbol{F}$，并将计算结果分别存储到 dot_0、dot_1、dot_2 与 dot_3 中，由式$\boldsymbol{A}^0\boldsymbol{F}+\boldsymbol{A}^1\boldsymbol{F}=\dfrac{\lambda_1}{N}*dot_0\cdot\varphi(p_i)+\dfrac{\lambda_2}{N}*[dot_1\cdot\varphi_x(p_i)+dot_2\cdot\varphi_y(p_i)+dot_3\cdot\varphi_z(p_i)]$ 计算$\boldsymbol{A}^0\boldsymbol{F}+\boldsymbol{A}^1\boldsymbol{F}$，最后，根据顶点索引将计算出的结果依次与数组 $\boldsymbol{A}_{\mathrm{f}}$ 相应位置处的值相加，将相加的结果作为数组 $\boldsymbol{A}_{\mathrm{f}}$ 相应处的新值，更新数组 $\boldsymbol{A}_{\mathrm{f}}$。

第 4 步，由式 $\boldsymbol{b}=\dfrac{\lambda_2}{N}*[\boldsymbol{n}_{i_x}\cdot\varphi_x(p_i)+\boldsymbol{n}_{i_y}\cdot\varphi_y(p_i)+\boldsymbol{n}_{i_z}\cdot\varphi_z(p_i)]$ 构建该节点对应的向量 $\boldsymbol{b}$，然后根据顶点的索引将求解出的向量 $\boldsymbol{b}$ 的每一项依序加到数组 $\boldsymbol{b}_0$ 相应位置处的值上，更新数组 $\boldsymbol{b}_0$。

2）$\boldsymbol{A}^2\boldsymbol{F}$ 的构建过程。$\boldsymbol{A}^2$ 与每一组两两相邻的节点相关，所以在求解$\boldsymbol{A}^2\boldsymbol{F}$ 前，需要先找到八叉树内所有叶节点的相邻关系。

假设每一个叶节点 n 最多只有 6 个直接相邻的叶节点，在节点类中定义一个维数为 6 的数组，用于存放每个节点在 6 个方向上相邻节点的索引，若某个方向上的相邻节点不存在，则将相应的节点索引设为-1。由于节点的相邻性是相互的，为了避免重复，两个相邻节点的相邻关系只需进行一次存储。因此，在这里每个节点只存储节点索引比其本身索引小的相邻节点。表 1.3 列出了根节点的 8 个子节点对应的相邻节点及相邻关系，第 1 行表示根节点的 8 个子节点，第 1 列表示节点在三个方向上对应的相邻节点。其中，只有标有双下划线的相邻关系才会被存储。

表 1.3　根节点相邻关系表

	0	1	2	3	4	5	6	7
第 0 个	-1	-1	-1	-1	$\underline{\underline{0}}$	$\underline{\underline{1}}$	$\underline{\underline{2}}$	$\underline{\underline{3}}$
第 1 个	4	5	6	7	-1	-1	-1	-1
第 2 个	-1	-1	$\underline{\underline{0}}$	$\underline{\underline{1}}$	-1	-1	$\underline{\underline{4}}$	$\underline{\underline{5}}$
第 3 个	2	3	-1	-1	6	7	-1	-1

遍历八叉树的所有叶节点，根据上述原则构建相邻关系图。相邻关系构建完成后，采用与$\boldsymbol{A}^0\boldsymbol{F}+\boldsymbol{A}^1\boldsymbol{F}$ 类似的构建过程，构建$\boldsymbol{A}^2\boldsymbol{F}$，并将结果加到$\boldsymbol{A}^0\boldsymbol{F}+\boldsymbol{A}^1\boldsymbol{F}$ 上，实现整个 $\boldsymbol{AF}$ 的构建。

$\boldsymbol{A}^0\boldsymbol{F}+\boldsymbol{A}^1\boldsymbol{F}$ 和$\boldsymbol{A}^2\boldsymbol{F}$ 的两部分构建实现了整个线性方程组的构建，即由输入的离散点云实现了对数学模型的具体化，接下来就要对线性方程组进行求解。

（3）线性方程组的求解

当输入的离散点较少时，八叉树的叶节点也就较少，线性方程组 $\boldsymbol{AF}=\boldsymbol{b}$ 的维数就较小，此时可以直接求解方程组。但点云通常包含海量的离散点，因此构建出的八叉树往往存在大

量叶节点，此时线性方程组 $\boldsymbol{AF}=\boldsymbol{b}$ 的维数较大，直接求解比较困难。为了解决这个问题，在迭代求解过程中采用一种由粗到精的解法：先在较粗糙的节点中求顶点函数值的近似解；然后将粗网格中求得的近似解作为下一次迭代初始值的一部分（新添加的点对应的函数值取 0），在当前节点的下一深度再次进行迭代，获得较为准确的顶点函数值；重复此过程，直到求解到最大深度，从而获得每个顶点较准确的函数值。虽然在求解过程中，随着深度值的增加，顶点在不断增加，但是采用这种算法仍然比直接在叶节点中求解的效率要高。同时，这种算法可以在八叉树的创建过程中进行——八叉树的深度每增加一次则相应地进行一次迭代，避免了对整个八叉树的遍历，从一定程度上提高了算法的效率。

以下采用的迭代法是共轭梯度法，该方法把线性方程组的问题转化为一个与之等价的二次函数极小化的问题。当线性方程组 $\boldsymbol{Ax}=\boldsymbol{b}$ 的系数矩阵 $\boldsymbol{A}$ 是正定矩阵时，其解 $\boldsymbol{x}$ 与下述 $\boldsymbol{n}$ 元二次函数的极小值点 $\boldsymbol{x}^*$ 是相等的

$$f(\boldsymbol{x})=\frac{1}{2}\boldsymbol{x}^{\mathrm{T}}\boldsymbol{Ax}-\boldsymbol{b}^{\mathrm{T}}\boldsymbol{x} \tag{1-63}$$

从任意给定的初始点出发，沿一组关于矩阵 $\boldsymbol{A}$ 的共轭方向进行线性搜索，在无舍入误差的假设下，最多迭代 $\boldsymbol{n}$ 次（其中，$\boldsymbol{n}$ 为矩阵 $\boldsymbol{A}$ 的阶数），就可求得二次函数的极小点，即线性方程组 $\boldsymbol{Ax}=\boldsymbol{b}$ 的解。其迭代格式为

$$\boldsymbol{x}^{(k+1)}=\boldsymbol{x}^{k}+\boldsymbol{\alpha}_k\boldsymbol{d}^{(k)} \tag{1-64}$$

式中，$\boldsymbol{\alpha}_k$ 为最佳步长；$\boldsymbol{d}^{(k)}$ 为最佳搜索方向。

当前搜索方向与下一次搜索方向关于矩阵 $\boldsymbol{A}$ 共轭，即$\boldsymbol{d}^{(k+1)}\boldsymbol{Ad}^{(k)}=0$。共轭梯度法的推导过程这里不再赘述，根据已有的推导结果将其求解过程简化为图 1.55 所示的求解流程图。

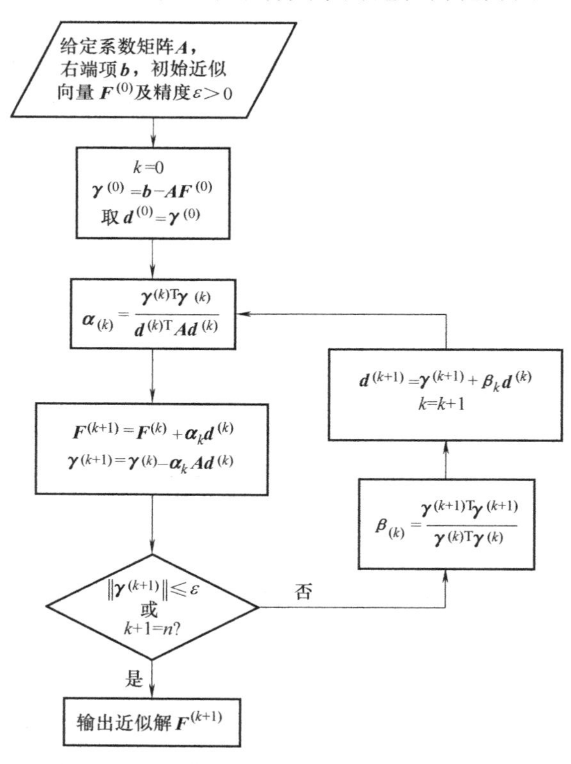

图 1.55　共轭梯度法求解线性方程组流程图

基于八叉树的具体求解过程如下：

第 1 步，判断八叉树的当前深度 L 是否大于最大深度L_{max}，若没有，则进行下述步骤。

第 2 步，获得前一深度 $L-1$ 下八叉树所有顶点对应的隐式函数值，即向量$\boldsymbol{F}_{L-1}$，计算当前深度下八叉树的新增顶点及其对应的索引，将新增顶点的函数值均设为默认值 0，而原有节点的函数值取$\boldsymbol{F}_{L-1}$ 中的值，构建当前深度下的向量$\boldsymbol{F}_L$。

第 3 步，累加当前八叉树叶节点中所有离散点对矩阵 $\boldsymbol{AF}$ 和 $\boldsymbol{b}$ 的贡献值，构造深度 L 下的线性方程组 $\boldsymbol{AF}_L=\boldsymbol{b}$，采用共轭梯度法求解更准确的 $\boldsymbol{F}_L$。

第 4 步，重复上述步骤，直到达到八叉树的最大深度$\boldsymbol{L}_{max}$，最终得到八叉树所有顶点对应的函数值构成的列向量$\boldsymbol{F}_{max}$。

3. 颜色重建问题的构建与求解

与坐标重建类似，数学建模将基于符号距离函数的表面颜色重建抽象为线性方程组 $\boldsymbol{BG}=\boldsymbol{d}$ 的解的问题，因此，颜色重建的第一步是线性方程组 $\boldsymbol{BG}=\boldsymbol{d}$ 的构建与求解。

线性方程组 $\boldsymbol{BG}=\boldsymbol{d}$ 的构建同样可分为两部分，即矩阵 $\boldsymbol{B}$ 与矩阵 $\boldsymbol{d}$ 的构建。由于 $C_1(g)$ 与 $C_2(g)$ 均包含 $\boldsymbol{G}$ 的二次项，见式（1-14）、式（1-15），故两个能量项中均存在矩阵 $\boldsymbol{B}$ 的分量，而 $\boldsymbol{G}$ 的一次项只包含于 $C_1(g)$ 中，故矩阵 $\boldsymbol{d}$ 仅由 $C_1(g)$ 项产生。

根据坐标重建节中各系数矩阵的求解过程，同理可得：

第一个能量项对矩阵 $\boldsymbol{B}$ 的贡献为

$$\boldsymbol{B}^0=\frac{1}{N}\sum_{i=1}^{N}\nabla\Psi(p_i)\ \nabla\Psi(p_i)^{\mathrm{T}} \tag{1-65}$$

第二个能量项对矩阵 $\boldsymbol{B}$ 的贡献为

$$\boldsymbol{B}^1=\frac{1}{|V|}\sum_{(m,n)}\frac{|V|_{mn}}{\Delta_{mn}}\boldsymbol{Y}\cdot\boldsymbol{Y}^{\mathrm{T}} \tag{1-66}$$

由于式（1-14）中，$C_1(g)=\frac{1}{N}\sum_{i=0}^{N}[g(p_i)-c_i]^2, [g(p_i)-c_i]^2=g^2(p_i)-2c_ig(p_i)+c_i^{\ 2}$，故 G 的一次项只存在于 $c_ig(p_i)$ 项，矩阵 $\boldsymbol{d}$ 由 $c_ig(p_i)$ 项产生，由式（1-40）可得

$$\boldsymbol{d}=c_i\cdot\Psi(p) \tag{1-67}$$

根据上述各能量项对矩阵 $\boldsymbol{B}$ 和 $\boldsymbol{d}$ 的贡献，遍历八叉树的叶节点，采用与坐标重建中类似的方式构建线性方程组 $\boldsymbol{BG}=\boldsymbol{d}$，最后采用共轭梯度法求解线性方程组，获得所有顶点相对于 $g(p)$ 的函数值。至此，就可以实现一个颜色通道内信息的求取。将上述过程分别在三个颜色通道上进行，求解出所有顶点对应的 RGB 颜色信息。

4. 基于等值面的表面模型重建

等值面是指空间中的一个曲面，在该曲面上，函数 $f(p)$ 的值等于某个给定值 t，即等值面是由所有点 $P=\{p\,|\,f(p)=t\}$ 组成的一个曲面。通常要重建的表面就是零等值面，即 $t=0$ 对应的等值面。因此，表面模型重建就是提取零等值面的过程。Marching Cubes（MC）算法是目前最基本的等值面提取算法，其他常用的等值面提取算法多数都是基于 MC 算法进行的。为了说明等值面提取的过程，下面首先从算法原理、算法实现及算法缺陷方面对 MC 算法进行一系列介绍。

（1）MC 算法

1）MC 算法的原理及实现。MC 算法的主要思想是在三维离散数据场中通过线性插值来

逼近等值面，主要思路是以体元为单位来寻找三维图像中内容部分与背景部分的边界，在体元中抽取三角面片来拟合这个边界。这里的体元指的是立方体，内容部分与背景部分的边界由边界点生成，边界点则通过立方体上八个点（体素）的坐标及函数值获得。

为了进一步说明 MC 算法，先对一个体元内的等值面提取过程进行介绍。首先，根据同一条边上两个点对应的函数值的符号判断该边上是否存在边界点，如果两个顶点所对应的函数值符号相反，则存在边界点；否则不存在。若存在边界点，则根据两个顶点的坐标值及其对应的函数值由线性插值计算边界点（即函数值为零的点）对应的坐标。依次对体元的 12 条边进行上述计算，求出该体元中的所有边界点，然后将边界点按照一定的规则构成三角形，以这些三角形来拟合该体元内的等值面片。图 1.56 中显示了其中两种体元配置，其中，实心点表示位于等值面内（$f\leqslant 0$），空心点表示位于等值面外（$f>0$）。将所有体元的等值面片提取出来并连接为一个整体，即可实现整个表面的重建。

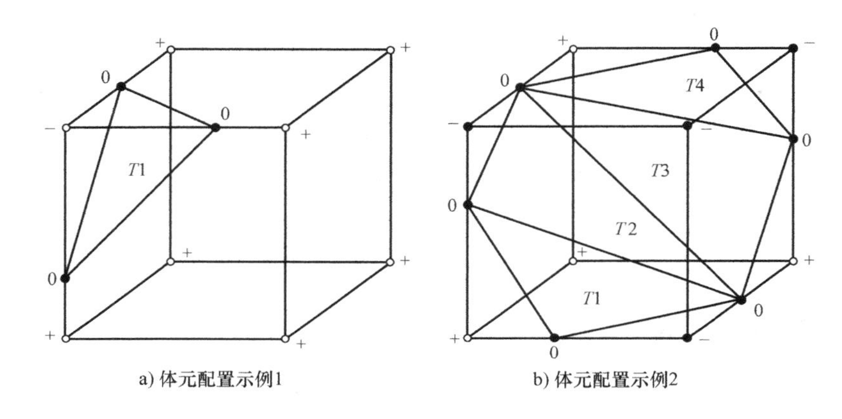

a) 体元配置示例1　　b) 体元配置示例2

图 1.56　MC 算法的其中两种三角形配置

上述过程中所涉及的三角形构建规则是通过枚举体素的所有配置情况而获得的。为了理解这一概念，我们按照八叉树各节点顶点的编号形式，同样对体元的顶点及棱线进行编号，编号结果见表 1.4，其中顶点的编号仍然与八叉树节点的编号相同。

表 1.4　体元棱线顺序表

图示	表说明	
	边号	两端点的索引
	0	(0,4)
	1	(1,5)
	2	(2,6)
	3	(3,7)
	4	(0,2)
	5	(1,3)
	6	(4,6)
	7	(5,7)
	8	(0,1)
	9	(2,3)
	10	(4,5)
	11	(6,7)

一个体元有 8 个顶点，每个顶点的函数值都可能有两种情况，即正和负（不考虑函数值为零的情况）；而在计算机内，一个字节（byte）有 8 位（bit），字节中的每一位也都可能有两种情况，即“0”和“1”。由此可见，一个体元的 8 个顶点与计算机中一个字节的 8 个位具有相类似的关系。基于这一关系，用一个字节来表示一个体元的 8 个体素所对应的函数值的正负情况，图 1.55a 所示的体元配置以二进制可以表示为 01111111（“0”表示函数值为负，“1”表示函数值为正），而图 1.55b 所示的体元配置则可以表示为 0111 0001。

一个体元有 8 个体素，每一个体素对应的值都可以取“0”或“1”，故体元共有 2^8 即 256 种三角形配置。通过分析 256 种体元配置可知，这 256 种体元配置中生成的等值三角片形式可以归纳为如图 1.57 所示的 15 种基本构型，其他 241 种情形可以通过这 15 种基本构型的旋转、映射等方式实现。

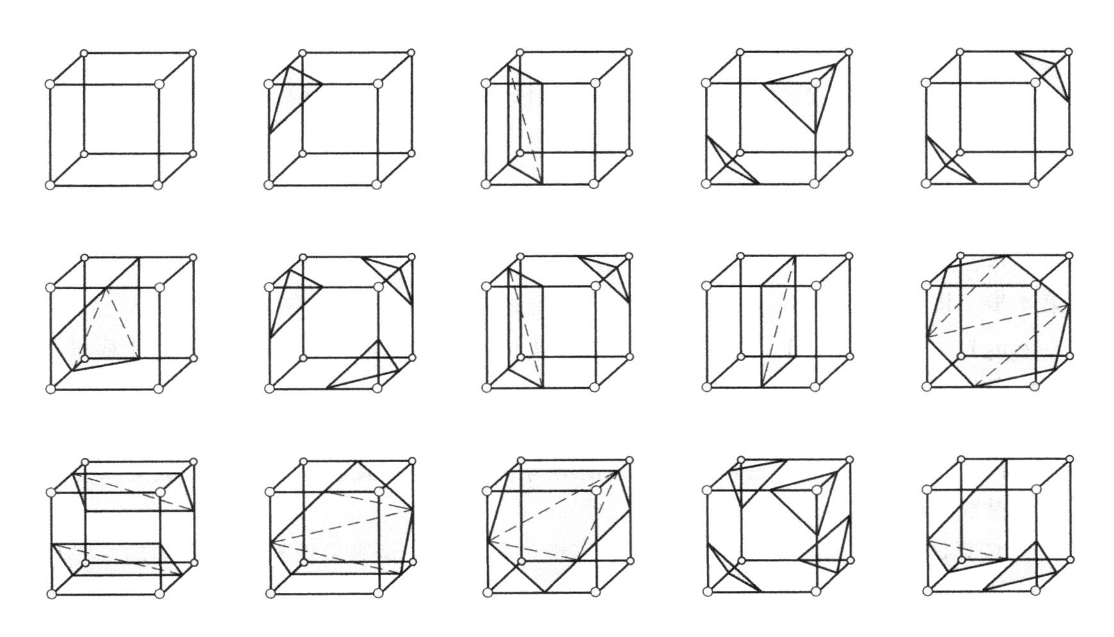

图 1.57　15 种基本体元配置

将这 256 种配置制成一个静态表，见表 1.5（此处只列出了图 1.56 所示的两种体元配置情况所对应的项）。在静态表中，索引是体元配置的二进制形式对应的十进制数，表中每一行分别存储相应体元配置所对应的三角形集合。三角形集合中每三个为一组，分别存储体元配置中每一个三角形三个点所属边的索引，如图 1.56 所示的两种体元配置对应的三角形存储形式见表 1.6。

表 1.5　体元配置静态表

索引	二进制形式	三角形集合
…	…	…
113	0111 0001	(8,0,4)
…	…	…
127	0111 1111	(4,2,11)、(8,4,11)、(8,11,7)、(8,7,1)
…	…	…

表 1.6　体元配置 1 和 2 的三角形存储形式

体元配置 1			体元配置 2		
三角形	顶点所在边	三角形存储形式	三角形	顶点所在边	三角形存储形式
T1	E8,E0,E4	(8,0,4)	T1	E4、E2、E11	(4,2,11)
			T2	E8、E4、E11	(8,4,11)
			T3	E8、E11、E7	(8,11,7)
			T4	E8、E7、E1	(8,7,1)

将 256 种体元配置的索引及三角形集合一一列出，即可完成体元配置静态表的构建。在等值面的提取过程中，对创建好的静态表进行硬编码，然后由待求解体元的体素配置获得相应的体元配置索引，根据该索引即可获得该体元内对应的等值面片。根据体元配置表，从一个体元中提取等值面的具体过程如下：

第 1 步，由体元 8 个体素函数值的正负获得该体元对应的二进制数，然后将二进制转换为十进制数以获得体元配置的索引 n，根据该索引，从体元配置表中提取体元配置 V。

第 2 步，若提取出的体元配置 V 的三角形集合存在，则将三角形集合每三个数为一组，得到体元内的所有三角形（假设有 N 个）及每一个三角形顶点所在边的索引。

第 3 步，遍历所有三角形组，对每一组进行第 4 步。

第 4 步，根据边的索引（e_0，e_1，e_2）找到每条边对应的两端点，即（e_0p_0，e_1p_1）、（e_0p_0，e_2p_2）、（e_1p_1，e_2p_2），由两端点坐标及其对应的函数值，通过线性插值计算每个边上的插值点坐标 e_0p_m、e_1p_m、e_2p_m，由此三点组成三角形。

第 5 步，返回构建的 N 个三角形。

MC 算法的本质是遍历所有体元，提取所有等值面片并连接为一个整体，最终实现整个等值面的提取。

2）MC 算法的缺陷。MC 算法的原理及实现过程简单，是等值面提取过程中的一种经典算法，但是也存在一些缺陷。

a）模型二义性。如图 1.58 所示是 MC 算法的模型二义性问题。当一个面的一条对角线对应的两个点的函数值为正，而另一条对角线对应的两个点的函数值为负时，会出现两种不同的连接方式，从而产生模型二义性。这种二义性的存在可能会使同一个图像产生完全不同的结果（见图 1.59），二义性在三维空间中的直接后果是产生“孔洞”，如图 1.60 所示。

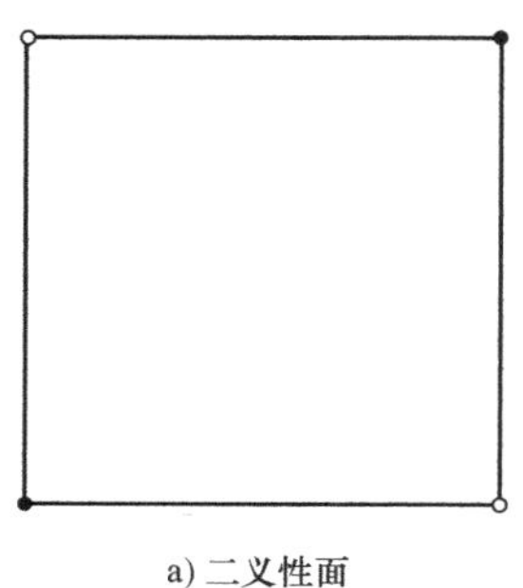

a) 二义性面

b) 连接方式一

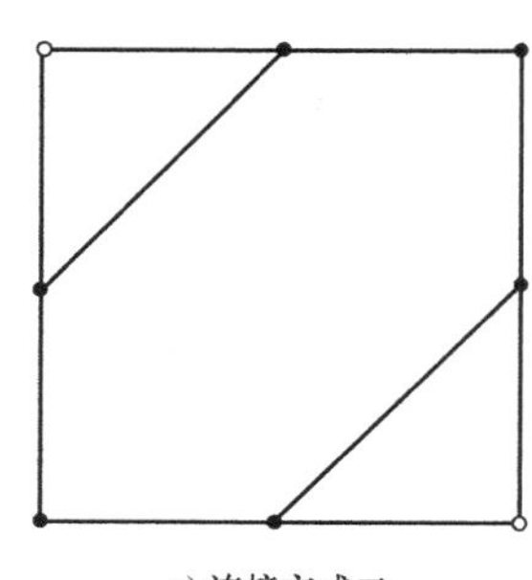

c) 连接方式二

图 1.58　MC 算法的模型二义性

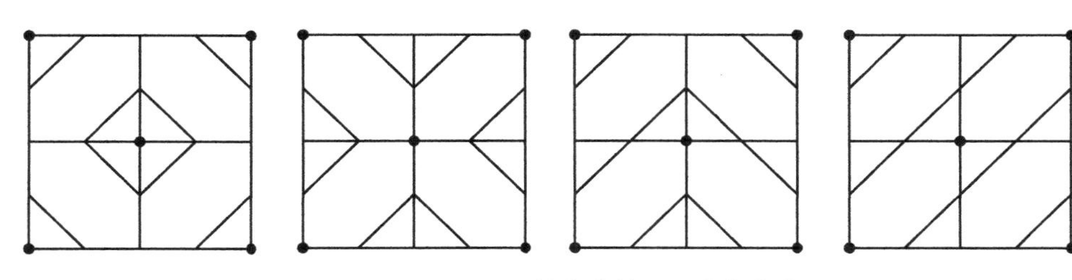

图 1.59　二义性产生的不同连接方式

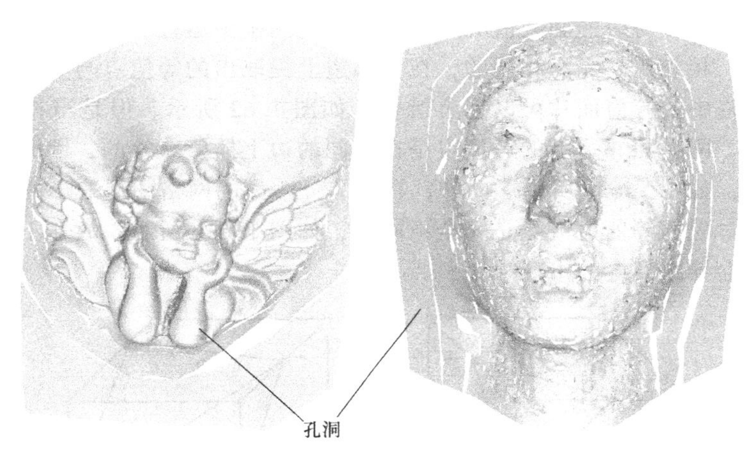

图 1.60　原始 MC 算法三维重建效果

b）模型特征缺失。除了模型二义性问题，MC 算法在模型特征方面也存在一定的缺陷，该算法只计算了等值面与体元交点的坐标信息，并根据这些交点的连接来构建体元内的等值面，若在体元内存在几何模型的特征信息，如棱边、棱角等，采用 MC 算法提取的等值面中可能并不包含这些信息，也就是说 MC 算法会造成模型特征信息的缺失。以二维平面为例，图 1.61 给定了点的位置及法向量信息，图 1.61b 是通过 MC 算法提取的等值面片，图 1.61c 是通过一种 MC 的改进算法——扩展 MC 算法（Extended Marching Cubes，EMC）提取的更接近于实际形状的等值面片。比较图 1.61b 与图 1.61c 可以得出，原始 MC 算法缺失了体元内部的尖角信息。

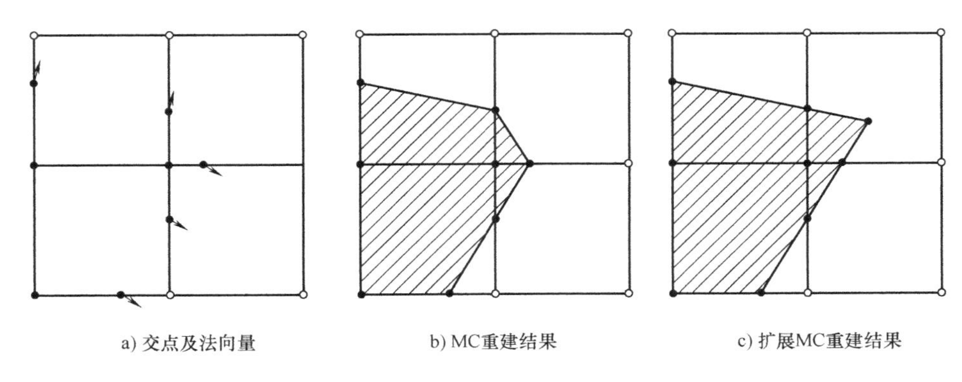

图 1.61　二维点云重建效果及比较

c）实现过程中的缺陷。MC 算法的二义性与模型特征的缺失都是算法原理上不可避免的问题，除此之外，算法在实现过程中也会导致某些问题。

MC 算法在均匀网格上运行，可以获得较好的水密性表面。但是一般来说，重建表面各处的特征分辨率是不同的，若仍然采用均匀网格，为了获得某些局部表面的精确信息，就需要对整个表面进行细分，从而导致内存消耗增大，运行速度变慢。为了解决这一问题，在实现过程中一般都会采用自适应网格，如八叉树。自适应网格会在模型信息比较丰富的位置进行细分，而在其他位置仍然保持较粗糙的网格。

MC 算法要在每一个网格中分别提取等值面，然后将各个等值面进行拼接，某条边上的等值点由该边两个顶点对应的函数值决定。在自适应网格中运行 MC 算法，当相邻的两个网格分辨率相同时，相邻边是完全相同的，在相邻边上提取出的等值点与等值边也是相互对应的，此时两个网格中的等值面片可以完全接合，如图 1.62 所示。但是当相邻的两个网格分辨率不同时，两个网格相邻边上的等值点是在不同的边上插值获得的，因此需要拼接的等值点不能完全重合，如图 1.63a 所示。此外，在不同分辨率的网格中提取出的等值面片在需要拼接的公共面上对应的等值边可能是完全不同的，如图 1.63b 所示。故在不同分辨率的网格中提取等值面也会导致裂缝的出现。

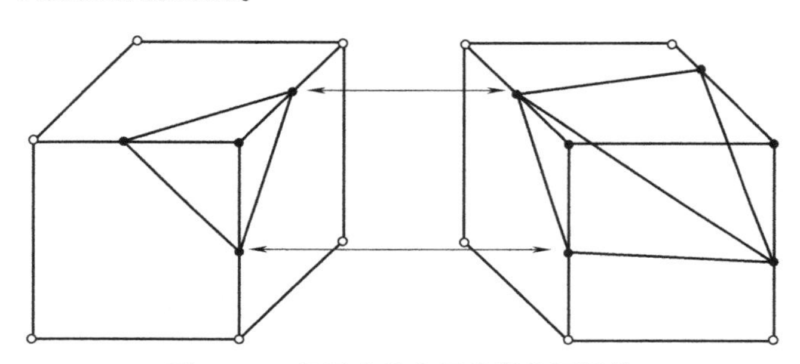

图 1.62　相同分辨率网格等值面拼接

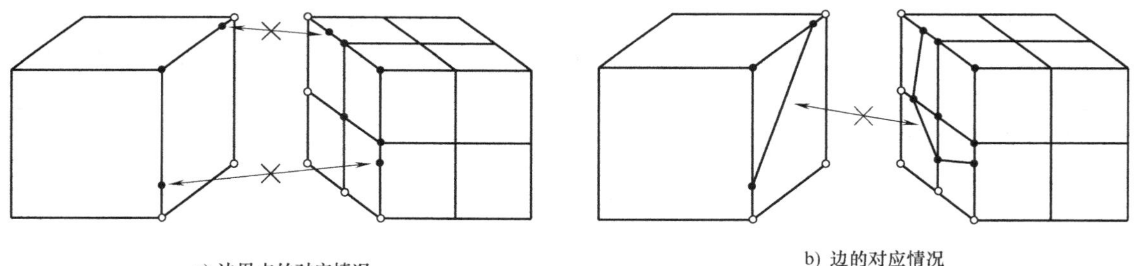

a) 边界点的对应情况

b) 边的对应情况

图 1.63　不同分辨率网格等值面拼接

MC 算法中，在某一条边上存在等值点的前提是该边两个顶点对应函数值的符号相反，即一个点在曲面外，另一个点在曲面内。基于这一前提，当提取的等值面中存在非常薄的特征时，同样需要划分非常精细的网格才能表示出该特征。从这一方面来说，即使采用自适应的八叉树网格，仍然会产生较大的内存消耗。

（2）MC 改进算法

MC 算法无论在原理上还是在实际中都存在一些缺陷，虽然有的缺陷无法彻底避免，却可以通过一些特定的处理进行修复。

1）扩展 MC 算法。图 1.60c 中用到的扩展 MC 算法是针对 MC 算法缺失模型特征信息而提出的一种 MC 改进算法，该算法通过检查立方体棱边与重建表面相交点的法线来检测立方体内是否存在尖锐特征。如果立方体的法线位于用户指定的锥体内，则认为该立方体不存在尖锐特征，这时按照标准 MC 算法生成多边形。对于那些包含特征的立方体，该方法在立方体的内部假设一个点 x，然后用交点 p_i 及法向量$\boldsymbol{n}_i$ 表示点 x 到点 p_i 处的切平面的距离，即 $d_i=\boldsymbol{n}_i\cdot\overrightarrow{xp_i}$。根据最小二乘法的思想及当前立方体的所有交点构造二次函数 $E(x)=\sum_i(\boldsymbol{n}_i\cdot\overrightarrow{xp_i})^2$，通过二次函数的最小化来定位立方体内的点 x，在该立方体内构造等值多边形时将点 x 考虑在内。对所有包含尖角特征的立方体都进行该处理，其他过程仍与 MC 算法相同，即为扩展 MC（EMC）算法。

2）对偶轮廓法。针对 MC 算法应用到自适应网格会产生裂缝的问题，研究者们提出了一类对偶轮廓法（Dual Contouring），该类方法产生的轮廓与 MC 算法产生的原始轮廓在拓扑学上是相互对偶的。为了说明对偶关系，先介绍平面图的对偶图。

对偶图（dual graph）是一类特殊的图，是指由一个平面图派生出的另一个平面图。在平面图 G 的每个面内选取一点作为顶点，对于 G 的任一条边 e'，将包含 e'的两个相邻面内的顶点用一条仅与 e'有一交点且不与 G 的其他任何边相交的简单曲线连接（若 e'的两侧为同一个面，则建一条回边），这样得到的平面图称为 G 的平面对偶图，记为 G'。图 1.64 显示了一个简单的平面图及其对偶图。

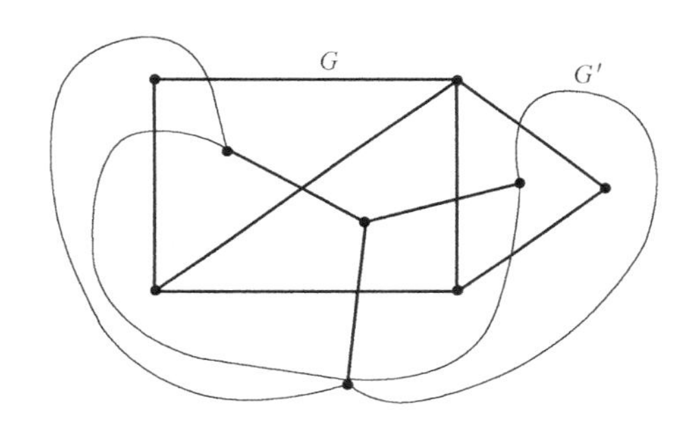

图 1.64　平面图及其对偶图

将平面对偶图扩展到三维空间同样可以得到三维空间中的对偶图，对偶轮廓法就是基于对偶图进行的。

Gibson 提出的 SurfaceNets 对偶算法为与轮廓相交的每个立方体生成一个位于轮廓上或轮廓附近的点，对于网格中呈现符号变化的每个边，将包含该边的四个立方体相关联的点连接在一起形成四边形，最终形成一个近似轮廓的连续多边形曲面。

Ju 等的基于 Hermite 数据（精确的交点和法向量）的对偶轮廓法是 EMC 算法与 SurfaceNets 对偶算法融合的结果，该算法使用 EMC 算法中的特征顶点定位规则求解位于小立方体内的所有特征点，同时使用 SurfaceNets 对偶算法确定这些顶点的连通性。

对偶轮廓法相对于原始轮廓法的优点为：①对偶轮廓法中的顶点一般都被放置在表面的尖锐特征处，所以该类方法可以再现边和角的尖锐特征；②对偶轮廓法的顶点在网格的内部而不是边上，顶点的位置有很大的自由度，而不只是限制在边上；③不会像原始轮廓法那样产生明显的网格效应；④对偶轮廓法产生的网格比较均匀。

3）对偶 MC 算法。Schaefer 和 Warren 在对偶轮廓法的基础上提出了一种称为 Dual MC 的算法，即对偶 MC 算法。该算法首先在原始八叉树的网格中重建一个对偶网格，然后在对偶网格上应用广义上的 MC 算法提取等值面。图 1.65 所示为一个四叉树网格（灰）及其对偶网格（黑）。

将四叉树中的正方形网格扩展到立方体网格，每一个叶节点对应的立方体都以一个特征点来表示，并根据八叉树建立所有点的连接关系，就可由四叉树的对偶图扩展到八叉树网格的对偶图，图 1.66 所示为从八叉树的八个叶节点中提取的一个对偶网格，其中特征点为立方体的体心。

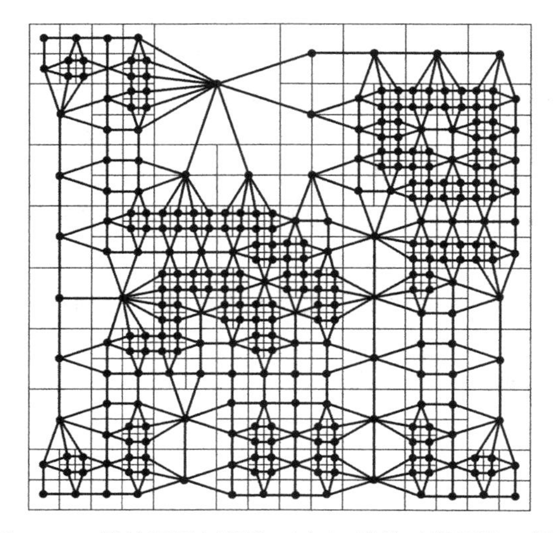

图 1.65　原始四叉树网格（灰）及其对偶网格（黑）

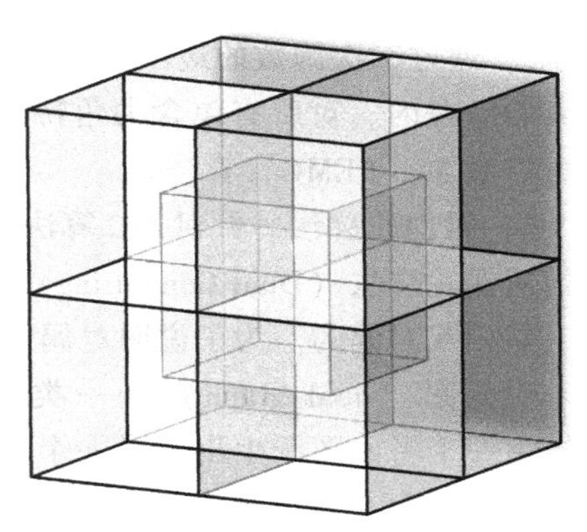

图 1.66　八叉树对偶网格示例

（3）基于对偶 MC 的等值面提取

由于对点云数据进行划分时，采用的是自适应八叉树，因此相邻两个叶节点的深度可能相差较大。在这种相邻节点深度相差较大的自适应八叉树中提取出的对偶网格是极不规则的网格，在不规则的网格上使用标准 MC 算法提取的等值面往往是不够准确的。所以，使用对偶 MC 算法时，需要对最后划分好的八叉树进行平衡，以保证八叉树相邻叶节点的深度值相差较小，一般在实现过程中使相邻叶节点的深度值之差最大为 1。对自适应八叉树进行平衡的具体实现过程如下：

第 1 步，遍历八叉树的每一个叶节点，对每一个叶节点进行下面的操作。

第 2 步，通过叶节点的相邻关系找出与它相邻的所有叶节点，比较每一个相邻叶节点与当前节点的深度值之差是否大于规定的值，若大于规定的值，则对该相邻叶节点进行分割。

第 3 步，若某个相邻叶节点被分割，则对其子节点递归调用第 2 步，直到所有相邻节点的深度值之差不大于规定的值为止。

当所有的叶节点均被遍历完，就完成了对八叉树的平衡。对偶 MC 算法是在平衡八叉树中提取对偶网格，然后在对偶网格上进行广义上的标准 MC 算法。在提取对偶网格之前，需要计算八叉树每一个叶节点中的特征点及该点对应的函数值。由于八叉树的叶节点往往较小，所以通常可直接将叶节点的体心作为特征点，此时，特征点对应的函数值就可以由节点八个顶点函数值的平均值表示。采用对偶 MC 算法提取等值面的过程如下：

由节点八个顶点的坐标函数值计算节点体心对应的坐标函数值，并将其作为等值面提取的依据；遍历叶节点，判断每一个叶节点及其周围的节点是否能构成类似于图 1.66 所示的 8 个外轮廓，若可以，则将 8 个体心按序连接，构成一个对偶网格，在该对偶网格中应用 MC 算法，在每一条边上求解零等值点；若点云包含颜色信息，则根据 8 个顶点对应的颜色函数值求零等值点对应的 RGB 颜色，也就是每求得一个零等值点，都要根据相应边上两个顶点的颜色值由线性插值求该零等值点对应的颜色值，并将颜色信息同坐标信息一起保存在相应的零等值点中；根据对偶网格的体元配置，按序连接各零等值点，获得当前网格的等值面片。遍历完八叉树的所有叶节点，就完成了整个等值面的提取。

图 1.67 所示为一个分布不均匀的点云数据模型及分别采用原始 MC 算法及对偶 MC 算法提取等值面的重建效果图。从图中可以看出，基于符号距离函数的表面重建算法针对不均匀的点云数据仍然有较好的重建效果；对比图 1.67b 和图 1.67c，可以看出，采用原始 MC 算法重建的表面会存在孔洞，而对偶 MC 算法则有效地改善了重建效果。

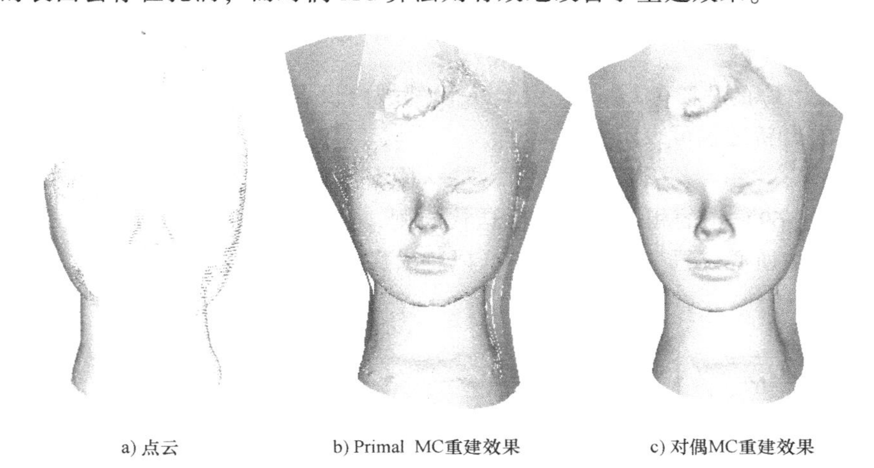

a) 点云　　b) Primal MC重建效果　　c) 对偶MC重建效果

图 1.67　原始 MC 和对偶 MC 算法的比较

1.6　三角网格模型处理技术

1.6.1　特征保持的混合光顺算法

1. 网格模型的表示

三角网格模型在空间中是由网格顶点和边线连接而成的线性三角片曲面，Hoppe 给出了典型表述形式。令 $M=(A, L)$ 表示三角网格模型，$A=(V, E, F)$ 表示组成网格的元素集合，$V=\{v_1, v_2, \cdots, v_n\}$ 表示点集，E 表示边集，$F=\{f_1, f_2, \cdots, f_n\}$ 表示面集，L 表示点、边、三角面片三个网格元素间的相互连接关系。

对于网格 M 中的顶点 v_i（$i \in \mathbf{N}^+$），称与它直接相连的所有顶点组成的几何形状为一阶邻域集合，用 $NV_1(i)$ 表示；一阶邻域内所有的三角面片称为一阶邻域三角面片集合，用 $NT_1(i)$ 表示。通过点和点的连接扩展，可以得到 N 阶邻域内的顶点结合 $NV_n(i)$ 和三角面片集合 $NT_n(i)$，则 $|NV_n(i)|$ 表示 N 阶邻域内顶点集合的个数，$|NT_n(i)|$ 表示 N 阶邻域内三角面片集合的个数。对于 M 中的边 $\boldsymbol{e}_{ij}$ 定义为由顶点 V_i、V_j 相连得到，且 $|\boldsymbol{e}_{ij}|$ 表示三维空间中的直线距离。由顶点 V_i、V_j、V_k 组成的三角面片单位法向量表示为 $\boldsymbol{n}_{ijk}$，单个顶点 V_i 的单位法向量表示为 $\boldsymbol{n}_{Vi}$。

2. 经典光顺算法

（1）Laplacian 光顺

Laplacian 利用式（1-68）对噪声网格光顺过程进行控制

$$\frac{\partial M}{\partial t}=\nabla^2 M \tag{1-68}$$

式中，M 为加载的网格模型；∇^2为 Laplacian（拉普拉斯）算子。对式（1-68）进行有限差分并迭代求解得

$$M^{t+1}=M^t+\lambda\nabla^2 M^t \tag{1-69}$$

式中，λ 为控制 Laplacian 算子能量的权值；t 为迭代次数。其中，∇^2利用线性逼近的伞状算子表示为

$$U(V_i)=\frac{1}{\sum\limits_{k\in NV_1(i)}\omega_k}\sum_{k\in NV_1(i)}\omega_k\overrightarrow{V_kV_i} \tag{1-70}$$

式中，$NV_1(i)$ 为 V_i 的一阶邻域；ω_k 为 V_i 一阶邻域内顶点与 V_i 的向量距离权值。

则各顶点的更新过程可表示为

$$V_i^{t+1}=V_i^t+\lambda U(V_i^t) \tag{1-71a}$$

式中，λ 与式（1-69）中的相同。根据此迭代规则，网格中的所有顶点通过 $U(v_i)$ 依次逐步偏移到一阶邻域质心位置（见图 1.68），以将噪声点融入一阶邻域网格中。

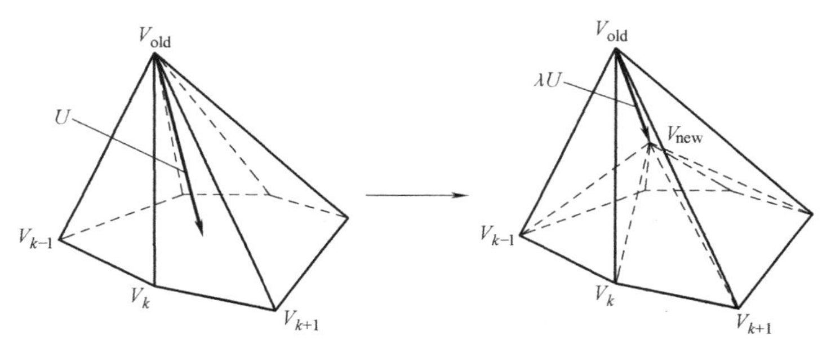

图 1.68　Laplacian 光顺过程

为了简化计算过程，一般令 $\omega_k=1$，则式（1-70）变为

$$U_0(v_i)=\frac{1}{n}\sum_{k\in NV_1(i)}\overrightarrow{V_kV_i} \tag{1-71b}$$

式中，$n=|NV_1(i)|$，为一环邻域顶点总数。

Laplacian 光顺算法虽然能有效减少噪声表面的高频信息，使之平整；但随着迭代次数增加，会使大噪声曲面产生不规则变形，模型体积收缩。

（2）Taubin 光顺

为了对 Laplacian 光顺过程中的收缩缺陷进行抑制，Taubin 在 Laplacian 光顺原理基础上设计了式（1-72）、式（1-73）扩散方程。他使用两个符号相反的权值对其进行改进，达到光顺过程中抑制高频信息的同时保持和增强低频信息。

$$\tilde{M}^t=M^t+\lambda\nabla^2 M^t \tag{1-72}$$

$$M^{t+1}=\tilde{M}^t+\mu\nabla^2\tilde{M}^t \tag{1-73}$$

式中，λ 表示收缩权值；μ 表示扩张权值；M 为加载的网格模型；$\tilde{M}$ 为经过 λ 迭代原始网格后得到的网格模型；M^{t+1} 为经过 μ 迭代 $\tilde{M}$ 后的网格模型；∇^2为 Laplacian 算子。其中，$\lambda>$

0，$\mu<-\lambda$，通常 $1/\lambda+1/\mu=0.1$。

对于不同 ∇^2，同样由式（1-70）代替得

$$\tilde{M}^t=M^t+\lambda U(M^t) \tag{1-74}$$

$$M^{t+1}=\tilde{M}^t+\mu U(\tilde{M}^t) \tag{1-75}$$

将式（1-74）和式（1-75）合并得

$$M^{t+1}=M^t+(\lambda+\mu)U(M^t)+\lambda\mu U^2(M^t) \tag{1-76}$$

各顶点的更新过程可表示为

$$V_i^{t+1}=V_i^t+(\lambda+\mu)U(V_i^t)+\lambda\mu U^2(V_i^t) \tag{1-77}$$

式中，$U^2(V_i)$ 为二次 Laplacian 算子，其值为

$$U^2(V_i)=\frac{1}{\sum\limits_{k\in NV_1(i)}\omega_k}\sum_{k\in NV_1(i)}\omega_k[U(V_k)-U(V_i)] \tag{1-78}$$

根据式（1-77）迭代规则，噪声网格中的每个顶点依次利用 λ、μ 和 $U(V_i)$ 逐步进行位置调整，如图 1.69 所示。

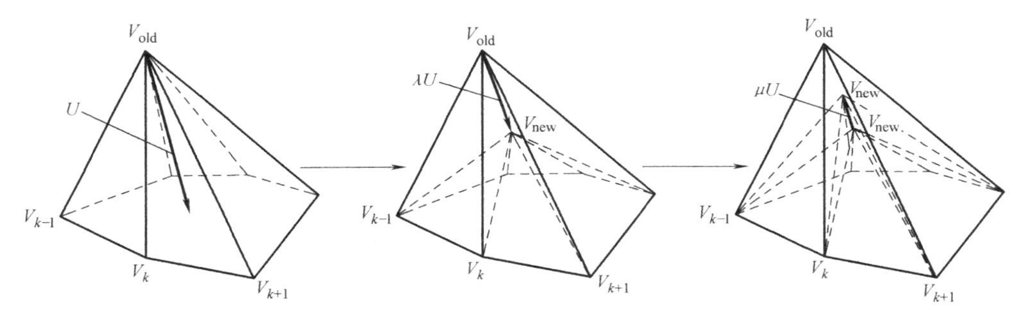

图 1.69 Taubin 光顺过程

Taubin 算法相较于一般 Laplacian 能较好地抵制模型收缩现象，但随着迭代次数的增加，通带频率会被逐渐放大导致模型产生扩张现象，破坏原始模型的几何特征。

（3）Desbrun 光顺

Desbrun 利用平均曲率流方法设计了新的扩散方程

$$\frac{\partial M}{\partial t}=-H(M)\boldsymbol{n}(M) \tag{1-79}$$

式中，M 为加载的网格模型；$H(M)$ 为平均曲率；$\boldsymbol{n}(M)$ 为各顶点的外法向量方向。

该算法原理替代了 Laplacian 光顺过程中的距离向量，而是使顶点沿着其法向量方向以平均曲率的速度逐步移动，从而在较好保持模型形状同时达到降噪目的。迭代方程为

$$M^{t+1}=M^t+\lambda H(M)\boldsymbol{n}(M) \tag{1-80}$$

网格各顶点的离散曲率法向量可由式（1-81）得出

$$H(V_i)\boldsymbol{n}(V_i)=\frac{1}{4A}\sum_{k=NV_1(i)}(\cos\alpha_k+\cos\beta_k)\overrightarrow{V_kV_i} \tag{1-81}$$

式中，A 为 V_i 一阶邻域内所有三角形面积之和；α_k、β_k 分别为共享边 e_{ik} 的对角（见图 1.70）。

则各顶点更新过程可表示为

$$V_i^{t+1}=V_i^t+\lambda H(V_i^t)\boldsymbol{n}(V_i^t) \tag{1-82}$$

根据式（1-82）迭代规则，网格中各顶点利用通过 λ 和离散曲率依次进行位置调整，如图 1.71 所示。

Desbrun 光顺方法虽然能得到较好的光顺效果，但由于本身的非凸性组合，会使网各顶点的采样率变差，曲面容易产生“爆炸”、缺失等缺陷。

（4）双边滤波光顺

Fleishman 将图像中的双边滤波降噪原理引入到三角网格中，通过网格中各顶点间的欧氏距离和当前点的邻接点到其切平面投影点的垂直距离，确定顶点的调整位置，从而实现网格模型的降噪。

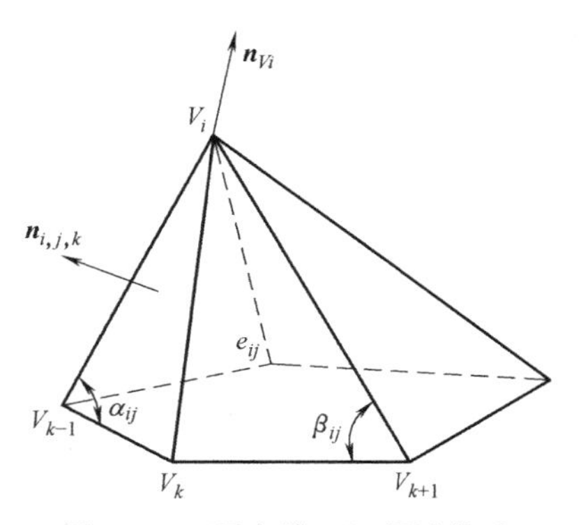

图 1.70　顶点的一环邻域关系

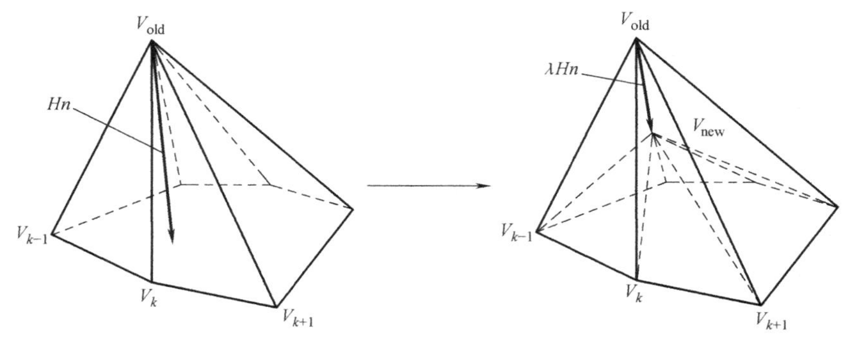

图 1.71　Desbrun 光顺过程

如图 1.72 所示，设平面 $S=(V_i, \boldsymbol{n})$ 为法向 $\boldsymbol{n}$ 的点 V_i 的切平面，图 1.72b 中 V_i 的临近点到 S 的垂直距离即为网格模型表面的高度场信息。则点 V_i 与临近点 V_k 的欧氏距离表示为：$d_c=\|\overrightarrow{V_iV_k}\|$，高度场信息表示为 $d_s=\boldsymbol{n}_{Vi}\cdot\overrightarrow{V_iV_k}$。

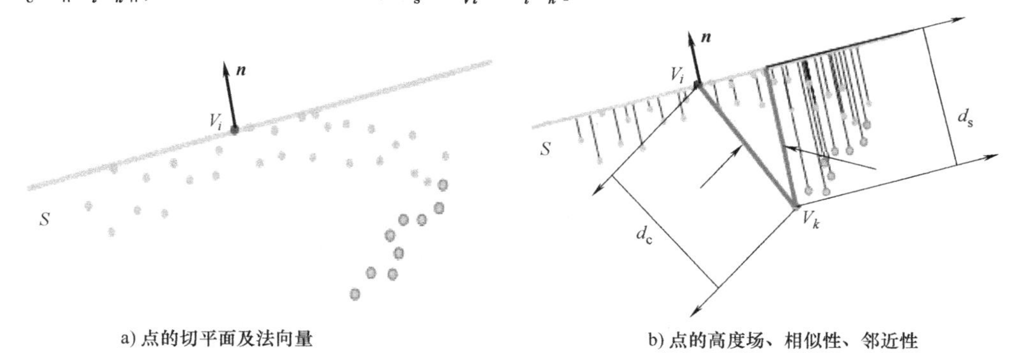

a) 点的切平面及法向量　　b) 点的高度场、相似性、邻近性

图 1.72　点云的图像特性

则网格顶点利用双边滤波原理得到的偏移量为

$$\Delta(V_i)=\frac{\sum\limits_{k\in NV(i)} W_c(\|\overrightarrow{V_iV_k}\|)W_s(\boldsymbol{n}_{Vi}\cdot\overrightarrow{V_iV_k})\boldsymbol{n}_{Vi}\cdot\overrightarrow{V_iV_k}}{\sum\limits_{k\in NV(i)} W_c[\|\overrightarrow{V_iV_k}\|W_s(\boldsymbol{n}_{Vi}\cdot\overrightarrow{V_iV_k})]} \tag{1-83}$$

式中，$NV(i)$ 为顶点 V_i 临近点的集合；$W_c(x)=e^{-\frac{x^2}{2\sigma_c^2}}$；$W_s(x)=e^{-\frac{x}{2\sigma_s^2}}$；$W_c(\|\overrightarrow{V_iV_k}\|)$ 为邻近性标准高斯滤波器，$W_s(\boldsymbol{n}_{Vi}\cdot\overrightarrow{V_iV_k})$为相似性高度场滤波器，用于对高度场的剧烈变化进行抑制，对模型几何特征进行保持。对于 V_i 的临界点集合 $NV(i)$，通常由下式确定

$$\|\overrightarrow{V_iV_k}\|<\rho=2\sigma_c, k\in NV(i) \tag{1-84}$$

式中，ρ 为顶点 V_i 的邻域半径，ρ 越大，则 σ_c 越大，$NV(i)$ 集合内表示的临近点个数越多；σ_c 为 $NV(i)$ 中所有顶点到 S 的标准偏差，σ_c 越大，则 V_i 的偏移量就越大。

双边滤波降噪算法具有高效、易行的优点，且由于光顺过程中所有顶点都是沿法向进行偏移，所以不会发生顶点漂移的情况；但双边滤波光顺在处理大噪声时会产生过渡光顺现象，对于模型的细小特征不能有效保持。

3. 特征保持算法描述

三维网格模型光顺后的主要目标为：

1）有效去除噪声模型中的各位置噪声。

2）模型表面光顺的同时保持原始模型的固有特征。

3）光顺过程中要防止模型整体变形。

4）光顺算法要具有较低的时间复杂度和空间复杂度。

原始的 Laplacian 光顺算法是一种应用广泛、简单高效的降噪算法，其基本原理是通过对每个网格顶点 V_i 定义一个 Laplacian 算子 ∇^2，由 V_i 的邻域点决定其调整方向，通过多次迭代最终达到光顺目的。应用到需要优化的三角形网格中时，其实就是通过使噪声点处的噪声值快速向其邻域内分散，通过式（1-82）中的 λ 值控制光顺过程速度，多次迭代后使得模型整体的三角形网格面片均匀分布以对模型快速降噪。另外，这种光顺算法也可以光顺大型多边形网格模型，而且不需要通过复杂的数学计算，仅通过 ∇^2进行时间和空间上的线性迭代即可实现，运算量小且速度快。但是，由于多次迭代及 Laplacian 算子的定义问题，网格模型容易出现过度光顺导致的体积收缩、变形等问题。

Vollmer 等利用 HC 算法对 Laplacian 算子进行改进，在一定程度上缓解了体积收缩问题且得到了更好的光顺效果，但由于其基本的光顺理论，收缩变形问题仍然存在。Taubin 设计的低通滤波器通过 λ 和 μ 两个正负缩放因子在抑制高频（噪声）信号的同时可以保持甚至加强低频（光顺）信号，但这会导致 λ 和 μ 即使满足平衡公式 $1/\lambda+1/\mu=0.1$ 在多次迭代后会出现模型放大的情况。基于以上理论，为了在网格模型去噪过程中尽量保持原模型特征，本节所述算法首先通过增加噪声原始点及前次光顺点等控制点提高光顺表面质量，并初步抵制实体变形；然后通过结合实际数据分析，设定合理的低频信号值来进一步防止模型收缩变形，很好地保持了网格模型的几何特征。

（1）特征控制点

基于 Laplacian 光顺算法，为加强光顺处理表面质量并对光顺过程中的收缩现象有一定程度上的抑制，现将最原始点及上一次优化点作为光顺控制点来削弱每个网格顶点的移动程度，并通过加权噪声点及一阶邻域内其他所有点经过控制点调控后的平均差值来进一步控制网格顶点的移动。

对于噪声点 V_i，通过权值 α 设定 o_i 及 q_i 的调控程度，则调控后 V_i 相较于未加控制点的

移动量为

$$b_i = p_i - [\alpha o_i + (1-\alpha) q_i] \tag{1-85}$$

式中，o_i 表示原始顶点，q_i 表示上次优化点；p_i 表示由 Laplacian 光顺后顶点位置，但随着 α 的增大光顺表面质量会越来越差，参考 Vollmer 的 HC 算法思想本算法令 $\alpha=0.2$。V_i 一阶邻域内各点的平均调控量为

$$d_j = -\frac{1}{|Adj(i)|}\sum_{j \in Adj(i)} b_j \tag{1-86}$$

式中，$|Adj(i)|$表示顶点 V_i 一阶邻域顶点个数；b_j 表示 V_i 一阶邻域顶点通过式（1-85）获得的移动量。各向量之间的位置关系如图 1.73 所示。

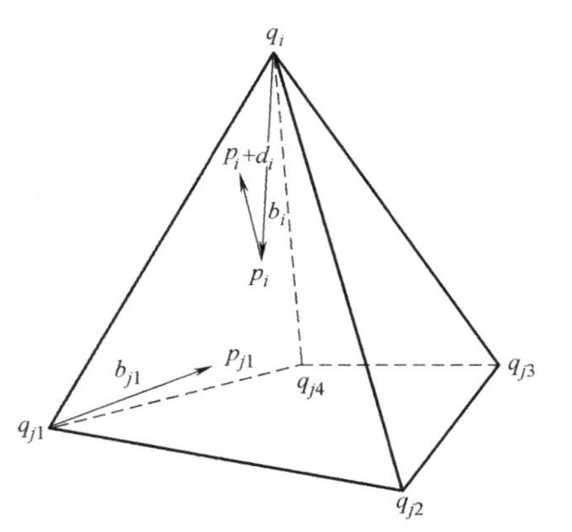

图 1.73　基于 Laplacian 算法对 d_i 的改进过程

其中，p_i 为通过传统 Laplacian 算法光顺后新顶点位置；p_{j1}、p_{j2}、p_{j3}、p_{j4} 为 V_i 一阶邻域内的顶点通过传统 Laplacian 算法光顺后新顶点位置；q_{j1}、q_{j2}、q_{j3}、q_{j4} 则分别表示 V_i 一阶邻域内的顶点 V_{j1}、V_{j2}、V_{j3}、V_{j4} 的上次光顺点；b_{j1} 表示 V_{j1} 加入控制点相较于未加控制点的移动量；p_i+d_i 表示通过加权噪声点及一阶邻域内其他所有点经过控制点调控后的移动量。

利用 $\beta \in [0,\ 1]$ 作为权值将噪声点 V_i 及其一阶邻域内的其他点 V_j 加入得新的优化算子

$$d_i = -\left(\beta b_i + \frac{1-\beta}{|Adj(i)|}\sum_{j \in Adj(i)} b_j\right) \tag{1-87}$$

则新顶点位置为

$$v_{\text{new}} = p_i - \left(\beta b_i + \frac{1-\beta}{|Adj(i)|}\sum_{j \in Adj(i)} b_j\right) \tag{1-88}$$

通过此种方式将特征控制点加入一般 Laplacian 光顺过程的算法称为 HC 算法。

（2）控制权值分析

对 $\phi=1000\text{mm}$ 的标准球体施加噪声作为 β 值的测试模型，如图 1.74 所示。分别令 $\beta=0.1$，0.2，0.3，0.4，0.5，0.6，0.7，0.8，0.9，利用测绘软件对模型 x、y、z 三坐标包

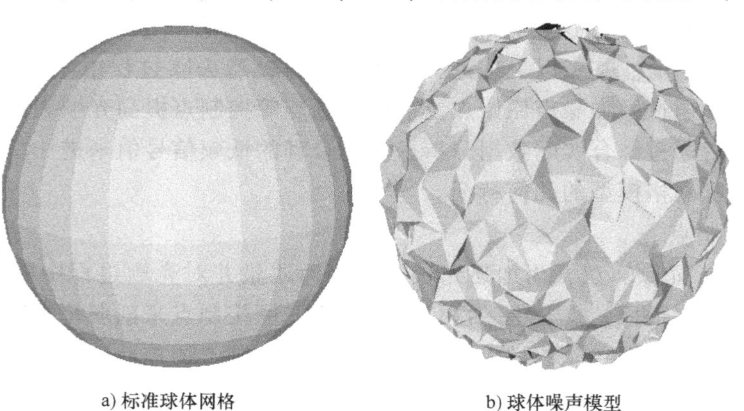

a) 标准球体网格　　b) 球体噪声模型

图 1.74　β值测试模型

围值进行测量，软件设置测量显示值与实际模型尺寸存在 12.7 倍的关系，则标准球标准比对值 $\phi=78.74\text{mm}$。通过每次加权模型平均误差值与当时模型光顺效果综合比较，得出合适的 β 值，最后取 $\beta=0.55$ 作为算法理论验证值。

(3) 初步改进效果分析

为了直观比较加入光顺控制点算法与一般 Laplacian 算法光顺效果，现对噪声球模型（见图 1.75a）分别利用初步改进后的算法和一般的 Laplacian 算法进行实验分析。用 L 表示一般拉普拉斯算法迭代次数，用 HC 表示 HC 算法迭代次数。测试效果如图 1.75b～e 所示。

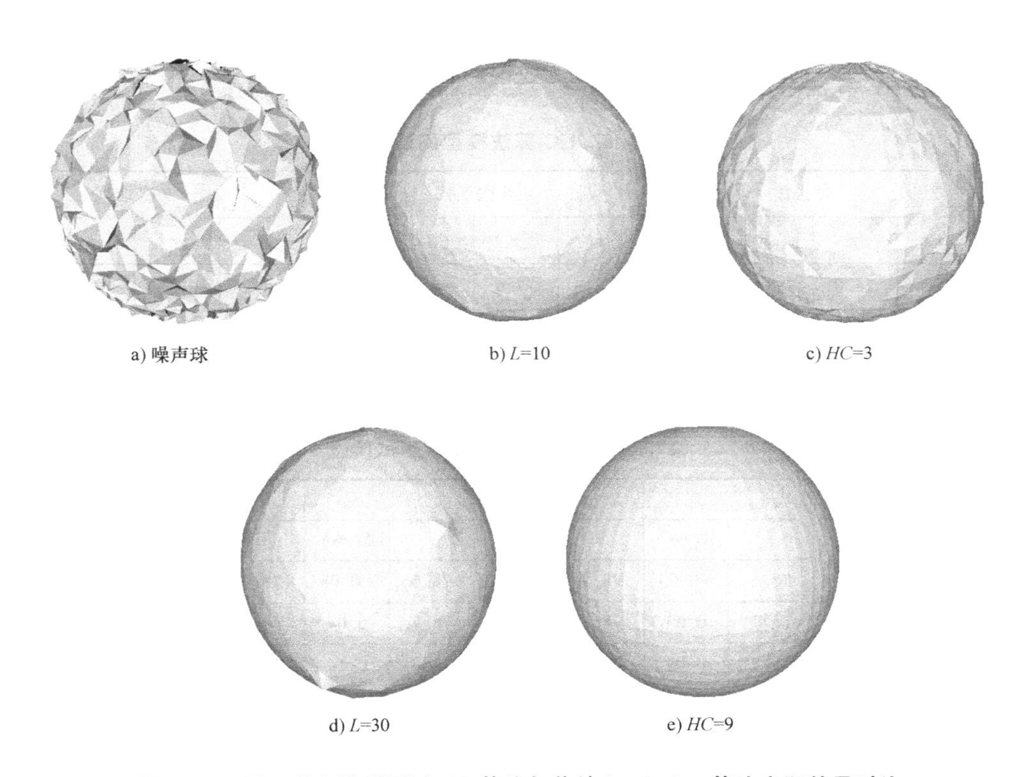

图 1.75　同一噪声模型通过 HC 算法与传统 Laplacian 算法光顺效果对比

通过以上实验可直观看出，相比于一般 Laplacian 光顺模式，加入特征控制点的 HC 光顺算法不仅迭代次数少，噪声模型也更加均匀光顺，体积收缩量得到一定程度的缓解，因此初步改进算法在有效去除模型噪声时可在一定程度上保持网格模型特征。但是与原始球模型相比，HC 算法得到的三维模型整体仍然存在一定程度的收缩变形，因此需要进一步提高算法的抵抗变形能力。

(4) 增强低频信息抑制变形

由前面可知，Taubin 利用扩散方程中 λ、μ 对光顺过程进行控制。其中，$|\mu|>\lambda>0$，$\mu<0$，$\lambda\in[0,1]$。Taubin 通过验证指出，当 λ 和 μ 存在 $\frac{1}{\lambda}+\frac{1}{\mu}=0.1$ 等式关系时，其光顺算法可使网格模型保持良好特征关系，见表 1.7。

表 1.7　Taubin 算法 λ、μ 比例因子值

λ	0.1	0.2	0.3	0.4	0.5	0.6	0.7	0.8	0.9
μ	-0.101	-0.204	-0.310	-0.417	-0.526	-0.638	-0.753	-0.870	-0.989

结合其线性理论及类似本节中实验验证，发现 λ 与 μ 值对存在噪声的网格模型的影响（光顺程度、速度）同样存在线性关系，本方案选用 $\lambda=0.5$。但为了将 Taubin 扩散方程引入到基于一般拉普拉斯的初步改进算法中，对光顺过程中的模型收缩现象进一步抵制，要使负缩放因子 μ 适当提高以增强低频信息。为了找出合适的 μ 值与 HC 算法进行最有效搭配，现通过对标准无噪网格模型（见图 1.81a）分别利用 HC 算法及改变 μ 值后的 Taubin 算法进行对比实验。

首先测试 HC 算法造成的放缩率 Δ，实验结果见表 1.8。

表 1.8　HC 算法模型测试值

迭代次数	3 次迭代				6 次迭代				9 次迭代			
	x	y	z	Δ(%)	x	y	z	Δ(%)	x	y	z	Δ(%)
实验值	77.9	78.0	78.12	-0.9	77.6	77.6	77.8	-1.4	77.2	77.2	77.6	-1.8

然后固定 $\lambda=0.5$，不断改变 μ 值来观测 Taubin 对低频信号的放大效果，实验结果见表 1.9。

表 1.9　Taubin 算法模型测试值

迭代次数	3 次迭代				6 次迭代				9 次迭代			
μ	x	y	z	Δ(%)	x	y	z	Δ(%)	x	y	z	Δ(%)
-0.60	78.7	78.7	78.6	-0.03	78.7	78.7	78.6	-0.08	78.7	78.6	78.6	-0.11
-0.65	78.8	78.8	78.7	0.03	78.8	78.8	78.7	0.04	78.8	78.8	78.7	0.06
-0.70	78.8	78.8	78.8	0.09	78.9	78.9	78.8	0.14	78.9	78.9	78.8	0.18
-0.75	78.9	78.9	78.8	0.14	79.0	79.0	78.9	0.25	79.1	79.1	78.9	0.36
-0.80	78.9	78.9	78.8	0.21	79.0	79.1	79.0	0.39	79.2	79.2	79.1	0.56
-0.85	79.0	79.0	78.9	0.28	79.2	79.2	79.0	0.52	79.4	79.4	79.2	0.77
-0.90	79.0	79.1	78.7	0.34	79.3	79.3	79.1	0.67	79.6	79.6	79.4	1.03
-0.95	79.1	79.1	79.0	0.42	79.5	79.5	79.3	0.83	79.9	79.9	79.6	1.30
-1.00	79.2	79.2	79.0	0.48	79.6	79.6	79.4	1.02	80.1	80.2	79.8	1.60
-1.05	79.2	79.2	79.1	0.55	79.8	79.8	79.5	1.20	80.5	80.5	80.1	2.02
-1.10	79.3	79.3	79.2	0.66	79.9	79.9	79.7	1.41	80.8	80.8	80.3	2.45
-1.15	79.3	79.4	79.2	0.71	80.1	80.1	79.8	1.63	81.2	81.2	80.7	2.92

根据表 1.9 可得出结论，当 $\lambda=0.5$ 时，μ 值从 -1.05 开始可对本节中改进算法的收缩变形量进一步均衡抵制。若 μ 不断增大，那么对模型收缩变形的抵制越明显，但为了保证模型光顺过程中保持模型原始特征，本算法在此实验模型的基础上采用 $\mu=-1.05$ 验证本算法思路的可行性。

4. 算法流程

在拉普拉斯光顺算法基础上，首先将原始顶点及上一步光顺点作为光顺控制点，通过设置一定的权值系数让控制点对光顺表面质量及光顺过程中三维网格模型整体变形抵制能力初步加强，然后利用 Taubin 扩展方程，通过增强低频信号的方式进一步增强尖锐特征的保持和恢复能力。

具体算法步骤如下：

第 1 步，建立 $n\times3$ 的二维数组 vertOriginalArr、vertUponArr、vertLapArr、vertNewArr 等，分别对原始顶点、上次优化点、传统 Laplacian 光顺顶点、新光顺顶点及对应的索引值进行存储。

第 2 步，遍历网格模型数据，对第 1 步中数组全用原始顶点信息进行初始化。

第 3 步，利用式（1-71）求出光顺点并替换 vertLapArr 中数据，利用式（1-85）求出各点反向移动量。

第 4 步，再次遍历模型数据，根据顶点关系、式（1-88）及第 3 步中所得数据求出新顶点坐标赋值给 vertNewArr。

第 5 步，根据 vertNewArr 数据求解二阶 Laplacian 算子，并用式（1-77）再次更新 vertNewArr 坐标值。

第 6 步，遍历 vertNewArr 并替换 vertUponArr 数据，重复第 3 步、第 4 步、第 5 步过程。

第 7 步，继续重复过程第 6 步进行迭代，直至满足光顺要求。

5. 实例应用及误差分析

接下来分别利用曲面特征明显的球体网格噪声模型（见图 1.76a）、尖锐特征明显的方体网格噪声模型（见图 1.77a）及实际扫描的仿真人脸模型（见图 1.78a）数据进行效果验证。

1）球体网格噪声模型。为了直观展现光顺算法对曲面特征的光顺效果，本例分别对标准球体模型加大噪声模拟噪声模型进行实验，如图 1.76 所示。

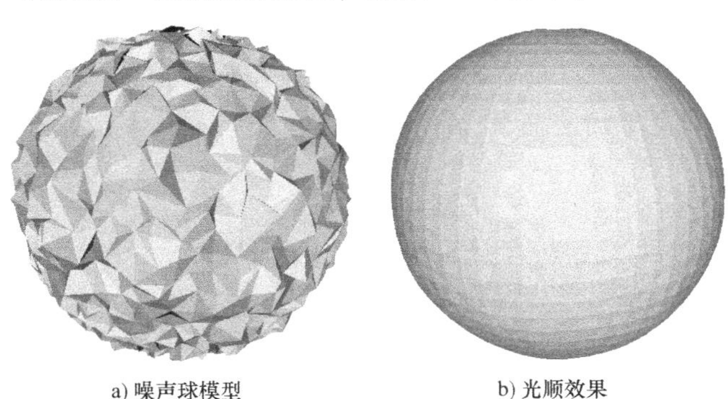

a) 噪声球模型　　　　b) 光顺效果

图 1.76　光顺迭代第 9 次时球体噪声模型实验分析

2）方体网格噪声模型。为了直观展现光顺算法对尖锐特征的光顺效果，利用 Laplacian 算法、Taubin 算法、HC 算法及本算法分别对标准方体模型加大噪声进行实验，如图 1.77 所示。图 1.77b 所示为通过本算法光顺得到的结果，经过 9 次迭代后得到的光顺方体表面质量要明显好于 Laplacian 算法和 Taubin 算法，光顺后方体的棱角等特征保持更加明显。

3）扫描人脸模型。利用手持式激光三维扫描仪对仿真人脸模型进行扫描获得图 1.78b 中的 STL 格式网格模型，进行降噪处理，其中，n 表示迭代次数。

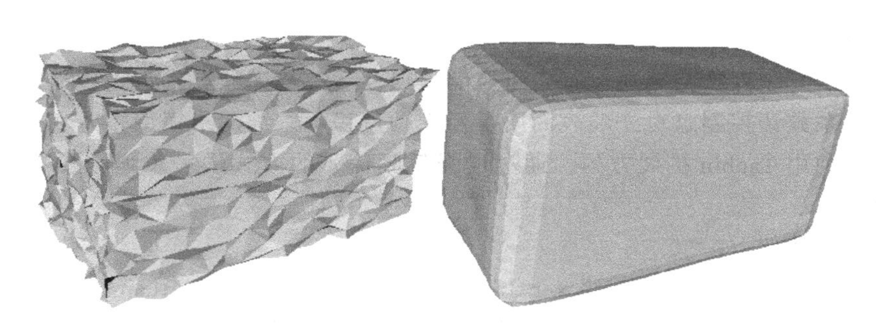

a) 噪声球模型　　b) 光顺效果

图 1.77　光顺迭代第 9 次时方体噪声模型实验分析

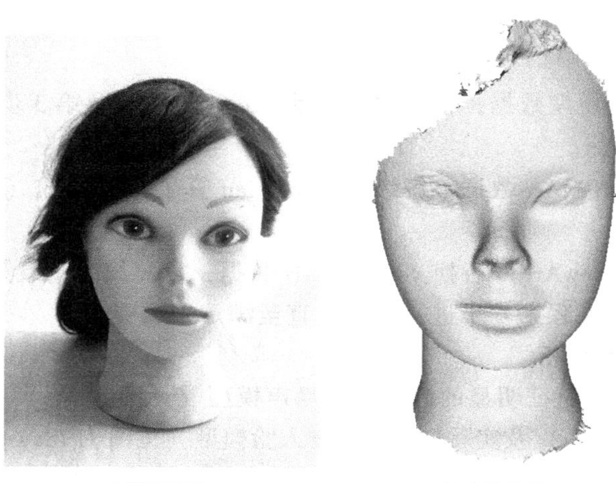

a) 实体模型　　b) 扫描数据

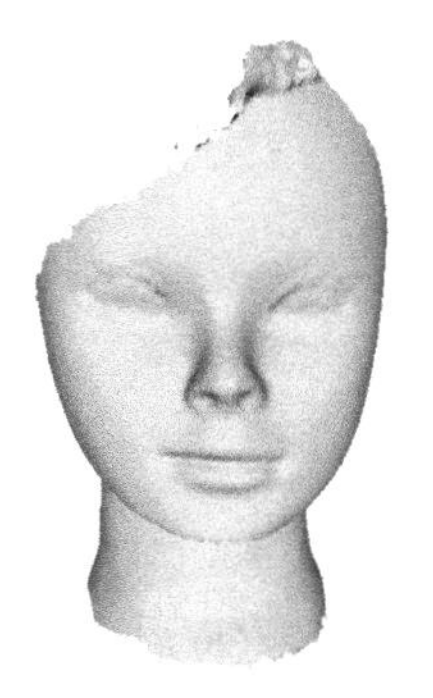

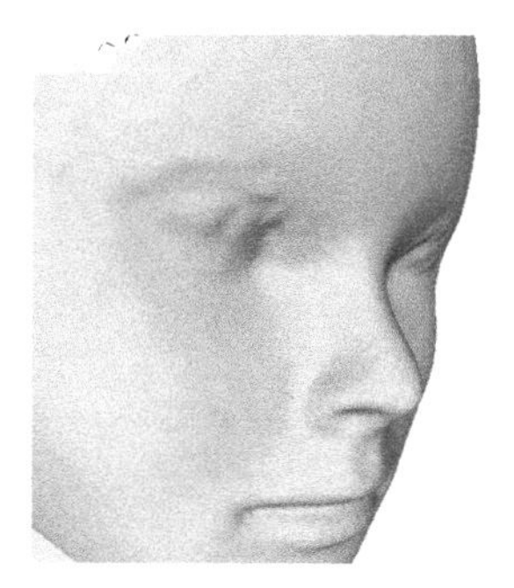

c) 本算法光顺，$n=3$　　d) 光顺细节图

图 1.78　仿真人脸噪声模型实验分析

通过实验结果可以看出，进行光顺时，迭代到第 3 次即可使整体表面达到平滑效果，而且凹凸特征保持明显。为了直观地看到光顺过程中噪声模型的体积变化，利用尺寸测量软件对图 1.76a 中的球体噪声模型体积变化进行测量，然后与加噪前的原始球模型体积进行比较得到表 1.10。其中，算法下方数字代表迭代次数；x、y、z 分别表示模型三个坐标方向的尺寸值；Δ 表示与原始模型三个方向坐标值的平均差值的百分值。

表 1.10 HC 算法和本算法光顺模型尺寸

n	x	y	z	Δ(%)
0	81.85	82.89	82.96	4.75
3	80.04	81.06	81.06	2.51
6	79.21	80.00	80.12	1.32
9	78.80	79.37	79.48	0.58
12	78.51	78.96	79.06	0.12
15	78.29	78.69	78.86	-0.06
18	78.20	78.67	78.79	-0.16
21	78.12	78.58	78.65	-0.23
24	78.05	78.51	78.59	-0.30
27	77.97	78.45	78.56	-0.34
30	77.94	78.40	78.51	-0.36

1.6.2 基于变分微积分方法的孔洞修补算法

利用三维扫描设备进行数据采集时，由于设备的局限性、技术限制及被测物体自身缺陷等原因，导致构建出的三维网格模型存在孔洞曲面缺陷。孔洞的存在会使三维模型在有限元分析、快速成形制造等方面产生不良后果，然而现有算法对曲率变化较大、表面较弯曲的孔洞修补效果不尽人意，主要表现在算法整体复杂度高、修补后的孔洞网格与原始网格过渡不平滑、高曲率曲面孔洞不能有效恢复等方面。针对以上问题，利用连续域中变分微积分思想将拉普拉斯-贝尔特拉米算子（Laplace-Beltrami Operator，LBO）的离散化引入到三维网格曲面孔洞的修补中，并通过代码实现。算法通过求解孔洞中心点生成补丁面片、融合补丁与原始网格、优化细分补丁贴片、离散化 LBO 进行网格表面整流等一系列操作，在较低的时间复杂度内得到良好的孔洞修补效果。

1. 孔洞类别及处理方式

网格模型的孔洞主要分为三种类型：封闭类孔洞（见图 1.79a）、半封闭类孔洞（见图 1.79b）、岛屿类孔洞（见图 1.79c）。现有算法主要针对封闭类孔洞进行直接处理，对于相对较少的半封闭类、岛屿类孔洞处理前需要进行特殊处理。

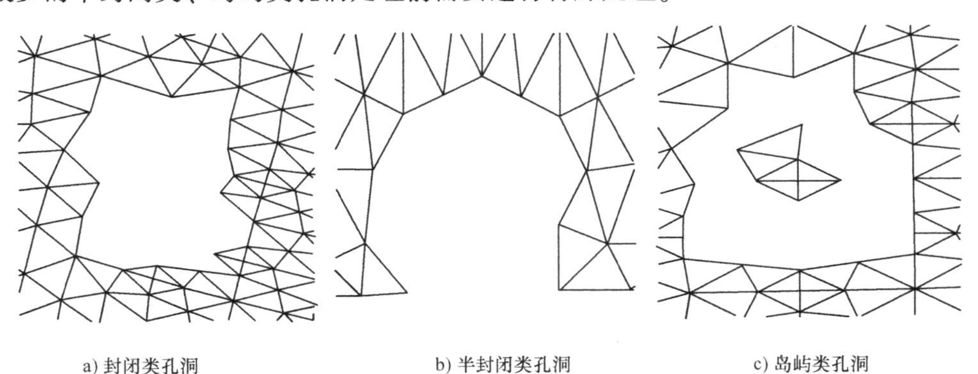

a) 封闭类孔洞　　b) 半封闭类孔洞　　c) 岛屿类孔洞

图 1.79 孔洞类型

对于半封闭类的孔洞，在修补前需要进行如下处理：将起始点与终点相连、起始点与终点的孔洞邻接点相连、终点与起始点的孔洞邻接点相连，使得原半封闭类孔洞变成封闭类孔洞，然后利用封闭类孔洞修补算法进行补洞操作（见图 1.80）。

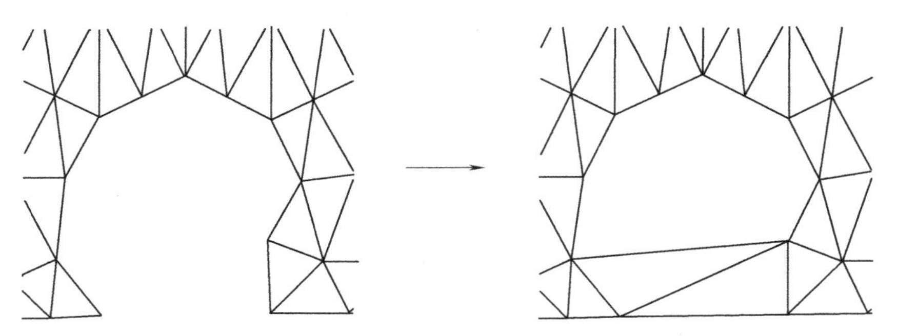

图 1.80 半封闭类孔洞修补前处理

对于岛屿类孔洞，如果岛屿网格面积小且没有明显的特征信息，可以直接将其在网格模型中删除，使其变成封闭类孔洞后再进行下一步处理；如果岛屿网格虽小但有较明显特征信息，计算补丁贴片中心点时需要将孔洞边点和岛屿所有点共同向量加权，以使中心点位置更接近原始网格。如果岛屿网格较大或者存在多个岛屿时，需要通过人工干预将较大岛屿与原始网格连接、多岛屿间连接、多岛屿与原始网格连接，以分割成多个封闭岛屿，再对每个封闭岛屿单独处理（见图 1.81）。

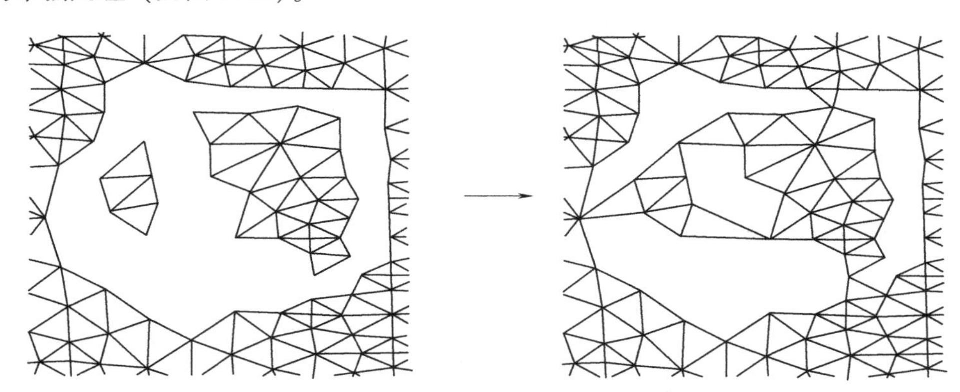

图 1.81 大岛屿及多岛屿网格孔洞修补前处理

2. 孔洞网格前处理

(1) 孔洞边缘检测

在一个封闭的带有孔洞的网格模型中，如果模型数据中存在点 V_i 为三角形的顶点，则称此三角形为此点的邻接三角形。如果模型中存在边 l_k 只和一个三角面片相连，称此边为围成网格孔洞的一条边界边；如果和两个三角面片相连，则称此边为内部边。边界边上的点称为边界点，存在边界边的三角面片称为边界三角形，而由边界边依次相连构成的封闭环称为孔洞多边形（见图 1.82）。所以，孔洞边缘检测实则为

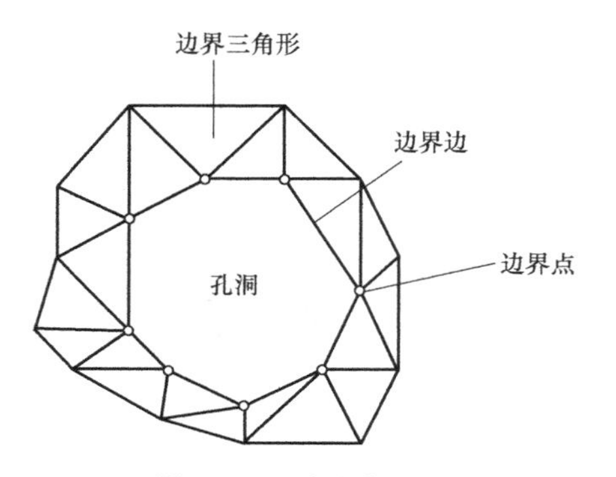

图 1.82 孔洞多边形

孔洞多边形的检测。

孔洞多边形的检测与提取步骤如下：

第 1 步，建立一个总的边界点容器 boundVectAll 和多个子边界点容器 boundVect1、boundVect2 等。

第 2 步，读取网格模型数据，遍历所有顶点获得点与点和点与邻接三角形之间的对应信息。

第 3 步，再次遍历所有顶点，结合第 2 步中得到的数据信息比较目前点的邻接点个数和邻接三角形的数量。如果相等则此点为内部点，继续遍历下一个点；如果不等则此点为边界点，将该点存入 boundVectAll 中并继续遍历。重复第 3 步直到所有顶点遍历完毕。

第 4 步，遍历 boundVectAll 中所有点。首先将容器中的第一个点放入 boundVect1 中，然后根据第 2 步中点与点关系信息找到同一个孔洞多边形中的其余点，直到 boundVect1 中存入的点形成封闭的孔洞多边形。

第 5 步，若 boundVectAll 中还包括 boundVect1 之外的点，则按照第 4 步继续循环遍历，并将符合条件的边界点放入其他容器中，直到将 boundVectAll 中所有点全部放入子容器中。

第 6 步，将各子容器中的边界点互相连接，得到各孔洞的孔洞多边形。

(2) 孔洞网格初始化

检测完孔洞边缘后需要初始化孔洞网格形成网格补丁贴片。目前孔洞网格的初始化主要有最小角度法、最小面积法、边界删除法及波前法等，本书没有使用这些相对复杂度较高的孔洞网格最优初始化方法，而是使用一般的三角化孔洞网格办法，以尽量降低算法代价，通过验证同样也能达到很好的修补效果。具体实现过程：首先遍历上节存储在边界点子容器中的所有顶点，通过加权边界点的向量坐标值获得孔洞中心点；然后将中心点与边界点依次连接形成孔洞网格贴片；最后将贴片与原始网格进行融合，完成孔洞网格初始化工作。

如，若 boundVect1 中存储着其中一个孔洞多边形的边界点 V_1，V_2，V_3，…，V_n，则孔洞中心点的坐标值为

$$V_c = \frac{1}{n} \sum_{k \in NV(c)} V_k \tag{1-89}$$

式中，$NV(c)$ 为孔洞多边形的边界点集合；$n = |NV(c)|$ 为当前孔洞的边界点个数。

然后顺序遍历容器 boundVect1 中所有点与中心点 V_c 相连生成孔洞网格贴片，如图 1.83 所示。

最后，将孔洞网格贴片根据边界点信息重新映射到原始网格中，使贴片与原始网格完整

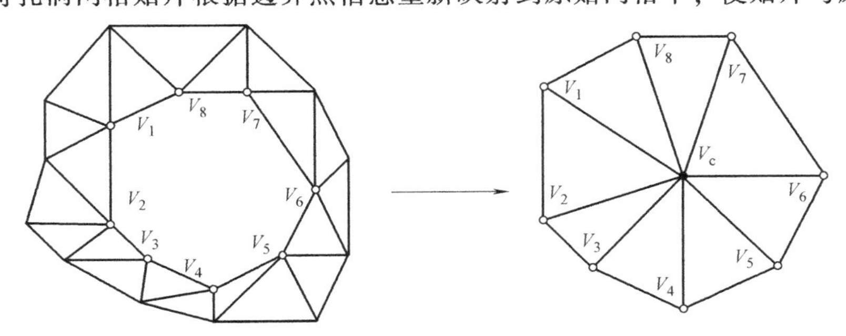

图 1.83 孔洞网格贴片生成

融合，完成孔洞网格初始化工作，如图 1.84 所示。

（3）孔洞网格细分

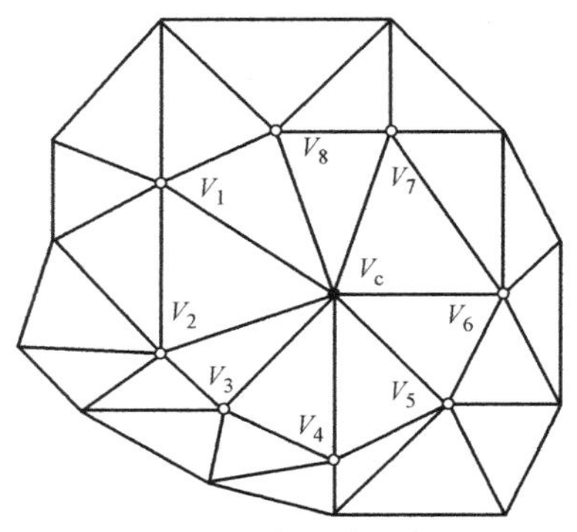

图 1.84　融合后的孔洞网格

由于孔洞网格由孔洞中心点与孔洞边界点直接相连，为了使孔洞网格在利用原始网格点进行离散化表面整流时有更大的自由度、更精细的曲率恢复条件，需要对融合后的孔洞网格进行细分、优化操作。为了降低细分时间复杂度，同时保证细分后孔洞恢复质量，本书没有采用 Pfeifle 等代价较高的细分算法，而是使用参数化可控的简易细分规则和 Delaunay 调整优化相结合的方法得到孔洞细分网格。主要思想：首先根据原始网格情况及修补后的孔洞表面期望设定细分权值参数，接着将三角网格每条边根据输入参数进行等分，最后将每个邻边插入的新点按照同位置互相连接得到细分网格，如图 1.85 所示。

具体算法过程如下：

第 1 步，遍历孔洞网格数据，根据输入的细分权值 λ（默认值为 2，$\lambda \in \mathbf{N}^+$）向每条三角边插入 n 个新边点

$$n = 2^{\lambda} - 1 \tag{1-90}$$

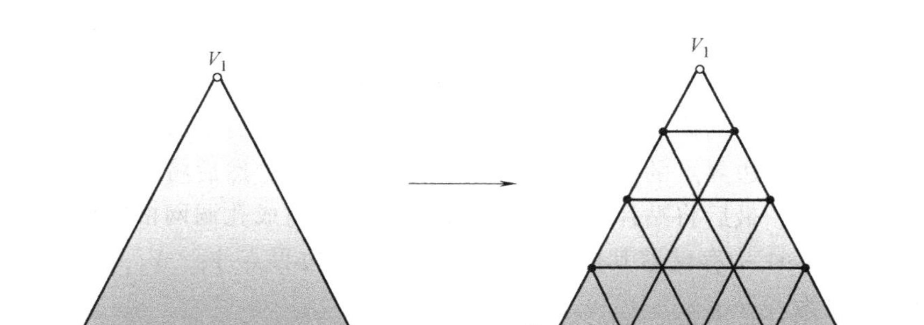

图 1.85　三角网格细分

如，对于由点 V_1、V_2、V_3 组成的 $\triangle ABC$。当 $\lambda = 2$ 时，逆时针向边 AB 插入 V_{121}、V_{122}、V_{123} 三点，向 BC 插入 V_{231}、V_{232}、V_{233} 三点，向 CA 插入 V_{311}、V_{312}、V_{313} 三点。

第 2 步，分别以每个三角形原始顶点为起点，将相邻两边新边点依次相连。如对于第 1 步中产生的新三角面片，若以 V_1 点为起点，则需将 V_1 点相邻的两边点 V_{121}、V_{313} 相连，接着将分别与 V_{121}、V_{313} 点相连且将共边的 V_{122}、V_{312} 点相连，然后将分别与 V_{122}、V_{312} 点相连且与共边的 V_{123}、V_{311} 点相连。

第 3 步，重复第 2 步，依次遍历每个三角形完成细分工作。

3. 离散化 LBO 算子表面整流

通过上一节对孔洞网格的处理，原始网格的孔洞区域已被三角网格填充完毕，但是孔洞网格与原始网格的过渡还不够自然。另外，孔洞网格元素曲率还未与原始网格相协调，导致修补后的网格曲面效果较差。为解决以上问题，采用离散化 LBO 算子求解线性方程组的方式对孔洞网格顶点进行调整，使孔洞网格能根据原始网格边界信息更加自然地过渡到原始网

格，实现曲面孔洞的修复工作。

（1）用变分微积分最小化二阶导数

从侧面观察曲面中的孔洞形状，如图 1.86 所示。由导数性质可知，x 的一阶导数$f_x(x)$ 表示的是各点处的切线曲率值，若想创建出能自然地遵循曲面孔洞周围曲率的平滑贴片（见图 1.87），则需要使得各点处的曲率值差异最小，即各点之间的二阶导数 $f_{xx}(x)$ 应该最小。为了创建最小化二阶导数贴片，需找到满足要求的函数 $f(x)$ 描述补丁贴片，通过已知的 $x=1$、$x=2$、$x=7$、$x=8$ 处的值求解 $x=3$、$x=4$、$x=5$、$x=6$ 的函数值。

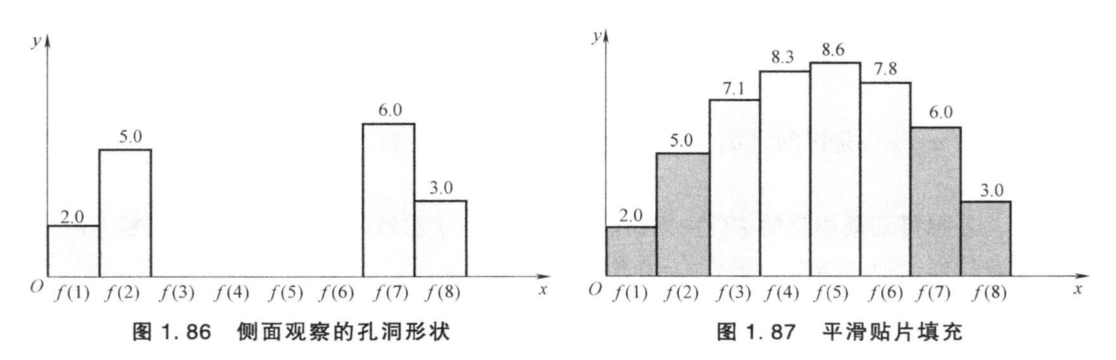

图 1.86 侧面观察的孔洞形状　　图 1.87 平滑贴片填充

为使用变分微积分性质，现暂时将上述过程中的离散函数转移到连续域中，并定义能量函数

$$E(f)=\int_b^a (f_{xx})^2\mathrm{d}x \tag{1-91}$$

式中，$E(f)$ 表示区间 $[a,\ b]$ 内评估所有点的 $(f_{xx})^2$ 总值，其中，a、b 表示贴片的边界点（对示例函数，$a=2$，$b=7$）。因此可以通过此函数来表示函数 f 的好坏，若积分和越小，则孔洞贴片越接近孔洞周围曲率；反之亦然。

为找到 f 使得 $E(f)$ 最小化，接下来利用变分微积分的常用方法进行求解。创建函数 $E[f(x)+u(x)\lambda]$，其中，$u(x)$ 是在区间 $[a,\ b]$ 中定义的可一阶微分的任何函数，λ 是控制 $u(x)$ 加入到 $f(x)$ 中的标量，并且 $u(a)=u(b)=0$、$u_x(a)=u_x(b)=0$。若 $f(x)$ 是 $E(f)$ 的最小化，则 $E[f(x)+u(x)\lambda]$最小化时 $\lambda=0$。另外，当 $\lambda=0$ 时，函数 $E[f(x)+u(x)\lambda]$相对于 λ 的导数也为 0

$$\frac{\partial E[f(x)+u(x)\lambda]}{\partial\lambda}\bigg|_{\lambda=0}=0 \tag{1-92}$$

为简化函数，将 $u(x)$ 表示为 u，$f(x)$ 表示为 f。扩展左侧后得

$$E(f+u\lambda)=\int_b^a[(f+u\lambda)_{xx}]^2\mathrm{d}x=\int_b^a(f_{xx}+u_{xx}\lambda)^2\mathrm{d}x \tag{1-93}$$

相对于 λ 的导数为

$$\frac{\partial E(f+u\lambda)}{\partial\lambda}=\frac{\partial}{\partial\lambda}\left[\int_b^a(f_{xx}+u_{xx}\lambda)^2\mathrm{d}x\right]=\int_b^a 2(f_{xx}+u_{xx}\lambda)u_{xx}\mathrm{d}x \tag{1-94}$$

当 $\lambda=0$ 时

$$\int_a^b f_{xx}u_{xx}\mathrm{d}x=0 \tag{1-95}$$

由于 $u(a)=u(b)=0$ 和 $u_x(a)=u_x(b)=0$，通过分部积分得

$$\int_a^b f_{xx}u_{xx}\mathrm{d}x = [f_{xx}u_{xx}]_a^b - \int_a^b f_{xxx}u_x\mathrm{d}x = 0 \tag{1-96}$$

利用 $u_x(a)=u_x(b)=0$ 简化得

$$\int_a^b f_{xxx}u_x\mathrm{d}x = 0 \tag{1-97}$$

再次进行分部积分得

$$\int_a^b f_{xxx}u_x\mathrm{d}x = [f_{xxx}u]_a^b - \int_a^b f_{xxxx}u\mathrm{d}x = 0 \tag{1-98}$$

利用 $u(a)=u(b)=0$ 简化得

$$\int_a^b f_{xxxx}u\mathrm{d}x = 0 \tag{1-99}$$

由于函数 u（x）是区间［a，b］中一阶可微的任意函数，若满足式（1-99），则

$$f_{xxxx}=0 \tag{1-100}$$

因此，若想得到最小化的 $E(f)$ 则需满足最小化器 f 在域内的四阶导数总为零。由于一维中的拉普拉斯变换 $\Delta f=f_{xx}$，则 $f_{xxxx}=0$ 相当于

$$\Delta\Delta f=\Delta^2 f=0 \tag{1-101}$$

式中，Δ^2 称为双拉普拉斯算子或双谐波算子。

（2）最小化器的离散化和求解

由上节可知，若函数 $E(f)$ 能取得最小值，则最小化器 f 需满足式（1-101）。但此条件位于连续域中，而侧视 3D 网格得到的条形图位于离散域中，因此双拉普拉斯必须离散化。Δ^2 是一维函数中的四阶导数，首先用中心差异对一阶导数进行离散

$$f_x(x)=\frac{f(x+0.5h)-f(x-0.5h)}{h}=f(x+0.5)-f(x-0.5) \tag{1-102}$$

若步长 $h=1$，则

$$\Delta f(x)=f_{xx}(x)=f_x(x+0.5)-f_x(x-0.5)=f(x-1)-2f(x)+f(x+1) \tag{1-103}$$

进行双拉普拉斯变换得

$$\Delta^2 f(x)=f_{xxxx}(x)=f_{xx}(x-1)-2f_{xx}(x)+f_{xx}(x+1)=f(x-2)-4f(x-1)+6f(x)-4f(x+1)+f(x+2) \tag{1-104}$$

使用以上离散化方案，若 $\Delta^2 f(3)=0$，可得

$$f(1)-4f(2)+6f(3)-4f(4)+f(5)=0 \tag{1-105}$$

同类型线性方程对 $f(4)$、$f(5)$ 和 $f(6)$ 也适用，将线性方程表示为矩阵

$$\begin{pmatrix} 1 & 0 & 0 & 0 & 0 & 0 & 0 & 0 \\ 0 & 1 & 0 & 0 & 0 & 0 & 0 & 0 \\ 1 & -4 & 6 & -4 & 1 & 0 & 0 & 0 \\ 0 & 1 & -4 & 6 & -4 & 1 & 0 & 0 \\ 0 & 0 & 1 & -4 & 6 & -4 & 1 & 0 \\ 0 & 0 & 0 & 1 & -4 & 6 & -4 & 1 \\ 0 & 0 & 0 & 0 & 0 & 0 & 1 & 0 \\ 0 & 0 & 0 & 0 & 0 & 0 & 0 & 1 \end{pmatrix} \begin{pmatrix} f(1) \\ f(2) \\ f(3) \\ f(4) \\ f(5) \\ f(6) \\ f(7) \\ f(8) \end{pmatrix} = \begin{pmatrix} 2 \\ 5 \\ 0 \\ 0 \\ 0 \\ 0 \\ 6 \\ 3 \end{pmatrix} \tag{1-106}$$

其中，第 1，2，7 行和第 8 行是利用条形图边界值提供的边界条件用以创建可解的矩阵方程。对第 3 行有

$$f(1)-4f(2)+6f(3)-4f(4)+f(5)=0 \tag{1-107}$$

根据 $f(1)=2.0$ 和 $f(2)=5.0$ 可得

$$6f(3)-4f(4)+f(5)=18 \tag{1-108}$$

同样，对其他三个线性方程进行处理，并删除第 1、2、7 行和第 8 行，简化后的矩阵为

$$\begin{pmatrix} 6 & -4 & 1 & 0 \\ -4 & 6 & -4 & 1 \\ 1 & -4 & 6 & -4 \\ 0 & 1 & -4 & 6 \end{pmatrix}\begin{pmatrix} f(3) \\ f(4) \\ f(5) \\ f(6) \end{pmatrix}=\begin{pmatrix} 18 \\ -5 \\ -6 \\ 21 \end{pmatrix} \tag{1-109}$$

利用式（1-108）构建矩阵方程求解 $f(3)$、$f(4)$、$f(5)$ 和 $f(6)$，从而使得条形图展示的一维函数孔洞可以遵循孔洞周围曲率得到修补。

（3）网格表面整流

在网格表面上拉普拉斯的离散化称为拉普拉斯-贝尔特拉米算子离散化，上述一维函数离散化原理同样适用于对具有三个自由度的空间点的离散化。本算法实现时并没有使用复杂的重构算法，而是以融合后的孔洞网格数据保证各点之间的连接关系，利用矩阵方程求解得到新点位置坐标进行原始点的调整。矩阵表示形式为

$$\begin{pmatrix} \boldsymbol{M}_{\text{internal}} & 0 \\ 0 & \boldsymbol{I} \end{pmatrix}\begin{pmatrix} \boldsymbol{U}_{\text{internal}} \\ \boldsymbol{U}_{\text{boundary}} \end{pmatrix}=\begin{pmatrix} 0 \\ \boldsymbol{C}_{\text{boundary}} \end{pmatrix} \tag{1-110}$$

式中，$\boldsymbol{C}_{\text{boundary}}$ 是边界点满足的边界条件；$\boldsymbol{U}_{\text{internal}}$ 和 $\boldsymbol{U}_{\text{boundary}}$ 分别表示孔洞网格顶点和原始网格边界点与邻域内顶点；$\boldsymbol{M}_{\text{internal}}$ 表示离散化后得到的矩阵系数，其数值为

$$\boldsymbol{M}_{ij}=\begin{cases} \cot\alpha_{ij}+\cot\beta_{ij}, & V_j\in V_N(V_i) \\ -\sum\limits_{V_k\in V_N(V_i)}\boldsymbol{M}_{ik}, & i=j \\ 0 & \text{其他} \end{cases} \tag{1-111}$$

式中，α_{ij} 和 β_{ij} 分别表示连接 V_i、V_j 的边 e_{ij} 两侧对角，用于孔洞边缘邻域内的几何信息关系对孔洞网格顶点进行调整。

具体算法步骤如下：

1）遍历融合后的网格数据，先后对孔洞网格顶点和原始网格顶点建立对应的索引值。

2）根据矩阵系数求解方式，将系数矩阵、表示孔洞网格新顶点 x、y、z 位置的未知数及已知的边界点坐标（根据孔洞网格顶点个数和原始网格索引值，插入满足求解矩阵方程个数的孔洞边界邻域点），新构建的三坐标矩阵形式为

$$\begin{pmatrix} \boldsymbol{M}_{\text{internal}} & 0 \\ 0 & \boldsymbol{I} \end{pmatrix}\begin{pmatrix} F(\boldsymbol{x}_{\text{internal}}) \\ F(\boldsymbol{x}_{\text{boundary}}) \end{pmatrix}=\begin{pmatrix} 0 \\ \boldsymbol{x}_{\text{boundary}} \end{pmatrix} \tag{1-112}$$

$$\begin{pmatrix} \boldsymbol{M}_{\text{internal}} & 0 \\ 0 & \boldsymbol{I} \end{pmatrix}\begin{pmatrix} F(\boldsymbol{y}_{\text{internal}}) \\ F(\boldsymbol{y}_{\text{boundary}}) \end{pmatrix}=\begin{pmatrix} 0 \\ \boldsymbol{y}_{\text{boundary}} \end{pmatrix} \tag{1-113}$$

$$\begin{pmatrix} \boldsymbol{M}_{\text{internal}} & 0 \\ 0 & \boldsymbol{I} \end{pmatrix} \begin{pmatrix} F(z_{\text{internal}}) \\ F(z_{\text{boundary}}) \end{pmatrix} = \begin{pmatrix} 0 \\ z_{\text{boundary}} \end{pmatrix} \tag{1-114}$$

式中，$F(\boldsymbol{x}_{\text{internal}})$、$F(\boldsymbol{y}_{\text{internal}})$、$F(z_{\text{internal}})$ 分别表示经过（3）节中细分模式后得到的与原始网格孔洞多边形相连的第一层孔洞网格顶点三坐标值；$F(\boldsymbol{x}_{\text{boundary}})$、$F(\boldsymbol{y}_{\text{boundary}})$、$F(z_{\text{boundary}})$ 分别表示原始网格孔洞多边形顶点与邻域内顶点三坐标值；$\boldsymbol{x}_{\text{boundary}}$、$\boldsymbol{y}_{\text{boundary}}$、$z_{\text{boundary}}$ 分别表示原始网格孔洞多边形顶点与邻域内顶点三坐标值。

3）遍历孔洞网格顶点连接关系，使用步骤 2）中得到的新顶点位置调整与原始网格孔洞多边形相连的第一层孔洞网格顶点位置。

4）重复步骤 2)、3)，向 1.6.2 节中生成的孔洞贴片中心顶点逐层调整孔洞网格顶点位置。

5）若检测到 $F(\boldsymbol{x}_{\text{internal}})$、$F(\boldsymbol{y}_{\text{internal}})$、$F(z_{\text{internal}})$ 为孔洞贴片中心，跳出循环，完成曲率整流。

4. 算法流程

首先对加载完成的原始网格数据进行网格孔洞查找，若网格模型存在孔洞则利用孔洞中心点及孔洞边缘顶点进行补丁贴片的生成及贴片与原始网格的融合。然后对补丁贴片网格进行细分操作。最后，通过离散化 LBO 算子，对原始网格与优化后的补丁贴片网格进行曲率整流，使得贴片曲率符合原始网格周边曲率以生成逼近原始网格状态的完整模型。算法流程如图 1.88 所示。

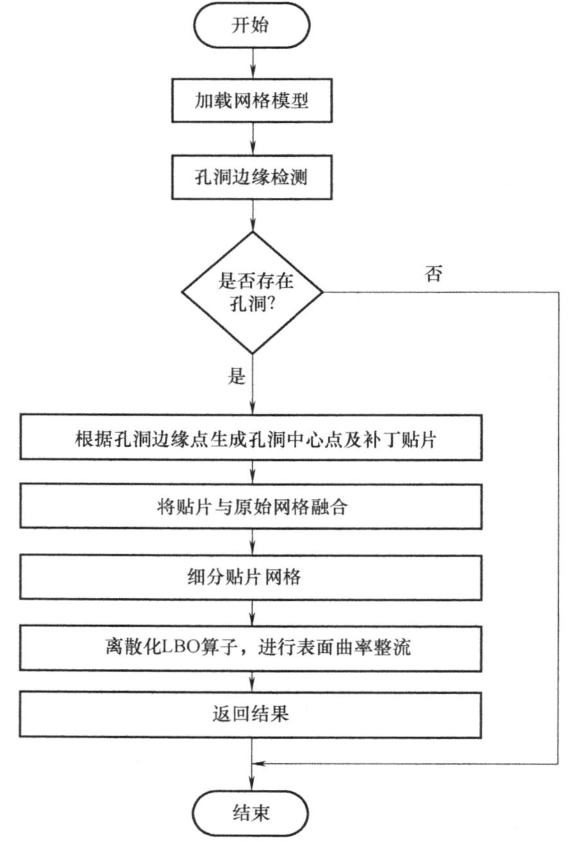

图 1.88　孔洞修补算法流程

5. 实例应用及分析

为了验证曲面孔洞修复效果及应用性，分别选用通过三维软件生成的骆驼模型和通过三维扫描仪实际扫描的天马-曲村遗址陶器古文物模型进行实验验证。为了展现修复效果，通过软件删除了具有高曲率特征的部分驼峰处作为高曲率孔洞修复模型，删除了古文物模型的凹陷处和突出处部分三角面片作为实例应用模型。

（1）骆驼模型

对骆驼模型的修复结果如图 1.89e 所示。图 1.89a 所示为由三维软件生成的原始完好模型，图 1.89b 所示为通过删除面片模拟出的模型孔洞，图 1.89c 所示为孔洞网格初始化时得到的补丁贴片，图 1.89d 所示为将补丁贴片与原始网格融合并细分优化后的模型，图 1.89e 所示为通过离散化 LBO 算子将补丁贴片表面整流后得到的最终修复模型。通过与原始模型对比可以发现，即使用大孔洞进行模拟，骆驼驼峰处依然能保持与孔洞周边曲率一致的高曲率平滑孔洞曲面。

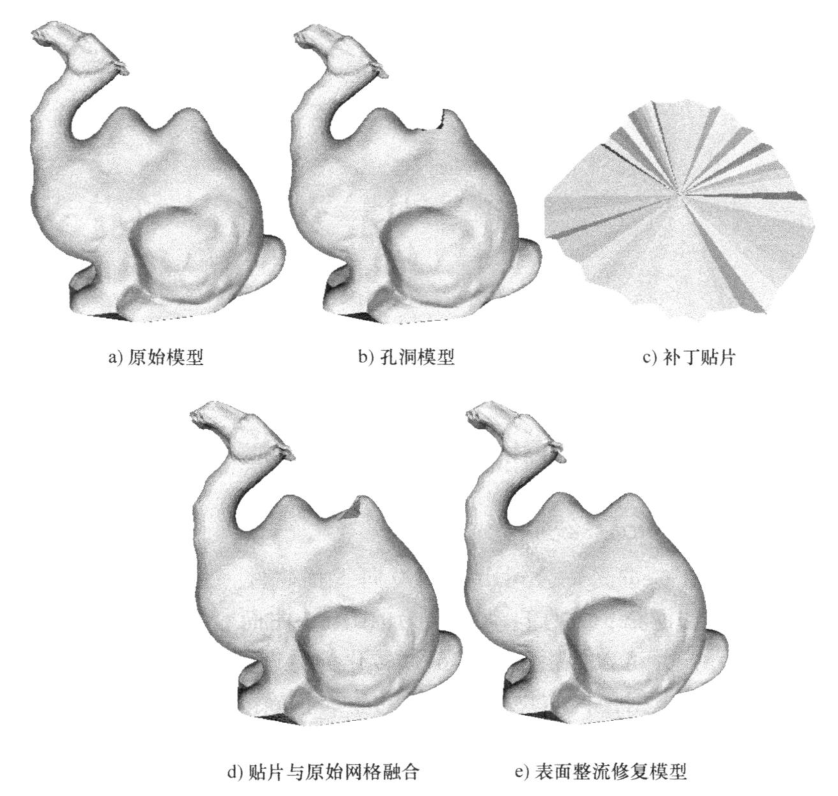

a) 原始模型　　b) 孔洞模型　　c) 补丁贴片

d) 贴片与原始网格融合　　e) 表面整流修复模型

图 1.89　骆驼模型孔洞修复过程

（2）古文物模型

对古文物模型的修复结果如图 1.90f 所示。图 1.90a 所示为由三维扫描仪扫描的某古文物实际数据，图 1.90b 所示为通过删除面片模拟出的模型孔洞，图 1.90c 所示为孔洞网格初始化时得到的上部孔洞补丁贴片，图 1.90d 所示为孔洞网格初始化时得到的下部孔洞补丁贴片，图 1.90e 所示为将补丁贴片与原始网格融合并细分优化后的模型，图 1.90f 所示为通过离散化 LBO 算子将补丁贴片表面整流后得到的最终修复模型。通过与原始模型对比可以发现，无论是在凹陷处曲面还是凸出处曲面孔洞，依然能通过本算法得到孔洞周边曲率保持高度一致的平滑孔洞曲面。

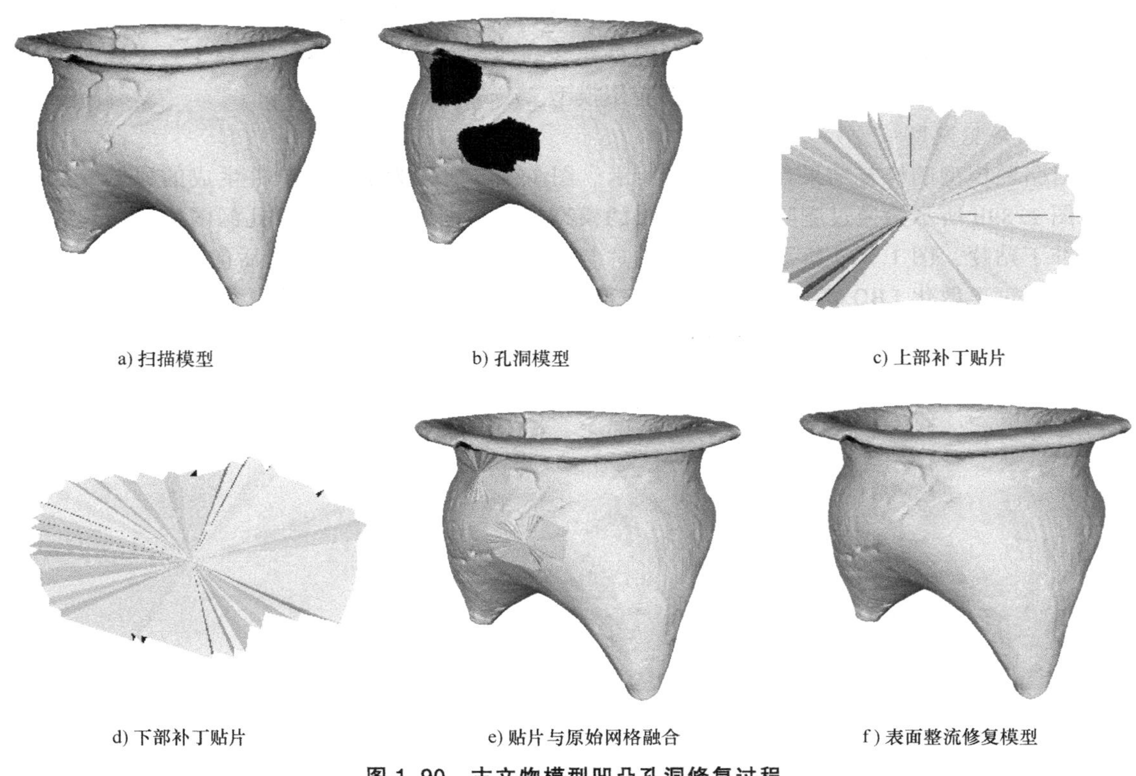

a) 扫描模型　b) 孔洞模型　c) 上部补丁贴片

d) 下部补丁贴片　e) 贴片与原始网格融合　f) 表面整流修复模型

图 1.90　古文物模型凹凸孔洞修复过程

1.7　Geomagic Studio 逆向建模

1.7.1　Geomagic Studio 系统简介

Geomagic Studio 是由 Geomagic 公司出品的逆向工程软件，可从扫描所得的点云数据创建出完美的多边形模型和网格，并可自动转换为 NURBS 曲面。该软件也是目前应用最为广泛的逆向工程软件之一，并可以提供实物零部件转化为生产数字模型的完全解决方案。

Geomagic Studio 可以根据任何实物零部件自动生成精确的三维数字模型，为新兴技术应用提供了选择，如定制设备的大批量生产、即定即造的生产模式及无任何数字模型零部件的自动重造。此外，新开发的 Fashion 模块采用全新的构造曲面方法，大大提升了曲面生成质量。Geomagic Studio 广泛应用于汽车、航空、制造、医疗建模、艺术和考古领域。

Geomagic Studio 的特点：

1）简化了工作流程。Geomagic Studio 简化了初学者及有经验的工程师的工作流程。自动化的特征和简化的工作流程减少了操作人员的工作时间，同时带来了工作效率的提升，避免了单调乏味、劳动强度大的任务。

2）提高了生产率。Geomagic Studio 是一款可提高生产率的实用软件。与传统计算机辅助设计（CAD）软件相比，在处理复杂的或自由曲面的形状时生产效率可提高数倍，有利于实现即时定制生产。

3）兼容性强。可与所有的主流三维扫描仪、计算机辅助设计软件（CAD）、常规制图软件及快速设备制造系统配合使用。

4）支持多种数据格式。Geomagic Studio 提供多种建模格式，包括目前主流的 3D 格式数据：点、多边形及非均匀有理 B 样条曲面（Non-Uniform Rational B-Splines，NURBS）模型。数据的完整性与精确性可确保生成高质量的模型。

本节使用的软件是 Geomagic Studio 10 以后的版本，其具有的 Fashion 模块（也称为参数曲面模块）增加了功能强大的曲面处理性能，也改进了点和多边形处理工具，同时还提供了参数转换功能。主要改进包括：

1）参数转换器。这一功能使 Geomagic Studio 和 CAD 软件之间不需要任何中间文件（如 ES 或 STEP）便能完整无缝地将参数化的面实体、基准和曲线传输到 CAD 软件中，缩短了产品的开发时间。现有的参数转换器可以用于 SOLIDWORKS、Autodesk Inventor 和 Pro/E NGINEER。

2）自动曲面延长和裁剪功能。在相邻的曲面之间创造极佳的尖锐边缘，在 CAD 软件中使边缘和曲面更快速简单地被操作。不需在三角网格面阶段做出尖角（或锐边），在做面时直接获得尖角（或锐边），可以节省很多时间。

3）改进的注册算法。改进的注册算法能从扫描数据中获得更精确的扫描点云，从而得到更精确的数字化模型结果。当用于拼接的扫描数据有很多重叠，在单个区域有多层数据时，此算法改进了拼接结果，可以获得理想的结果。

4）多边形简化新方法。更有效地利用多边形，产生数据虽少但是依然精确的多边形模型。更多的三角网格面保留在高曲率区域（圆角和拐角等）中，同时小曲率区域（平坦区域）使用很少的三角网格面。

1.7.2 Geomagic Studio 操作流程及功能

在 Geomagic Studio 中完成一个 NURBS 曲面的建模需要三个阶段的操作，分别为点阶段、多边形阶段、曲面阶段（包含形状模块和 Fashion 模块）。点阶段的主要作用是对导入的点云数据进行预处理，将其处理为整齐、有序及可提高处理效率的点云数据。多边形阶段的主要作用是对多边形网格数据进行表面光顺与优化处理，以获得光顺、完整的三角面片网格，并消除错误的三角面片，提高后续的曲面重建质量。曲面阶段分为两个模块：形状模块和 Fashion 模块。形状模块（也称为精确曲面模块）的主要作用是获得整齐的划分网格，从而拟合成光顺的曲面；Fashion 模块的主要作用是分析设计目的，根据原创设计思路对各曲面定义曲面特征类型并拟合成准 CAD 曲面。如图 1.91 所示是 Geomagic Studio 主要的操作流程及目标。

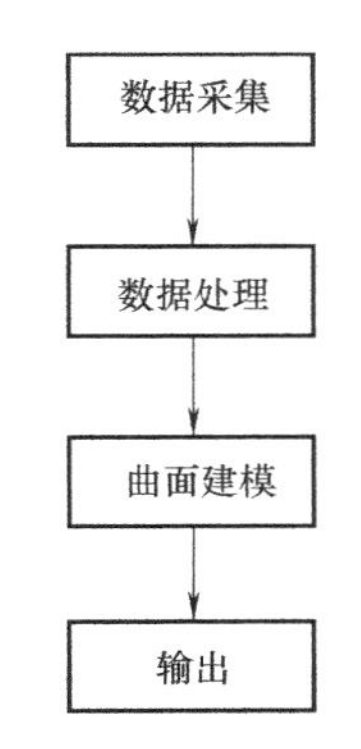

图 1.91 Geomagic Studio 主要的操作流程

1. 点阶段（Point Phase）

Geomagic Studio 点阶段是从测量设备获取点云后进行一系列的技术处理从而得到一个完整而理想的点云数据，并封装成可用的多边形网格数据模型。其主要思路是：首先根据需要对导入的多组点云数据进行合并点对象处理，生成一片完整的点云；通过着色处理将点云更好地显示出来；然后进行去除非连接项、去除体外孤点、减少噪声、统一采样、封装等技术操作。

在数字化过程中，会采集到一些无关的数据（如实验台表面），同时扫描数据量大，数中会包含大量的噪声，所以点云阶段主要对点云进行整理、减少噪声并采样，分别对采集到的多数据进行点处理，然后利用不同数据间的共同点的联系应用“注册”功能，将多组数据合并为一组数据。由于合并后的点云数据比较大，会影响计算机的运行速度，所以对点云数据进行采样处理，在保持模型精确度的基础上减少点云数据量的大小，然后进行封装，将多组数据合并为一个边界理想、孔数不多、表面比较完整的多边形网格模型，点阶段基本操作流程如图 1.92 所示。

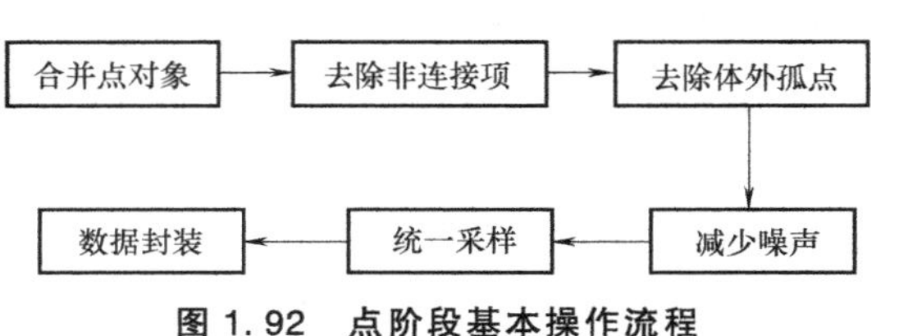

图 1.92　点阶段基本操作流程

2. 多边形阶段（Polygon Phase）

经点阶段处理后的多边形网格模型中存在的非流型三角形会阻碍曲面的重建，同时由于扫描不完整或者封装效果不好等原因，模型表面会出现孔洞。所以在多边形阶段首先要创建流形去除非流形的三角形数据，之后对孔进行填充。应用“填充孔”功能，系统会根据表面的曲率变化自动填充孔。多边形网络模型的表面有时也会出现凸起或者凹陷等不需要的特征，用“去除特征”命令可以删除所选择的不规则的三角形网格区域，并用一个更有秩序且与三角形连接更好的多边形网格代替。当原网格模型的表面光滑程度达不到要求时，可进行“松弛”和“砂纸打磨”处理，以提高其表面光滑程度。

Geomagic Studio 多边形阶段是在点云数据封装后进行一系列的技术处理，从而得到一个完整的理想多边形网格模型，为多边形高级阶段的处理以及曲面的拟合打下基础。其主要思路是：首先根据封装后的多边形数据进行流形操作，再进行填充孔处理；去除凸起或多余特征，选择特征区域时，范围要合适，宜采用多次选取多次去除的方法，用砂纸将多边形打磨光滑，对多边形模型进行松弛操作，可以使其表面更加光滑；然后修复相交区域去除不规则三角形数据，编辑各处边界，进行创建或者拟合孔等技术操作。必要的时候还需要进行锐化处理，使多边形网格模型的边界更加规则，并将模型的基本几何形状拟合到平面或者圆柱，对边界延伸或者投影到某一平面，还可以进行平面截面以得到规则的多边形模型，为后续的曲面拟合打下基础。多边形阶段基本操作流程如图 1.93 所示。

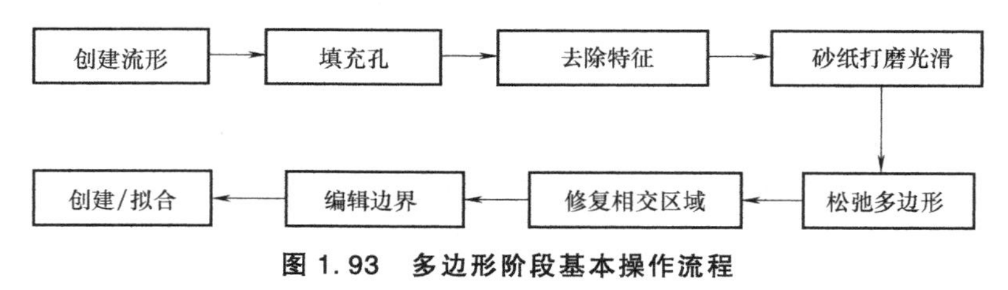

图 1.93　多边形阶段基本操作流程

3. 曲面阶段——形状模块（Shape Phase）

Geomagic Studio 中的形状模块是在多边形阶段处理的基础上进行探测轮廓线、构造曲面片、编辑曲面和拟合 NURBS 曲面等处理，得到一个理想的曲面模型。其主要思路是：首先探测多边形网格模型的轮廓线，对抽取出的轮廓线进行编辑，细分/延伸轮廓线，使轮廓线变得更加规则；然后构造曲面片，曲面会被划分成多个曲面片，为了更好地划分曲面片，通过“升级约束”对约束线重新划分，从而划分出更好的曲面片；重新定义划分曲面片后，为了更加均匀地分布曲面片，可以进行“松弛曲面片”操作。编辑曲面片时，通过移动顶点使轮廓线尽量平直；最后，通过“构造格栅”构造出模型，拟合曲面以获得理想的 NURBS 曲面模型。形状模块基本操作流程如图 1.94 所示。

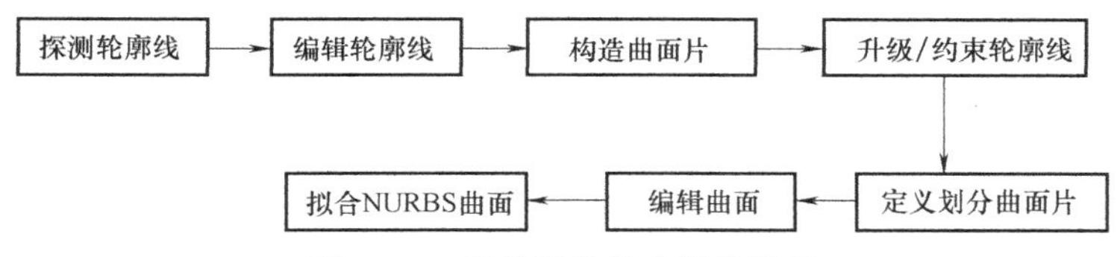

图 1.94 形状模块基本操作流程

4. 曲面阶段——Fashion 模块（Fashion Phase）

Geomagic Studio 中 Fashion 模块是在多边形阶段处理的基础上对模型进行探测轮廓线、编辑轮廓线、拟合曲面和拟合连接等操作，最后生成 NURBS 曲面。其主要思路是：首先，根据曲面表面的曲率变化生成轮廓线，通过生成的轮廓线对整个模型表面进行区域划分，通过轮廓线的划分将整个模型分为多个曲面，并对轮廓线进行编辑，以达到各个区域进行操作的理想效果；然后，根据轮廓线进行延伸并编辑，通过对轮廓线的延取，平顺的延伸线可以提高表面的生成质量；对各个表面区域进行定义，如平面、圆柱体、圆锥体、球面等，定义后拟合出各个表面区域和曲面之间的连接部分；最后裁剪并缝合，保存为可以被其他 CAD 软件所接受的 IGS/IGES、STP/STEP 国际通用格式。

Geomagic Studio 中 Fashion 模块基本操作流程如图 1.95 所示。

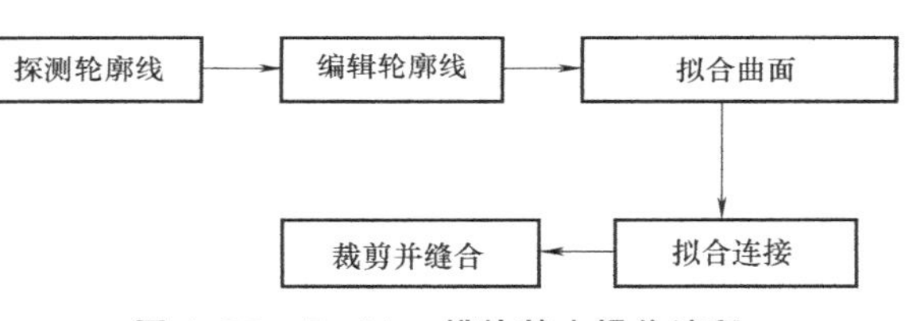

图 1.95 Fashion 模块基本操作流程

1.7.3 Geomagic Studio 精确曲面建模实例

为了让读者更好地了解及应用 Geomagic Studio 建模，本节通过从一个机械零件外壳的点云到 CAD 模型，讲解精确曲面建模的流程。其简要的处理流程如下：

1）从点云中重建出三角网格曲面。

2）对三角网格曲面编辑处理。

3）模型分割，参数化分片处理。

4）栅格化并 NURBS 拟合成 CAD 模型。

1. 点阶段操作说明及命令

1）导入点云数据。Geomagic Studio 支持多种导入格式，如“.stl”“.asc”“.txt”“.igs/iges”等多种通用格式。单击下拉菜单中的【文件】→【打开】命令，选择点云文件的位置。将点云着色，以便于更直观的观察，点云数据如图 1.96 所示。

2）去除噪点或者多余点云。由于扫描仪的技术限制及扫描环境的影响，不可避免地带来多余的点云和噪点。可手动选择这些点云进行删除，也可以执行命令【体外孤点】或在【非连接项】中选择尺寸上限对多余点进行删除。单击菜单中的【选择】→【选择工具】→【套索】命令，对模型主体以外部分的多余点云手动删除。单击【点】→【减少噪音】命令，在【参数选择】单选框选中【棱柱形（积极）】，【平滑级别】滑动块选择中间，单击【应用】按钮，完成后单击【确定】按钮。

图 1.96 导入的点云数据

3）数据采样。如果从扫描仪中得到的原始点云数据很大，为提高效率可以对点云数据进行采样。系统显示当前点的数目是“125169”，如果在原始点云数据很大的情况下，为了提高系统的处理效率，对点云数据进行采样。Geomagic Studio 提供曲率采样、等距采样、统一采样、随机采样四种采样方式。其中曲率采样是根据模型的表面曲率变化进行不均匀的采样，即对曲率变化大的区域采样较多的点，曲率变化小的区域采样较少的点，这样不仅可以提高处理效率，同样可以更好地表达数据模型。单击【点】→【曲率采样】命令，在【百分比】文本框中输入数字“25.0”，即采样 25%的点。

4）封装三角形网格。以三角形网格的形式铺满整个模型表面，模型从点处理模块进入到多边形处理模块。单击【点】→【封装】命令，【封装类型】选择【曲面】，【噪声的降低】选择【中间】，第 3）步中已经采样过了，所以不需要重复采样；【目标三角形】数目一般是点数目的一半，所以在文本框中输入“65000”；选中【保持原始数据】和【删除小组件】复选框。完成后单击【确定】按钮，封装后的模型如图 1.97 所示。

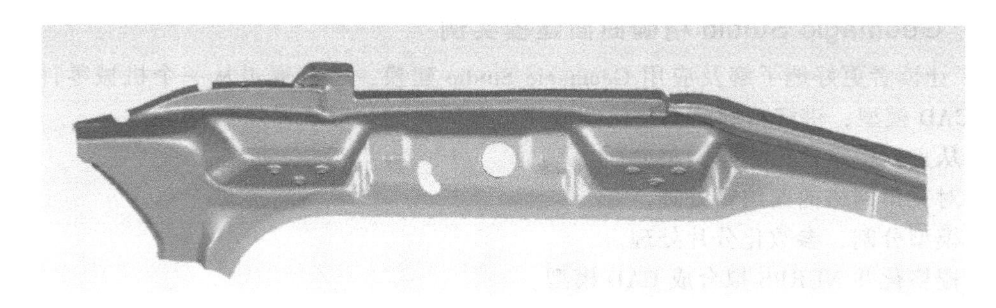

图 1.97 封装后模型

2. 多边形阶段操作说明及命令

封装三角形网格完毕后，系统自动转入多边形阶段。

1）填充内、外部孔　在多边形阶段首先是完整化模型，该模型的内部有多个缺失的数据，边界部分有若干个缺口，使用“填充孔”命令可对孔进行曲率填充，从而得到与周围点云数据比较好的连接效果。单击【多边形】→【填充孔】命令，【填充方法】选择【填充】，并勾选【基于曲率的填充】复选框，移动鼠标选择内部孔的边界，左击，软件自动填充；【填充方法】选择【填充部分】，首先定义外部孔的位置，在模型上单击边界缺口的一端定义“第一个点”，单击边界缺口的另一端定义“第二个点”，单击缺口的内部边界定义

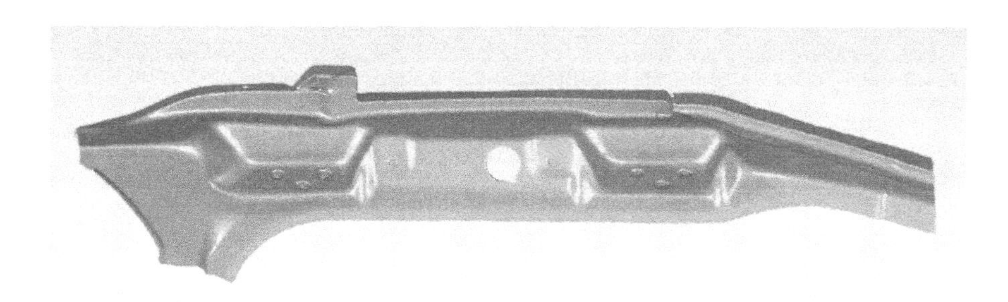

图 1.98　填充模型缺失部分

“第三个点”，完成后单击【确定】按钮。完成填充命令后的模型如图 1.98 所示。

2）去除特征。为了更好地建立模型或者对模型改进，可去除模型中部分特征。用【套索工具】选择特征及周围部分，注意不要选择到边界部分；单击【多边形】→【去除特征】命令，软件根据曲率对选中的部分进行特征消除。

3）拟合两个圆孔。对于比较规则的特征（如孔或圆柱）可直接拟合，若模型中有圆孔，可使用【创建/拟合孔】命令进行拟合，注意在拟合之前整理圆孔的边界，使变得光顺而有利于圆孔的拟合。单击【边界】→【创建/拟合孔】命令，选择【拟合孔】，半径设为“34.601mm”，选中【调整法线】和【切线投影】复选框（有利于观察拟合效果），单击【执行】按钮，完成后单击【确定】按钮。

4）松弛和编辑边界。一般原始点云数据的边界都是不规则的，可使用相关边界编辑命令光顺边界。单击【平滑】→【松弛】命令，左击选择整个外边界，单击【执行】按钮，完成后单击【确定】按钮；单击【边界】→【编辑边界】命令，用左击选择整个外边界，系统显示控制点数目，减少控制点数为原数目的 1/3，单击【执行】按钮，完成后单击【确定】按钮。

5）砂纸及松弛。【砂纸】命令可进行局部松弛，【松弛】命令可进行整体松弛，先进行局部松弛然后整个松弛可获得较好的模型表面。单击【多边形】→【砂纸】命令，【操作】选择【松弛】，选择合适强度，长按左键在模型表面进行打磨；单击【多边形】→【松弛】命令，【平滑级别】滑动至中间，【强度】选择【最小值】，选中【固定边界】复选框，单击【应用】按钮，完成后单击【确定】按钮。

6）删除钉状物、清除及修复相交区域。由于通常会存在多余的、错误的或表达不准确的点，因此由这些点构成的三角形也要清除或进行其他编辑处理，进一步对模型表面进行光顺处理。单击【多边形】→【删除钉状物】命令，【平滑级别】滑动至中间，单击【应用】按钮后单击【确定】按钮；单击【多边形】→【清除】命令，选中【平滑】，单击【确定】；单击【多边形】→【修复相交区域】命令，系统显示“没有相交三角形”。最终处理效果如图 1.96 所示。

3. 曲面阶段（精确曲面模块）**操作说明及命令**

1）进入曲面阶段。单击【开始】→【精确曲面】命令，单击【确定】按钮进入曲面阶段。

2）探测轮廓线。对模型曲面进行轮廓探测以获得该模型的轮廓线，首先探测到模型曲率变化较大的区域，通过对该区域中心线的抽取，得到轮廓线，同时轮廓线将模型表面划分

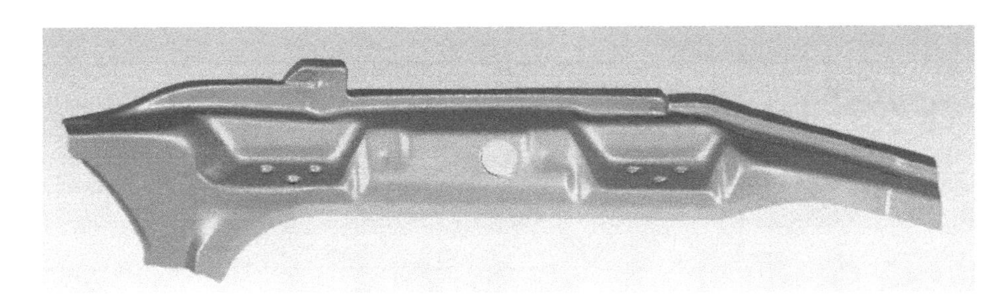

图 1.99　多边形处理完成

为多块面板。单击【轮廓线】→【探测轮廓线】命令，软件自动显示【曲率敏感度】为“70.0”，【分隔符敏感度】为“60.0”，【最小区域】为“1116.8”，使用默认参数。单击【计算】按钮，软件根据模型表面曲率变化生成轮廓区域，可在自动生成的轮廓区域的基础上进行增加、去除或者修复等编辑，同时选中“曲率图”复选框，作为手动编辑的参考。探测轮廓线的效果如图 1.100 所示。单击【抽取】按钮，完成后单击【确定】按钮。

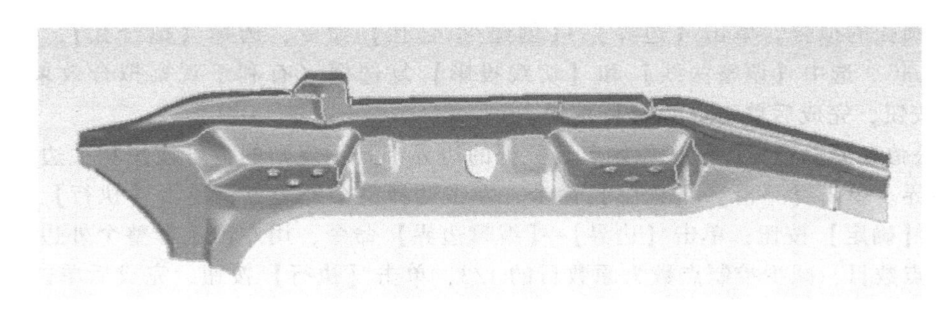

图 1.100　探测轮廓线

3）编辑轮廓线。自动生成的轮廓线往往难以达到要求，需要操作人员对轮廓线进行手动编辑。单击【轮廓线】→【编辑轮廓线】命令，在【转换】一栏设置【段长度】为“4.46mm”，选中【均匀细分】复选框，单击【细分】按钮，完成后单击【确定】命令；【操作】一栏出现 8 个命令：绘制、抽取、松弛、分裂/合并、细分、收缩、修改分隔符、指定尖角轮廓线。绘制是手动绘制轮廓线；抽取是根据分隔符生成轮廓线；松弛是自动调整轮廓线的位置；如果增加或者去除轮廓线必须要修改分隔符，避免产生错误；在以上命令操作的同时，可选中【分隔符】【曲率图】和【共轴轮廓线】复选框进行参考，或者指定轮廓线时同时按住〈Shift〉键查看曲率的变化。该项操作最终会获得符合表面轮廓以及平顺的轮廓线。完成后单击【检查问题】命令，对出现的问题进行解决直至问题数为零后，单击【确定】按钮完成。修改后的轮廓线如图 1.101 所示。

4）延伸轮廓线并对延伸线进行编辑。延伸线根据轮廓线生成，延伸线在模型表面所占的区域即为曲面之间的过渡区域，使轮廓线所划分的各块面部相互连接，形成一个完整的曲面形状。单击【轮廓线】→【细分/延伸轮廓线】命令，选择【延伸】后单击【全选】命令，单击【延伸】命令，完成后单击【确定】按钮退出。延伸线如图 1.101 所示。单击【轮廓线】→【编辑延伸线】命令，可通过【编辑】【松弛】【弹力曲线】和【切面曲线】命令生

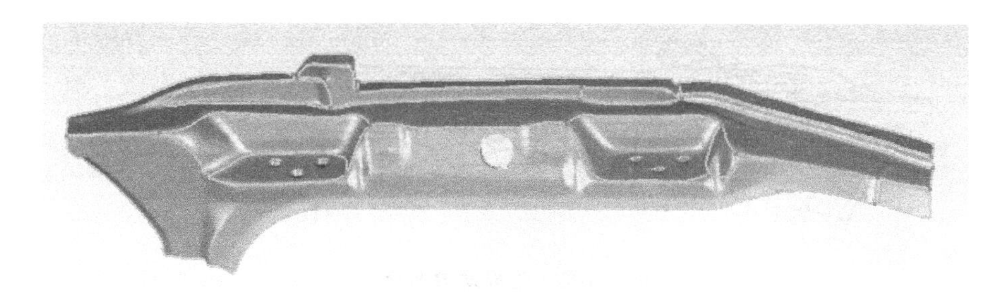

图 1.101 生成轮廓线

成的延伸线进行编辑、修改，同时可选中【分隔符】【曲率图】【共轴轮廓线】【交叉标记】或者【彩色延长线】进行参考。因为延伸线所占的区域即为生成的 NURBS 曲面之间的过渡面，所以获得的延伸线必须与轮廓线平顺贴切。完成之前单击【检查问题】命令直至出现的问题数目为零，单击【确定】按钮退出。完成的延伸线如图 1.102 所示。

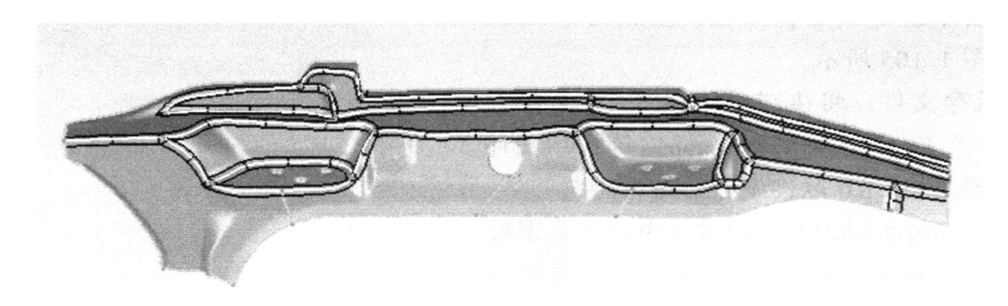

图 1.102 延伸线

5）构造曲面片。根据划分完毕的轮廓线内的区域铺设曲面片。单击【曲面片】→【构造曲面片】命令，【曲面片计数】可选择【自动估计】【使用当前细分】和【指定曲面片计数】，此模型选择【使用当前细分】，可根据延伸构造曲面片，在延伸线编辑得越好，得到的曲面片分布越好。

6）移动面板。根据轮廓线划分的区域称为面板，【移动面板】命令有助于使构造的曲面片根据曲面形状划分均匀，从而可得到更光顺的曲面。单击【曲面片】→【移动】→【移动面板】命令，首先根据面板形状按顺序进行“定义”，当出现路径不对称的情况时可选择【添加/删除 2 条路径】进行添加或者减少；可供选择的面板类型有格栅、条、圆、椭圆、套环及自动探测，为了更准确地表达曲面，在构造曲面片时尽量使面板的定义在前五种定义范围之内。本节的范例可选择从一侧至另一侧的顺序进行定义。当对边路径相等后单击【执行】按钮，完成后单击【下一个】按钮进行下一面板的定义。对于部分区域产生交叉或者不符合要求的面板可使用【松弛曲面片】【编辑曲面片】命令修复曲面片的铺设效果，均匀铺设曲面片的模型如图 1.103 所示。

7）构造格栅。在每块曲面片内设置规定数目的栅格，栅格数目越大表现的细节就越多。单击【栅格】→【构造格栅】命令，【分辨率】设置为“20”，并勾选【修复相交区域】【检查几何图形】复选框，单击【应用】按钮，完成后单击【确定】按钮。如果自动生成的栅格出现交叉错误，可使用同菜单下命令【松弛栅格】【编辑栅格】进行修改。完成后的栅格。如图 1.104 所示。

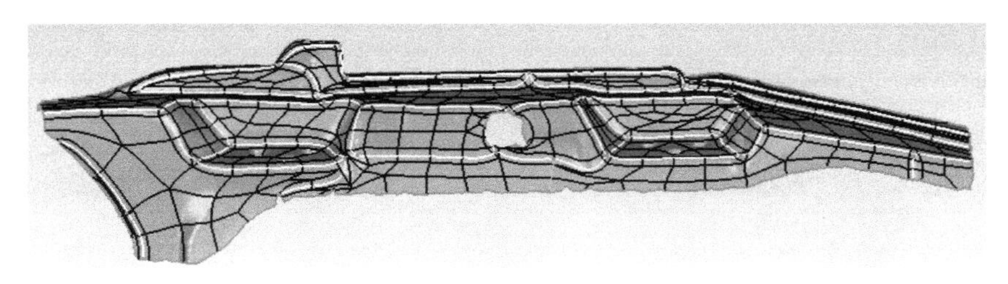

图 1.103　生成均匀曲面片

8）拟合曲面。单击【NURBS】→【拟合曲面】命令，【拟合方法】选择【常数】，【控制点】设置为“18”，【表面张力】为“0.25”，在高级选项内选中【执行圆角处 G2 连续性修复】【优化光顺性】复选框，单击【应用】按钮，完成后单击【确定】按钮，生成的 NURBS 曲面图如图 1.105 所示。

9）保存文件。将生成的 NURBS 曲面保存为“.igs”“.iges”“.stp”“.step”等通用文件格式导入到其他 CAD 软件中进行编辑。

4. Geomagic Studio 曲面重建中的注意事项

在 Geomagic Studio 中，曲面重建的进程分成紧密联系的流程式的三个阶段来实现，由此可以看出，决定曲面重建质量的因素，人为的因素的影响要比通过传统曲面造型方式小得多。

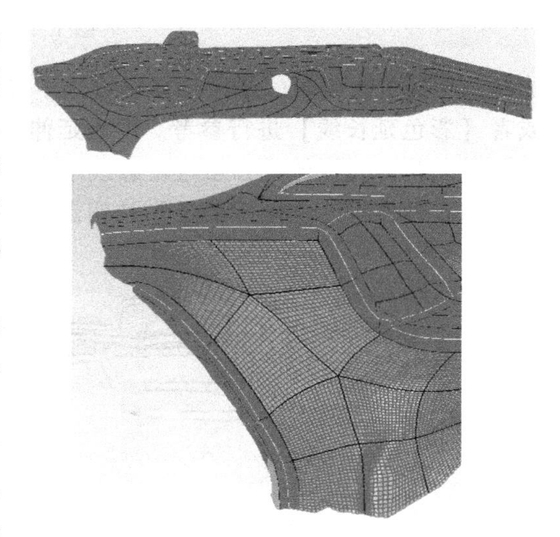

图 1.104　生成栅格

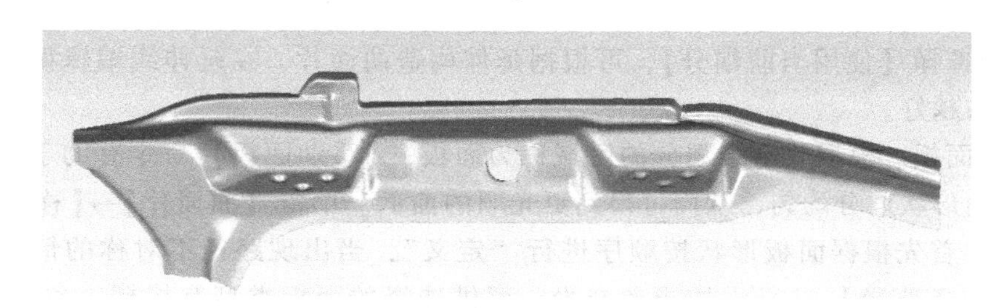

图 1.105　生成 NURBS 曲面

具体而言，在实施曲面重建的过程中，以下几个方面必须引起注意：

1）Geomagic Studio 逆向设计的原理是基于用许多细小的空间三角片来逼近还原 CAD 实体模型，三角片质量的好坏会影响曲面构建的质量，所处理的点云数据应具有较高的质量，产品的各个特征采集数据应尽可能地分布均匀。此外，在多边形阶段的预处理结果也直接影响着曲面片的构建质量，所以应尽可能地对多边形模型进行合理处理，以改善多边形模型的品质。

2）曲面阶段下的精确曲面模块有两种处理方法，一种是根据自动探测的轮廓线对曲面进行网格划分；另一种是根据探测的曲率线对曲面进行网格划分。对于外形较规则的机械零件模型采用第一种方法效率和精度都较高，而对于外形复杂不规则的或者用第一种方法无法处理的模型（如工艺品模型等），适合选择第二种方法进行处理。

3）Geomagic Studio 中曲面片的划分是曲面重建的关键。曲面片的划分要以曲面分析为基础，曲面片不能分得太小，否则得到的曲面太细碎；曲面片也不能分得过大，否则将不能很好地捕捉点云的形状，得到的曲面质量也较差。划分曲面片的基本原则是：①使每块曲面片的曲率变化尽量均匀，这样拟合曲面时就能够更好地捕捉到点云的外形，降低拟合误差；②使每块曲面片尽量为四边域曲面；③曲面片的划分可以分成两个层次来进行，首先将模型根据需要划分为几个大片的区域，其次在这些大区域中分割出一定数量的曲面片，这样的处理有利于改善曲面片的分布结构；④任意两个大区域之间的曲面片在 U、V 参数方向的分割数目应相等。

1.7.4　Geomagic Studio 参数曲面建模实例

曲面阶段是对模型进行探测轮廓线、编辑轮廓线、构造曲面片、构造格等处理，主要通过调整网格节点来改变曲面片形状，最后重构出比较理想的 NURBS 曲面。而参数曲面阶段是对模型进行探测区域、编辑轮廓线、拟合初级曲面和拟合过渡，最后裁剪并缝合成完整的模型，其主要是通过调整和修改后获得的较理想的轮廓线，来分类并定义表面区域类型，又称为参数曲面建模。

1. 进入参数曲面阶段

单击【参数曲面】→【开始】模块中的【参数曲面】命令，单击【确定】按钮进入参数曲面阶段。

2. 探测区域

对模型曲面进行轮廓探测以获得该模型的轮廓线，首先探测模型曲率变化较大的区域，通过对该区域中心线的抽取，得到模型的轮廓线，同时轮廓线将模型表面划分为多块面板。

单击【区域】模块中的【探测区域】按钮，模型管理器中会显示出【探测区域】对话框，软件自动显示【曲率敏感度】为“70.0”，【分隔符敏感度】为“60.0”，【最小区域】为“1131.7”，使用默认参数。单击【计算区域】按钮，软件根据模型表面曲率变化生成轮廓区域，可在自动生成的轮廓区域的基础上进行增加、去除或者修复等编辑操作，同时勾选中【曲率图】复选框，作为手动编辑的参考。探测轮廓线的效果如图 1.106 所示。单击【抽取】按钮后单击【确定】按钮，完成探测轮廓线的操作。

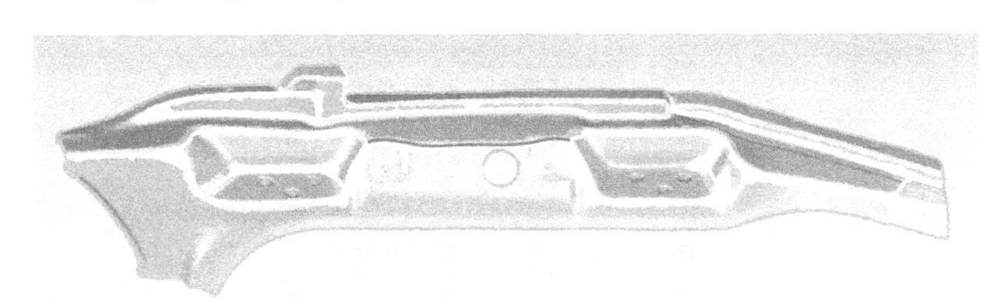

图 1.106　探测轮廓线效果

3. 编辑轮廓线

软件自动生成的轮廓线往往难以达到要求，需要操作人员对轮廓线进行手动编辑，使轮廓线能够准确、完整地表达模型轮廓。

单击【区域】模块中的【编辑轮廓线】按钮，模型管理器中会显示【编辑轮廓线】对话框，设置【段长度】为“21.19mm”。【操作】一栏出现7个命令：绘制、抽取、松弛、分裂/合并、细分、收缩、修改分隔符。绘制是手动绘制轮廓线；抽取是根据分隔符生成轮廓线；松弛是重新获取轮廓线；可重复单击获取理想的轮廓线，为了避免产生错误，在增加或者去除轮廓线时，必须修改分隔符。在以上命令操作的同时，可以勾选【分隔符】【曲率图】和【共轴轮廓线】复选框进行参考，编辑轮廓线时，需要单击【检查问题】按钮，对出现的问题及时解决，直至出现的问题数为零后单击【确定】按钮，完成修改轮廓线操作。修改后的轮廓线如图1.107所示。

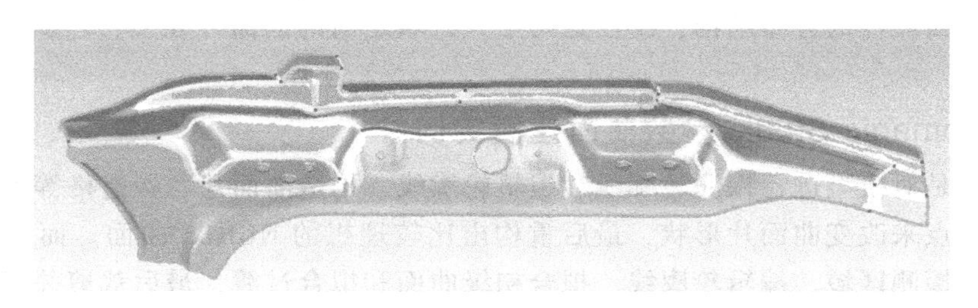

图1.107 修改后的轮廓线

4. 拟合曲面

拟合曲面是对分类并定义后的初级曲面进行拟合。

单击【主曲面】模块中的【拟合曲面】按钮，可以发现，软件已经对模型的不同区域通过颜色进行了自动划分，但是有的区域由于比较复杂，软件会出现划分错误，这时需要操作人员根据原始模型的表面特征对曲面片进行人为地区域分类。区域分类包含自由形态、平面、圆柱体、圆锥体、球体、拉伸、拔模拉伸、旋转、扫掠、放样，还可以指定分类方式为自由分类。区域分类过程中通过左键选中区域，按住〈Shift〉键的同时用左键选择多个区域。对不同区域分类，一般用绿色表示平面，红色表示自由平面等。分类完成后，全选所有区域，在模型管理器中单击【应用】按钮，软件自动拟合各个区域。如图1.108所示为拟合曲面后的结果。拟合后软件用橙色区域表示拟合结果存在偏差，但是偏差在可接受范围之内（软件用红色表示偏差较大，需要重新编辑轮廓线）。

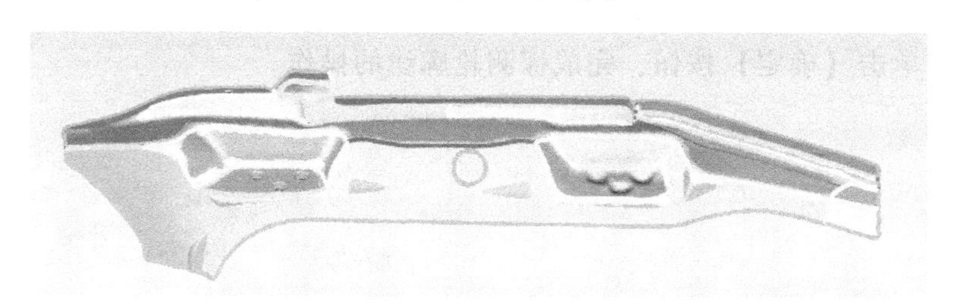

图1.108 拟合曲面后的结果

5. 拟合连接

拟合连接是对分类并定义后的各初级曲面之间的连接部分（即延伸线所占区域）进行拟合。

单击【连接】模块中的【拟合连接】按钮，通过左键选中连接部分，对连接部分进行分类，单击【分类连接】下拉菜单，其中包含自动分类、自由形态、恒定半径、尖角命令。当连接部分被分类为自由形态的时候，软件会自动根据初级曲面之间的连接关系进行自由拟合；当连接部分被分类为恒定半径的时候，可自定义半径值或软件自动设置。按住〈Shift〉键的同时用左键选择可以选中多个具有相同属性的连接部分。分类完成后，全选所有初级曲面之间的连接，在模型管理器中可以设置“控制点”和“张力”，单击【应用】按钮后软件自动拟合出各个连接部分。拟合连接完成后，模型如图 1.109 所示。

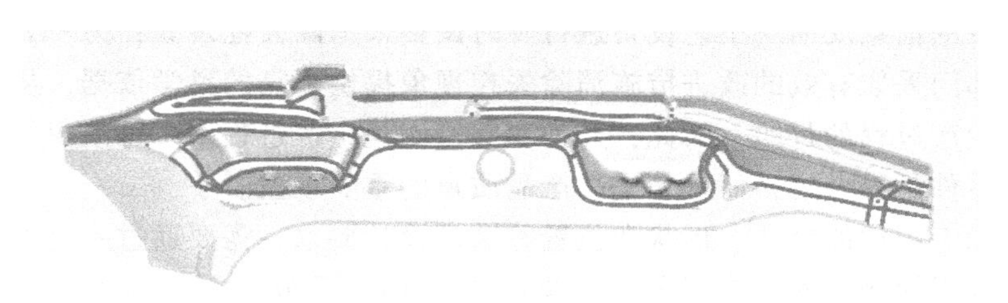

图 1.109　拟合连接后的结果

6. 裁剪并缝合

裁剪并缝合是对拟合后的初级曲面和连接部分进行裁剪并缝合成为整体，可根据操作人员的要求输出多种生成对象。

单击【输出】模块中的【裁剪并缝合】按钮，模型管理器中会显示【裁剪并缝合】对话框，默认【生成对象】为“缝合对象”，最大三角形计数设为“200000”，单击【应用】按钮。裁剪并缝合操作完成后，模型如图 1.110 所示。

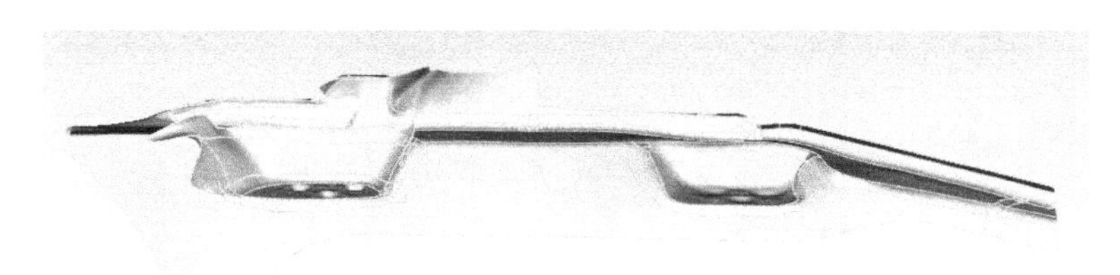

图 1.110　裁剪并缝合后的结果

7. 输出

保存曲面文件，在模型管理器中选择【已缝合的模型】，右击【保存】按钮选择相应的

文件格式，IGS/IGES、STP/STEP 为国际通用格式，曲面文件保存为这些可被其他 CAD 软件所接受的格式。

8. 参数化

Geomagic Studio 参数化阶段是对在参数曲面模块下拟合的初级曲面通过数据传输通道导入至参数化 CAD 软件中进行编辑。同时启动 Geomagic Studio 和参数化 CAD 软件，进行【参数转换】操作，将各曲面文件导入到参数化 CAD 软件中，余下的编辑操作全部在参数化 CAD 软件中进行。

1.8　Geomagic Qualify 计算机辅助检测

1.8.1　计算机辅助检测技术简介

零件加工后，需要测量或检验其几何量以确定它们是否符合设计要求。就几何误差来说，检测就是将实际被测要素与其理想要素相比较以确定它们之间的差别，根据这些差别

（实际被测要素对其理想要素的变动量）来评定几何误差的大小。生产过程的检测技术，作为现代制造技术中的重要组成部分，不但能够准确地判断生产环节中一系列质量性能指标和工艺技术参数是否已经达到设计的要求，即产品是否合格；更重要的是通过对检测数据的分析处理，能够正确判断出这些性能指标和技术参数失控的状况和其产生的原因。这一方面可以通过检测设备的信息反馈对工艺设备进行及时调整来消除失控现象；另一方面也为产品设计和工艺设计部门采取有效的改进措施消除失控现象提供可靠的科学依据，从而达到保证产品质量和稳定生产过程的目的。因此，几何误差检测是生产过程中不可缺少的重要环节，它不仅可以判断零件是否合格，而且是提高产品质量的重要手段。

为了确保加工零件的尺寸、形状和位置等满足设计要求，需要通过一定的工具或量具按照一定的方法进行检测。通过游标卡尺（见图 1.111）、千分尺等量具可以手工进行尺寸的测量，实现一些简单零件的尺寸检测。经过数十载的发展，国内外的很多专家在进行检测技术的研究中，设计了许多专用的检验用具，如图 1.112 所示的汽车保险杠检具，实现了复杂大型零件的检测。但是，这些专用检具存在很多弊端，其制造过程需要耗费大量的人力、物力和财力，特别是现在零件的外形越来越不规则，出现了大量的自由曲面以满足人们对美学的要求，若是制作专用的检具用来检测，不但增加了成本产品的开发周期，而且不具有通用性，只能用来检验一种产品，这就限制了专用检具在检测中的应用。目前，三坐标测量机（见图 1.113）使用比较广泛，原因是它的通用性好，还具有很高的精度。但它的缺点也比较明显，每次只能测量一个点，使得整个检测过程比较漫长，检测效率较低。此外，三坐标

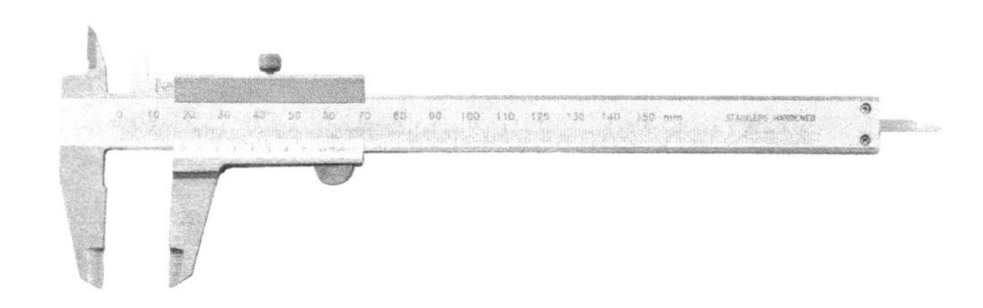

图 1.111　游标卡尺

图 1.112　保险杠检具

测量机无法用于对易碎、易变形的物体进行测量。基于上述检测中出现的弊端，本节主要介绍计算机辅助检测（Computer Aided Inspection，CAI）技术。作为一种新的检测方法，它具有通用性好、效率高等特点，可以有效地减轻操作者的劳动强度，提高生产效率，为企业带来了巨大的经济利润。

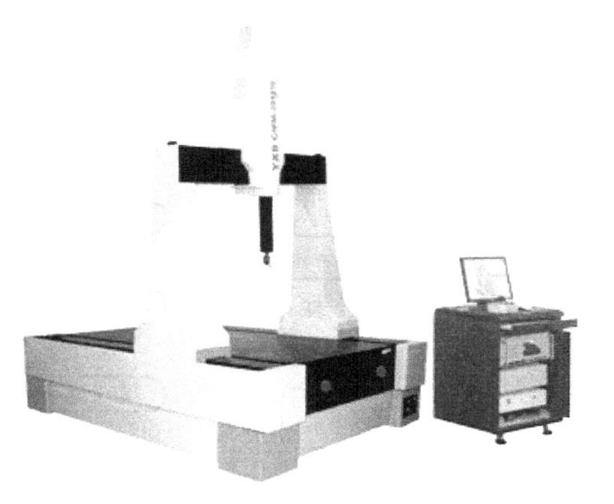

图 1.113　三坐标测量机

计算机辅助检测是一种基于逆向工程的检测技术，逆向工程的发展为计算机辅助检测的实现提供了技术上的保证。逆向工程是一种通过三维扫描设备获取已有样品或模型的三维点云数据，利用逆向软件对点云进行曲面重构的技术。在重构过程中，需要反复比较重构曲面与点云的误差，并指导曲面的反复修改，以确保曲面和点云的误差在允许的范围内。正是由于点云的获取和对比操作为零件的检测提供了一条新的途径。计算机辅助检测是通过光学三维扫描设备获取已加工零件的点云数据，并将它与零件的设计（CAD 模型）进行比较，从而得到已加工零件和设计模型之间的偏差。

计算机辅助检测可以归纳为实物数字化、模型对齐、比较分析三个步骤。实物数字化是指通过三维扫描设备，将物体表面的轮廓信息离散为大量的三维坐标点云数据，它是计算机辅助检测中很关键的一步，点云数据能否精确地表示实物原型，直接影响到后面检测的结果。因此，在得到点云数据后，应该对点云进行处理，包括删除噪点、点云采样等操作，这样点云数据才可成为“检验模型”。模型对齐是指将实物的点云数据和 CAD 模型在同一坐标系统下进行匹配，这是由于点云与 CAD 模型可能不在同一个坐标系下。因此，需要先将两者统一到同一个坐标系下才可以进行后续的比较工作。比较分析是在对齐的基础上，根据点云与 CAD 模型之间的比较，进行具体的检测分析。计算机辅助检测操作过程如图 1.114 所示。

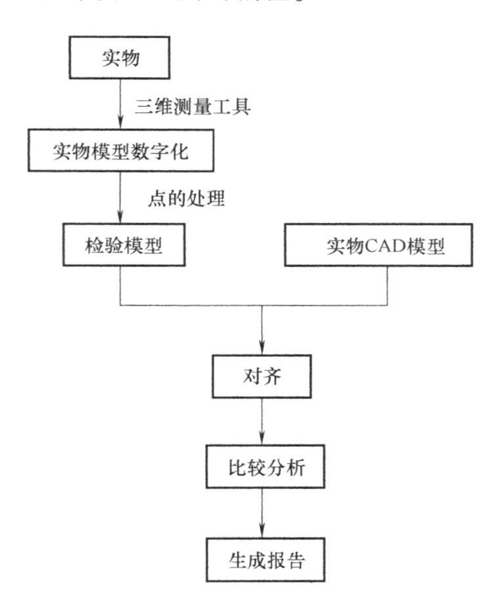

图 1.114　计算机辅助检测操作过程

计算机辅助技术的应用，使得检测方式发生了变化，可以克服传统检测方式中的一些弊端。以三坐标测量为例，传统的检测过程如图 1.115 所示。

利用三坐标进行检测，精度固然很高，但只能检测一些主要的特征，因为如果对所有特征都检测，势必需要一个漫长的操作过程，导致效率低下。而如果只对主要特征进行检测，则其他一些失败的特征便可能逃过检测，因此得不到准确的检测结果；如果主要特征都在公差范围内，却花大量时间对它们进行检测，结果便会浪费大量时间。这一系列在传统检测方式中显得很棘手的问题，随着计算机辅助检测技术的应用，都可以迎刃而解。

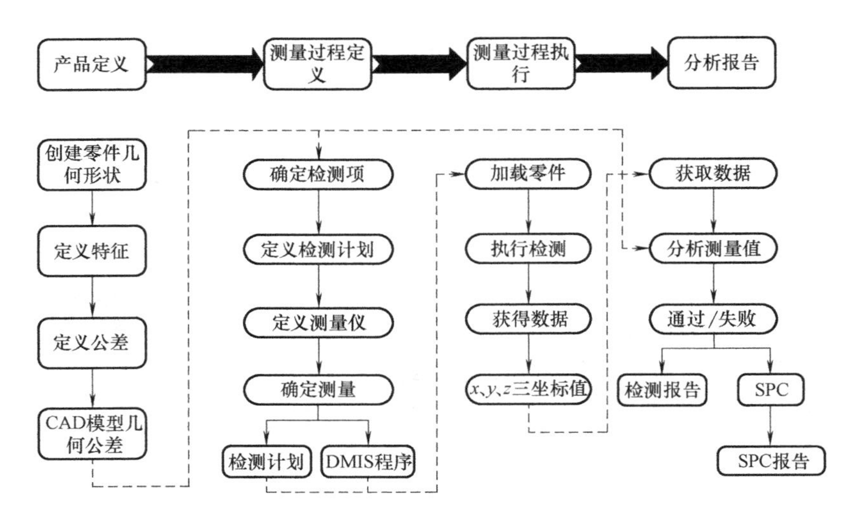

图 1.115 传统检测方式操作流程

计算机辅助检测技术通过将实物的点云与 CAD 对比，快速确定失败区域，再利用高精度的 CMM 只检测这些失败区域，测出偏差的精确值，从而缩小了检测范围，使检测所需要的时间也大大缩短，提高了检测的效率。检测过程如图 1.116 所示。

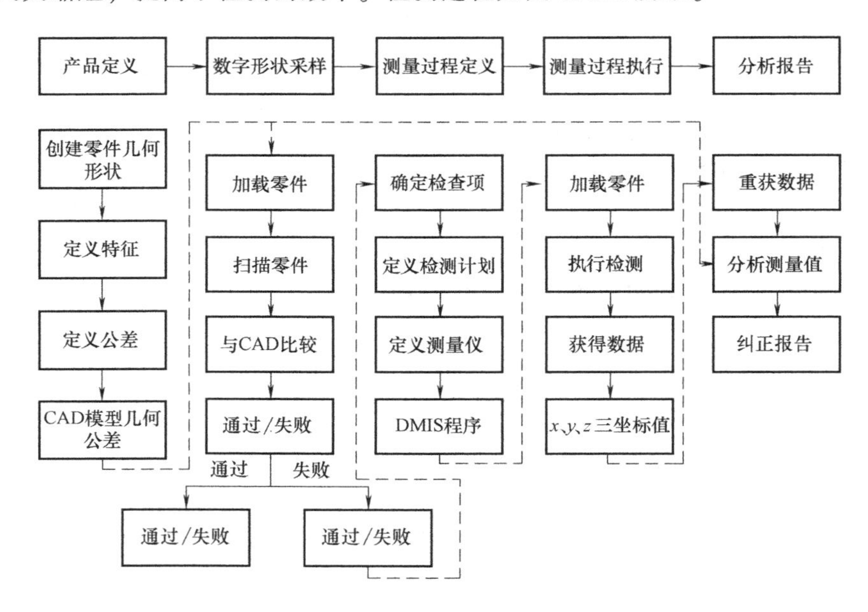

图 1.116 结合 CAI 的检测操作流程

1.8.2 Geomagic Qualify 软件系统

1. 概述

Geomagic Qualify 是由美国 Geomagic 公司推出的计算机辅助检测软件，通过在 CAD 模型与实际生产零件之间进行快速、明了的图形比较，可对零件进行首件检验、在线或车间检验、趋势分析、2D 和 3D 几何测量及生成自动化报告等，从而快速并准确地完成检测任务。

Geomagic Qualify 软件的主要优点有：

1）显著节约了时间和资金。可以在数小时（而不是原来的数周）内完成检验和校准，因而可以极大地缩短产品开发周期。

2）改进了流程控制。可以在内部进行质量控制，而不必受限于第三方。

3）提高了效率。Geomagic Qualify 是一种为设计人员提供的易用和直观的工具，设计人员不再需要分析报告表格，检测结果直接以图文的形式显示在操作者眼前。

4）改善了沟通。自动生成的、适用于 Web 的报告改善了制造过程中各部门之间的沟通。

5）提高了精确性。Geomagic Quality 允许用户检查由数万个点定义的面的质量，而由 CMM 定义的面可能只有几十个点。

6）统计流程控制（SPC）自动化。针对多个样本进行的自动统计流程控制可深入分析制造流程中的偏差趋向，并且可用于验证产品的偏差趋向。

Geomagic Qualify 的自动化操作可以使从对齐到生成检测报告的过程一步完成，针对同一产品的多个零件检测时，通过记录第一个零件的检测过程，其他零件则可以重复第一个过程，自动完成检测，大大减少了检测时间。

利用 Geomagic Qualify 可以快速地完成检测过程，加快产品上市时间，大大降低成本，使企业在市场竞争中处于优势地位。Geomagic Qualify 已经通过德国标准计量机构（PTB）认证，符合领先的汽车和航空航天制造商确定的严格质量标准，这确保它可以得到广泛的应用，我国的沈阳飞机研究所、一汽集团等都是它的客户。此外，随着技术的不断发展，Geomagic Qualify 还扩展了叶片检测模块（Geomagic Blade）。它根据涡轮叶片行业的领先企业（如 Pratt & Whitney、Howmet 等）的特定要求而开发，可用于包括汽车和航空航天发动机、水轮机、汽轮机和涡轮机的叶片检测和分析。

2. Geomagic Qualify 操作流程及功能

用 Geomagic Qualify 进行质量检测，先需要进行辅助性的操作，这包括删除噪点和点云拼接等，待得到完好的点云数据再进入检测过程。其操作过程可简单归纳为：点云处理、对齐、比较分析和生成报告四个阶段。

Geomagic Qualify 基本流程如图 1.117 所示，从中可以大致掌握 Geomagic Qualify 的操作流程与比较分析功能。

以下就从这四个阶段分别介绍 Geomagic Qualify 的主要功能。

（1）点云处理

点云处理包括删除噪点、数据采样和点云拼接等操作。使用三维扫描设备得到实物的点云数据时，难免会引入一些杂点。这将给检测结果带来影响。因此，在将扫描所得到的点云数据导入到 Geomagic Qualify 后，应删除多余的点。操作时可通过手动选择将一些多余的点删除，也可利用【非连接

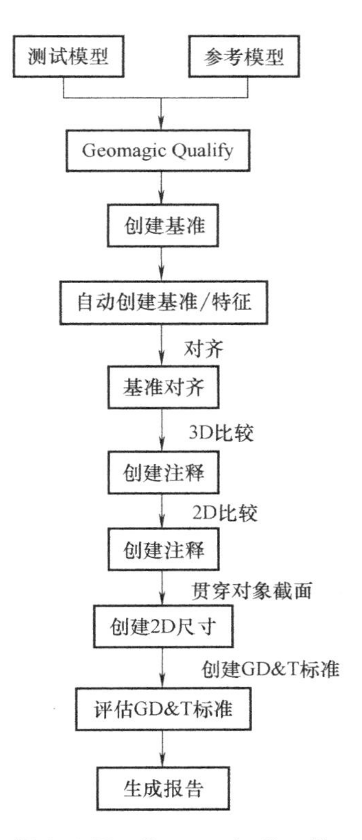

图 1.117　Geomagic Qualify 操作流程

项】【体外孤点】命令让软件自动选择多余的点，再手动将其删除。数据采样通过简化点云数据，可以在保持精度的同时加快检测过程。点云拼接是将零件的各部分点云数据拼接成一个完整的点云数据。当扫描设备不能将整个零件一次扫描时，可在零件上贴上标志点，把零件分成几个区域分别扫描，导入软件后再组合成完整的零件点云数据。

（2）对齐操作

经过处理后的点云数据在与 CAD 模型比较前，应将它们尽可能地重合在一起，这样就可以通过对比看出各处的偏差。所以，应该首先通过坐标变换把两者统一到同一个坐标系下。对此，Geomagic Qualify 提供了多种对齐方法，而常用的主要有以下三种：

1）最佳拟合。该方法主要用于由自由曲面组成的零件的对齐，因为这类零件比较难创建一些基准和特征。其原理是基于点的对齐。对齐过程可以分为粗对齐和精确对齐两个阶段进行，粗对齐是在点云数据上先选取一定数目的任意点，与 CAD 模型进行反复匹配；精确对齐就是在粗对齐的基础上再通过选取更多的点云，进一步提高对齐的质量。

2）基准/特征对齐。该方法多用于有规则外形的零件，通过创建在 CAD 模型和点云上对应的基准或特征的重合，达到 CAD 模型和点云的对齐。对齐时应当约束模型的 6 个自由度，这样可使对齐实现完全约束，若是所创建的基准或特征达不到完全约束，可以通过最佳拟合功能完成对齐操作。使用该方法时，应先在 CAD 模型上创建基准或特征，再利用【自动创建】命令在点云上创建对应的基准或特征。

3）RPS 对齐。RPS 是基于参考点系统的对齐方式。对齐过程包含 CAD 模型和点云上的各对参考点方向的对齐及所有参考点对的最佳拟合两个操作。参考点所确定的方向依赖于创建基准或特征的类型，以常用的“点目标”和“圆”为例，“点目标”确定的方向为其所在曲面处的法线方向；“圆”确定的方向为圆所在的面。要利用 RPS 对齐得先有参考点，当建立了特征或基准为平面，就不可以进行 RPS 对齐，而应建立如圆、椭圆、长方形这些包含有参考点的特征。

RPS 对齐和基准/特征对齐相同的地方在于都得先创建基准或特征，不同之处在于基准/特征对齐是按基准或特征对的前后顺序进行对齐，首先满足第一对特征或基准；而 RPS 对齐则没有对的前后之分。此外，它们的对齐原理也不相同。

图 1.118 中创建了 Circle 2 在 CAD 模型和点云上，Circle 2 所在的平面为 xz 面。利用基准/特征对齐时，其原理是使该对圆尽量贴合，以达到对齐的目的。而用 RPS 对齐，是通过 xz 平面的对齐和圆心的最佳拟合来实现。

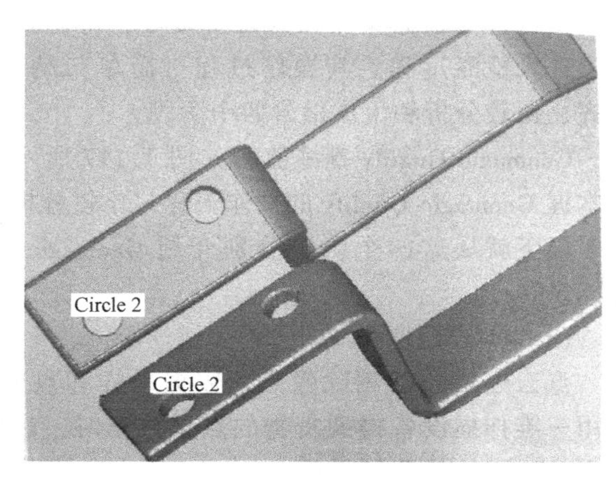

图 1.118　金属板与特征

RPS 方法比较适用于具有定位孔、槽等特征的零件的对齐。

在针对实际问题时，应根据具体情况选择一种最佳的对齐方式。相对而言，人为因素对对齐结果有较大的影响，而且后面的检测又是在对齐的基础上进行的。对齐的质量直接影响检测的结果，所以对齐操作是非常关键的一步，对操作者要求比较高，只有精确地对齐，才能检测出零件的真实情况。

（3）比较分析

比较分析是质量检测的中心，可以对零件点云数据实行具体的检测操作。前面所做的工作都是为比较分析做准备的，其目的是得到一个更能反映零件实际情况的结果。使用Geomagic Qualify可以实现零件的二维分析、三维分析及误差评估操作，具体包括：

1）二维分析。可以对模型的指定截面进行质量分析，进行尺寸标注或生成偏差图。

2）三维分析。通过3D比较，生成彩色的偏差图，结果显示为CAD模型或点云上的偏差，可进行编辑偏差色谱、通过/不通过分析、偏差和文本标注和对预定义的位置设置检测等。通过边界比较可分析边界处的偏差情况，在钣金件的回弹分析方面有较大的用途。

3）误差评估。通过创建特征和基准对零件进行三维尺寸分析。评估几何公差可分析平面度、圆柱度、面轮廓度、线轮廓度、位置度、垂直度、平行度、倾斜度和全跳动。

（4）生成报告

Geomagic Qualify可以自动生成包括HTML格式、PDF格式，以及MS Word和Excel格式的多种报告，其中适用于Web的报告可以让各部门共享检测结果，改善了部门间的沟通。

复习思考题

1. 逆向工程主要由哪几部分组成？
2. 简述三坐标测量机的工作原理。
3. 三维扫描技术有哪几类，分别举几个例子？
4. 运用Geomagic Studio和Geomagic Qualify软件处理数据的流程都是什么？

第2章

数字化成形的数据处理

2.1 数据文件格式及模型数据预处理

以常用的STL文件来表示三维模型，经过分层及轨迹规划后输出数控设备可识别的GCode文件。

2.1.1 STL文件格式分析

STL（Stereo Lithography）是光固化立体成形的缩写。STL文件格式是1988年由美国3D System公司提出并开发的，最初只用于SLA技术的数据处理。经过多年的发展，由于其数据存储的格式简单，适应性好，而且来源广泛，可以通过大部分的三维建模软件（如UG、3DS MAX、AutoCAD、MAYA、Pro/E、SOLIDWORKS）来输出该格式的模型文件。因此越来越多的3D打印厂商将其作为输入的数据接口，几乎所有的3D打印机的内置软件也都支持该文件格式，STL文件格式也成了3D打印行业默认的标准格式。

STL文件表达模型的方式比较简单，它是通过一系列的平面三角形组成的三角网格来逼近三维模型实体的所有自由表面，并给出了每个三角形的三个顶点的坐标信息和法向量的信息，还可以根据打印需求来设定STL文件的模型逼近精度。精度越高，所需的三角形越多，三角网格的密度越大，数据处理及实体打印的效率也就越低。另外良好的STL文件的模型数据应遵循以下的规则：

1）共顶点规则。如图2.1所示，两个相邻的小三角形必须共用两个顶点，每个小三角形的顶点不能落在与其任一的相邻三角形的边上。

2）取向规则。如图2.2所示，对于每个小三角形，其法向量遵守右手准则，指向模型的外部。

3）充满规则。如图2.3所示，用于逼近模型表面的三角网格要布满模型表面的所有部分，不应有任何遗漏，也不应有重叠。

STL文件有两种数据存储格式：ASCII码格式和二进制（BINARY）格式。要读取模型并对模型数据进行处理，首先要了解两种格式的数据存储方式。

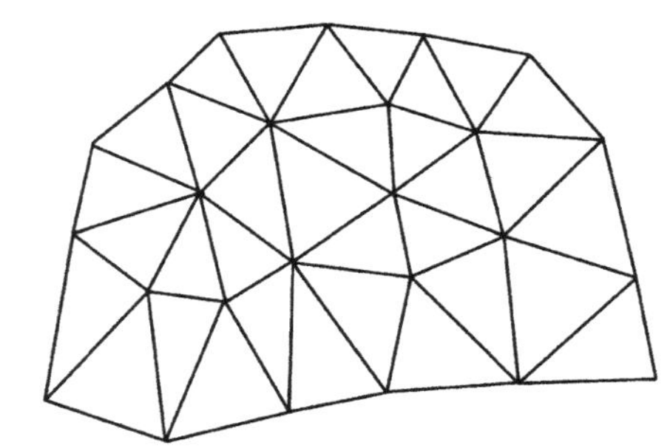

图2.1 STL三角网格

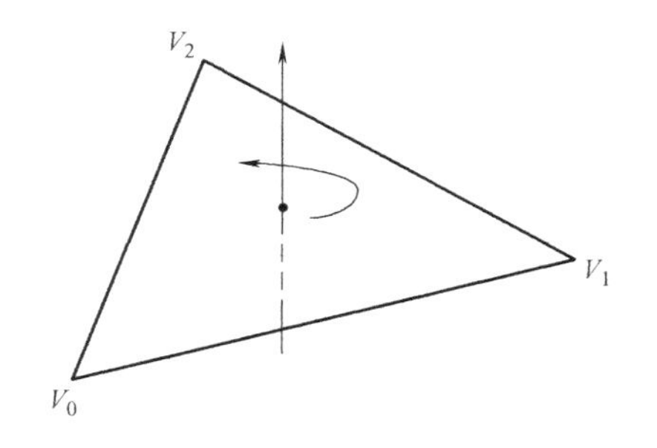

图 2.2 STL 三角形顶点排列和法向量

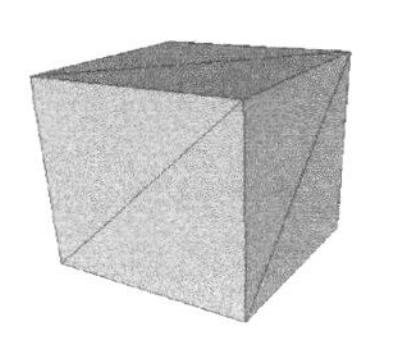

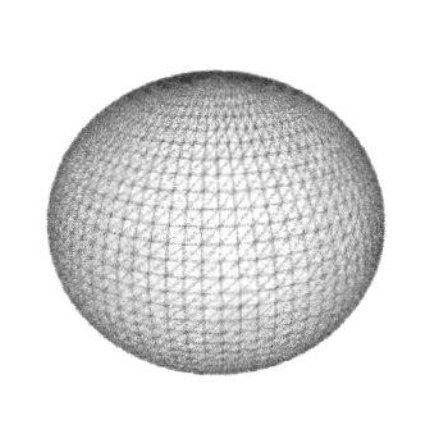

图 2.3 STL 模型

2.1.2 ASCII 码格式

ASCII 码格式的存储结构中，共有七个关键 ASCII 字符串，分别为“solid”“facet normal”“outer loop”“vertex”“endloop”“endfacet”“endsolid”，所有字符串均为小写字母。“solid”后面的字符串是三维模型的名称，从字符串开始，每七行表达一个完整的三角形信息；“facet normal”表示为该三角形的法向量，后面的三个数值表示法向量的三个坐标分量；“outer loop”表示开始描述三个顶点的信息，下面三行每行关键字符串“vertex”之后的数值为该三角形各顶点的空间坐标值；“endloop”表示顶点信息描述完毕，“endfacet”则表示该三角形的所有信息描述完毕，之后是依次描述后面各三角形的信息，直到所有的三角形信息描述毕，最后用“endsolid”标注，表示整个 STL 文件数据信息描述结束。编写程序时可以通过识别这些关键字符串来提取所需要的数据信息。ASCII 格式的存储结构具体如下：

```
solid name                    // 模型名称
facet normal x0 y0 z0          // 法向量各坐标分量
    outer loop
        vertex x1 y1 z1       // 第一个顶点坐标
        vertex x2 y2 z2       // 第二个顶点坐标
        vertex x3 y3 z3       // 第三个顶点坐标
    endloop                   // 顶点信息结束
endfacet                      // 三角形信息结束
...
endsolid                      // 模型信息结束
```

2.1.3 二进制格式

二进制（Binary）格式的 STL 文件的数据信息更加紧凑，占用的存储空间更小，仅为 ASCII 格式文件的 1/5。

二进制格式的 STL 文件用开始的 80 个字节来存储模型名称，即文件头；紧随名称信息的 4 个字节存放无符号整数，用来表示该模型三角形的总数量；后面的字节用来存储每个三角形的数据信息；描述完所有的三角形后，就是文件的结尾。

每一个三角形的信息由 50 个字节组成，开始的 12 个字节，每 4 个字节存储一个的浮点类型数来表示三角形的法向量各分量值；随后的 12 字节，存储方式与上面相同，存储的三个浮点类型数表示第一个顶点在 x、y、z 方向的坐标值；再后面的 12 字节存储第二个顶点的各坐标值，12 字节存储第三个顶点的坐标值；最后面的 2 个字节存储无符号整型数，作为三角形的属性描述，在标准的格式中，这个值默认为 0，即未用到。BINARY 格式的存储结构具体如下：

```
UINT8[80]   //文件头
UINT32      // 三角形的总数量
//每个三角形的信息
REAL32[3]   // 法向量信息
REAL32[3]   // 第一个顶点信息
REAL32[3]   // 第一个顶点信息
REAL32[3]   // 第一个顶点信息
UINT16      // 模型属性
```

通过对比 ASCII 码格式和二进制格式的 STL 文件，可以看出，二进制格式文件数据紧凑，文件体积小，处理的速度也相对较快；而 ASCII 格式文件数据格式均为 ASCII 码格式的字符，文件体积较大，但数据结构清晰，文件的可读性强，后期的数据处理也相对容易。

2.1.4 GCode 文件分析

GCode 文件指的是在实际打印或数控加工 3D 模型之前，经过数据处理而成的一种输出格式文件，以下以 3D 打印为例介绍其格式。这种输出格式文件的内容，实际上每一行都是 3D 打印机所能理解的命令。这些命令也被称为 GCode 命令，通过这些命令来完成计算机和 3D 打印机之间指令交互。事实上所有从计算机发送到 3D 打印机的内容，多数都是 GCode 命令。无论计算机和 3D 打印机之间是如何连接的，用常见的 USB 线，用 SD 卡作为 GCode 文件介质，还是用 TCP/IP 连接，这个连接通道中的所有信息都是 GCode 指令。

1. 数控坐标系

成形设备的坐标系是右手直角坐标系，设备面向操作人员的方向为 y 轴方向，朝外为正方向。z 轴为工作台升降方向，正方向向下。x 轴方向可由右手螺旋定则得出。成形设备具有机床坐标系和工件坐标系两种坐标系，如图 2.4 所示。

制造系统为了保证每一次的加工从零点开始，在加工完零件之后，x、y、z 三轴就复位

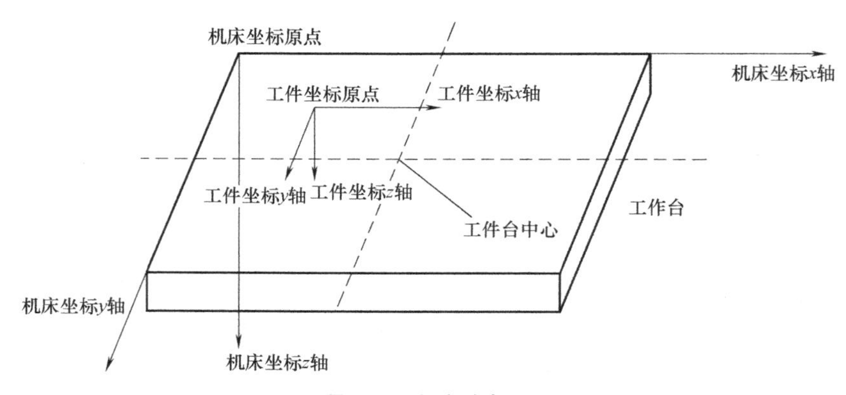

图 2.4　打印坐标系

到机床坐标系原点。首先将工作台平面的中心定义为工作台的中心点，制造过程需保证工件尺寸空间的 x、y 中心点与工作台中心点重合，工作台中心点的左上方是工件坐标系统的原点，且两坐标系统的三轴平行。

2. 指令介绍

3D 打印的数控加工程序与数控机床加工程序类似，3D 打印设备的数控系统中，将喷头或激光束的移动路径、移动速度、设备出粉速度等工艺参数，用系统中指定的命令代码和规定的格式编写程序。例如：

N＊＊ G＊＊ F＊＊X＊＊Y＊＊Z＊＊ S＊＊M＊＊T＊＊

其中，N 为行码，代表本行程序代号；G 为标准的 GCode 命令，代表准备及运动功能号。X、Y、Z 构成了点的坐标值；F 为打印喷头或激光束的运动速度；M 是辅助功能号。数控代码分为模态和非模态两种。模态代码一经设置后到重新设置之前都将一直有效；非模态代码只在当前运行程序中有效，运行结束就失效。

1）系统指令。G90 用于设置坐标为绝对坐标；G91 用于设置为相对坐标，即相对于当前位置的坐标；G92 用于设置工件当前坐标指令；G21 用于设置毫米作为加工单位。软件中默认设定是以 mm 为单位。

2）基本运动指令。G0 为快速定位指令，即激光光斑以快速直线移动的方式到达指定位置；G1 为可控移动指令，包含熔化金属粉末的激光功率参数设置。如 G0 F700 B390.000，表示铺粉车移动到指定位置并在移动过程中铺粉；G1 F800 X-5.030 Y9.900 E80，表示激光光斑的移动速度为 800mm/s，激光功率为 80W。

2.1.5　模型数据预处理

在模型数据预处理中，主要是实现 STL 模型的可视化，包括模型的显示、平移、旋转、缩放等（见图 2.5）。

图 2.5　模型显示、平移、旋转、缩放

2.2　模型分层

在 3D 打印设备加工之前，需要将三维模型沿某一方向进行离散化处理，将三维实体转化为二维层片轮廓，即分层切片处理。如图 2.6 所示，平面切割三维模型形成轮廓轨迹，各层轮廓内的实体经填充后堆积成形。假设分层的方向为平行于笛卡儿坐标系的 z 轴方向，分层处理就是用一系列平行于 xy 平面的平面切割模型然后得到各层的二维平面信息的过程。通过分层，将三维模型降维处理，转化为二维平面的多次叠加，从而实现增材制造加工。分层处理是模型数据处理的第一个关键步骤，一定程度上决定了后续加工的质量和速度。

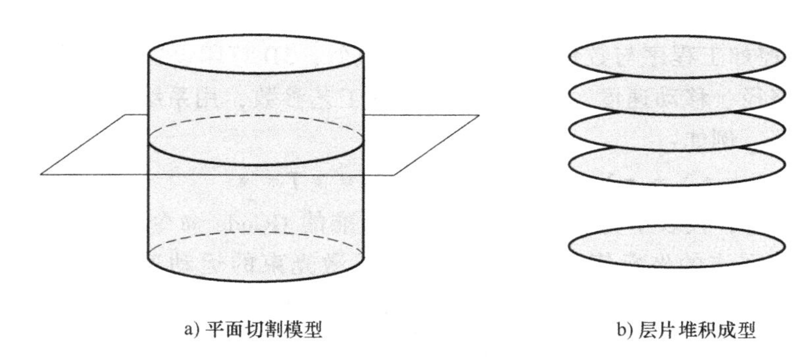

a) 平面切割模型　　b) 层片堆积成型

图 2.6　模型分层

2.2.1　分层算法简介

最常见也最容易实现的 STL 分层算法是：在获取某一层截面的轮廓线时，分析 STL 文件中每个三角形与当前层的位置关系，如果相交则求出交线。当求出该层中所有的交线后，再将所有的交线首尾有序地连接起来，从而得到这一层截面的轮廓数据，然后用相同方法取得其他各层的轮廓数据。但这种算法在计算每一层截面的轮廓时，都需要判断所有三角形与当前层的关系，而其中大多数的面片与本层并不相交，这样将浪费大量时间和内存，效率低下，而且对每层所计算出来的交线段有序地连接，也是一个费时的过程。为了提高分层算法的效率，研究者们提出了一些改进算法，主要有基于 STL 几何特征信息分类的分层算法、基于 STL 几何连续性的分层切片算法、基于几何拓扑信息的分层算法等。

1. 基于 STL 几何特征信息分类的分层算法

该算法主要考虑分层方向的两个特征：三角形越“长”，则与它相交的切平面越多；三角形三个顶点在分层方向坐标的极小值越大，则与它相交的切平面高度的值也应该越大，求交时被切割的时间就越靠后。利用这两个几何特征，尽量减少三角形与切平面的相对位置关系判断次数，以达到快速分层处理的目的。但该算法也有一定的局限性，主要表现为：在对 STL 文件的几何特征分类时，类与级的划分是模糊的，可能在类与级中出现重复或者漏掉的面片，使面片平面位置关系无效化，进而形成不了完整的轮廓线；在每一次轮廓线生成后，都需要对杂乱的线段进行有序化的排列。

2. 基于 STL 几何连续性的分层算法

该算法的基本思想：首先对构成 STL 模型的所有三角形进行分组，将与同一切平面相交的三角形存入同一组中；然后对每一组三角形与该层切平面进行求交运算；最后生成各层的截面轮廓数据。该算法对三角形的分组思路比较清晰，有效减少了三角形与各分层面的判断数量，但对于轮廓的生成效率较低。

3. 基于几何拓扑信息的分层算法

该算法的基本思想：首先建立拓扑结构，对于任意一个三角形，能够查找出构成它的三条边和三个顶点信息并且直接通过它的拓扑索引找到与之相邻的共边三角形；当分层高度确定后，确定一个与当前分层面相交的三角形，计算出交点坐标，然后根据已知的拓扑信息，找出下一个相交的三角形，计算出交点坐标；这样依次查找，将交点坐标依次连接，最终得到该分层面的轮廓线。这个方法优点在于：由于全局拓扑的建立，所求出的轮廓线也是首尾相接的，不需要再次对交点集合进行排序，就可以直接获取有序的封闭轮廓线。该算法的局限性在于：由于是根据三角形的拓扑结构来搜索三角形进行求交计算，容易漏掉一些特殊位置的三角形，造成轮廓不完整。

2.2.2　基于几何拓扑信息的分层算法设计

1. 对影响分层效率的因素的分析

通过对上述几种算法的研究，可以总结出影响分层效率的因素主要有两个：一个是对三角形和分层面位置关系的判断；另一个是轮廓线的生成方式。

对于第一个因素，三角形和分层面位置关系的判断，最简单的方法就是判断所有三角形与每一层的位置关系，即求交过程中，确定当前层与哪些三角形相交，需判断所有三角形与当前层的位置关系，而在多数情况下，网格中大多数的三角形其实与本层并不相交，这样将浪费大量时间和内存，效率低下。那么如何减少三角形与分层面的判断次数？可以从三角形在分层方向的坐标跨度来考虑：一是找出与每个分层面有关系的所有三角形，按分层面的数量对三角形进行分组，即根据实际需求将模型分为 m 层，分层平面数量为 m，则所有的三角形可以分为 m 组，分组依据为三角形顶点在分层方向的坐标值区间包含分层平面的高度值，然后分层面直接与该层对应的这组三角形进行求交运算即可，不用再进行二次判断；二是不需分组，直接遍历所有的三角形，根据三角形在分层方向的高度差来判断和确定与之相交的分层面的数量及层号，然后依次求出三角形与各分层面的交点。经过仔细分析，方法一的思路是好的，但容易存储重复三角形，因此载入数据的过程费时较多；而方法二确实可以在判断三角形与当前层的位置关系过程中，既减少判断次数，又不会有重复的判断，从而提高运行效率。

对于第二个因素，选择什么样的方式来生成轮廓线，最简单的方法就是找到当前层的任意一条线段（当前层与任意三角形相交所得），定义一个方向，按照这个方向寻找下一条与当前线段相连接的线段，依次寻找，直到线段首尾相接成为一个闭合的轮廓多边形。因为三角形是无序的，所以各线段也是无序的，而所得到的每个三角形的交点也是无序的，因此每个三角形的交点是非定向的，那么每次寻找下一条线段都需要对当前层所有线段的点进行判断，这无疑很费时。解决这个问题的有效方法就是对三角形建立一定的拓扑关系，三角形之间有了拓扑信息，就可以通过某一个三角形迅速地找到与之相邻的共边三角形，减少求交后对无序线段的判断时间。

2. 算法设计

下述分层算法分为四个模块，分别是拓扑信息模块、求交模块、轮廓生成模块和打印区域生成模块。

（1）拓扑信息模块

拓扑信息模块中主要工作是要读取 STL 模型数据，建立合适的数据结构存储模型信息，存储的同时实际上也是对所有的三角形进行了排序编号。建立各三角形与相邻的共边三角形之间的拓扑信息后，就可以通过三角形边的信息快速找到与其相邻（共边）的所有三角形。

（2）求交模块

求交模块主要工作是计算三角形与分层面的交点。实际上这个过程有三个问题需要解决。

第一个问题是如何快速地找到与当前三角形相交的各分层面，减少无关三角形与分层面的判断次数。首先从编号为 0 的三角形开始，遍历所有的三角形，对于每个三角形，对比其三个顶点的分层方向的各坐标值，确定各三角形在分层方向的最大值 h_{max} 和最小值 h_{min}，如图 2.7 所示。根据 h_{max} 和 h_{min} 来计算与每个三角形相交的各分层面的高度，再进行求交计算。

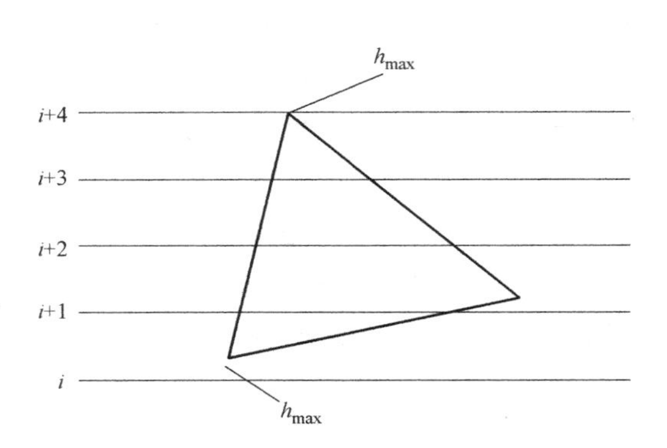

图 2.7　与三角形与相交的分层面

第二个问题是要如何找准三角形与各分层面的位置关系，有助于提高后续的求交运算效率。假设模型的分层方向为平行于坐标轴 z 轴方向，模型的在 z 轴方向的最大值和最小值为 z_{max} 和 z_{min}，任意分层面 S 与 xy 面平行，高度为 z（$z_{min}<z<z_{max}$），那么三角形与平面 S 有如下四种位置关系：

1）三角形与分层面没有交点，即三角形完全位于分层面的上方或下方，三个顶点位于分层面的同一侧，如图 2.8 所示。

2）三角形与分层面有一个交点，即有一个顶点位于分层面上，其他两个顶点位于分层面的同一侧，如图 2.9 所示。

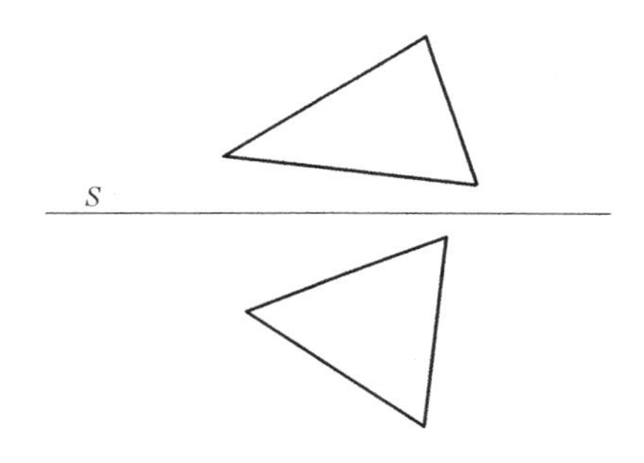

图 2.8　三角形与分层面没有交点

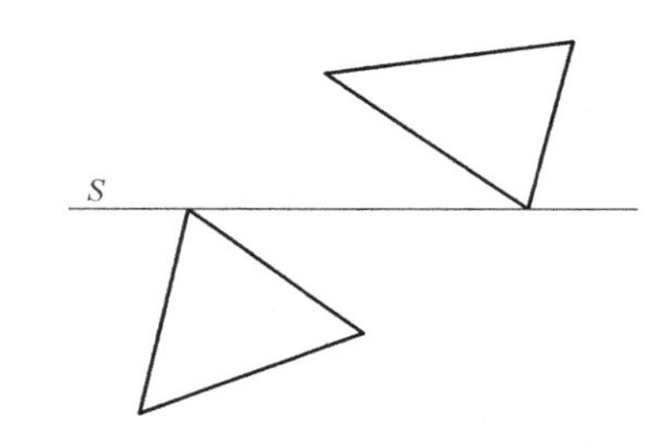

图 2.9　三角形与分层面有一个交点

3）三角形与分层面重合，即整个三角形都位于分层面上，如图 2.10 所示。

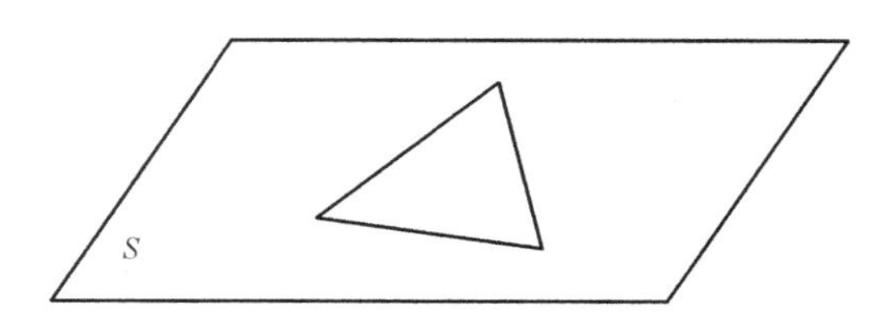

图 2.10　三角形与分层面重合

4）三角形与分层面有两个交点。三角形与分层面有两个交点时又分为以下三种情况（见图 2.11）：一是交点均不是顶点，分层面与三角形的两条边相交，顶点位于分层面的两侧；二是一个交点为顶点，另一个交点在一条边上；三是交点为两个顶点，即两个顶点位于分层面上。

在分层算过程中，三角形利用分层方向的高度差可以高效地找到与之相交的分层面，因

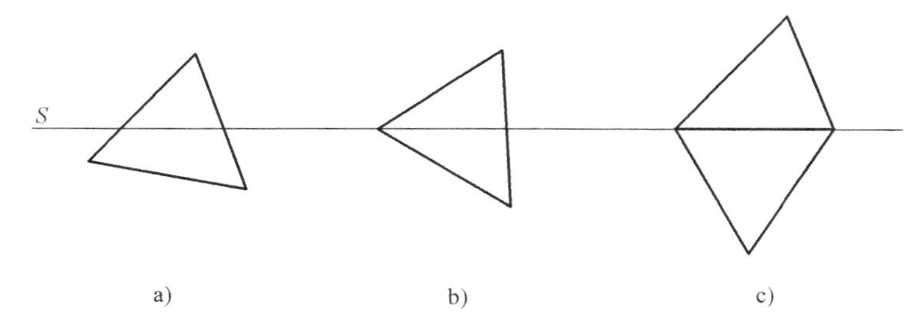

图 2.11　三角形与分层面有两个交点

此第一种位置关系可以不用考虑；由于网格中的所有三角形符合共边规则，具有连续性，因此第二种位置关系也可以不用考虑；三角形与分层面重合时，表示的是实体表面，不会生成轮廓线交点，而需要后期填充，因此第三位置关系也不用考虑。那么只需要考虑第四种位置关系即可。

第三个问题是如何减少交点的搜索时间，方便后续生成多边形轮廓时查找交线段。在求交计算之后，会生成大量的无序交点，这些交点需要首尾相连成为封闭的多边形轮廓，但是若没有制定一个合理有效的规则，这些无序交点在生成多边形轮廓的过程中会产生大量的无效搜索和判断，浪费资源和时间。上面已经提到，只需考虑上述分层面与三角形有两个交点的情况，可以在求交过程中给这两个交点排序，形成一条有序的线段。生成轮廓时对有序线段进行重组，可以有效地减少后续搜索时间。

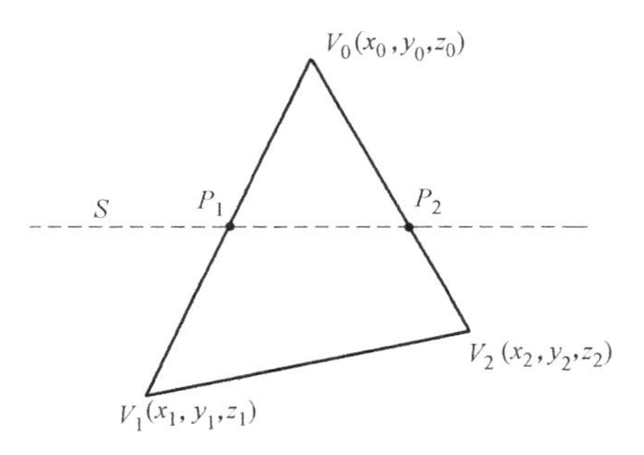

图 2.12　平面与三角形相交

首先要明确如何计算交点。假设网格中某个三角形的三个顶点坐标分别为 V_0（x_0，y_0，z_0）、V_1（x_1，y_1，z_1）、V_2（x_2，y_2，z_2），分层方向为 z 轴方向，当前与之相交的分层面 S 高度为 h，交点为 P_1、P_2，如图 2.12 所示，

三角形的左侧边 V_0V_1 所在直线的表达式为

$$\frac{x-x_0}{x_1-x_0}=\frac{y-y_0}{y_1-y_0}=\frac{z-z_0}{z_1-z_0} \tag{2-1}$$

当 $z=h$ 时，即高度为 h 的平面 S 与 V_0V_1 相交，可以求得该交点的 x、y 向坐标分别为

$$x=x_0+(x_1-x_0)\frac{h-z_0}{z_1-z_0} \tag{2-2}$$

$$y=y_0+(y_1-y_0)\frac{h-z_0}{z_1-z_0} \tag{2-3}$$

所以交点 P_1 坐标为

$$\begin{cases} x=x_0+(x_1-x_0)\dfrac{h-z_0}{z_1-z_0} \\ y=y_0+(y_1-y_0)\dfrac{h-z_0}{z_1-z_0} \\ z=h \end{cases} \tag{2-4}$$

相同方法可以求得 P_2 坐标为

$$\begin{cases} x=x_0+(x_2-x_0)\dfrac{h-z_0}{z_2-z_0} \\ y=y_0+(y_2-y_0)\dfrac{h-z_0}{z_2-z_0} \\ z=h \end{cases} \tag{2-5}$$

从计算过程中不难看出，交点 P_1、P_2 的 xy 向坐标取决于三角形的三个顶点坐标。按照上述计算，依次存储交点 P_1 和 P_2，并在读取时先读取 P_1，再读取 P_2，那么 P_1 和 P_2 所组成的线段的方向即为 $P_1 \rightarrow P_2$。在 STL 文件的数据存储规则中，每个三角形的法向量方向是指向模型表面之外的，逆着法向量方向看三个顶点是逆时针方向排列的，而在三角形数据存储时，顶点也是有序的，因此在算法实现时，可以将顶点的坐标作为参数，根据三角形与分层面的位置关系适当改变参数的顺序，就能得到有序的交线段。当三角形与分层面有两个交点时，可以列出以下三种情况：

1）三角形的一个顶点的 z 向的坐标值大于分层面的高度，另外两个顶点的 z 向的坐标值小于或等于分层面的高度，如图 2.13 所示。

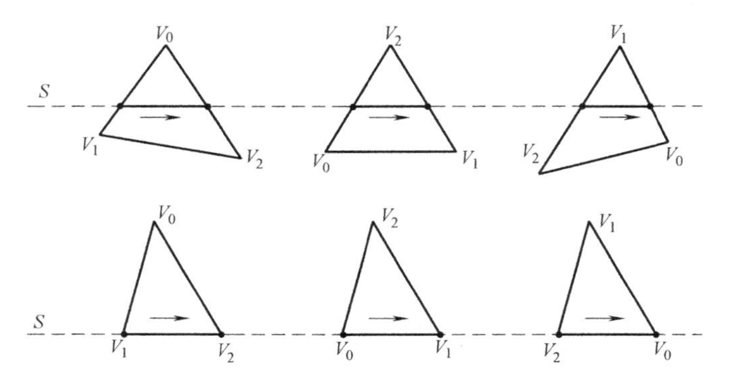

图 2.13　三角形的一个顶点在切面上方

2）三角形的一个顶点的 z 向的坐标值小于分层面的高度，另外两个顶点的 z 向的坐标值大于或等于分层面的高度，如图 2.14 所示。

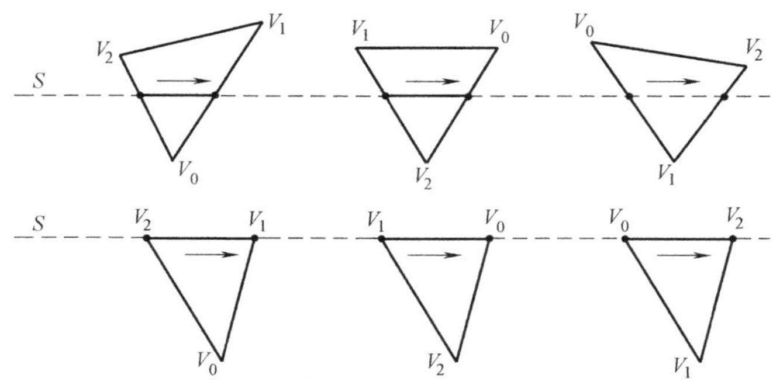

图 2.14　三角形的一个顶点在切面下方

3）三角形与分层面的两个交点中，其中一个是顶点，另一个在一条边上，此时三角形的三个顶点与分层面的关系既符合 1)，又符合 2)，这种情况下就会出现交点的重复计算及重复存储，因此在算法实现的过程中可以通过一个由条件判断语句组成的小模块来筛选，一旦某种情况符合当前的运算条件并执行之后，就跳出判断模块，这样就避免了一种情况符合多种条件时的重复计算和存储，如图 2.15 所示。

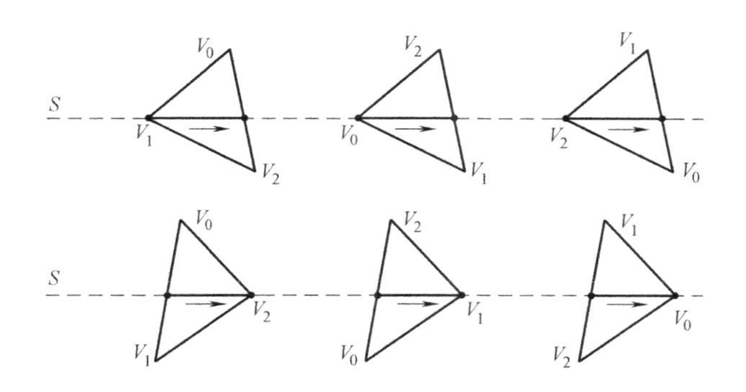

图 2.15　特殊情况

(3) 轮廓生成模块

轮廓生成模块的主要工作是将每一层求交后的所有线段首尾连接，形成多边形轮廓线，为后续工作提供多边形信息，以确定实体的打印区域。

在计算机图形学中，轮廓线为物体在指定平面上的投影。根据物体的投影特性，轮廓线为闭合曲线。在以 STL 为数据基础的三维打印中，模型的轮廓线为分层后得到的二维层片数据，是用直线段拟合轮廓曲线形成的封闭多边形，因此在层片数据处理中，轮廓线也称为轮廓多边形。轮廓生成的具体步骤如下：

1) 建立轮廓多边形。对于每一层，将首尾端点重合的线段连接起来形成多边形。在同一层中，平面与一个三角形相交，最多只能得到一条线段，这一层的每一条所截得的线段也只会位于某一个三角形上，所以在同一层中，一条线段可以确定唯一一个三角形。对于一条线段，找另一条起点与它终点重合的线段，如果是通过搜索这一层所有的线段进行匹配，显然效率比较低；但若是找它所在三角形的所有相邻的三角形上的线段，效率就会提高很多。在第一个模块当中，已经建立了拓扑信息，那么在同一层中，通过一条线段查找下一条线段时，应先读取当前线段所在的三角形，然后由三角形的拓扑信息得到此三角形的相邻的三角形，在相邻三角形中搜索下一条匹配的线段，这样可以减少很多不必要的搜索工作。

在一般情况下，交线段的连接应为图 2.16 第 i 层所示的连接方式，各交线段首尾相连，但有些情况会出现第 j 层的连接方式，即交线段连接时出现间断，形成了不封闭的多边形。

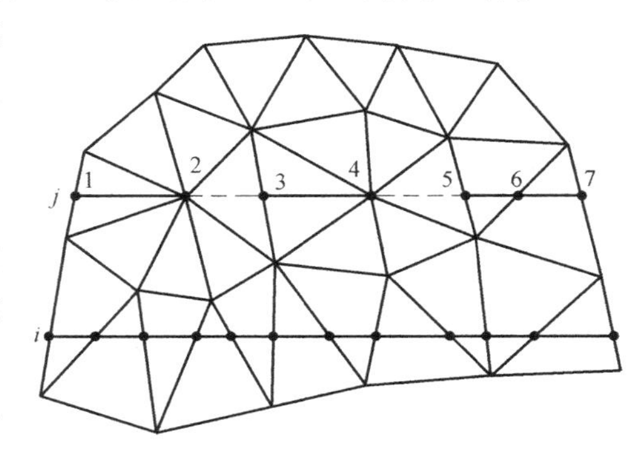

图 2.16　交线段的连接

出现这种情况的原因是搜索交线段时要先找到线段所在的三角形，而搜索的三角形是根据建立的拓扑信息进行的，即只能搜索到共边三角形，若当前线段的下一条相邻线段所在的三角形与当前三角形不是共边三角形，则搜索不到，就会导致线段连接中断，如图 2.16 所示的第 2 个点和第 3 个点，以及第 4 个点和第 5 个点之间出现了中断。因此要对建立的多边形进行优化处理。

2）不封闭多边形的优化处理。在同一层中遍历所有的不封闭多边形，让当前多边形与包括自身在内的所有不封闭多边形进行比较，比较的方式为用当前多边形的终点与自身或另一条多边形的起点作比较。若当前多边形自身首尾两点间的距离小于某个规定的值，就将该多边形首尾相连，即将自身封闭，成为封闭多边形；若当前多边形的最后一个点与另一个多边形的第一个点的距离小于某个规定的值，就将另一个多边形的所有点一次加到当前多边形的后面，组成一个新的不封闭多边形。对于一些尺寸较大的三角形，如图 2.16 所示中的第 2 个点和第 3 个点之间距离过大，还需要判断点 2 和点 3 之间是否有交线段，如果有交线段，则应该连接；若没有交线段，则说明文件的原始三角形数据有错误，这时就需要将当前的不封闭多边形与本层包括自身的其他不封闭多边形比较，找到距离最近的不封闭多边形，两个多边形首尾相连组成新的封闭多边形。

另外，在建立多边形的过程中还有可能出现多点共线的情况，可以通过点积公式来判断。如图 2.17 所示，多边形上有三个顶点为 P_1（x_1，y_1）、P_2（x_2，y_2）、P_3（x_3，y_3），根据点积公式可以得到

$$\overrightarrow{P_2P_1}\cdot\overrightarrow{P_2P_3}=|\overrightarrow{P_2P_1}||\overrightarrow{P_2P_3}|\cos\angle P_1P_2P_3 \tag{2-6}$$

$$\overrightarrow{P_2P_1}\cdot\overrightarrow{P_2P_3}=(x_2-x_1)(x_2-x_3)+(y_2-y_1)(y_2-y_3) \tag{2-7}$$

先将 $\overrightarrow{P_2P_1}$ 和 $\overrightarrow{P_2P_3}$ 做归一化处理，然后定义一个接近-1 的阈值 α，只要两向量的点积值小于 α，就认为 P_1、P_2、P_3 共线，然后将点 P_2 去除。

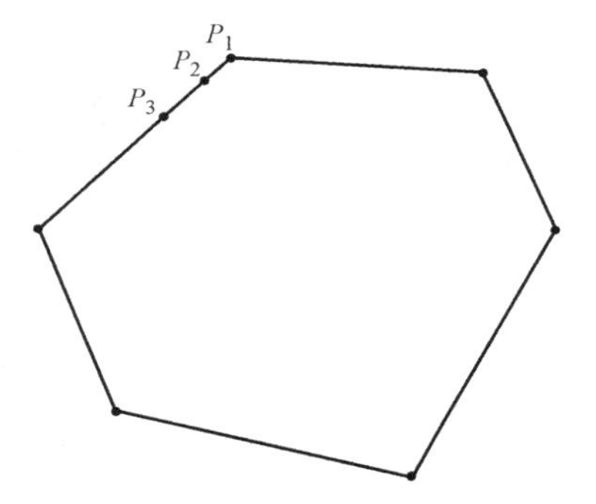

图 2.17　交线段的连接

（4）打印区域生成模块

为了区分零件实体的内外，同一平面内的轮廓线方向符合左手定则，即沿着轮廓线方向前进时，左手边为零件实体部分，而右手边为实体外部，即顶点逆时针排序的轮廓线为外轮廓，顺时针排序的轮廓线为内轮廓。在求交计算和建立多边形后生成的轮廓数据，包含所有的未经区分的内外轮廓，要确定打印区域，也就是模型的实体部分，就必须区分所有的内外轮廓，才能确定哪些部分是模型实体，哪些部分不是模型实体。

对于实际的零件来说，只要零件的模型数据良好，分层后得到的截面轮廓线都是非自交的简单多边形。简单多边形的不相邻边对是不相交的，而且各轮廓多边形都是不相交的，因此可以通过多边形包围盒也就是外接矩形来判断和区分内外轮廓。

分层后的截面如果包含有多个轮廓多边形，那么这些多边形的包围盒之间的关系只有包含与被包含、相交、相离这三种，判断方法为：任意两个多边形包围盒的极值点坐标分别为（x_{1max}，y_{1max}）和（x_{1min}，y_{1min}），以及（x_{2max}，y_{2max}）和（x_{2min}，y_{2min}），当关系式（2-8）或关系式（2-9）成立时，两个多边形的包围盒为包含与被包含的关系。

$$\begin{cases}x_{1max}>x_{2max}>x_{2min}>x_{1min}\\y_{1max}>y_{2max}>y_{2min}>y_{1min}\end{cases} \tag{2-8}$$

$$\begin{cases}x_{2\max}>x_{1\max}>x_{1\min}>x_{2\min}\\y_{2\max}>y_{1\max}>y_{1\min}>y_{2\min}\end{cases} \tag{2-9}$$

当关系式（2-10）中任意一项成立时，两个多边形的包围盒为相交的关系。

$$\begin{cases}x_{1\max}>x_{2\max}>x_{1\min}>x_{2\min}\\x_{2\max}>x_{1\max}>x_{2\min}>x_{1\min}\\y_{1\max}>y_{2\max}>y_{1\min}>y_{2\min}\\y_{2\max}>y_{1\max}>y_{2\min}>y_{1\min}\end{cases} \tag{2-10}$$

当关系式（2-11）中任意一项成立时，两个多边形的包围盒为相离的关系。

$$\begin{cases}x_{1\min}>x_{2\max}\\x_{2\min}>x_{1\max}\\y_{1\min}>y_{2\max}\\y_{2\min}>y_{1\max}\end{cases} \tag{2-11}$$

图 2.18 所示为某模型的分层截面轮廓多边形。

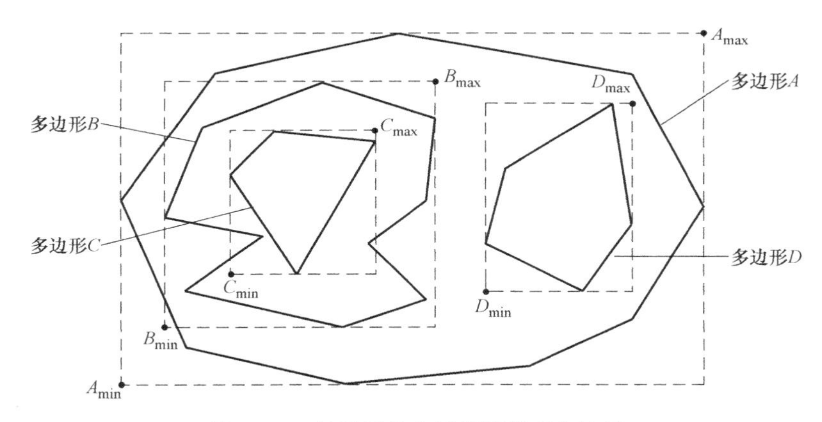

图 2.18　某模型的分层截面轮廓多边形

图 2.18 中包含了 4 个多边形，分别是多边形 A、多边形 B、多边形 C 和多边形 D，虚线部分为各多边形的包围盒。各多边形的包围盒极值点坐标分别为：

多边形 A，$A_{\min}$（$x_{A\min}$，$y_{A\min}$）、$A_{\max}$（$x_{A\max}$，$y_{A\max}$）；

多边形 B，$B_{\min}$（$x_{B\min}$，$y_{B\min}$）、$B_{\max}$（$x_{B\max}$，$y_{B\max}$）；

多边形 C，$C_{\min}$（$x_{C\min}$，$y_{C\min}$）、$C_{\max}$（$x_{C\max}$，$y_{C\max}$）；

多边形 D，$D_{\min}$（$x_{D\min}$，$y_{D\min}$）、$D_{\max}$（$x_{D\max}$，$y_{D\max}$）。

遍历所有多边形的极值点，找到最外层的极值点（$x_{\max}$，$y_{\max}$）和（$x_{\min}$，$y_{\min}$），即图中点 $A_{\max}$ 和点 $A_{\min}$，则这对极值点所在包围盒包含其余所有的包围盒，因此这对极值点所在包围盒的所属多边形就是最外层的轮廓多边形，令其为第一级的多边形，也就是多边形 A。继续遍历内部的多边形包围盒极值点，找到与其他多边形包围盒有相交关系和相离关系的多边形包围盒，以及属于包含关系中的最外层的包围盒，其所属的多边形为次一级的多边形，按此法按此法向内搜索，直到将所有多边形分级完毕。可以判断出，多边形 B 和多边形 D 是次一级的多边形，多边形 C 是第三级多边形。根据层级关系就可以判断出多边形的内外关系，图中最外层的多边形 A 是外轮廓，向内次一级的多边形 B 和多边形 D 是内轮廓，最内层的多边形 C 是内轮廓。

对于所有的多边形建立树形数据结构，按照多边形的层级分别存储，除根节点外每个节点数据包含已处理的多边形和未处理的子多边形列表，节点数据的各子节点属于同一级别，则图 2.18 所示的截面轮廓组可以转换为图 2.19 所示的树形结构，依据结构图的树高，自上而下，偶数层级为外轮廓，奇数层级为内轮廓。

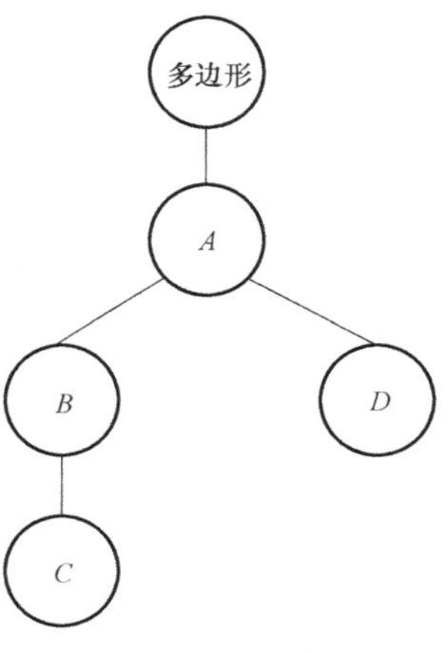

图 2.19　多边形树形结构

找到内外轮廓后，就可以标记打印区域。打印区域是模型的实体部分，对于轮廓线来说，是外轮廓以内、内轮廓以外的部分。以图 2.19 为例，即偶数层级的节点多边形与其下一层子节点多边形之间的区域，因此图中打印区域由外而内可以分为两个，一个是多边形 A 以内、多边形 B 和 D 以外的区域，另一个是多边形 C 包含的区域。

2.2.3　分层算法实现

STL 文件格式是将模型表面转化为三角网格来进行存储，因此存储的是三角形的数据信息，由于三角网格的封闭性，每个顶点的信息就会被重复多次地存储，所以数据冗余量非常大。建立 STL 文件数据的拓扑结构，添加一些拓扑信息，就是为了去除多余的存储信息，通过建立三角形的点、边、面之间的联系来建立 STL 模型的全局拓扑信息，在此基础之上再分层，提高分层的效率。

其实现过程为：载入模型数据后，对模型数据进行处理再存储。先取出第一个三角形，对三个顶点先进行查重，确定每个顶点与前面的顶点是否重复，若有重复，则只保留一个，然后进行编号并存储，建立顶点的容器，由于是第一个三角形，三个顶点都不会有重复。然后存储整个三角形信息，建立三角形的容器，存储三角形各顶点的编号及各顶点的共点三角形，其编号与顶点列表内的编号相同，实际上就是顶点和三角形分别存储。再取出下一个三角形，按照上述方法操作。如此往复，对所有三角形操作完毕后，顶点容器存储了所有的顶点坐标，各顶点不重复，三角形容器存储了所有的三角形，每个三角形的顶点索引编号与顶点容器相同，并存储了各顶点的共点三角形。结合两个容器的存储内容，找到每个三角形的所有共边三角形，存储在三角形的容器中，最后完成拓扑信息的建立。

建立拓扑信息后，按照模型高度、分层厚度等信息，遍历所有三角形，进行求交计算。对于每个三角形，按照交点计算的先后顺序存储交点，形成交线段。在每一层中，遍历所有的交线段，按拓扑关系找到共端点的相邻线段，首尾相接，组成多边形并存储，然后对多边形进行优化处理，解决多边形的不封闭性，去除共线的中间顶点。

最后遍历所有的多边形，识别内外轮廓，建立打印区域列表。算法实现的流程如图 2.20 所示。

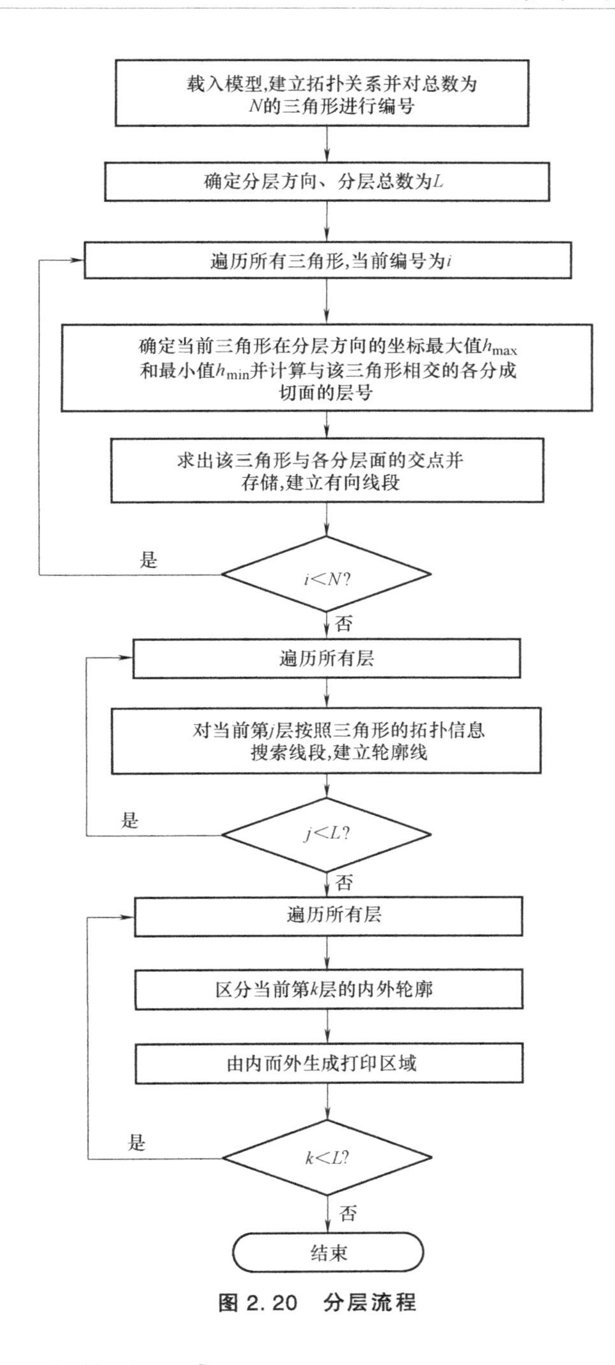

图 2.20　分层流程

2.3　支撑自动生成算法研究

在对模型实体的各层片轮廓进行扫描填充之前，应判断模型是否需要添加支撑结构。对于一些简单的实体模型，由于打印的前一层对当前层可以起到定位和支撑作用，因此无须添加支撑结构，但在很多复杂零件的加工过程中，各打印层的加工轮廓变化比较大，如果前一层不能为下一层提供支撑和定位，就需要添加支撑结构。因此支撑生成的算法设计也是数据处理的关键技术。

2.3.1 支撑类型

1）基础支撑。基础支撑主要为零件制造过程中提供底座支撑，并消除工作台的局部不平整对制件的影响，便于制件完成后从工作台取出，使零件底部的表面质量更好。基础支撑形状及大小以零件最大包围盒向 z 方向的投影再适当扩大，如图 2.21 所示。

2）整体支撑。整体支撑就是把整个零件完全包围起来，除实体之外所有区域均加上支撑，如图 2.22 所示。这种支撑结构在快速成形发展初期使用较多，因为不用考虑零件的复杂性，且生成过程简单。如果支撑材料是水溶性的，去除材料时能够保证零件表面质量。其缺点是支撑材料的大量浪费和制造时间的增多。

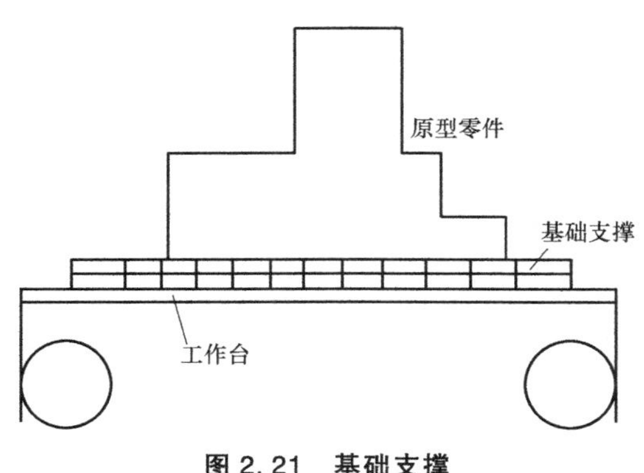

图 2.21 基础支撑

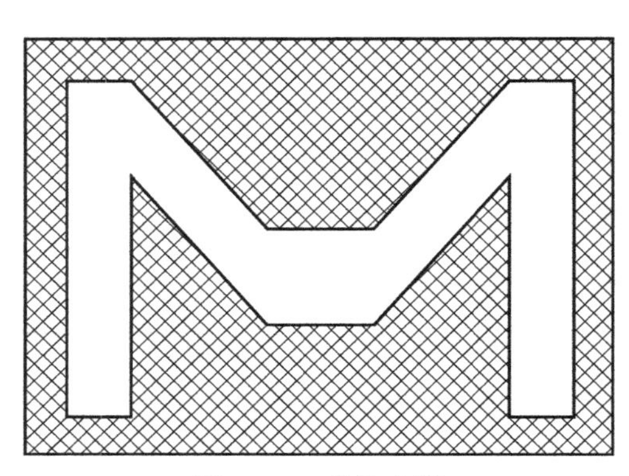

图 2.22 整体支撑

3）局部支撑。局部支撑是在整体支撑基础上进行改进，去掉多余支撑，只对有需要的位置添加支撑。根据熔融材料的特点，可以在一定条件下对上层结构起到支撑的作用，如图 2.23 所示，上层相对于下层有一定的突出长度，这个长度称为悬空距离。如果这个距离不大于 L，就不需要生成支撑体，因为熔融材料具有一定的自支撑能力，这时的倾角就是材料自支撑角度。倾角 θ 与层厚 h 及悬空长度 L 的关系为 $\tan\theta=L/H$。

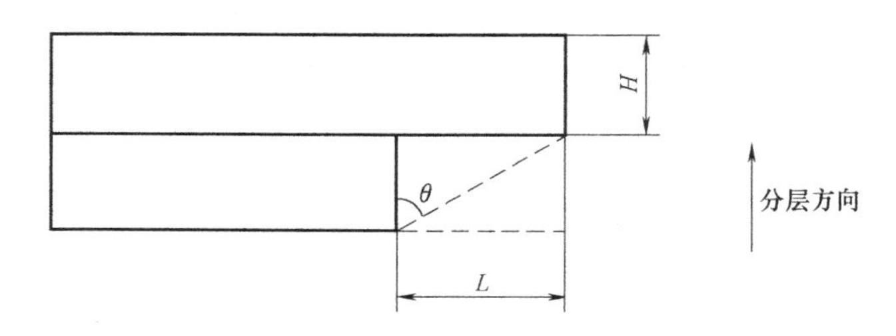

图 2.23 局部支撑

当 θ 小于或等于实体自支撑角时，倾斜面称为小倾角面，此时不需要添加支撑；当 θ 大于实体自支撑角时，倾斜面称为大倾角面，需要添加支撑。另外，悬吊面、悬吊线和悬吊点也是必须添加支撑的位置，如图 2.24 所示。

2.3.2 支撑自动生成算法简介

1）BOX 型支撑自动生成算法。该方法的思想是先求出零件原型的最小 BOX 域，即包络零件原型的最小长方体，其高度为零件原型的高度，而底面为零件原型在 xOy 平面上的投影的最小包络矩形，其实体各分层截面均在该最小包络矩形的各分层截面内，然后用实体材料填充实体截面，而在实体截面轮廓与矩形边界之间的区域均用支撑材料填充其中，从而得到一个类似 LOM 工艺的含有零件原型的长方体物体，最后进行后续材料的剥离，得到零件原型。这是一种最简单的支撑结构自动生成方法，它没有考虑零件原型的形状特征，不管是否需要作支撑，一概在 BOX 域和零件原型之间作支撑体。

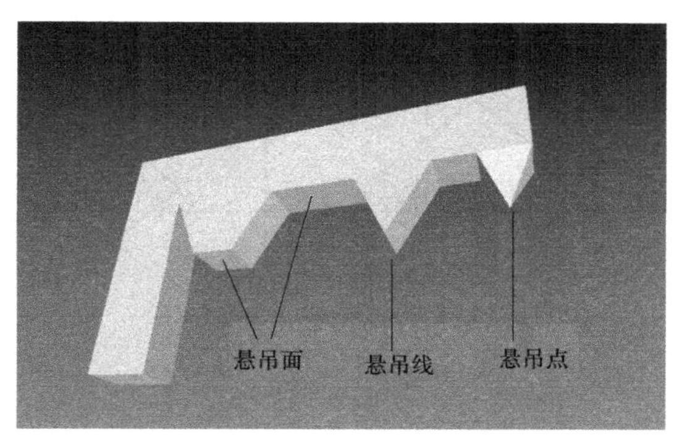

图 2.24　悬吊区域

2）基于投影区域的支撑自动生成算法。该方法对 BOX 型支撑自动生成方法作了改进。它在各分层截面上作支撑域时，不是以零件原型在 xOy 平面上的投影的最小包络矩形作为边界，而是采用其在 xOy 平面上的投影作为边界，投影域范围内的实体截面用实体材料进行填充，而其他区域用支撑材料进行填充，这样得到一个以零件原型的投影域为底面的柱体，然后将支撑材料去掉，从而最终得到零件的原型。该算法比 BOX 型自动生成算法节省支撑材料和成形时间，但当制作中间部分大的特殊零件原型时，仍会生成无用的多余支撑。

3）基于零件 STL 三角网格的支撑自动生成算法。其基本原理是对所有三角形的法向量进行判断，并对所有三角形进行分类，即需要添加支撑的三角形和不需添加支撑三角形。把需添加支撑的三角形及其相邻面片合并成若干待支撑区域，并在待支撑区域上自动生成合适的支撑结构，然后进行分层切片处理。该算法对于待支撑的区域判断比较准确，但判断难度和算法复杂性比较高。

4）基于切片的支撑自动生成算法。首先对实体模型进行分层切片，然后在切片基础上进行支撑的自动添加，在输出层片信息时分为实体信息和支撑信息。这种方式的实质是对相邻两层片的轮廓进行布尔运算。由于算法的运算量较大，但判断难度较小，因此以下采用基于层片轮廓信息的支撑自动生成算法来做进一步研究。

2.3.3　基于层片轮廓信息的支撑自动生成算法优化设计

1. 设计思路及具体步骤

基于层片轮廓信息的支撑自动生成算法基本思想：对模型进行分层处理之后，得到了一层层的截面轮廓信息，上下两层截面（如第 $i+1$ 层和第 i 层）相对比时，上层截面相对于下层截面的悬空部分即为在下层截面上应添加支撑的区域，否则，上层悬空部分的实体材料由于在下层截面上无支撑而发生塌陷或变形。因此，在打印第 i 层截面时，除了填充实体截面区域以外，还要在第 i 层截面上添加相应的支撑，从而对第 $i+1$ 层上实体截面的悬空部分作支撑。

基于层片轮廓信息的支撑自动生成算法基础是二维平面简单多边形的布尔运算，包括多边形之间求差、求交和求并，原属于计算机图形学的研究领域，现在广泛应用于计算机辅助设计、快速成形制造、计算机辅助制图等领域。多边形求交是计算两个多边形重合的区域，如图 2.25a 所示，两个任意简单多边形 A 和 B，A 与 B 相交部分就是图中灰色部分，记作 $A \cap B$；多边形求差是计算一个多边形去掉与另一个多边形相交的区域，如图 2.25b 所示，A 与 B 的差是图中多边形 A 中的灰色部分，记作 $A-B$；多边形求并是计算两个多边形共同组成的区域，如图 2.25c 所示，A 与 B 的并是图中两个多边形的灰色部分，记作 $A\cup B$。

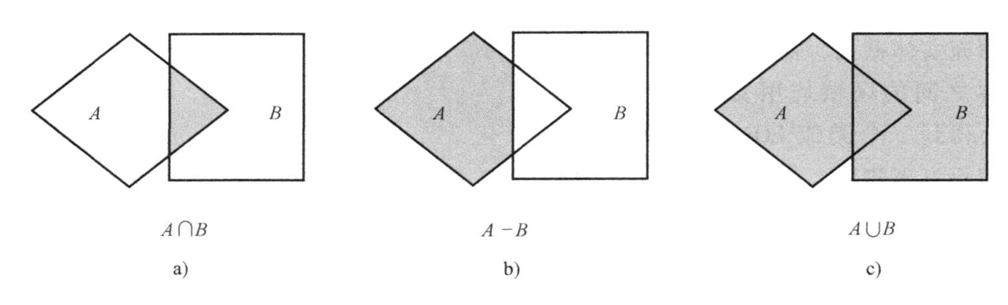

图 2.25　多边形布尔运算

记第 i 层的实体截面区域为 E_i，第 $i+1$ 层的实体截面区域为 E_{i+1}，如图 2.26 所示，由于 E_{i+1} 区域大于 E_i 区域，则在第 i 层截面上应添加的支撑域为 S，如图 2.27 所示。支撑域 S 记为 $S_i=E_{i+1}-E_i$。

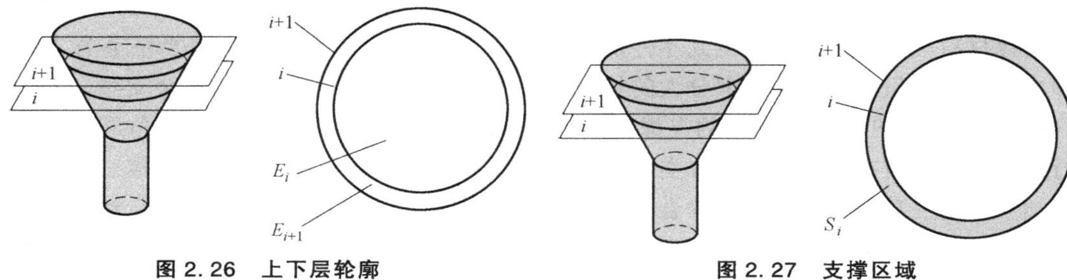

图 2.26　上下层轮廓　　　　图 2.27　支撑区域

当 $S_i=\phi$ 时，表示在第 i 层截面上不需加此支撑域。

另外，在计算第 i 层支撑域时还要判断是否需要继承第 $i+1$ 层中的实际支撑域 S'_{i+1}，方法如下：

1）若 S'_{i+1} 区域全在第 i 层实体截面区域之外，则应全继承，如图 2.28 所示；

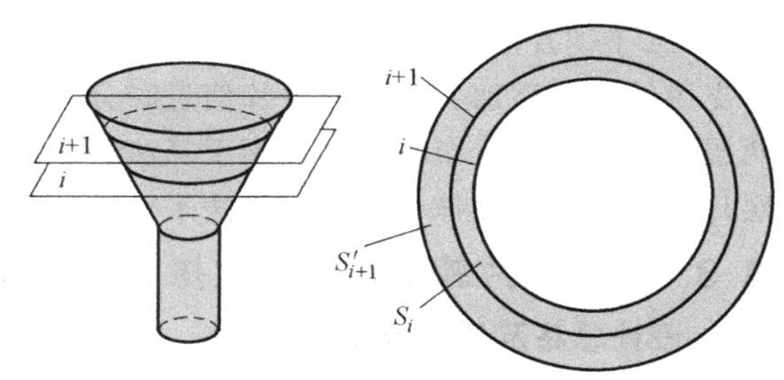

图 2.28　轮廓继承

2）若 S'_{i+1} 区域全在第 i 层实体截面区域之内，则由于它可由第 i 层实体截面材料作支撑，故在第 i 层省去；

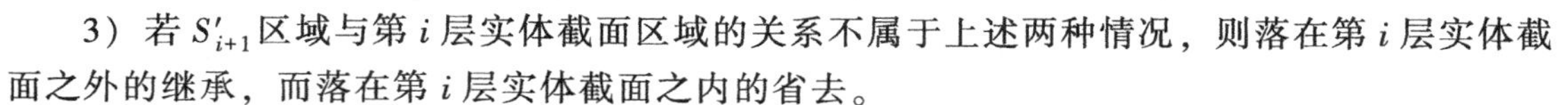

3）若 S'_{i+1} 区域与第 i 层实体截面区域的关系不属于上述两种情况，则落在第 i 层实体截面之外的继承，而落在第 i 层实体截面之内的省去。

2. 具体设计步骤

1）对于各层面的轮廓数据进行处理，识别实体部分的内外轮廓，形成实体区域，并对第 i 层截面实体区域记为 E_i（$i=0, 1, 2, \cdots, n-1$），如图 2.25 所示。

2）利用多边形区域的布尔运算，从 $i=n-1$ 开始（即从 z_{max} 开始）做如下循环计算：①计算上一层截面实体区域 E_{i+1} 与当前层截面实体区域 E_i 之差，记为 S_i，即 $S_i=E_{i+1}-E_i$；②上一层的实际支撑域 S'_{i+1} 与当前层实体截面区域 E_i 求差，记为 D_i，它表示从第 i 层上相应继承下来的支撑区域，即 $D_i=S'_{i+1}-E_i$，其中初始值 S'_n 为空，因为在最上面一层截面上无需任何支撑；③将 S_i 与 D_i 相并，作为当前层的实际支撑区域 S'_i，即 $S'_i=S_i \cup D_i$；④重复上述三个步骤，直至 $i<0$ 为止，依次计算各层截面实体的支撑区域。

3）在实际制作零件原型时，应从 $i=0$ 开始，分别打印实体截面区域和支撑区域。

3. 上述的设计中还需解决的问题

（1）过度支撑

对于熔融材料的打印方式所指的小倾角面的部分是不需要添加支撑的。这里可以使用轮廓偏置的方法来判断，即将轮廓向非实体区域偏置距离设置为材料自支撑的临界距离，再与上层的实体区域和支撑区域比较，从而判断上下层轮廓的差异是否满足添加支撑的条件。

在 3D 打印中，轮廓多边形都是非自交的简单多边形（包括凸多边形和凹多边形，本书中不考虑自交多边形），每个多边形都有一个重要的特征，就是相邻的两条线段不平行，利用这一特性来计算偏置多边形。

设偏置距离为 d，在图 2.29a 中，虚线为偏置后的轮廓线。原始线段 P_1P_2 的方向向量为$\overrightarrow{P_2P_1}$，单位化后设为 $\boldsymbol{L}=(a,\ b)$，则该线段向右偏置（即向非实体区域偏置）的单位偏置向量 $\boldsymbol{n}=(b,\ -a)$。由单位偏置向量可以方便地获得二维线段 P_1P_2 的偏置直线 M 的点法方程为

$$\boldsymbol{n}\cdot\overrightarrow{XP_1}=d\quad (X\text{ 为 }M\text{ 上任意一点})\tag{2-12}$$

M 的参数方程形式为

$$M(t)=P'_1+\boldsymbol{L}\cdot t\quad (P'_1=P_1+\boldsymbol{n}\cdot d)\tag{2-13}$$

每一个多边形只有一个方向，要么是顺时针方向，要么是逆时针方向。对于不同向的多边形，规定逆时针方向的多边形，记为外轮廓；顺时针方向的多边形，记为内轮廓；外轮廓或内轮廓向实体区域外偏置，为右偏置型；向实体区域内偏置，为左偏置型。在对支撑区域的判断中，由于外轮廓和内轮廓多边形均向实体区域外偏置，因此所有偏置多边形均为右偏置型。

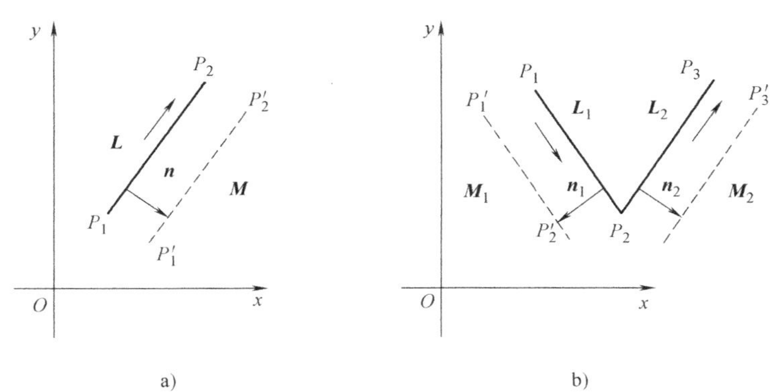

图 2.29　线段偏置

计算两相邻偏置线段的交点过程为：将线段 P_1P_2、P_2P_3 转换为向量 $\boldsymbol{L}_1$ 和 $\boldsymbol{L}_2$（图 2.29b），可直接由式（2-12）或式（2-13）建立两条相邻偏置线段所在直线的方程，联立求解获得交点。联立方程组时，可以将一条线段所在直线列为点法方程，另一条直线为参数方程。设 L_1 为点法方程，L_2 为参数方程，按照式（2-13）中求 P'_1的方法即可获得偏置顶点。将参数方程代入点法方程可求得 t

$$t=\frac{\boldsymbol{n}_1 \cdot [(\overrightarrow{P_2P_1})+\boldsymbol{n}_2 \cdot d]-d}{\boldsymbol{n}_1 \cdot \boldsymbol{L}_2} \tag{2-14}$$

因为多边形两条相邻线段不可能是平行且方向一致的，所以 $\boldsymbol{n}_1 \cdot \boldsymbol{L}_2 \neq 0$，将 t 代入参数方程（2-13）即可获得偏置线段的交点。如此循环，可获得所有的偏置线段交点，即偏置多边形，偏置多边形方向与原多边形方向相同。

在轮廓偏置的过程中还要解决尖角问题和干涉问题。偏置后的轮廓多边形干涉包括多边形自交和多边形互交。

（2）尖角问题的处理

按照上述计算方法可以求得任意两条相邻有向线段的偏置线及其交点，当多边形的某个内角为锐角时，如图 2.30 所示，点 P_2 处的两条线段的夹角 $\angle P_1P_2P_3<90°$ 时，计算后求得的偏置线的交点离 P_2 点较远，而且 $\angle P_1P_2P_3$ 越小，交点与 P_2 点的距离越大，过大的距离会增加偏置后多边形与其他多边形轮廓产生互交的可能性，因此必须要对尖角作适当处理。

如图 2.30 所示，两条相邻的有向线段 P_1P_2、P_2P_3，转换为向量 $\boldsymbol{L}_1$ 和 $\boldsymbol{L}_2$，设偏置距离为 d，按上述方法求得偏置线 $\boldsymbol{M}_1$ 和 $\boldsymbol{M}_2$，并求得偏置线的交点 A，连接点 P_2 和点 A，设置一个阈值来判断两点间的距离。如果不大于阈值，则不需要对偏置线及交点另做处理；如果距离大于阈值，则认为偏置线交点与原线段的交点距离过远，然后采用截断式处理，求出线段 P_2A 上与 P_2 距离为 d 的点 B，过 B 点作 P_2A 的垂线 N，计算直线 N 与偏置线 $\boldsymbol{M}_1$ 和 $\boldsymbol{M}_2$ 的交点 C 和 D，连接 C、D，作为新的偏置线，点 C 和点 D 为新的偏置线交点。那么阈值该如何选取呢？若阈值太小，会造成计算量过大；若阈值太大，则失去了判断的意义。根据经验，在本书算法中，阈值设置为偏置距离的 2 倍。

（3）偏置轮廓自交与互交的处理

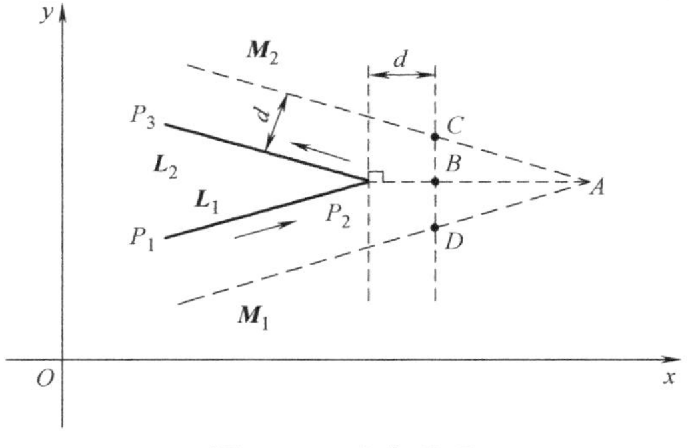

图 2.30　尖角处理

多边形轮廓偏置后，可能会产生自相交或互交的干涉现象，需要将自交多边形进行处理转换为一个或多个简单多边形，再进行后续的计算。比较常见的是使用向量积求多边形向量面积的方法来判断和去除多边形的自交。平面内任意多边形的向量面积可由平面内任意一点与多边形上相邻两点连线所构成的三角形向量面积和而得出。如图 2.31 所示，以顶点逆时针排列为正向，则图中三角形 $\triangle ABC$ 的面积为相邻两条边的向量积的绝对值的一半，向量方向按右手定则判断，则 $\triangle ABC$ 的向量面积为负，$\triangle DEF$ 的向量面积为正。

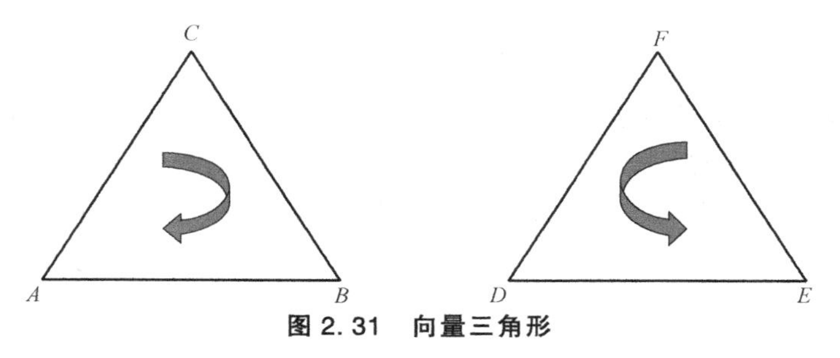

图 2.31　向量三角形

如图 2.32 所示，多边形的顶点顺序为逆时针排列，其所有顶点与多边形外任意一点（设为坐标原点）所组成的三角形为$\triangle P_1OP_2$、$\triangle P_2OP_3$、$\triangle P_3OP_4$、$\triangle P_4OP_5$、$\triangle P_5OP_1$。从图中可以看出，$\triangle P_3OP_4$、$\triangle P_4OP_5$、$\triangle P_5OP_1$ 的顶点排序为逆时针方向，面积为正；$\triangle P_1OP_2$、$\triangle P_2OP_3$ 的顶点排序为顺时针方向，面积为负。那么该多边形的面积可以表示为各三角形的向量面积和。

在自交多边形中，若将自交点作为顶点，则可将自交多边形分解成若干个简单多边形，各多边形顶点的排列顺序可以按照其向量面积来获得。若向量面积为正，则该多边形为有效多边形，需要保留；若向量面积为负，则该多边形为无效多边形，需要去除。

上述方法对一些简单的自交多边形去自交处理的效果明显，对于有多个交点的自交多边形及互交多边形则无法处理。

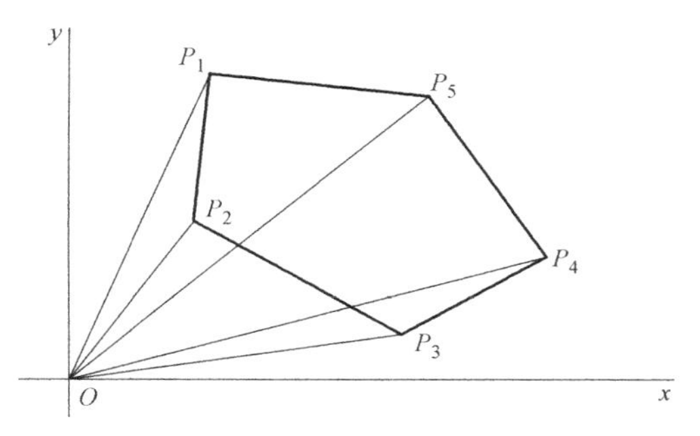

图 2.32　矢量多边形

为了有效处理多边形的多种干涉情况，采用求邻边向量积的方法来处理自交的情况。该方法基本思想：对于符合左手定则的轮廓多边形，在经过偏置处理后，出现了自交或互交的干涉现象，那么在任意一条包含交点的多边形上，计算该交点在这条多边形内的入射向量与出射向量（该交点的两条相邻边）的向量积，通过向量积的方向来判断多边形是否为有效多边形。对于顶点逆时针排列的原始多边形（外轮廓），偏置后在顶点处的向量积为负时，该多边形为有效多边形，当向量积为正时，该多边形为干涉多边形；对于顶点顺时针排列的原始多边形（内轮廓），偏置后在顶点处的向量积为正时，该多边形为有效多边形，当向量积为负时，该多边形为干涉多边形。

如图 2.33a 所示，带箭头实线为外轮廓偏置后的多边形，将偏置后的轮廓多边形提取出来，如图 2.33b 所示，可以看到偏置轮廓多边形有两个自交点，点 P_2 和点 P_4。以自交点为界，可以将偏置多边形划分为 A、B、C 三个简单多边形，顶点的走向不变。以纸面朝外为正向，则多边形 A 在交点 P_2 处的两条相邻的边 P_1P_2 和 P_2P_8 的向量积为负，按上述判断方法，多边形 A 为有效多边形；多边形 B 在交点 P_2 处的两条相邻的边 P_7P_2 和 P_2P_3 的向量积为正，因此多边形 B 为无效的干涉多边形；同理可得多边形 C 为有效多边形。最后将无效多边形去掉，保留有效多边形，如图 2.34 所示。

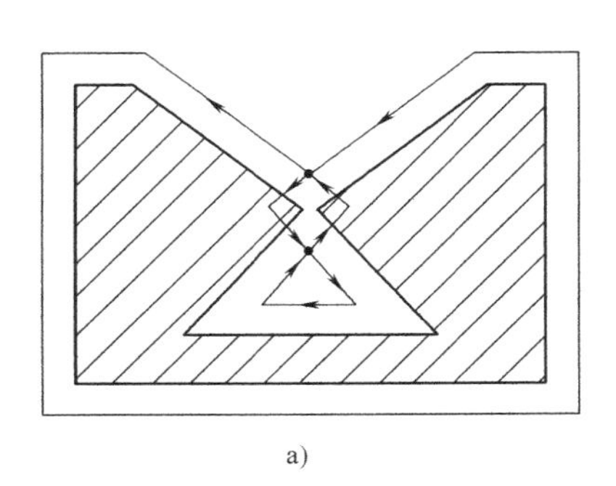
a)

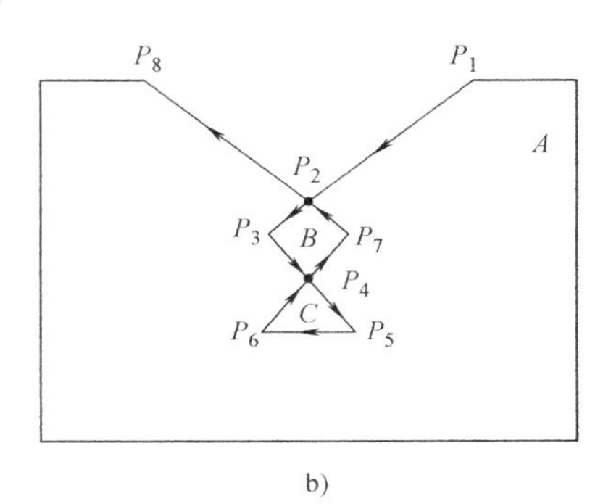

b)

图 2.33　偏置多边形自交

4. 悬吊线和悬吊点的判断

在上述设计中，对于悬吊区域判断比较模糊，而且加入轮廓偏置判断环节之后，可能会出现对悬吊线和悬吊点的判断失效的情况。

要解决这个问题，可以在设计中加入一些额外的判断，当前层 i 的模型某个实体区域 E_i 与下一层 $i-1$ 的所有实体区域外轮廓作相交判断。若实体区域 E_i 与第 $i-1$ 层的所有实体区域的外轮廓交均为空，那么该区域则为悬吊区域，在第 $i-1$ 层就需要添加对区域 E_i 的支撑区域，且支撑区域轮廓与 E_i 相同。

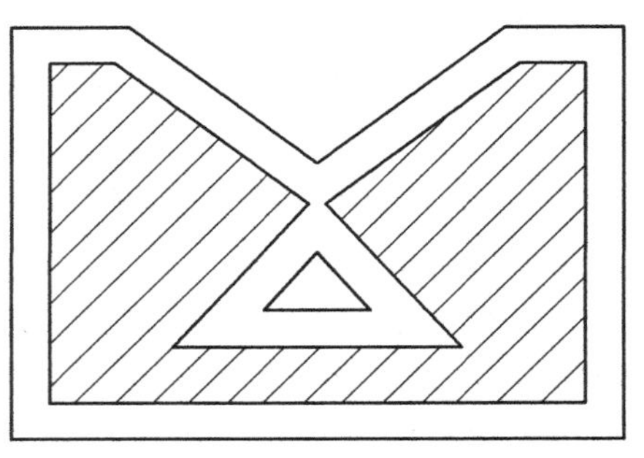

图 2.34　处理后的偏置多边形

但当模型有多个实体区域，且各实体区域具有包含关系时，即悬吊区域位于实体的型腔内部时，上述的判断也会出现上层的悬吊实体区域与下层的最外侧实体区域外轮廓相交不为空，但实际上层的悬吊实体已经是最底层，下层必须在该区域添加支撑结构，如图 2.35 所示。此时仅判断与实体区域相交为空来确定是否添加支撑是不完善的，会漏掉一些关键的支撑位置。

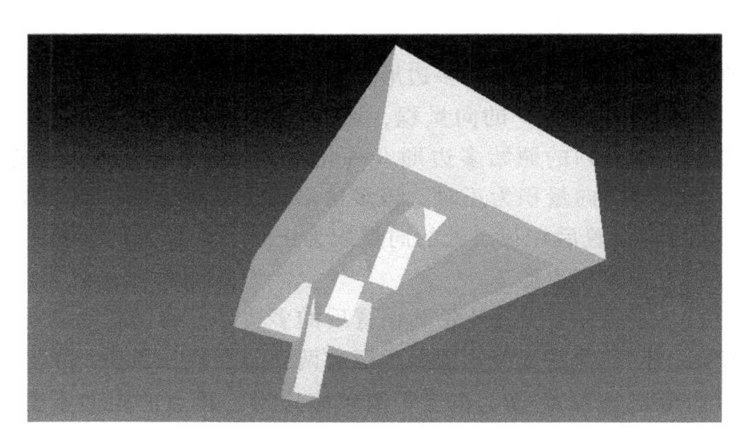

图 2.35　在实体内部的悬吊区域

为了不会漏掉支撑区域，上层的实体区域不仅要与下层的实体区域外轮廓作相交判断，还要与实体区域内轮廓作相交判断。具体为，上层实体区域与下层的所有实体区域的内外轮廓相交为空，或者与下层有型腔的实体区域的内外轮廓相交为其自身，那么就可以判断，上层的实体区域为悬吊区域，在第 $i-1$ 层就需要添加对区域 E_i 的支撑区域，且支撑区域轮廓与 E_i 相同。

识别出悬吊区域后，需要判断是否是悬吊点或悬吊线。可以设置一个面积阈值，通过计算悬吊区域的面积，若小于阈值，则视为悬吊点或悬吊线。为有效支撑悬吊点或悬吊线，所加支撑为塔形支撑结构，即支撑的最上层轮廓略大于悬吊点或悬吊线，向下逐层将轮廓外偏置一定的距离，这里同样设置一个面积阈值，为支撑塔的最大截面面积，当偏置轮廓的面积大于等于阈值面积时，则支撑塔的轮廓就不再偏置，向下沿用即可，如图 2.36 所示。

5. 计算量的简化

在支撑的设计中，下面一层要撑住上层，使上层能在本层基础上继续打印。首先计算上

一层实体截面区域 E_{i+1}，与当前层实体截面区域 E_i 之差，记为本层支撑 S_i；然后求上一层实际支撑域 S'_{i+1} 与当前层实体截面区域 E_i 之差，记为继承支撑 D_i；将 S_i 与 D_i 相并，则为当前层的实际支撑域 S'_i，即 $S'_i=S_i+D_i$。就是说在实际运算中要考虑支撑继承的问题，这样会增加计算量，所以可以简化为：自最上面一层起，取其上层和本层之差为本层支撑，上层和本层实体之并作为其下一层的上层，再依次循环下面各层即可求出全部支撑，而不必再考虑支撑的继承问题。

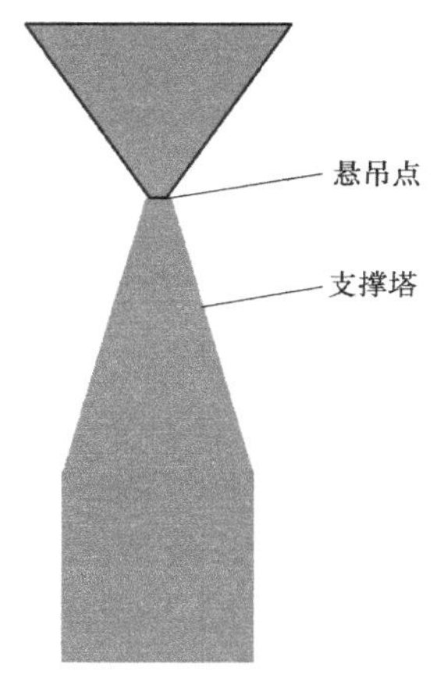

图 2.36　悬吊点与支撑塔

通常在求支撑区域的计算过程中，都是先计算相邻层的支撑区域，即下层对上层的支撑，然后在进行对比计算求出继承支撑。如上述设计中，先计算得到了当前层仅对上层的支撑 S_i，然后计算继承支撑 D_i。如果模型结构比较复杂，就会产生多次的求差求并的计算，这样会增加计算量。因此可以考虑在整个过程中简化步骤和简化判断，即不考虑支撑的继承问题，只考虑下层对上层的支撑即可。具体设计为，自顶层 $i+1=n$ 开始，计算得到的第 i 层的支撑域为 S_i，顶层支撑为空，那么 $S'_i=S_i$，将第 i 层的支撑域与实体域相并，$E'_i=S'_i+E_i$，计算的结果作为第 i 的相对第 $i-1$ 层计算的虚拟实体域，这样减少了对支撑继承问题的处理，从而简化了计算。

2.3.4　支撑自动生成算法实现

建立区域多边形的数据结构 Entity_layer0 和 Entity_layer1 来存储处理过程的层片信息，即层片的各实体区域的内外轮廓多边形。

从分层方向 z 方向的最上层开始（z_{max}），层片索引为 layer_id，初始值为分层总数，即 layer_id=N，分别提取该层（layer_id）以及下一层（layer_id-1）的层片轮廓信息，存入到 Entity_layer0 和 Entity_layer1 中，对第 layer_id-1 层的轮廓信息作轮廓偏置处理，外轮廓向外偏，内轮廓向内偏。对上下两层的外轮廓和内轮廓分别做轮廓多边形的布尔运算，对比结果并进行判断，若上下两层的实体区域相同，或下层（layer_id-1）的实体区域包含上层（layer_id）的实体区域，则不需添加支撑，若上层实体区域大于下层的实体区域，则需要添加支撑。具体为当上层的实体区域与下层的实体区域求差时，以上层的多边形区域为主体对象，下层多边形为剪裁对象，求得的多边形区域即为下层（layer_id-1）需添加支撑的支撑区域多边形轮廓；当实体为不相交多区域时，上层（layer_id）某个区域的实体轮廓与下层（layer_id-1）的所有实体轮廓求交判断均为空，那么可判断该区域为悬吊区域，需在下层（layer_id-1）添加支撑，区域轮廓为上层（layer_id）的该区域实体轮廓。然后将所求得的支撑区域轮廓信息存储在预先建立好的数据结构当中，其所在的层片索引为 layer_id-1。

求得支撑区域后，对上下两层的实体轮廓多边形求并，存储到 Entity_layer0 中，覆盖 Entity_layer0 之前的信息，然后将第 layer_id-2 层的层片信息存储到 Entity_layer1 中，覆盖 Entity_layer1 之前的信息，这样得到的新的层片信息，按照上述的步骤循环计算，最后求出所有层的支撑信息并存储。

按照设计，如图 2.37 所示给出了支撑自动生成算法的流程。

图 2.38a 所示三维模型的支撑自动生成仿真结果如图 2.38b 所示。

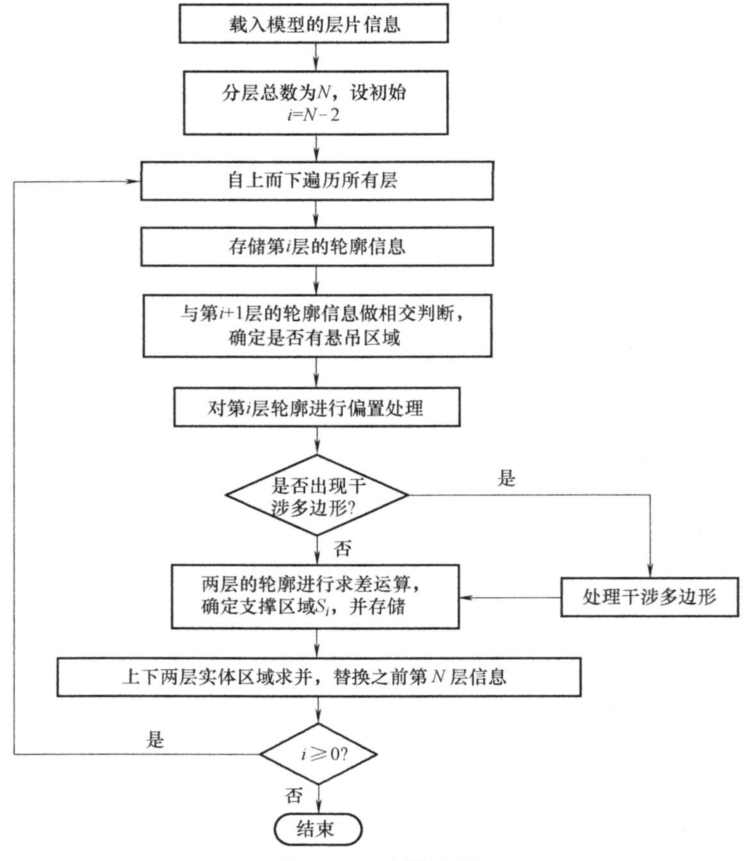

图 2.37　支撑流程

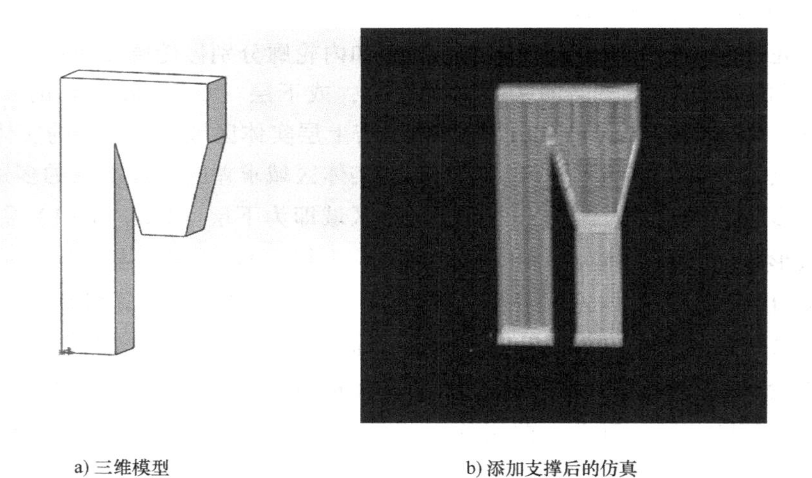

a) 三维模型　　　　b) 添加支撑后的仿真

图 2.38　添加支撑仿真

2.4　填充路径规划算法研究

添加支撑区域后，得到了模型实体和支撑区域的所有层片轮廓信息，数据处理核心技术的最后部分就是要对打印区域进行填充，并规划填充的路径。

2.4.1　填充路径规划算法简介

3D打印的路径规划问题近年来一直是快速成形制造数据处理中的热点问题之一，如何选取扫描填充方式，直接影响着制件的精度和质量。目前，路径的扫描填充方式主要有单向循环扫描、往复直线扫描、分区扫描、螺旋扫描和轮廓偏置扫描等。

1）单向循环扫描（见图2.39）。其基本思想非常简单，首先计算出轮廓多边形的最大包围盒，然后沿x方向或y方向按一定间隔设置扫描线。扫描线是假定均匀分布在整个平面上的一系列等距离水平或垂直的直线，扫描的起点和终点为扫描线与多边形的交点。打印开始时，打印喷头或激光器光斑沿选定方向（设为y方向）开始扫描填充，到这一行终点时扫描停止，直到喷头或光斑走到下一行的起点时再开始扫描，如此循环至打印结束。这种扫描方式对于数据处理简单直观，且容易实现，但是在相邻两行的打印过程中会因为打印设备的空行程较大而使打印效率过低，另外每行打印都要起动和停止喷头或激光器也就增加了设备的起停次数，不仅影响制件的精度，而且影响设备的寿命。

2）往复直线扫描（见图2.40）。往复直线扫描是对单向循环扫描的改进。在单向循环扫描的过程中，当扫描一行结束后，设备要回到下一行的起点，才会继续打印，在这个过程中要走很长的一段空行程，而往复直线扫描则是在扫描填充一行过后，将起点移至下一行的终点进行反向填充，只是在遇到孔洞，即实体的空腔部分时才会行走一段空行程。这种扫描方式对于孔洞较少的实体零件来讲，会有效提高打印效率，但是如果孔洞较多，那么设备将会频繁地跨越空腔，使设备的起停次数大大增加。对于SLM或SLS来讲会严重影响激光器的使用寿命；对于FDM，不仅影响喷头寿命，还会因喷头频繁起停而造成“拉丝”，从而影响制件精度。

图2.39　单向循环扫描

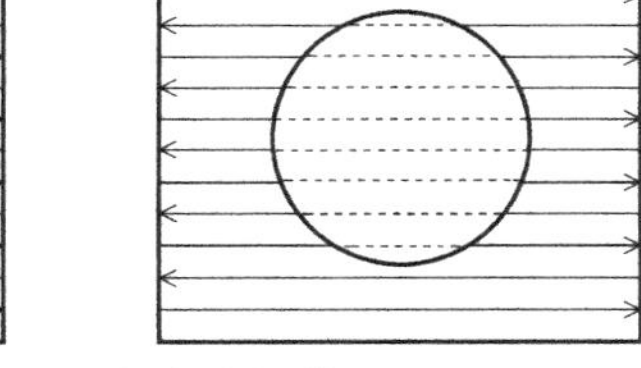

图2.40　往复直线扫描

3）分区扫描（见图2.41）。分区扫描是将实体轮廓分成若干个小区域，然后利用往复直线扫描方式对各个小区域进行填充。分区扫描对于每个小区域的扫描填充是连续的，不必跨越孔洞，只有在本区域打印完毕而转移到另一区域时才有可能跨域孔洞，这样有效地减少了设备的起停次数，提高了成形效率。

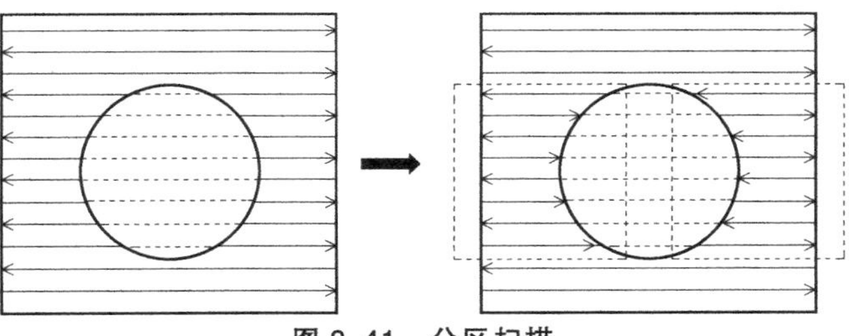

图2.41　分区扫描

4）螺旋扫描（见图2.42a）。螺旋扫描是以多边形轮廓的几何中心为中心，然后从中心向外发射出若干条的射线，相邻射线的角度相等，这些射线是以渐近的方式逐条生成。采用这种扫描方式的制件物理性能较好，但是扫描方式的算法比较复杂，程序编写的难度比较高。

5）轮廓偏置扫描（见图 2.42b）。轮廓偏置扫描是以轮廓多边形为基准，逐层向内或向外偏移，通常内轮廓向外偏置，外轮廓向内偏置。轮廓偏置实质就是对模型的内外轮廓沿着不同的方向进行平行的偏移，使用轮廓偏置扫描方式来打印模型的实体轮廓，即模型的内壁和外壁，可以得到较高的尺寸精度和较好的表面质量。从理论上来讲，因为扫描线的方向在不断改变，所以可以比较理想地解决实体层片的翘曲变形等问题，而且对于壁厚均匀且有很少或者没有孔洞结构的零件能够保证很好的精度，但是对于孔洞型腔较多、壁厚不均匀的复杂零件，偏置时容易出现轮廓相交的干涉问题，这就增加了算法的复杂度和计算量。

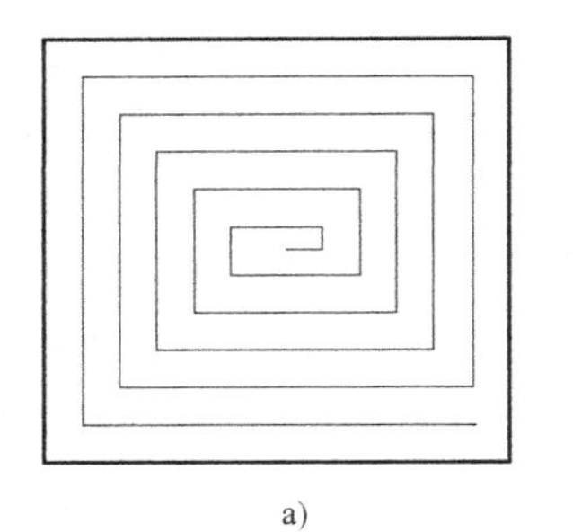
a)
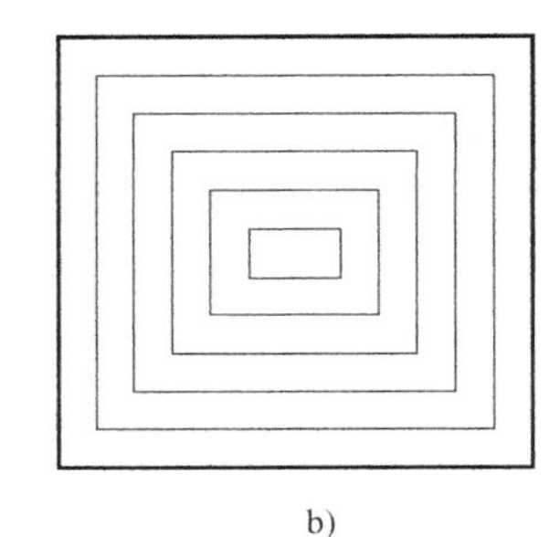
b)

图 2.42　轮廓偏置扫描及螺旋扫描

2.4.2　复合扫描填充路径算法优化设计

模型分层后的截面实体是由若干条轮廓多边形组成的，这些多边形可以是单独的简单多边形，也可以是复杂的带孔多边形，因此轮廓内部的填充问题可以转化为复杂多边形的填充问题。每种扫描方式都有其优点和不足，单一的扫描方式要么很难满足打印制件的质量需求，要么技术上非常复杂。规划打印路径，实际上就是优化扫描方式，减小算法实现的难度，在满足制件的强度和精度的基础上，尽可能地减少设备的起停次数，减小制件的翘曲变形，提高打印效率，因此应采用多种扫描方式相叠加（即复合扫描）的方式。在实际应用中，考虑到成形效率和扫描算法的复杂程度，在满足制件精度和强度的基础上，应优先选用效率高的扫描方式。以下采用分区扫描、往复直线扫描及轮廓偏置扫描的复合扫描设计策略。

1. 轮廓偏置扫描

轮廓偏置扫描应用于对模型壳体的扫描填充，即模型的内壁及外壁，以提高制件的表面质量，扫描的路径就是偏置后的轮廓线。轮廓偏置的具体方法及需注意的问题在第 2.4.1 节中已详细讲述，这里不再赘述。

2. 往复直线扫描

往复直线扫描又称为变向扫描或逐点扫描，是一种简单、直观、高效的填充算法，扫描过程中，相邻两条扫描线的方向不同。

图 2.43 所示为某一轮廓多边形，得到其包围盒在 x 方向和 y 方向的跨度后，以 x 方向为例，在包围盒的跨度内，作平行于 y 轴的扫描线，扫描线的间隔为 d，求出所有扫描线与多边形的交点坐标，并对所有交点排序，然后以 x 值为索引，y 值为内容建立映射进行存储，每条扫描线的 x 值对应两个交点的 y 值，形成一组映射，每组映射的两点间的路径及各扫描线的衔接路径就是扫描填充的区域，扫描时选择包围盒的 x_{min} 或 x_{max} 作为起始方向，如以 $x_{min} \rightarrow x_{max}$ 的顺序进行扫描，则扫描的路径为 $A_1 \rightarrow A_2$，$A_2 \rightarrow B_2$，$B_2 \rightarrow B_1$，…，$H_2 \rightarrow H_1$，如图 2.44 所示。

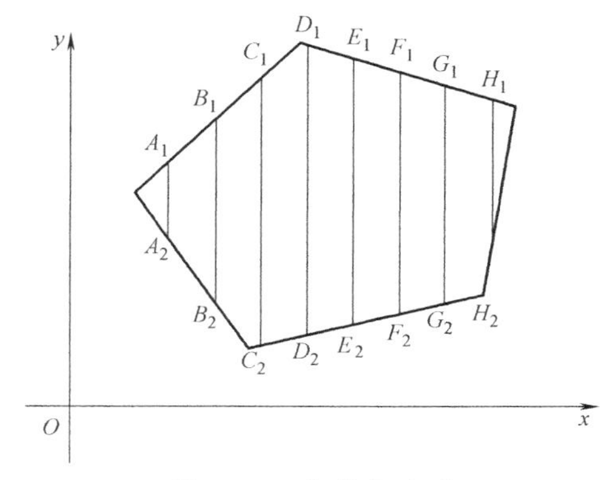

图 2.43　扫描多边形

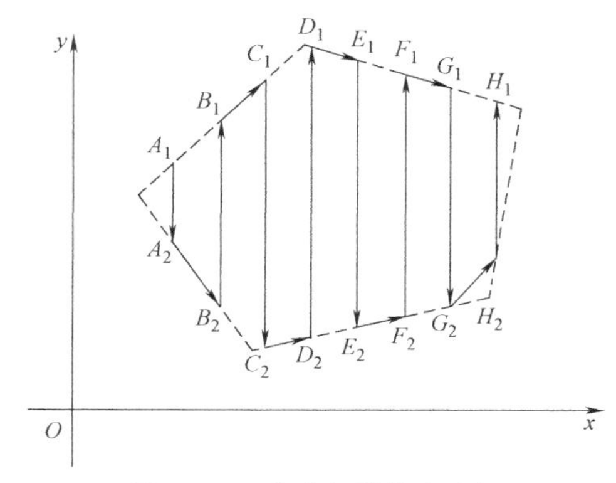

图 2.44　生成扫描填充路径

在实际应用中，为增加制件的强度、增加相邻层之间的黏合度，也为了避免扫描路径的应力方向一致，相邻层的扫描线应互成角度，通常情况可以取相邻层扫描线的夹角为 90°。扫描线可以是水平线或垂直线，也可以是任意角度的直线，在实际应用中，可根据实际情况来调整扫描线的角度，以获得更好的制件强度和打印效率。比较常见的扫描线角有 0°和 90°（相邻层），以及 45°或 135°（相邻层），如图 2.45 和图 2.46 所示。

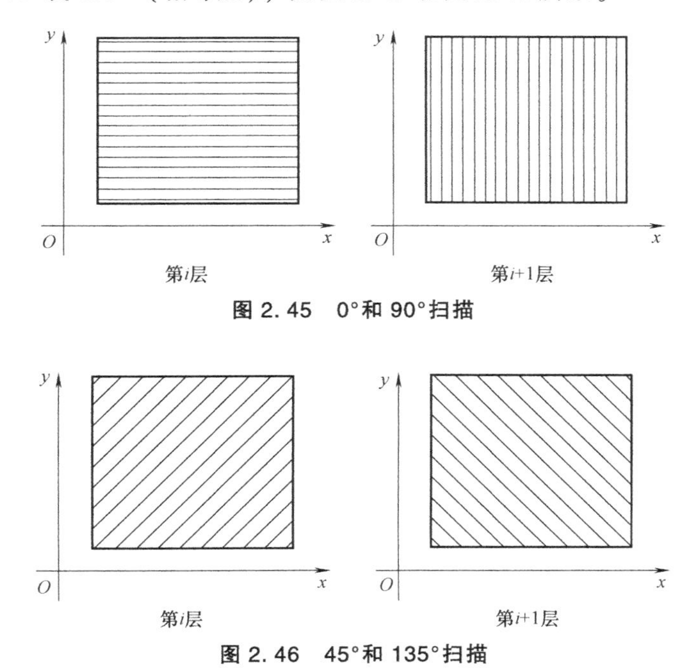

图 2.45　0°和 90°扫描

图 2.46　45°和 135°扫描

要得到不同角度的扫描路径，可以在扫描线方向不变的情况下对多边形进行旋转，得到所需的扫描角度。简单的二维旋转变换是指坐标轴不动，而图形绕原点旋转，取逆时针方向为正，如图 2.47 所示。

点 $A(x, y)$ 绕原点旋转 θ 后，其新的位置点 A'的坐标为 (x', y')，其表达式为

$$\begin{cases} x' = x\cos\theta - y\sin\theta \\ y' = x\sin\theta + y\cos\theta \end{cases} \tag{2-15}$$

写成矩阵形式为

$$(x' \quad y') = \boldsymbol{T} \cdot (x,y)^{\mathrm{T}} \tag{2-16}$$

式中，矩阵 $\boldsymbol{T} = \begin{pmatrix} \cos\theta & \sin\theta \\ -\sin\theta & \cos\theta \end{pmatrix}$ 为变换矩阵，当 $\theta = 90°$ 时，$\boldsymbol{T} = \begin{pmatrix} 0 & 1 \\ -1 & 0 \end{pmatrix}$。

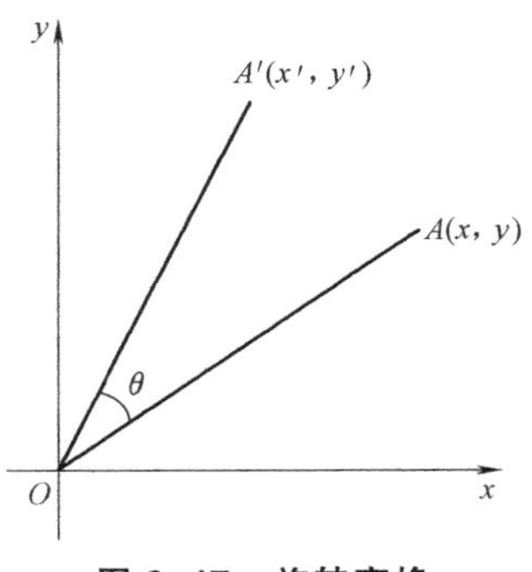

图 2.47　旋转变换

实际上扫描线并不是与初始的轮廓多边形相交，而是与最后一次的偏置多边形进行求交计算，最后一次的偏置轮廓不作打印使用，而是作为实体区域内部的填充边界。

在 2.4.1 节中已经提到，对于简单的实体模型，用往复直线扫描的方式来填充，可以提高打印效率，但如果模型是内部有孔洞空腔的复杂零件，如图 2.48 所示为某一零件的截面轮廓，图中空白的型腔部分占轮廓总面积的 50%以上，若只使用往复直线扫描，设备将会耗费一半以上的时间用来跨越型腔，打印效率就会降低很多，还会造成设备的频繁起停，因此要使用分区扫描方式来解决这样的问题。

3. 分区扫描

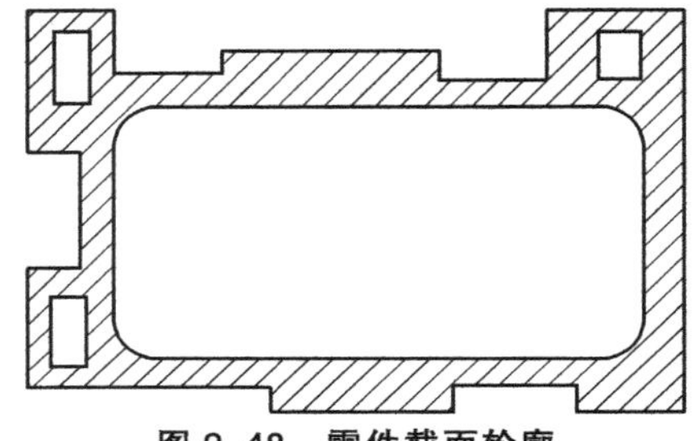
图 2.48　零件截面轮廓

分区扫描就是将一条封闭的截面轮廓所围成的实体部分分成多个小的连贯区域，实质就是为了绕开孔洞型腔或凹槽的部分，并对这些部分所隔开的填充区域进行规划分组，然后依次打印。分区扫描一般要与其他的扫描方式配合来完成填充，比较常见的是分区变向扫描。

分区变向扫描的主要思想：当扫描线经过实体轮廓内的孔洞时，扫描线上的填充线段的数量会发生变化，根据扫描线的位置及扫描线上的填充线段的数量来对扫描线分组，从而达到划分填充区域的目的。

图 2.49 所示是某模型的任意一层截面轮廓，轮廓内部的白色区域为空腔，灰色区域为实体，图 2.49a 中扫描线 L_1 与截面轮廓有两个交点，生成一条填充线段，L_2 与截面轮廓有 4 个交点，生成两条填充线段，L_3 与截面轮廓有 6 个交点，生成 3 条填充线段，L_4 与截面轮廓有 4 个交点，生成两条填充线段，L_5 与截面轮廓有两个交点，生成一条填充线段。根据填充线段的数量将实体部分分成 9 个区域，如图 2.49b 所示，扫描填充时按照从上到下从左至右的顺序，也就是 1→9 的顺序依次填充。具体实现方法为：

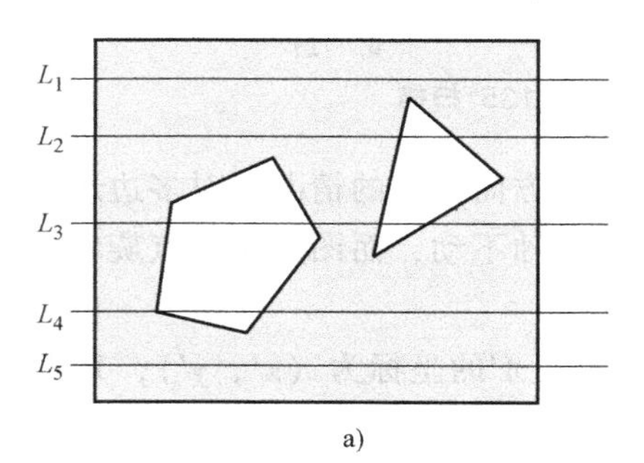

a)

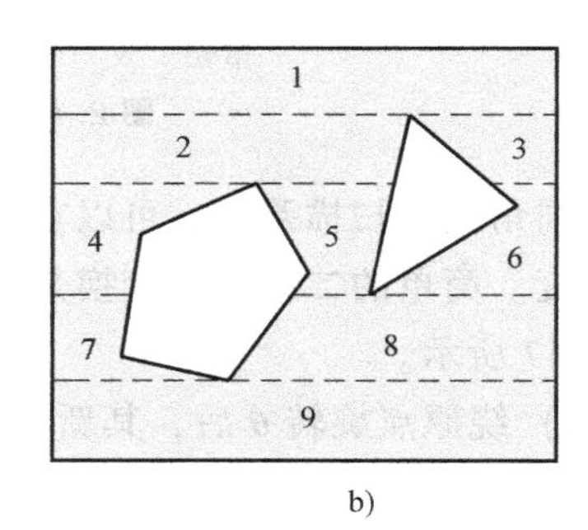

b)

图 2.49　划分区域

1）扫描线与轮廓多边形轮廓求交，由于扫描线的单调连续性，可以将所有交点按升序或降序进行排序，然后将交点进行配对成为相交区间，对于一条扫描线上的交点的点集$\{P_0, P_1, P_2, P_3, \cdots, P_n\}$，可以组成交点对$(P_0, P_1)$，$(P_1, P_2)$，$(P_3, P_4)$，…，$(P_{n-1}, P_n)$，每组交点对形成了一个相交区间，两个交点在相交区间内组成的线段就是这条扫描线上的填充线段。

2）对扫描线进行分组，判断方法为观察扫描线上的填充线段数量是否发生了变化，即同一组扫描线上填充线段的数量是否相同。第i条扫描线上填充线段的数量用Q_i来表示，N表示这一封闭区域内的扫描线的总数，若序列$\{Q_i, 1 \leqslant i \leqslant N\}$满足以下关系式

$$\begin{cases} Q_1 = Q_2 = \cdots = Q_{k_1} \neq Q_{k_1+1} \\ Q_{k_1+1} = Q_{k_1+2} = \cdots = Q_{k_2} \neq Q_{k_2+1} \\ \vdots \\ Q_{k_{m-1}+1} = Q_{k_{m-1}+2} = \cdots = Q_{k_m} \\ k_m = N \end{cases} \tag{2-17}$$

则区域内的所有扫描线可分成m组，即扫描线$1 \rightarrow k_1$为第1组，扫描线$k_1+1 \rightarrow k_2$为第2组，…，扫描线$k_m-1 \rightarrow k_m$为第m组，即将填充区域划分为m个小区域。

3）对填充线段进行分组。对区域内任意一条扫描线来说，根据各填充线段的所处次序位置，可以进一步对扫描线上的填充段进行分组。以第一组扫描线为例，先取出这组所有扫描线的第一条填充线段作为第一组，再取出第二条扫描线段作为第二组，以此类推，第一组的扫描线的填充线段可以划为Q_{k_1}组，然后对区域内的所有扫描线进行同样操作，最后所有填充线段被划分为$Q_{k_1}+Q_{k_2}+\cdots+Q_{k_m}$组，每组填充线段对应与一个小的填充子区域，因此这个封闭区域最终被划分为$Q_{k_1}+Q_{k_2}+\cdots+Q_{k_m}$个小区域。

但是在实际应用中，如果零件型腔过多，结构过于复杂，会导致分区较多，扫描速率下降，而且所有区域均是上下左右这种顺序排列，也容易导致首末区域在加工过程中温差加大，从而使制件产生翘曲变形。因此，为解决上述问题的影响，对分区变向扫描方式加以改进，减少分区，提高扫描效率。

改进后，分区不仅依据扫描线上填充线段的数量来判断，还要在扫描线与多边形的交点数量有变化时，来增加判断的条件。根据相邻的两条填充线段的关系来判定相邻的区域是否是连续的，若是连续的，则继续填充；否则填充下一个区域。用相邻线段旋转对比的方法来判断区域是否连续，如图2.50所示，沿某一方向扫描时两条相邻的扫描线段符合下列条件之一的，就认为两条填充线段所在的区域是连续的。

1）其中一条线段至少有一个端点沿扫描方向的坐标分量与另一条线段的任意端点相同，如图2.50a所示。

2）其中一条线段绕自身的任意端点旋转90°后的所在直线与另一条线段有交点，如图2.50b～d所示。

实际上第二个判断条件可以包含第一个判断条件，但如果在判断中第一个条件成立，就不需要再去判断第二个条件，可以省去不必要的计算。

具体方法为：

1）扫描线与多边形求交，对交点作出判断后，再进行配对。

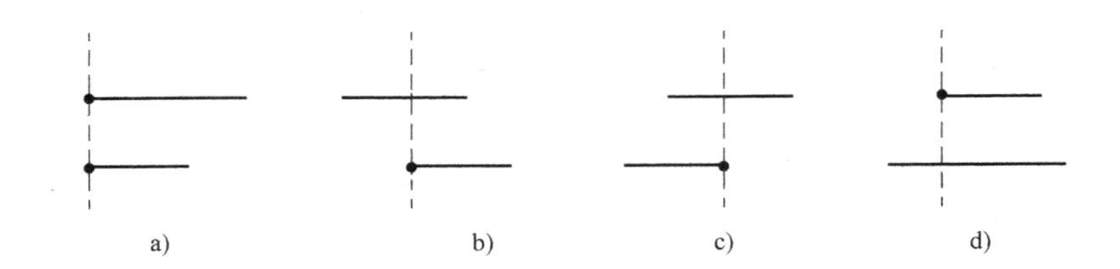

图 2.50 相邻线段对比

扫描线与多边形求交之后，对于一条扫描线上的交点的点集 $\{P_0, P_1, P_2, P_3, \cdots, P_n\}$，应先作判断，然后配对。对于无孔洞区域的凸多边形来说，在扫描线与多边形任意边不重合的情况下（当扫描线与多边形的某条边重合时，可以很容易通过顶点坐标判断出多边形的两个相邻顶点在扫描线上，这种情况下两个相邻顶点之间的重合部分不需填充），任意扫描线与多边形相交有且只有两个交点，如图 2.51a 所示。而对于任意非简单多边形来说，不考虑扫描线与多边形任意边重合，一般情况下，任意扫描线与多边形相交时有偶数个交点，对应的填充线段的数量为交点数量的一半，每个交点都只能是一条填充线段一个的端点，即各线段的端点不重合，如图 2.51b 所示。

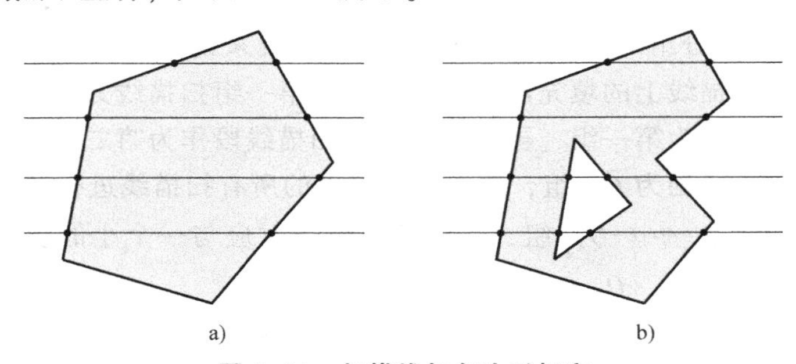

图 2.51 扫描线与多边形相交

但是对于凹多边形或有孔洞的多边形，当交点与多边形顶点重合时，有些交点之间是空白的非打印区域，有的交点还需要重复使用，即该交点是相邻填充线段的公共端点，这时就需要对交点进行判断，从而进行取舍，保留下来的交点所组成的相交区间才能得到填充线段。

轮廓线方向符合左手定则的条件下，可以总结有如下几种情况：

a）对于外轮廓，若交点与多边形任意顶点重合，在当前扫描线上所有交点的排序中，既不是第一个点，也不是最后一个点，那么该交点的入射点和出射点分别在扫描线的两侧时则保留该点，如图 2.52 中的点 A、D、E、F。该交点的入射点和出射点全部在扫描线的同侧时，如果是凹点就要保留，如图 2.52 所示中的点 G、H、I；如果是凸点就要去掉，如图 2.52 中的点 B 和点 C。而对多边形的凹凸点的判断，可以先识别出多边形的顶点排序是顺时针还是逆时针，然后计算需判断的顶点的入射边和出射边的向量积，通过向量积的方向就可以很容易地判断该点是凹点还是

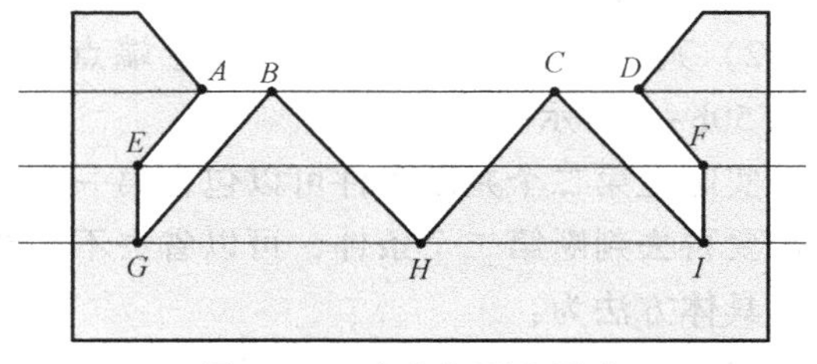

图 2.52 交点与顶点重合

凸点。

b）对于外轮廓，若交点与多边形任意顶点重合，在当前扫描线上所有交点的排序中，是第一个点或最后一个点，那么该交点的入射点和出射点分别在扫描线的两侧时则保留该点，如图 2.53 中的点 C 和点 D；该交点的入射点和出射点全部在扫描线的同侧时则去掉该点，如图 2.53 中的点 A 和点 B。

c）对于内轮廓，若交点与多边形的任意顶点重合，在当前扫描线与该内轮廓多边形的所有交点的排序中，既不是第一个点，也不是最后一个点，那么该交点的入射点和出射点分别在扫描线的两侧时则保留该点，如图 2.54 中的点 A、C、D、E；该交点的入射点和出射点全部在扫描线的同侧时，如果是凸点就要保留，如图 2.54 中点 B；如果是凹点就要去掉，如图 2.54 所示中点 F 和点 G。

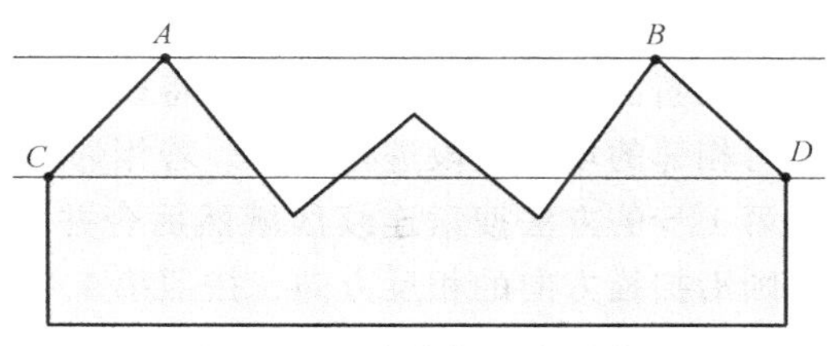

图 2.53　交点与顶点重合

d）对于内轮廓，若交点与多边形任意顶点重合，在当前扫描线与该内轮廓多边形的所有交点的排序中，是第一个点或最后一个点，则无论该交点的入射点和出射点在扫描线上如何分布，都要保留该点，如图 2.55 中的点 A、B、C、D。

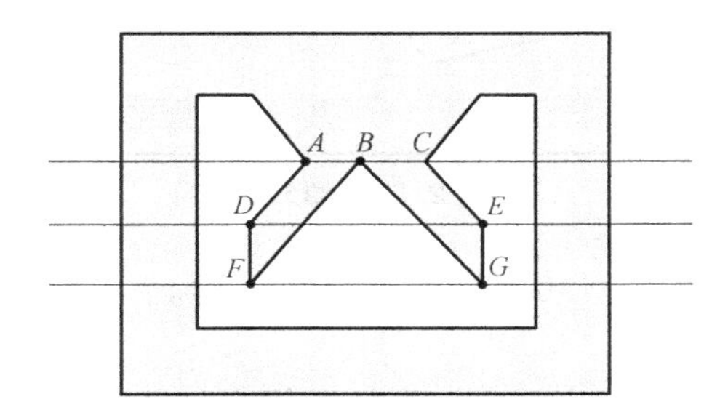

图 2.54　交点与顶点重合

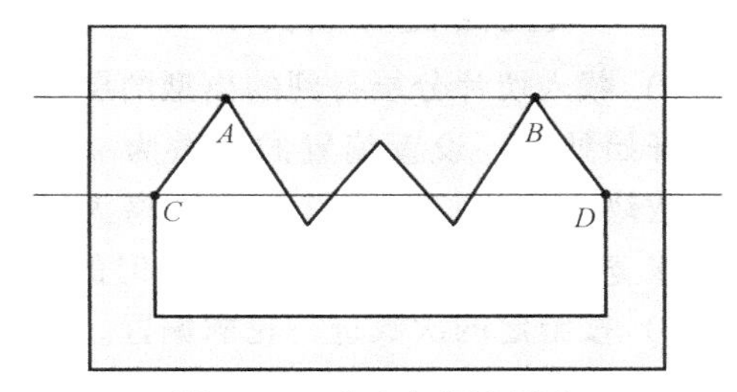

图 2.55　交点与顶点重合

识别出所有扫描线的填充线段后，可以不用对扫描线分组，而是直接通过相邻线段旋转对比法对所有相邻填充线段进行判断并分组，划分填充区域。但这样会增加大量的计算，增加程序的响应时间，影响打印效率，因此应该先对扫描线进行分组，初步划分区域，然后通过相邻线段旋转对比法进一步划分区域。

2）对扫描线进行分组。沿某一方向，判断扫描线上的填充线段数量是否发生了变化，以此为依据对扫描线分组，即同一组扫描线上填充线段的数量是相同的，如图 2.56 所示。与上面提到的分区变向扫描方式的区别是，这里不对扫描线上的填充线段进一步分组，而是直接按照扫描线分组初步划分区域。

3）对填充线段进行分组。如图 2.56 所示，把截面轮廓包围的实体按扫描方向划分为 5 个区域后，利用相邻线段旋转对比法对相邻区域进行判断。

第 1 步，利用相邻线段旋转对比法对相邻区域的相邻扫描线上的第一条填充线段进行对比判断，符合条件则说明相邻的两个区域的扫描线的第一条填充线段所在

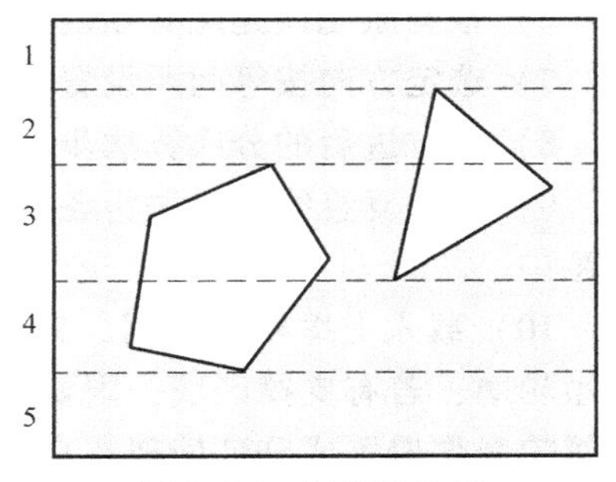

图 2.56　扫描线分组

的区域是连续的，将这两个连续的区域合并，作为新的区域，但保留扫描线的分组编号，即保留初始的区域编号，以便于下一步继续搜索使用。照此法继续遍历其余扫描线的第一条填充线段，如果所有相邻区域扫描线的第一条所在的区域都连续，则所有扫描线的第一条填充线段所在的区域合并为一个区域，并将此区域作为第一个区域。然后搜索新区域之外是否有剩余的填充线段，若没有，则区域划分结束；若有剩余填充线段，则要继续下一步操作。

第 2 步，找到新区域的最后一条填充线段，根据这条填充线段的位置搜索，找到与之距离最近的新区域之外的填充线段，将该线段作为下一个区域的首条填充线段，然后沿原扫描方向对相邻的填充线段进行判断。若相邻填充线段不在新划分区域内，则沿扫描方向开始，按照第 1 步的方法搜索连续区域然后合并；若沿扫描方向的相邻的填充线段在新划分区域内，则沿扫描方向的相反方向，按照第 1 步的方法搜索连续区域然后合并。

按照上述步骤反复进行操作，直到将该层截面实体区域划分完毕，图 2.57 所示为重新划分的区域。

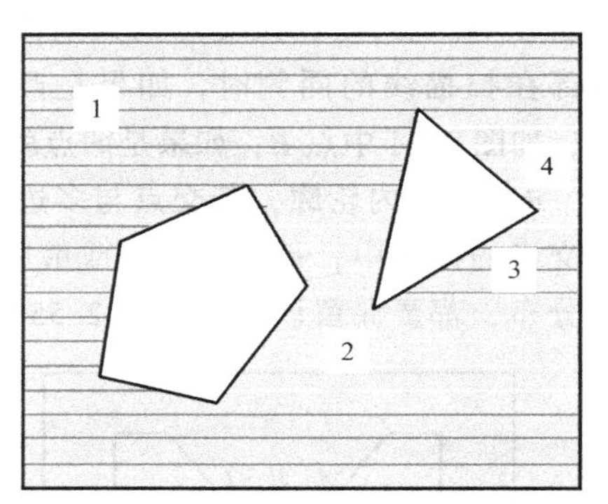

图 2.57　划分区域

分区的原理可以总结为，不仅要根据扫描线与轮廓多边形的填充线段数量来划分扫描区域，还要依据扫描线与多边形交点数量突变时的相邻扫描线上的填充线段判断来完成最终的区域划分。

2.4.3　填充路径算法实现

1）载入切片分层得到的模型的层片轮廓数据，从首层开始处理。设置偏置的次数为 n，根据激光器光斑有效烧灼的线宽来设置偏置距离为 d，若光斑有效烧灼线宽为 r，则偏置计数器 $i=0$ 时的偏置距离为 $d=r/2$，$i>0$ 时的偏置距离为 $d=r$。

2）按给定的次数进行轮廓偏置。

3）判断偏置后的轮廓多边形是否出现自交。若出现自交现象，则根据邻边向量积的判定方法判断自交多边形各封闭环的有效性，保留存储有效多边形，去除无效多边形，然后进行下一步操作；若无自交现象，则直接进行下一步。

4）判断偏置后的轮廓多边形之间及偏置轮廓多边形与原实体轮廓多边形之间是否出现互交。若出现互交现象，则根据邻边向量积的判定方法判断互交多边形各封闭环的有效性，保留存储有效多边形，去除无效多边形，然后进行下一步操作；若无互交现象，则直接进行下一步。

5）提取出第 $i=n$ 次的偏置轮廓，作为内部填充区域的轮廓。

6）根据激光器光斑有效烧灼的线宽来设置填充线宽值和填充线之间的距离。

7）选定方向按等间距设置扫描线，计算扫描线与轮廓多边形的交点并存储。

8）按改进后的分区算法步骤对填充区域进行分区。

9）用往复直线扫描法将各区域的扫描填充线段相连，形成填充路径并存储到当前层片信息中。

10）载入支撑轮廓数据，判断当前层是否有支撑区域。若没有，则直接处理下一层的模型轮廓；若有支撑区域，则要提取支撑轮廓，重新设置填充线宽和填充线间隔，不需要对支撑轮廓作偏置或分区处理，直接按选定方向设置交叉扫描线，计算扫描线与轮廓多边形的交点并存储，对交点集进行判断，去掉无效交点，形成填充线段，将各区域内的填充线段相连，形成填充路径并存储。

11）生成 GCode 文件。

填充路径规划流程如图 2.58 所示。

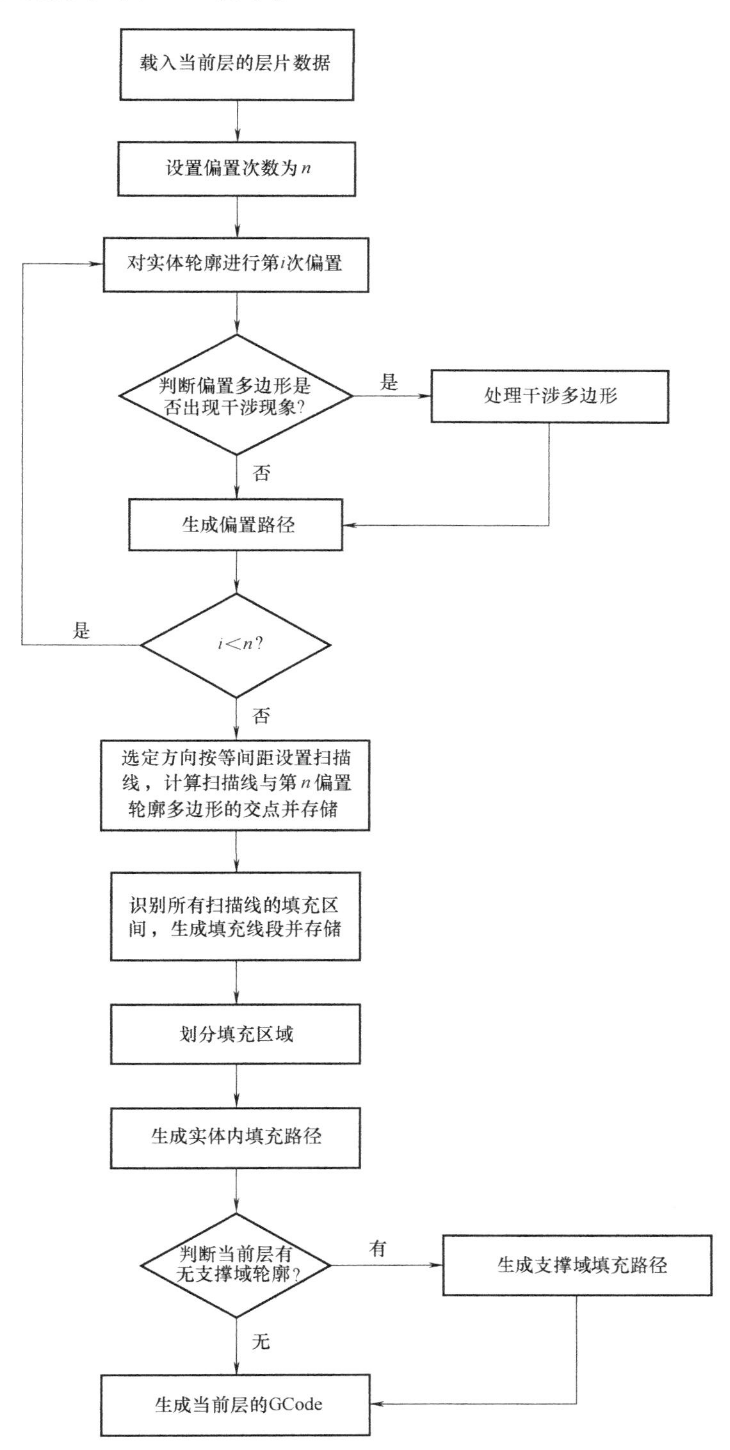

图 2.58　填充路径规划流程

填充路径仿真实例如图 2.59 所示。

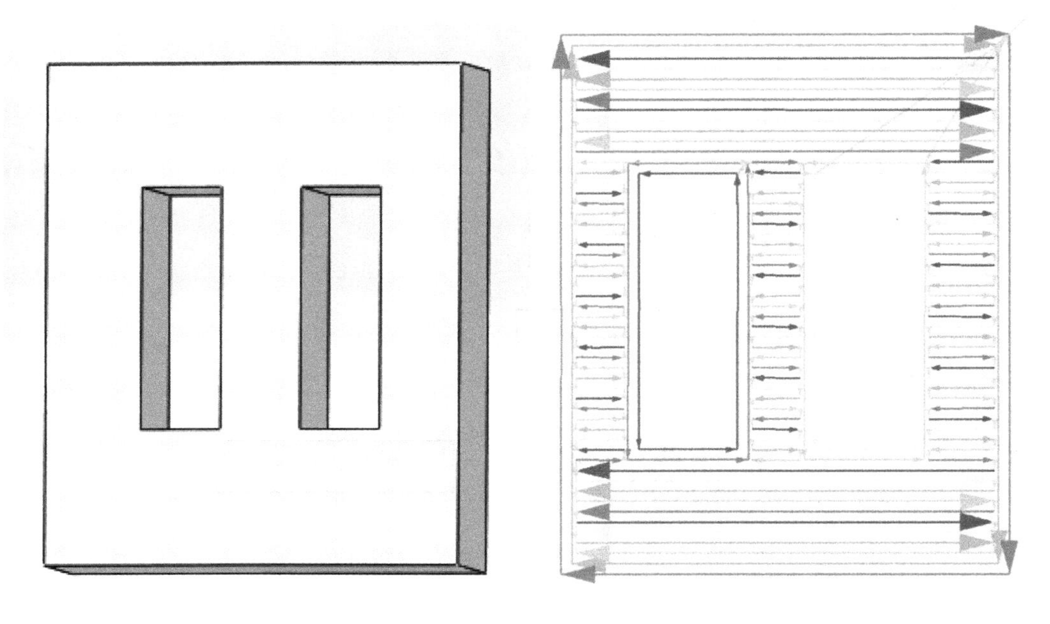

a) 三维模型　　　　b) 截面填充路径

图 2.59　填充路径仿真实例

2.5　数据处理应用程序开发

2.5.1　开发环境介绍

本文使用 C++语言来进行数据处理技术的程序开发。C++是 C 语言的继承，它既可以进行 C 语言的过程化程序设计，又可以进行以抽象数据类型为特点的基于对象的程序设计，还可以进行以继承和多态为特点的面向对象的程序设计。

Visual Studio 2013 是面向 Windows、Office 2007、Web 2.0 的下一代开发工具，引入了 250 多个新特性，整合了对象、关系型数据、XML 的访问方式，语言更加简洁，提供了功能强大的 MFC。MFC 主要由主体部分（C++类库）和辅助部分（预定义宏、全局变量和全局函数）构成，它们都是 MFC 开发 Windows 应用程序必不可少的组成部分。MFC 以 C++类的形式封装了 Windows API，并且包含了一个应用程序框架。按照功能应用 MFC 可划分为基类、应用程序结构类、对话框和控件类、图形显示和打印类、数据类型和集合类、线程和同步类、文件和数据库类、网络和 Internet 类、OLE 类、ActiveX 控件类、调试和异常类等。Visual Studio 2013 显著改善了开发人员处理数据的方式，编程人员可以使用一致的编程方法，通过新的数据设计图来管理数据和执行数据访问。另外，Visual Studio 2013 是相对于其他版本处理效率更高，运行更稳定，而且支持 C++11 的语法标准，因此本书将 Visual Studio 2013 作为数据处理技术实现的开发平台。

OpenGL（Open Graphics Library）是一个专业的图形程序接口，它定义了一个跨编程语言、跨平台的编程接口规格。它的功能十分强大，其调用方便的底层图形库特别适用于三维图像，而且使用简便，效率高。它是一个开放的三维图形软件包，利用它独立于窗口系统和操作系统的特点，以它为基础开发的应用程序可以十分方便地在各种平台间移植。

2.5.2　程序功能介绍

程序主窗口如图 2.60 所示，主要分为三大模块，分别是模型数据处理模块、模型显示模块、模拟仿真模块。

数据处理模块用 C++语言来实现文中的各种算法，主要包括模型的载入、对模型的分层切片、添加支撑、规划填充路径、生成 GCode 文件，是整个程序的核心部分。

模型显示模块是对 STL 模型进行可视化处理，输入格式为 STL 文件，主要功能包括模型的显示、平移、旋转、缩放等，如图 2.60 所示。这部分是与 OpenGL 结合来完成的。

模拟仿真模块主要是对打印过程的模拟仿真，输入格式为 GCode 文件，包括分层视图（见图 2.61）和填充路径仿真视图（见图 2.62）。

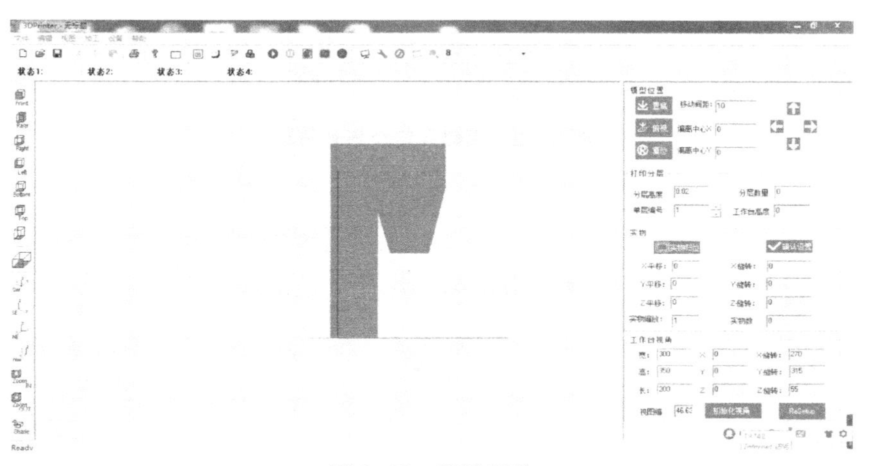

图 2.60　图形显示

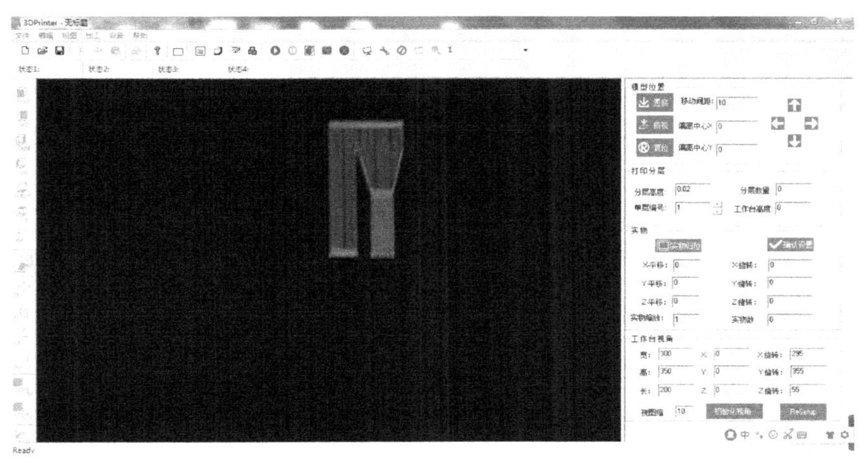

图 2.61　分层仿真

从打印精度来看（见图 2.63），制件的原始尺寸为 20mm×11.2mm×5mm，打印件尺寸为 20.06mm×11.24mm×5.03mm，三个方向误差分别为 0.3%、0.3%、0.5%，说明采用本书中的数据处理算法打印出的模型基本可靠。

第7层

第8层

图 2.62 相邻层路径规划仿真

a) 带支撑的实体件

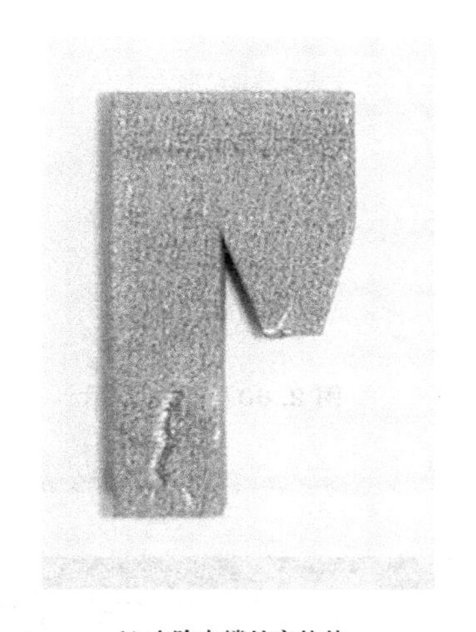

b) 去除支撑的实体件

c) 实体与支撑的截面

图 2.63 打印实物

复习思考题

1. 为了提高分层算法的效率，研究者们提出了哪些改进的算法？分别介绍相关改进算法的特点。

2. 影响分层效率的因素主要有哪些？分别介绍其影响效果。

3. 简述填充路径算法的实现步骤。

第3章 FDM打印技术

熔融沉积成形（Fused Deposition Modeling，FDM）技术是一种挤出堆积成形技术。材料主要以整捆的丝状结构存在，工作时放置于支撑架上，将FDM设备的打印喷头加热，使用电加热的方式将丝状材料，如石蜡、金属、塑料和低熔点合金丝等，加热至略高于熔点之上（通常控制在比熔点高1℃左右），打印头受分层数据控制，使半流动状态的熔丝材料（丝材直径一般在1.5mm以上）从喷头中挤压出来，凝固成轮廓形状的薄层，层层叠加后形成整个零件模型，如图3.1所示。

FDM是现在使用最为广泛的三维打印方式，采用这种打印方式的设备既可用于工业生产，也可面向个人用户。所用的材料除了白色外还有其他颜色，在成形阶段就可以给成品做出带颜色的效果。这种成形方式每一叠加层的厚度比其他方式大，所以多数情况下分层清晰可见，如图3.2所示，后处理也相对简单。

图3.1　FDM打印技术

图3.2　FDM打印产品

FDM可采用标准、工程等级和高性能的热塑性材料来构建概念模型、功能性原型及最终零件，因为它是唯一使用生产级别热塑性塑料的专业三维打印技术，所以这些零件具有很好的力学、热学和化学性能。该技术通常应用于塑型、装配、功能性测试及概念设计。此外，FDM技术可以应用于打样与快速制造。FDM技术的缺点是表面粗糙度较差，综合来说这种方式不可能做出像饰品那样的精细造型和光泽效果。

3.1 FDM 的成形原理

FDM 是利用热塑性材料的热熔性和黏结性，在计算机控制下层层堆积成形的。送丝机构将丝状材料送进喷头，并在喷头中加热至熔融状态，加热喷头在计算机的控制下按照相关截面的轮廓和扫描的填充轨迹信息，同时挤压并控制材料流量，使黏稠的成形材料和支撑材料被选择性地涂覆在工作台上，冷却后形成截面轮廓。一层完成后，工作台下降一个分层厚度的距离，再进行下一层的涂覆，如此循环，层层叠加，最终形成三维模型。

图 3.3 所示为 FDM 成形原理。在计算机或 SD 卡中 GCode 程序（GCode 代码即为 G 代码，是数控程序中的指令，一般都称为 G 指令）控制下，打印机喷头在 xy 平面内进行水平移动，喷头中的送丝机构可以控制喷头喷出打印材料的速度，底板随着打印过程的进行逐步下降，以便成形工件的上一层。打印机运行时，首先要确定各层之间的距离（分层厚度）、路径宽度（与喷头直径相等），计算机通过相应的软件对三维模型进行切片，生成路径及进丝量的 GCode 程序，随后打印机对 GCode 程序进行解析以控制喷头的运动；喷头喷出的材料黏结在工作台上或者前一层材料上，打印完成一层之后，底板下降一个分层厚度的距离，喷头继续打印上一层，如此循环直至打印完成所设计的三维模型。待温度冷却之后取下工件即可。

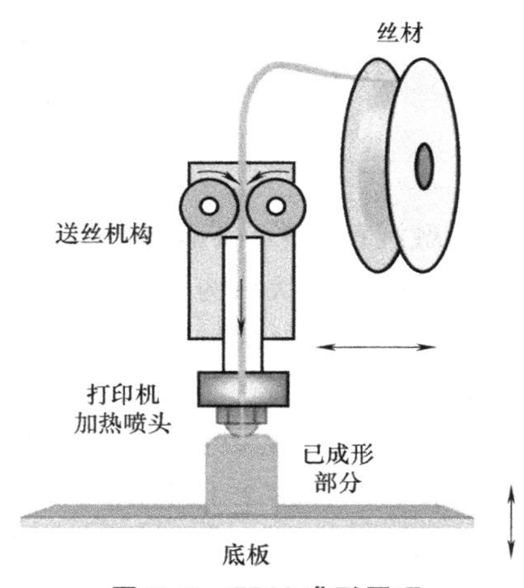

图 3.3 FDM 成形原理

为了节省材料成本和提高成形效率，市面上推出了双喷头 FDM 成形机，其中一个喷头喷射模型材料，另一个喷头喷射支撑材料，如图 3.4 所示。这种双喷头 FDM 成形机的优点

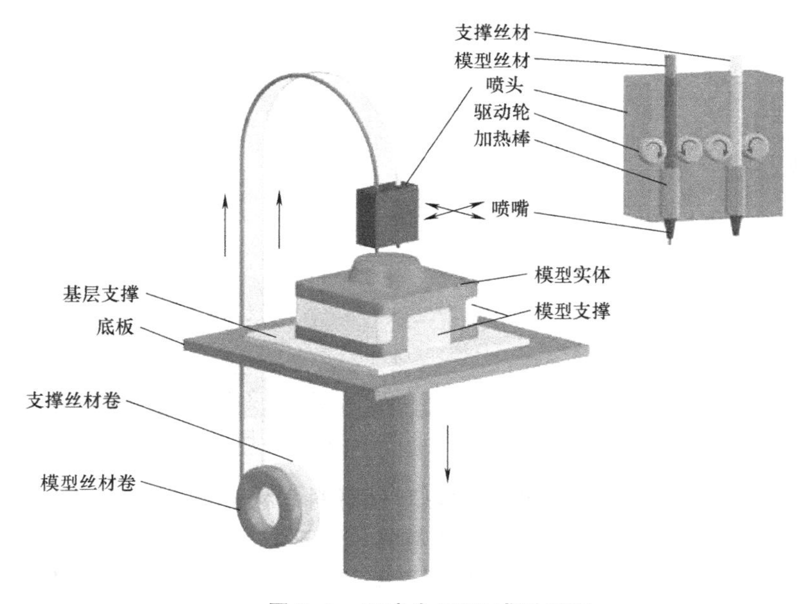

图 3.4 双喷头 FDM 成形原理

有：①提高了沉积效率；②降低了模型制造的成本；③允许灵活地选择具有特殊性能的支撑材料（如水溶材料、低于模型材料熔点的热熔材料等），以便于后处理过程中支撑材料的去除。

3.2 FDM的成形材料

FDM的成形材料主要是线材（也有直接采用塑料粉末加热，经喷嘴挤出成形的），要求其熔融温度低、黏度低、黏性好和收缩率小等，主要由铸造石蜡、聚酰胺［俗称尼龙（Nylon）］、ABS（Acrylonitrile Butadiene Styrene）、PLA（Polylactic Acid）、低熔点金属和陶瓷等。

适用于FDM的线材种类很多，大量热塑性材料均可作为打印材料使用。目前市场上较普遍、能购买到的线材包括ABS、PLA、PVA（Polyvingl Alcohol）、尼龙、木质材料等，它们的特点分别介绍如下。

1. ABS

ABS是目前产量最大、应用最广泛的聚合物，有着优良的力学、热学、电学和化学性能。ABS三个字母分别代表丙烯腈、丁二烯、苯乙烯。它是一种综合性能良好的树脂，在比较宽的温度范围内具有较高的冲击强度和表面硬度，热变形温度比PLA、PVC高，尺寸稳定性好，可在极低的温度下使用。ABS制品的破坏形式一般属于拉伸破坏，ABS的抗冲击性能优良，但其弯曲强度和压缩强度属塑料中较差的。ABS的电绝缘性较好，不受环境温度、湿度和频率的影响，可在大多数环境下使用。ABS的化学性能表现在不受水、无机盐、碱醇类和烃类溶剂及多种酸的影响，但可溶于酮类、醛类及氯代烃溶剂。

作为FDM的打印材料，ABS成形所得成形件的表面光滑程度要好于PLA成形，成形件强度和韧度也较高。但由于ABS的收缩率较高，成形时要求成形室保持70℃左右的恒温，否则打印大型物体时易发生变形起翘及开裂；另外，其打印温度应在220℃以上，否则无法顺利挤出。ABS在加热时，会先转化为凝胶状再转化为液体，由于没有发生相变，它不吸收喷嘴的热能，不容易造成喷嘴堵塞。

2. PLA

PLA即聚乳酸，是一种由玉米淀粉提炼的高分子材料，也是一种新型的生物降解材料，对人体无害。由于PLA的相容性和可降解性好，它在医药领域应用广泛。同时，它的力学性能及物理性能也较好，是目前应用最广泛的FDM打印材料之一。PLA的打印温度应设置在200℃以下。过高的温度会导致其炭化，堵塞喷嘴，造成打印失败。加热PLA时，它会直接从固体变为液体，因为有相变过程，它会较多吸收喷嘴的热能，喷嘴堵塞的可能性大。PLA具有较低的收缩率，即使打印较大的模型，也不容易开裂，打印成功率高。

3. PVA

PVA即聚乙烯醇，是一种有机化合物，固体，无味，可溶于95℃以上热水。基于这一特性，在FDM打印中，多用它来打印支撑结构。打印完成后将PVA支撑结构连同模型本体一起投入热水中，PVA支撑结构将立即溶解（复杂及细小孔洞的支撑结构均可完全溶解），然后将模型本体取出。这样所得模型的表面效果比直接手工清除支撑效果要好，且操作更方便快捷。

4. 尼龙

相比于其他 FDM 热塑性塑料，尼龙部件具有最好的坚韧度，其断后伸长率也高出 100%～300%，并拥有更出色的抗疲劳性。在所有 FDM 热塑性塑料中，尼龙具有最佳的 z 轴层压、最高的冲击强度及出色的化学抗性。

5. 木质材料

木质材料使用木粉作为主要的原料，由木粉与聚合物黏合剂组成。木质材料可以让打印的物体从视觉和嗅觉上都和真实木料一致，广泛适合于各种 FDM 打印机。它还可以根据挤出头温度的不同改变颜色，因此可以通过调整挤出头的温度来做出从亮到暗的自然纹理效果。而且木质材料没有缩水变形问题，更容易打印出完美的产品。

随着 FDM 技术的推广，也不断有各种新型 FDM 线材（包括碳纤维、橡胶等）推出，它们与 FDM 打印机一起，在各种工业、创意设计等领域起着越来越重要的作用。

3.3 FDM 的机械结构

FDM 系统主要包括喷头、送丝机构、运动机构、加热工作台、床身、控制系统 6 个部分，如图 3.5 所示。

喷头是最复杂的部分，材料在喷头中被加热熔化，喷头底部有一个喷嘴供熔融的材料以一定的压力挤出，喷头沿零件截面轮廓和填充轨迹运动时挤出材料，与前一层黏结并在空气中迅速固化，如此反复进行即可得到实体零件。它的工艺过程决定了在制造悬臂件时需要添加支撑，这点与选区激光烧结（Selected Laser Sintering，SLS）技术完全不同。支撑可以用同一种材料建造，只需要一个喷头，现在一般都采用双喷头独立加热，一个用来喷模型材料制造零件，另一个用来喷支撑材料作支撑，两种材料的特性不同，制作完毕后去除支撑相当容易。

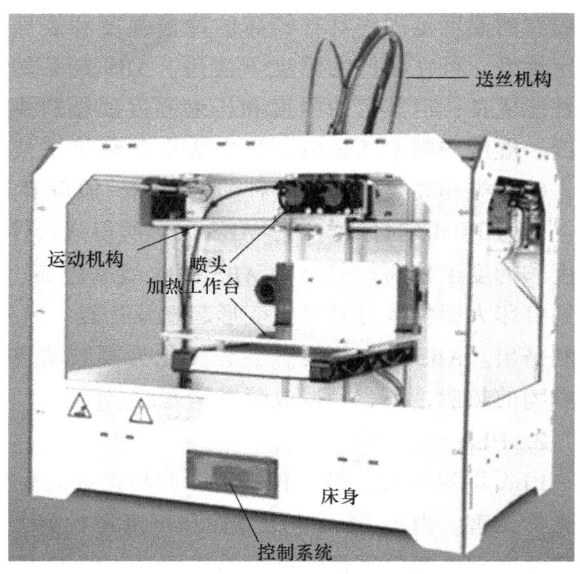

图 3.5　桌面式 3D 打印机结构

送丝机构为喷头输送原料，送丝要求平稳可靠。原料丝直径一般为 1～2m，喷嘴直径只有 0.2～0.3mm，这个差别保证了喷头内一定的压力和熔融后的原料能以一定的速度（必须与喷头扫描速度相匹配）被挤出成形。送丝机构和喷头采用推-拉相结合的方式，以保证送丝稳定可靠，避免断丝或积瘤。

运动机构包括 x、y、z 三个轴的运动。快速成形技术的原理是把任意复杂的三维零件转化为平面图形的堆积，因此不再要求机床进行三轴及三轴以上的联动，大大简化了机床的运动控制，只要能完成二轴联动就可以了。x-y 轴的联动扫描完成 FDM 工艺喷头对截面轮廓的平面扫描，z 轴则带动工作台实现高度方向的进给。

加热工作室用来给成型过程提供一个恒温环境。熔融状态的丝挤出成形后如果骤然冷却，容易造成翘曲和开裂，适当的环境温度可最大限度地减小这种造型缺陷，提高成形质量和精度。

工作台主要由台面和泡沫垫板组成，每完成一层成形，工作台便下降一层高度。

3.4　FDM 的工艺参数控制

在使用 FDM 快速成型系统进行成形加工之前，必须考虑相关工艺参数的控制，包括分层厚度、喷嘴直径、挤出速度、填充速度、喷嘴温度、环境温度、理想轮廓线的补偿量及延迟时间。

分层厚度是指将三维数据模型进行切片时层与层之间的高度，也是 FDM 系统在堆积填充实体时每层的厚度。当分层厚度较大时，原型表面会有明显的“台阶”，影响原型的表面质量和精度；当分层厚度较小时，原型精度会较高，但需要加工的层数增多，成形时间也就较长。

喷嘴直径直接影响喷丝的粗细，一般喷丝越细，原型精度越高，但每层的加工路径会更密更长，成形时间也就越长。工艺过程中为了保证上下两层能够牢固地黏结，一般分层厚度需要小于喷嘴直径，如喷嘴直径为 0.15mm，分层厚度取 0.1mm。

挤出速度是指喷丝在送丝机构的作用下从喷嘴中挤出时的速度。

填充速度是指喷头在运动机构的作用下，按轮廓路径和填充路径运动时的速度。在保证运动机构运行平稳的前提下，填充速度越快，成形时间越短，效率越高。另外，为了保证连续平稳地出丝，需要合理匹配挤出速度和填充速度，使得喷丝从喷嘴挤出时的体积等于黏结时的体积（此时还需要考虑材料的收缩率）。如果填充速度与挤出速度匹配后出丝太慢，那么由于材料填充不足，会出现断丝现象，难以成形；相反，如果填充速度与挤出速度匹配后出丝太快，会导致熔丝堆积在喷头上，使成形面材料分布不均匀，表面会有疙瘩，影响造型质量。

喷嘴温度是指系统工作时将喷嘴加热到的一定温度。环境温度是指系统工作时原型周围环境的温度，通常是指工作室的温度。喷嘴温度应在一定的范围内选择，使挤出的丝呈黏弹性流体状态，即保持材料黏性系数在一个适用的范围内。

环境温度会影响成形零件的热应力大小，影响原型的表面质量。研究表明，对改性聚丙烯材料，喷嘴温度应控制在 230℃；同时为了顺利成形，应该把工作室的温度设定为比挤出丝的熔点温度低 1~2℃。

采用 FDM 工艺过程中，由于喷丝具有一定的宽度，造成填充轮廓路径时的实际轮廓线超出理想轮廓线一些区域，因此，需要在生成轮廓路径时对理想轮廓线进行补偿。该补偿值称为理想轮廓线的补偿量，它应当是挤出丝宽度的一半。工艺过程中挤出丝的形状、尺寸受到喷嘴孔直径、分层厚度、挤出速度、填充速度、喷嘴温度、成形室温度、材料黏性系数及材料收缩率等因素的影响，因此，挤出丝的宽度并不是一个固定值，故而理想轮廓线的补偿量需要根据实际情况进行设置调节，其补偿量设置正确与否，直接影响着原型制件尺寸精度和几何精度。

延迟时间包括出丝延迟时间和断丝延迟时间。当送丝机构开始送丝时，喷嘴不会立即出丝，而有一定的滞后，这段滞后时间就称为出丝延迟时间。同样，当送丝机构停止送丝时，喷嘴也不会立即断丝，这段滞后时间就称为断丝延迟时间。在工艺过程中，需要合理地设置延迟时间参数，否则会出现拉丝太细、黏结不牢或未能黏结，甚至断丝、缺丝的现象；或者出现堆丝、积瘤等现象，严重影响原型的质量和精度。

3.5 FDM 的成形特点

FDM 工艺采用电能来加热塑料丝，使其在挤出喷头前达到熔融状态，喷头在计算机的控制下将熔融的塑料丝喷涂到工作平台上，从而完成整个零件的加工。这种方法的能量传输和材料叠加均不同于采用以激光为能源的光固化工艺及采用微滴喷射技术的三维打印工艺。FDM 工艺具有以下优势：

1）不采用激光系统，使用和维护简单，从而把维护成本降到了最低水平。多用于概念设计的 FDM 成形机对原型精度和物理化学特性要求不高，便宜的价格是其推广开来的决定性因素。

2）成形材料广泛，热塑性材料均可应用。一般采用低熔点丝状材料，大多为高分子材料，如 ABS、PLA、聚碳酸酯（Polycarbonate，PC）、聚纤维酯（Polyphenylsulfone，PPSF）、尼龙丝和蜡丝等。其中，ABS 原型强度可以达到注塑零件强度的 1/3，PC、PC/ABS、PPSF 等材料的强度已经接近或超过普通注塑零件的强度，可在某些特定场合（如试用、维修、暂时替换等）直接使用。虽然直接金属零件成形的材料性能更好，但在塑料零件领域，FDM 工艺是一种非常适用的快速制造方式。随着材料性能和工艺水平的进一步提高，会有更多的 FDM 原型在各种场合直接使用。

3）环境友好，制件过程中无化学变化，也不会产生颗粒状粉尘。与其他使用粉末和液态材料的工艺相比，FDM 使用的塑料丝材更加清洁，易于更换、保存，不会在设备中或附近形成粉末或液体污染。

4）设备体积小巧，易于搬运，适用于办公环境。

5）原材料利用率高，且废旧材料可回收再加工，实现循环使用。

6）后处理简单。仅需要几分钟到一刻钟的时间剥离支撑后，原型即可使用。而现在应用较多的 SL、SLS、3DP 等工艺均存在清理残余液体和粉末的步骤，并且需要进行后固化处理，需要额外的辅助设备。这些额外的后处理工序一是容易造成粉末或液体污染，二是增加了几个小时的时间，不能在成形后立刻使用。

7）成形速度较快。FDM 工艺相对于 SL、SLS、3DP 工艺来说，速度是比较慢的，但是也有一定的优势，当对原型强度要求不高时，可通过减小原型密实程度的方法提高 FDM 成形速度。通过试验，具有某些结构特点的模型，最高成形速度已经可以达到 $60cm^3/h$。通过软件优化及技术进步，预计可以达到 $200cm^3/h$ 的高速度。

同样，其缺点也是显而易见的，主要有以下几点：

1）由于喷头的运动是机械运动，速度有一定的限制，所以成形时间较长。

2）与光固化成形工艺及三维打印工艺相比，成形精度较低，表面有明显的台阶效应。

3）成形过程中需要加支撑结构，支撑结构手动剥除困难，同时影响制件表面质量。

3.6 FDM 的应用方向

作为一种全新的制造技术，快速成形能够迅速将设计思想转化成新产品，一经问世便得到了广泛的应用，涉及建筑、汽车、教育科研、医疗、航空、消费品工业等行业。近年来，FDM 工艺发展极为迅速，目前已占全球 RP 总份额的 30%左右。FDM 主要的应用可以归纳为设计验证和模具制造两个方面。

1. 设计验证

现代产品的设计与制造大多是在基于 CAD/CAM 技术上的数控加工，显著提高了产品开发的效率与质量，但产品的 CAD 设计模型总是不能在 CAM 之前尽善尽美。利用快速成形技术进行产品模型制造是三维立体模型实现的最直接方式，它提高了设计速度和信息反馈速度，使设计者能及时对产品的设计思路、产品结构及产品外观进行修正。针对产品中重要的零部件，在进行批量生产前，为降低一定的生产风险，往往需要进行手板的验证。对于形状复杂、曲面众多的部件，传统手板加工方法往往很难加工，利用 RP 技术可以快速方便地制造出实体，缩短新产品设计周期，降低生产成本及生产风险。

Mizuno（美津浓）是世界上最大的综合性体育用品制造公司之一。1997 年 1 月，Mizuno 美国公司准备开发一套新高尔夫球杆，这通常需要 13 个月的时间。FDM 的应用大大缩短了这个过程，设计出的新高尔夫球头用 FDM 制作后，可以迅速地得到反馈意见并进行修改，大大加快了造型阶段的设计验证，一旦设计定型，FDM 最后制造出的 ABS 原型就可以作为加工基准在 CNC 机床上进行钢制母模的加工。新高尔夫球杆的整个开发周期为 7 个月，缩短了 40%的时间。现在，FDM 快速成形技术已成为 Mizuno 美国公司在产品开发过程中起决定性作用的组成部分。

2. 模具制造

快速成形技术在典型的铸造工艺（如失蜡铸造、直接模壳铸造）中为单件小批量铸造产品的制造带来了显著的经济效益。在失蜡铸造中，快速成形技术为精密消失型的制作提供了更快速、精度更高、结构更复杂的保障，并且降低了成本，缩短了周期。

FDM 在快速经济制模领域中可用间接法得到注射模和铸造模。首先用 FDM 制造母模，然后浇注硅橡胶、环氧树脂、聚氨酯等材料或低熔点合金材料，固化后取出母模即可得到软性的注射模或低熔点合金铸造模。这种模具的寿命通常只有数件至数百件。如果利用母模或这种模具浇注（涂覆）石膏、陶瓷、金属构成硬模具，其寿命可达数千件。用铸造石蜡为原料，可直接得到用于熔模铸造的母模。

3.7 FDM 的主要问题与发展方向

成形精度是快速成形技术中的关键问题，也是快速成形技术发展的一个瓶颈。快速成形技术由数据处理、成形过程和后处理三部分组成，所以可以推断快速成形误差由原理性误差、成形过程产生的误差和后处理产生的误差组成。

目前快速成形技术领域存在以下主要问题：

1）材料方面的问题。快速成形技术的核心是材料的堆积过程，材料的成形性能一般不太理想，大多数堆积过程伴随有材料的相变和温度的不稳定，残余应力难以消除，致使成形件不能满足需求，要借助于后处理才能达到产品要求。

2）成形精度与速度方面的问题。在数据处理和工艺过程中实际上是对材料的单元化，由于分层厚度不可能无限小，这就使成形件本身具有台阶效应。工艺要求对材料逐层处理，而在堆积过程中伴随有物理和化学的变化，使得实际成形效率偏低。就目前快速成形技术而言，精度和速度是一对矛盾体，往往难以调和。

3）软件问题。影响快速成形技术的软件问题比较严重，软件系统不仅是离散/堆积的重要环节，也是成形速度、精度等方面的重要影响因素。如今的快速成形软件大多是随机安装，无法进行二次开发，各公司的成形软件没有统一标准的数据格式，且功能较少，数据转换模型 STL 文件缺陷较多，不能精确描述 CAD 模型，这都影响了快速成形的成形精度和质量。因此发展数据格式统一并使用曲面切片、不等厚分层等准确描述模型的方法的软件成为当务之急。

4）价格和应用问题。快速成形技术是集材料科学、计算机技术、自动化及数控技术于一体的高科技技术，研究开发成本较高；工艺一旦成熟，必然有专利保护问题，这就给设备本身的生产和技术服务带来经济上的代价，并限制了技术交流，有碍快速成形技术的推广应用。虽然快速成形技术已在许多领域获得了广泛应用，但大多是作为原型件进行新产品开发及功能测试等，如何生产出能直接使用的零件是快速成形技术面临的一个重要问题。随着快速成形技术的进一步推广应用，直接零件制造是快速成形技术发展的必然趋势。

快速成形技术经过近 30 年的发展，正朝着实用化、工业化、产业化方向迈进。其未来发展趋势归纳如下：

1）开发新型材料。材料是快速成形技术的关键，因此开发全新的快速成形新材料如复合材料、纳米材料、非均质材料、活性生物材料，是当前国内外快速成形材料研究的热点。

2）开发功能强大、标准化的成形软件和经济稳定的快速成形系统，提高快速成形的成型精度和表面质量。

3）金属/模具直接成形，即直接制造金属/模具并应用于生产中。

4）大型模具制造和微型制造，熔融沉积快速成形精度及工艺研究。

5）反求技术。反求技术常用于仿制、维修和新产品开发，可大大缩短产品开发周期，降低成本，同时也是人体器官成形的核心与基础，在快速成形领域已成为研究热点。

6）低温成形及生物工程。低温成形成本低，制件方便，属于绿色制造。由于只有在低温下，生物材料和细胞才可能保持其生物活性，因此开发低温下的成形制造新技术，将生物材料、细胞或它们的复合体喷射成形，对生物制造具有决定性的意义。

7）研究具有特定电、磁学性能的梯度功能材料及纳米晶材料。

8）生长成形。伴随着生物工程、活性材料、基因工程、信息科学的发展，信息制造过程与物理制造过程相结合的生长成形方式将会产生，制造与生长将是同一概念。以全息生长元为基础的智能材料自主生长方式是 FDM 的新里程碑。

9）远程制造。随着网络技术的发展，设计和制造人员可以通过各种桌面系统直接控制制造过程，实现设计和制造过程统一协调和无人化，实现异地操作与数据交换。用户可以通过网络将产品的 CAD 数据传给制造商，制造商可以根据要求快速地为用户制造各种制品，从而实现远程制造。

复习思考题

1. 简述 FDM 的成形原理。
2. FDM 成形材料有哪些？
3. 简述 FDM 的成形特点。
4. FDM 应用方向有哪些？

SLM打印技术

选区激光溶化（Selective Laser Melting，SLM）技术和选区激光烧结技术是快速成形技术的重要组成部分。SLM 技术是近年来发展起来的快速成形技术，相对其他快速成形技术而言，SLM 技术更高效、更便捷，开发前景也更广阔。如图 4.1 所示，它可以利用单一金属或混合金属粉末直接制造出具有冶金结合、致密性接近 100%、较高尺寸精度和较好表面粗糙度的金属零件。SLM 技术综合运用了新材料、激光技术、计算机技术等前沿技术，受到国内外的高度重视，成为新时代极具发展潜力的高新技术。如果这一技术取得重大突破，将会带动制造业的跨越式发展。

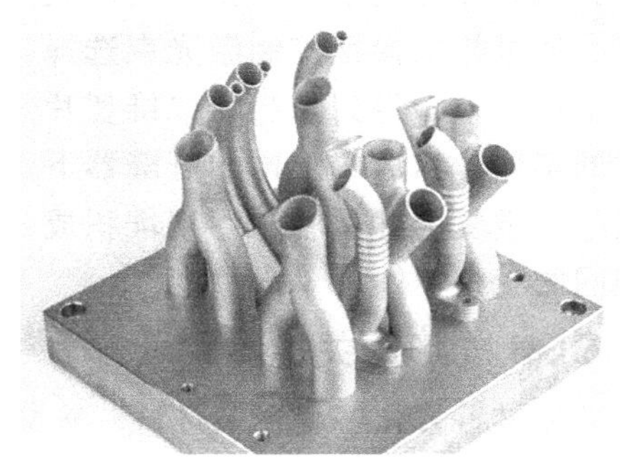

图 4.1　SLM 打印产品

4.1　SLM 的成形原理、关键点及影响因素

4.1.1　SLM 的成形原理

SLM 成形原理与 SLS 类似，主要区别在于粉末的结合方式不同，SLS 技术是通过低熔点金属或黏结剂的熔化把高熔点的金属粉末或非金属粉末黏结在一起的液相烧结方式，SLM 技术是将金属粉末完全熔化，因此其要求的激光功率密度要明显高于 SLS 技术。

为了保证金属粉末材料的快速熔化，SLM 技术需要高功率密度激光器，光斑聚焦到几十微米。SLM 技术目前都选用光束模式优良的光纤激光器，激光功率为 50～400W，功率密度达 5×10^6W/cm^2 以上。图 4.2 所示为 SLM 技术成形过程获得的金属零件三维效果图。

图 4.2　SLM 技术成形获得的金属零件三维效果图

SLM 的成形原理示意图如图 4.3 所示。首先，通过专用的软件对零件的 CAD 三维模型进行切片分层，将模型离散成二维截面图形，并规划扫描路径，得到各截面的激光扫描信息。在扫描前，先通过刮板将送粉升降器中的粉末均匀地平铺到激光加工区，随后计算机根据所得到的激光扫描信息，通过扫描振镜控制激光束选择性地熔化金属粉末，得到与当前二维切片图形一样的实体。然后成形区的升降器下降一个层厚，重复上述过程，逐层堆积成与模型相同的三维实体。

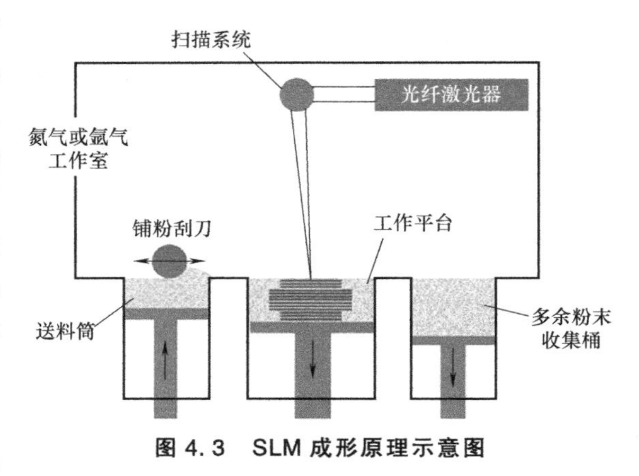

图 4.3　SLM 成形原理示意图

4.1.2　SLM 成形的关键点

由于成形材料为高熔点金属材料，易发生热变形，且成形过程伴随飞溅、球化现象，因此，SLM 成形过程工艺控制较困难，SLM 成形过程需要解决的关键点如下：

1）材料。虽然理论上可将任何可焊接材料通过 SLM 方式进行熔化成形，但实际发现其对粉末的成分、形态、粒度等要求严格。研究发现合金材料（不锈钢、钛合金、镍合金等）比纯金属材料更容易成形，主要是因为材料中的合金元素增加了熔池的润湿性，或者抗氧化性，特别是成分中的氧含量对 SLM 成形过程影响很大。球形粉末比不规则粉末更容易成形，因为球形粉末流动性好，容易铺粉。

2）具备良好光束质量的激光光源。良好的光束质量意味着可获得细微聚焦光斑，细微的聚焦光斑对提高成形精度十分重要。由于采用细微的聚焦光斑，成形过程采用 50～200W 激光功率即可实现几乎所有金属材料的熔化成形，并且可有效减小扫描过程的热影响区，避免大的热变形；细小的聚焦光斑也是能成形精细结构零件的前提。

3）精密铺粉装置。在 SLM 成形过程中，需保证当前层与上一层之间、同一层相邻熔道之间具有完全的冶金结合。成形过程会发生飞溅、球化等缺陷，一些飞溅颗粒夹杂在熔池中，使成形件表面粗糙，而且一般飞溅颗粒较大，在铺粉过程中，飞溅颗粒直径大于铺粉层厚，导致铺粉装置与成形表面碰撞。碰撞问题是 SLM 成形过程中经常遇到的不稳定因素。因此，不同于 SLS 技术，SLM 技术需用到特殊设计的铺粉装置，如柔性铺粉系统、特殊结构刮板等。SLM 工艺对铺粉质量的要求是：铺粉后粉床平整、紧实，且尽量薄。

4）气体保护系统。由于金属材料在高温下极易与空气中的氧发生反应，氧化物对成形质量有非常大的消极影响，使得材料的润湿性大大下降，阻碍了层与层之间、熔道之间的冶金结合能力。SLM 成形过程需在有足够低的氧含量保护气中进行，根据成形材料的不同，保护气可以是氩气或成本较低的氮气。SLM 成形过程涉及几个自由度轴或电动机的协调运动，特别是铺粉装置采用带传动方式带动，导致成形室的密封性能不太好。

5）合适的成形工艺。SLM 成形过程中经常会发生飞溅、球化、热变形等现象，这些现象会引起成形过程不稳定、成形组织不致密、成形精度难以保证等问题。合适的成形工艺对实现金属零件 SLM 直接快速成形十分重要，特别是激光功率与扫描速度的比值，决定了材料是否熔化充分。能量输入大小决定了粉末的成形状态，包括气化、过熔、熔化、烧结等，只有获得优化的能量输入条件，配合合理的扫描间距与扫描策略，才能获得高质量的 SLM 成形件。

4.1.3　SLM 成形质量的影响因素

国外研究人员总结发现，SLM 成形效果的影响因素多达 130 个，而其中有 13 个因素起决定作用。根据本书编者的自身经验，将 SLM 成形质量的影响因素分为 6 大类，包括材料（成分、松装密度、形状、粒度分布、流动性等）、激光与光路系统（激光模式、波长、功率，光斑直径，光路稳定性）、扫描特征（扫描速度、扫描方法、加工层厚、扫描线间距等）、环境因素（氧含量、预热温度、湿度）、几何特性（支撑添加方式、零件几何摆放及空间摆放等）、力学因素（铺粉层厚、铺粉平整性、铺粉装置的稳定性、成形缸运动精度等）。考察 SLM 成形件的指标，主要包括致密度、尺寸精度、表面粗糙度、零件内部残余应力、强度与硬度，其他特殊应用的零件需根据行业要求进行相关指标检测。图 4.4 所示 SLM

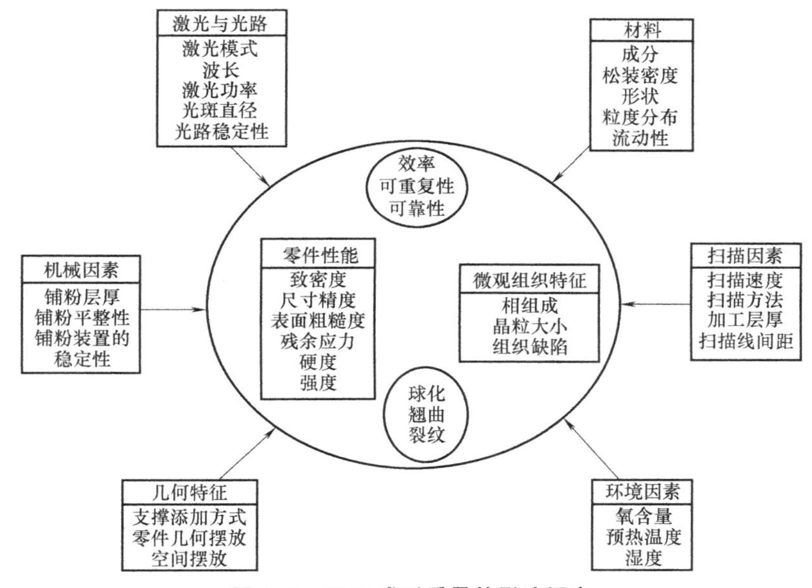

图 4.4　SLM 成形质量的影响因素

成形过程的主要缺陷（球化、翘曲、裂纹）、微观组织特征和目前SLM技术所面临的最大挑战：成形效率、可重复性、可靠性（设备稳定性），这三个挑战也是快速制造（Rapid Manufacturing，RM）行业其他快速直接制造方法所面临的最大挑战。

在上述SLM成形质量的影响因素中，有些不需要再进行深入研究，因为它们在所有的快速成形工艺中具有同样的影响，如扫描线间距和铺粉装置的稳定性。然而，另外一些变量需要根据材料的不同做出调整，在没有相关研究经验的情况下，需要根据试验推断这些影响因素对SLM方法直接成形金属质量的影响。本书根据前期的加工经验总结了试验过程中对成型质量的影响也非常大的一些细节因素，具体包括以下方面：

1）铺粉装置的设计原理、铺粉速度、铺粉装置下沿与粉床上表面之间的距离、铺粉装置与基板的水平度。

2）粉末加工次数、粉末是否烘干及粉末氧化程度。

3）加工零件的尺寸（包括x、y、z三个方向）、立体摆放方式、最大横截面积、成形零件与铺粉装置中压板或柔性齿的接触长度。

在成形的过程中，如果控制不好这些细节因素，将降低零件的成形质量，甚至成形过程中需要停机，使实验的稳定性、可重复性得不到保证。

4.2　SLM的成形材料

SLM技术的特征是材料的完全熔化和凝固。因此，该技术主要适合于金属材料的成形，并且其优点之一就是利用大部分金属材料，包括纯金属粉末、合金粉末及混合粉末等。

1）混合粉末。混合粉末（见图4.5a）是将多种成分颗粒利用机械方法混合均匀后的产物。常用的混合方法是机械球磨法。经过适当配比、球磨混合均匀后的粉末松装密度较高。不过，混合粉末在成形过程中会受到辊筒或刮板等作用，粉末成分易出现分离（不均匀化），因而会影响粉末成分分布的均匀度。若为了增加松装密度，在成形过程中采用振动装置，则混合粉末成分分布不均匀的程度将更加严重。

2）合金粉末。合金粉末（见图4.5b）是由液态合金通过雾化方法制备的粉末，其粉末颗粒成分均匀。因此，利用合金粉末成形，没有成分分布不均匀的不利因素。

3）纯金属粉末。纯金属粉末（见图4.5c）是液态单质金属通过雾化方法制备的粉末，粉末的颗粒成分均匀。因此，SLM单质金属粉末成形也不存在成分分布不均匀的不利因素。

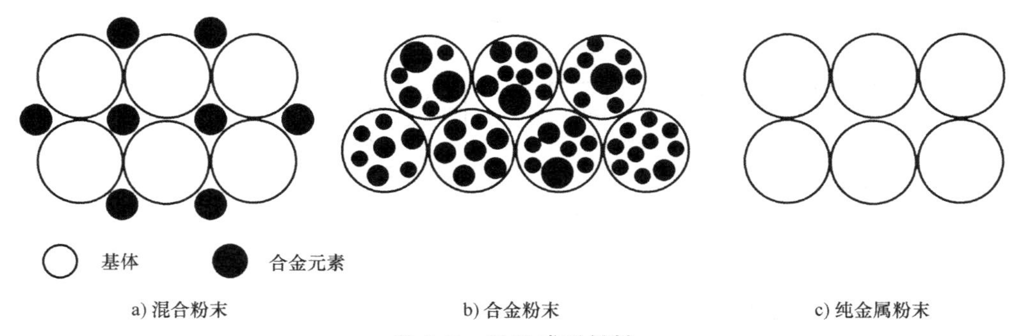

图4.5　SLM成形材料

对SLM成形材料的研究是目前3D打印材料研究的热点，下面介绍几种常见的SLM金属粉末材料。

1）铁基合金。主要研究的铁基合金包括 Fe-C、Fe-Cu、Fe-C-Cu-P、不锈钢和 M-2 高速钢。Fe、P、Cu 能够降低工艺所需的能量密度，P 还能降低熔池表面张力，提高熔池的润湿性及抗氧化性。

2）钛及钛合金。钛是同素异形体，熔点为 1668℃，在低于 882℃时呈密排六方晶格结构，称为 α 钛；在 882℃以上时呈体心立方晶格结构，称为 β 钛。利用上述两种钛结构的不同特性，添加适当的合金元素，使其相变温度及相分含量逐渐改变而得到不同组织的钛合金，具有重量轻、强度高、韧度高和耐腐蚀等特点。

3）镍基合金。镍基合金是指在 650~1000℃高温下有较高强度与一定抗氧化耐腐蚀能力的一类合金。常用的 SLM 镍基合金主要有 Inconel 625、Inconel 718 及 Waspaloy 合金等。如镍基高温合金可以用在航空发动机的涡轮叶片与涡轮盘上。

4）铝合金。铝合金通常使用 Cu、Zn、Mn、Si、Mg 等合金元素。作为轻金属材料，铝合金具有优良的物理、化学和力学性能，在航空航天、高速列车及轻型汽车等领域获得了广泛应用。AlSi10Mg Speed 1.0 是 EOS 公司的新产品，平均粒径为 30μm，经过 3D 打印后几乎可以获得 100% 的相对密度，且制件的抗拉强度可以达到 360MPa，屈服强度可以达到 220MPa。

5）铜合金。铜合金具有良好的导热、导电性能，和较好的耐磨与减摩性能，在电子、机械、航空航天等领域得到了广泛应用。

4.3　SLM 的成形特点

SLM 的优点：

1）直接由三维设计模型驱动制成终端金属产品，省掉中间过渡环节，节约了开模制模的时间。

2）激光聚焦后具有细小的光斑，容易获得高功率密度，可加工出具有较高尺寸精度（达 0.11mm）及良好表面粗糙度（*Ra* 为 30~50um）的金属零件。

3）成形零件具有冶金结合的组织特性，相对密度几乎达到 100%，力学性能可与铸锻件相比。

4）SLM 适合成形各种复杂形状的工件，如内部有复杂内腔结构以及医学领域具有个性化需求的零件，这些零件采用传统方法无法制造。

5）成形材料广泛。从理论上讲，任何能够吸收激光能量而黏度降低的粉末材料都可以作为 SLM 的成形材料，包括金属、高分子、陶瓷、覆膜砂等。

6）材料利用率高，成本低。在 SLM 成形过程中，未被激光扫描到的粉末材料可以被重复利用。因此，SLM 技术具有较高的材料利用率。此外，SLM 成形过程中的多数粉末的价格较便宜，如覆膜砂，因此材料成本相对较低。

7）无须支撑，容易清理。由于未烧结的粉末可以对成形件的空腔和悬臂部分起支撑作用，不必专门设置支撑结构，从而节省了成形材料，降低了能源消耗。

SLM 技术的缺点也是显而易见的，主要有：

1）表面相对粗糙，需要做后期处理。由于 SLM 工艺的原材料是粉末，零件的成形是由材料粉层经过加热熔化而逐层黏接的，因此成形件的表面是粉粒状，因而表面质量不高。陶瓷、金属成形件的后处理较难，且制件易变形，难以保证其尺寸精度。

2）烧结过程挥发异味。SLM 工艺中的粉层黏接需要激光能量将其加热而达到熔化状态，高分子材料或者粉粒在激光烧结熔化时，一般会挥发出有异味的气体。

3）设备成本高。由于使用大功率激光器，除本身设备成本外，为使激光能稳定地工作，需要不断地做冷却处理，激光器属于耗材，维护成本高，普通用户难以承受，因此该技术主要集中在高端制造领域。

4.4 SLM 技术的应用方向

SLM 技术的作为一种精密金属增材制造技术，目前的研究仍集中在复杂几何形体的设计及个性化、定制化制造，如航空部件、刀具模具、珠宝首饰及个性化医学生物植入体的制造、机械免组装件等方面，在这些方面其具有独特的优势。

4.4.1 多孔功能件

如图 4.6 所示，多孔结构可用作超轻航空件、热交换器、骨植入体等。Basalah、Ahmad 等人也研究了 SLM 成形钛合金的微观多孔结构，孔隙率在 31%~43%，与皮质骨空隙率相当，抗压强度在 56~509MPa，并且结构收缩率较低，仅为 1.5%~5%，适合用作骨植人体。Yadroitsev I 采用 PHENIX PM-100 成形设备，以 904L 不锈钢为材料，采用 50W 的光纤激光器，成形了系列薄壁零件，壁厚最小为 140μm；并以 316L 不锈钢为材料，成形了具有空间结构的微小网格零件。Reinhart、Gunther 等人研究指出，增材制造借助其高度几何自由的优势，为轻量化功能件制造提供了有力手段。在研究中采用周期性的多孔结构与拓扑优化结构，两者性能同样良好，但是多孔结构刚度降低，并通过扭矩加载试验得到验证。

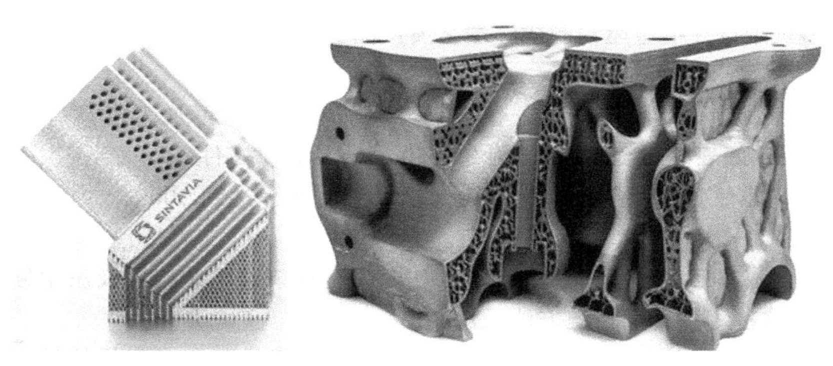

图 4.6 SLM 成形多孔结构零件

为了获得预设计的多孔结构成形效果，国内研究人员在优化成形工艺基础上，需要逐步解决实体零件成形的极限成形角度、SLM 成形的几何特征最小尺寸、设计适合于 SLM 工艺的单元孔和多孔结构成形等问题。

4.4.2 牙科产品

在牙科领域，3TRPD 公司采用 3T Frameworks 生产商业化的牙冠、牙桥。系统采用 3M Lava Scan ST 设计系统（3MEPSE，UK）和 EOS M270（EOS GmbH）来提供服务，周期仅三天。Bibb 等人报告成形可摘除局部义齿（RPD），这表明从病人获取扫描数据后自动制造 RPD 局部义齿是可行的，但是尚未商业化。国内如进达义齿等相关企业已经购置德国设备用于商业化牙冠、牙桥的直接制造，一台设备即可替代月产万颗人工生产线。国内在前期研究中也针对患者每一颗牙齿反求模型，然后通过SLM技术直接制造个性化牙冠、牙桥、舌侧正畸托槽。如图4.7所示为使用3D Systems公司金属3D打印机生产的牙科产品。

图4.7 SLM成形牙科产品

4.4.3 植入体

Kruth及Vanderbrouke研究了生物兼容性金属材料成形医疗器械的可能性（如植入体）。Ruffo研究发现，SLM制造植入体表面多孔可控，类似多孔的结构可以促进其与骨的结合，并在2008到2009年的1000多例手术中，反馈效果极好。Tolochko通过改变SLM的激光功率（60~100W），制造梯度密度（全熔、烧结）的牙根植入体。在美国，SLM制造三级医疗植入体已经符合ISO 13485标准，这意味着对医疗器械的设计与制造需要一个综合管理系统。此外，Sercombe等人研究显示在欧洲、澳大利亚、北美（美国除外）一些高风险医疗器械（如钛合金、钴铬合金）已经开始在人体上使用。国内市场植入体大多依据欧美白种人设计，对中国人来说个体适配性差，华南理工大学与北京大学医学部正在探索国人个性化植入体金属SLM直接制造技术。此外，国内一些医疗器械企业也开始研究并主导个性化植入体的直接制造及产业化工作。

4.5 SLM技术发展展望

4.5.1 网状拓扑结构轻量化设计制造

SLM技术的发展使得网状拓扑结构轻量化设计与制造成为现实。连接结构的复杂程度不再受制造工艺的束缚，可设计成满足强度、刚度要求的规则网状拓扑结构，以此实现结构减重。图4.8所示为APWorks公司开发的世界上第一辆SLM打印摩托车Light Rider，采用网状拓扑优化后在保持原有强度的基础上实现减重，质量仅为35kg。除此之外，采用SLM技术也可以实现海绵、骨头、珊瑚、蜂窝等仿生复杂网状强化拓扑结构的优化设计与制造，达到更显著的减重效果。

4.5.2 三维点阵结构设计制造

与蜂窝夹层板这种典型的二维点阵结构相比，三维点阵结构可设计性更强，比刚度和比强度、吸能性能经过设计可以优于传统的二维蜂窝夹层结构，图4.9所示为三维点阵结构及点阵夹层结构。受到制造手段的限制，传统制造方法难以实现三维点阵结构的高质量、高性能制造，而基于粉床铺粉的SLM技术较为适宜制造这类复杂的空间结构。制备不同材料、不同结构特征的空间点

图4.8 SLM打印Light Rider优化结构

阵结构是目前 SLM 技术研究的热点之一。

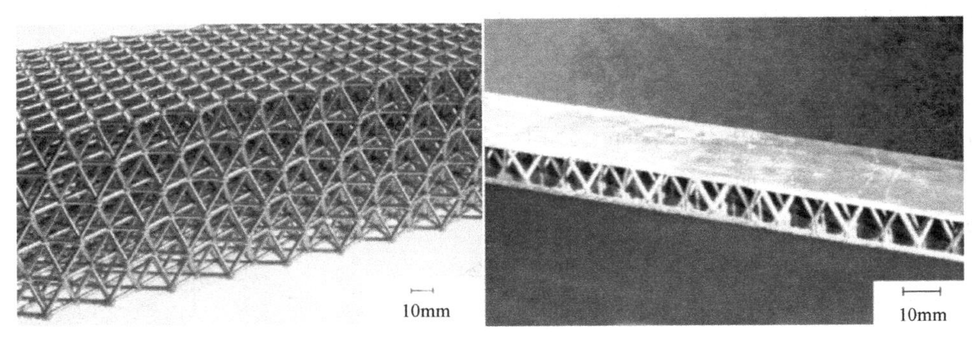

a) 三维点阵结构　　b) 点阵夹层结构

图 4.9　SLM 打印复杂结构

4.5.3　陶瓷颗粒增强金属基复合材料-结构一体化制造

陶瓷颗粒增强金属基复合材料具有良好的综合性能。目前，其制备方法有很多种，如粉末冶金、铸造法、熔渗法和自蔓延高温合成法等。但是由于陶瓷增强颗粒与金属基体之间晶体结构、物理性质及金属/陶瓷界面浸润性差异的影响，采用常规方法容易导致成形过程中增强颗粒局部团聚或界面裂纹。SLM 成形过程中温度梯度大（7×10^6K/s），冷却凝固速度快，可使金属基体中颗粒增强项细化到纳米尺度且在金属基体内呈弥散分布，可以有效约束金属基体的热膨胀变形，克服界面裂纹。此外，SLM 成形可以在材料制备的同时完成复杂结构的制造，实现材料-结构的一体化制造。

复习思考题

1. 简述 SLM 成形原理。
2. SLM 成形质量的影响因素有哪些?
3. 简述 SLM 成形特点。

EBM成形技术

5.1 EBM快速成形的原理

电子束选区熔化（Electron Beam Melting，EBM）技术是20世纪90年代中期发展起来的一种金属零件3D打印技术，其工作原理如图5.1所示。首先将所设计零件的三维图形按一定厚度切片分层，得到三维零件的所有二维信息；取粉器铺放一层预设厚度的粉末（通常为30~70μm）；在真空箱内以电子束为能量源，电子束在电磁偏转线圈的作用下由计算机控制，根据零件各层截面的CAD数据有选择地对在工作台上预铺好的粉末层进行扫描熔化，未被熔化的粉末仍呈松散状，可作为支撑。一层加工完成后，工作台下降一个层厚的高度，再进行下一层铺粉和熔化，同时新熔化层与前一层熔合为一体。重复上述过程直到零件加工完后从真空箱中取出，用高压空气吹出松散粉末，得到三维零件。EBM成形流程如图5.2所示。

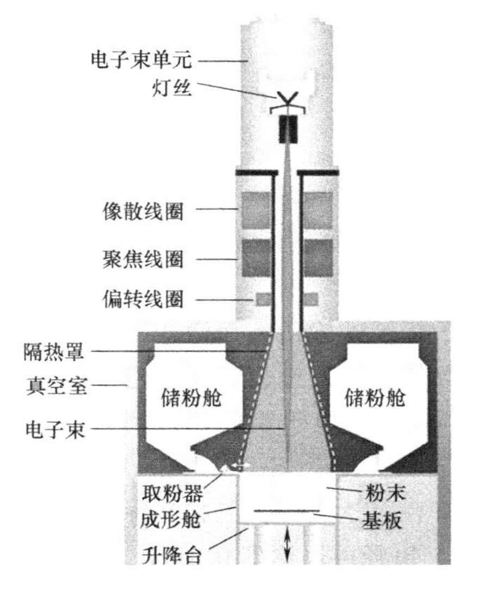

图5.1 EBM成形原理

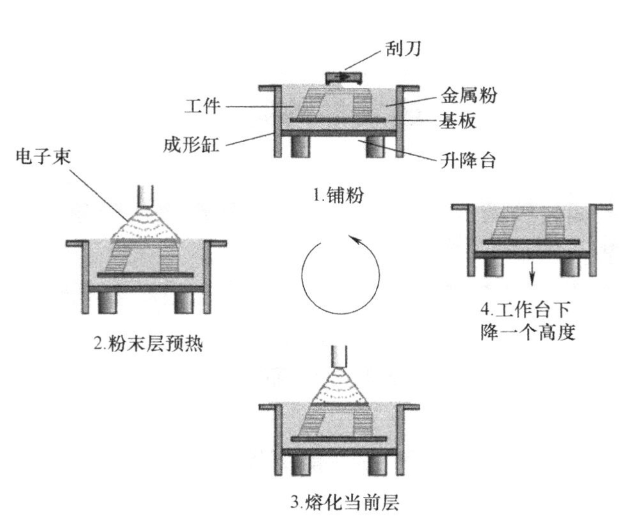

图5.2 EBM成形流程

5.2 EBM 快速成形的材料

目前，EBM 成形材料涵盖了不锈钢、钛及钛合金、Co-Cr-Mo 合金、TiAl 金属间化合物、镍基高温合金、铝合金、铜合金和铌合金等金属及合金材料。其中钛合金是研究最多的合金，对其力学性能的研究也较多。

表 5.1 给出了瑞典 Arcam 公司 EBM 成形 TC_4 钛合金的室温力学性能。由表 5.1 可以看出，无论是沉积态，还是热等静压态，EBM 成形 TC_4 钛合金的室温抗拉强度、断后伸长率、断面收缩率、断裂韧性和疲劳强度等主要力学性能指标均能达到锻件标准，但是沉积态力学性能存在明显的各向异性，并且分散性较大。经热等静压处理后，虽然抗拉强度有所降低，但断裂韧性和疲劳强度等动载力学性能却得到了明显提高，而且各向异性基本消失，分散性大幅下降。

表 5.1 瑞典 Arcam 公司 EBM 成形 TC_4 钛合金的室温力学性能

材料	方向	残余屈服强度/MPa	抗拉强度/MPa	断后伸长率(%)	断面收缩率(%)	断裂韧性/MPa·$m^{1/2}$	疲劳强度/10^7MPa
沉积态	z	879±110	953±84	14±0.1	46±0	78.8±1.9	382~398
	xy	870±70	971±30	12±0.1	35±1	97.9±1.0	442~458
热等静压态(EBM+HIP)	z	868±25	942±24	13±0.1	44±1	83.7±0.8	532~568
	xy	867±55	959±79	14±0.1	37±1	99.8±1.1	531~549
退火锻造	—	≥825	≥895	≥8~10	≥25	≥50	—

对于生物医用 Co-Cr-Mo 合金，经过热处理之后其静态力学性能能够达到医用标准要求，并且经热等静压处理后其疲劳强度达到 400~500MPa；对于目前航空航天领域广受关注的 γ-TiAl 金属间化合物，SEBM 成形 Ti-48Al-2Cr-2Nb 合金，经热处理（双态组织）或热等静压后（等轴组织）具有与铸件相当的力学性能，EBM 成形 TiAl 合金室温和高温疲劳强度同样能够达到现有铸件技术水平，并且表现出比铸件更优异的裂纹扩展抗力和与镍基高温合金相当的高温蠕变性能。

5.3 EBM 快速成形的特点

EBM 成形技术是另一种高能束加工手段，它采用高能电子束作为加工热源，可通过操纵磁偏转线圈成形，已在金属零件快速成形领域中得到应用，并显示出了一系列独特的优势：

1）功率能量利用率高。电子束可以很容易地做到几千瓦级的输出，而激光器的一般输出功率为 1~5kW。电子束加工的最大功率能达到激光的数倍，其连续热源功率密度比激光高很多，可达 1×10^7W/mm^2。同时比起激光 15%的能量利用率，电子束的能量利用率要高很多，可达到 75%。

2）对焦方便，产品性能更优越。激光在理论上光斑直径可达 1nm，但在实际应用中一般达不到。电子束则可以通过调节聚束透镜的电流来对焦，束径可以达到 0.1nm，因而可以做到极细的聚焦，加工出的产品粒度高、纯度高，性能更优越。

3）可加工材料广泛。大部分金属对激光的反射率很高，熔化潜热也很高，导致不易熔化。而且一旦熔化形成熔池后，反射率迅速降低，使得熔池温度急剧上升，导致材料汽化。而电子束可以不受加工材料反射的影响，很容易加工用激光难于加工的材料，而且具有的高真空工作环境可以避免金属粉末在液相烧结或熔化过程中被氧化（这一点对钛及钛合金的加工尤为可贵）。

4）成形速度高，运行成本低。电子束设备可以进行二维扫描，扫描频率可达到20kHz，无机械惯性，可以实现快速扫描；而且不像激光那样消耗 N_2、CO_2、H_2 等气体，只需消耗数量不多的灯丝，价格相比较低廉。

5）真空环境无污染。电子束设备腔体的真空环境可以避免金属粉末在液相烧结过程中氧化，提高材料的成形率。

除此之外，电子束在金属焊接、电子束蒸发涂覆、电子束熔炼、电子束表面处理、电子束打孔、电子束制粉、电子束消毒灭菌和电子束显微技术等领域近些年来也不断得到发展，其应用领域也在不断地拓宽。总之，电子束技术符合21世纪绿色制造的宗旨，正受到更多的关注和研究，可以预见电子束在金属零件快速制造技术领域必将占有主导地位。

但是该种成形方式也有一些缺点：

1）成形前需要长时间抽真空，使得成形准备时间很长；而且抽真空消耗相当多的电能，总机功耗中，抽真空占去了大部分功耗。

2）成形完毕后，由于不能打开真空室，热量只能通过辐射散失，降温时间相当长，降低了成形效率。

3）需要一套专用设备和真空系统，价格较高。

4）电子束在沉积过程中会伴随 γ 射线的发射，如果装置设计不合理会造成射线的泄露，导致环境的污染。

5）电子束只能沉积导电材料，不能沉积陶瓷等不导电材料。

5.4　EBM 快速成形的缺陷及控制

5.4.1　EBM 快速成形的缺陷

基于 EBM 成形原理，如果成形工艺控制不当，成形过程中容易出现吹粉和球化等现象，并且成形零件会存在分层、变形、开裂、气孔和熔合不良等缺陷。

1. 吹粉现象

电子质量远大于光子，所以相对于激光束，电子束动量大，在选择烧结时，会出现特有的吹粉问题，即预制松散粉末在电子束的压力作用下被推开的现象，如图 5.3a 所示。吹粉现象严重时，成形底板上的粉末床会全面溃散，从而在成形舱内出现类似“沙尘暴”的现象，如图 5.3b 所示。

目前国内外对吹粉现象形成的原因还未形成统一的认识。清华大学齐海波等认为，高速电子流轰击金属粉末引起的压力是导致金属粉末偏离原来位置，形成吹粉现象的主要原因，然而此说法对图 5.3b 所示的粉末床全面溃散现象却无法解释。德国奥格斯堡 IWB 应用中心的研究小组对吹粉现象进行了系统的研究，指出除高速电子流轰击金属粉末引起的压力外，由于电子束轰击导致金属粉末带电，粉末与粉末之间、粉末与底板之间、粉末与电子流之间存在互相排斥的库仑力（F_C），并且一旦库仑力使金属粉末获得一定的加速度，还会受到电子束磁场形成的洛伦兹力（F_L）。上述力的综合作用是发生吹粉现象的主要原因。无论哪种原因，目前通过预热提高粉末床的黏附性是使粉末固定在底层或通过预热提高导电性，使粉末颗粒表面所带负电荷迅速导走，是避免吹粉的有效方法。

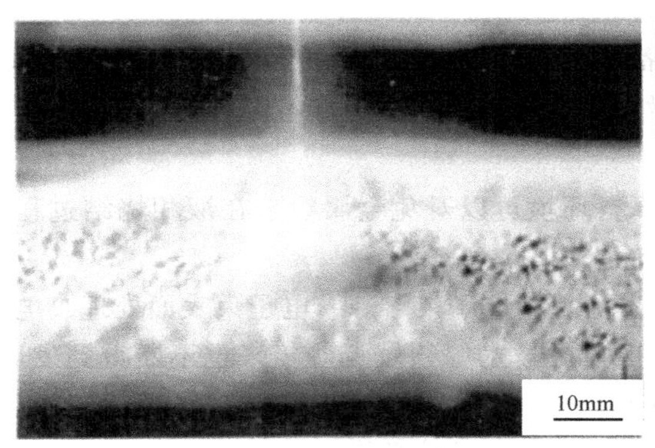

a) 局部粉末偏离原来位置

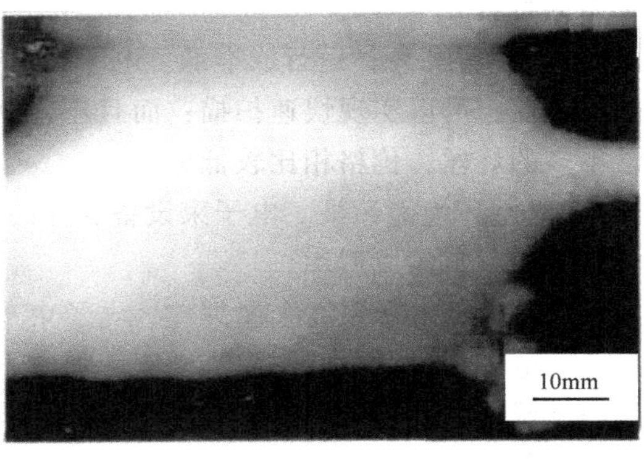

b) 粉末床全面溃散

图 5.3　高速摄影拍摄到的吹粉现象

2. 球化现象

球化现象又称为形球现象，是指金属粉末虽熔融但没形成一条完整平滑的扫描线，而是各自团聚成小球，其主要原因是熔融粉末形成的金属小液滴表面张力过大。

球化现象实际上取决于三方面因素：熔融小液滴表面张力、粉末是否润湿、粉末间的黏结力。如果熔融小液滴不润湿粉末，在表面张力的作用下各自团聚成小球，产生球化现象；如果熔融小液滴润湿粉末，但粉末间的黏结力小于表面张力，则熔融小液滴裹挟粉末团聚成小球，产生球化现象；如果熔融小液滴润湿粉末，且粉末间的黏结力大于表面张力，则熔融小液滴在粉末表面铺展，不产生球化现象。所以，提高粉末间的黏结力，促使熔融小液滴润湿粉末是抑制球化现象的关键。预热粉末一方面提高粉末颗粒的温度，熔融小液滴更易润湿粉末；另一方面增加粉末的黏度、固定粉末，从而抵御粉末熔融小液滴表面张力，有利于熔融小液滴在粉末表面铺展。目前还缺乏对球化现象系统的理论研究及定量描述，球化模拟分析机理有待揭示。

3. 变形与开裂

复杂金属零件在直接成型过程中，由于热源迅速移动，粉末温度随时间和空间急剧变化，导致热应力的形成。另外，由于电子束加热、熔化、凝固和冷却速度快，同时存在一定的凝固收缩应力和组织应力。在上述三种应力的综合作用下，成形零件容易发生变形甚至开裂，如图 5.4 所示。

图 5.4　EBM 成形过程中应力导致零件变形

通过成形工艺参数（预热温度、熔化扫描路径等）的优化，尽可能地提高温度场分布的均匀性，是解决变形和开裂的有效方法。对于 EBM 成形技术而言，由于高能电子束可实现高速扫描，因此能够在短时间实现大面积粉末床的预热，有助于减少后续熔融层和粉床之间的温度梯度，从而在一定程度上减小成形应力导致变形开裂的风险。

4. 气孔与熔合不良

由于 EBM 技术普遍采用惰性气体雾化球形粉末作为原料，在气雾化制粉过程中不可避免地形成一定含量的空心粉，并且由于 EBM 技术熔化和凝固速度较快，空心粉中含有的气体来不及逃逸，从而在成形零件中残留形成气孔。此类气孔多为规则的球形或类球形，如图 5.5 所示，在成形件内部的分布具有随机性，但大多分布在晶粒内部，经热等静压处理后也难以消除此类孔洞。除空心粉的影响外，成形工艺参数同样会导致孔洞的生成。

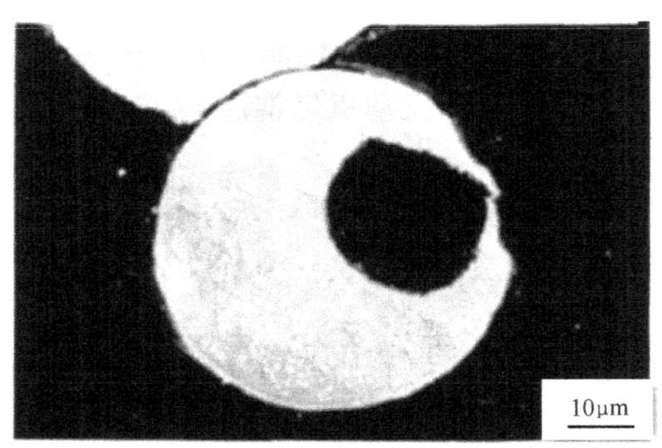

a) 气雾化空气粉

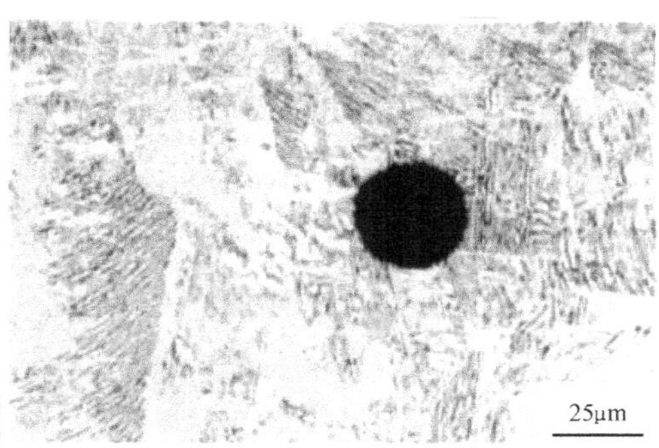

b) 成形试样中的气孔缺陷

图 5.5 气雾化空气粉和成形试样中的气孔缺陷

此外，当成形工艺不匹配时，成形件中会出现由于熔合不良形成的孔洞，如图 5.6 所示。其形状不规则，多呈带状分布在层间和道间的搭接处。熔合不良与扫描线间距和聚焦电流密切相关，当扫描线间距增大，或扫描过程中电子束离焦，均会导致未熔化区域的出现，从而出现熔合不良。

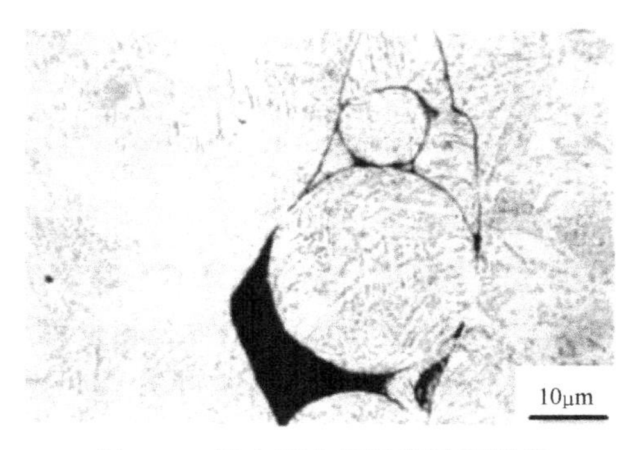

图 5.6 熔合不良导致的孔洞缺陷

5.4.2 EBM 快速成形的缺陷控制方法

EBM 成形采用逐层熔化堆积形成零件，在成形过程易受偶然因素影响，难免形成融合不良、隔冷、球化等缺陷，所以必须发展缺陷控制技术。目前，EBM 成形缺陷控制技术主要有：在成形过程中实时发现缺陷，并对其采用电子束重熔消除及在成形后采用热等静压工艺消除两种方法。热等静压工艺易实施，并在铸件及高温合金激光快速成形件消除内部缺陷上广泛应用，但成本较高、效果有限。目前采用红外线阴影模式识别技术，通过实时检测每一层表面的缺陷，实现电子束快速制造内部和表面缺陷实时电子束重熔消除是缺陷控制的研究重点。而准确识别缺陷、内部缺陷电子束重熔机理分析有待进一步研究。

5.5 EBM 快速成形的主要应用

目前 EBM 技术所展现的技术优势已经得到广泛的认可，其应用范围相当广泛，尤其在难熔、难加工材料方面有突出用途，制备的零件主要包括复杂 Ti-6Al-4V 零件、脆性金属间化合物 TiAl 基零件及多孔性零件，并且已经在生物医疗、航空航天等领域取得了一定的应用。

5.5.1 复杂 Ti-6Al-4V 零件

由于是在真空环境下成形，EBM 技术最为突出的特点是为化学性质活泼的钛合金提供了出色的加工条件，又加之增材制造技术柔性加工的共同特点，因此具有任意曲面和复杂曲面结构，各种异型截面的通孔、盲孔，各种空间走向的内部管道和复杂腔体结构的 Ti-6Al-4V 零件都能够通过 EBM 技术一次加工完成，并且具有优异的力学性能。

图 5.7 所示为采用 EBM 成形的 Ti-6Al-4V 发动机叶轮和发动机尾椎。

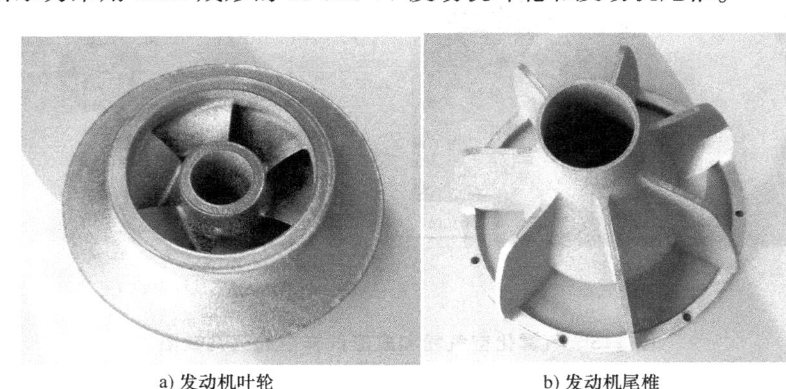

a) 发动机叶轮　　b) 发动机尾椎

图 5.7　EBM 技术制造的发动机零件

5.5.2 金属间化合物 TiAl 叶片

由于 EBM 成形过程粉末床一直处于高温状态，可有效释放热应力，避免成形过程的开裂，这使得其在一些脆性材料（如 TiAl 合金）的制备上，相对于其他金属增材制造技术具有显著优势。

图 5.8 所示为意大利 Avio 公司采用 EBM 技术制备的航空发动机低压涡轮用 TiAl 叶片，尺寸为 8mm × 12mm × 325mm，质量为 0.5kg，比传统镍基高温合金叶片减重达 20%。相对于传统精密铸造技术，采用 EBM 技术能够在 1 台 EBM 成形设备上 72h 内完成 7 个第 8 级低压涡轮叶片的制造，呈现出巨大的优势。GE 公司已经在 GEnx、GE90 和 GE9X 等航空发动机上对 EBM 成形 TiAl 叶片进行测试。

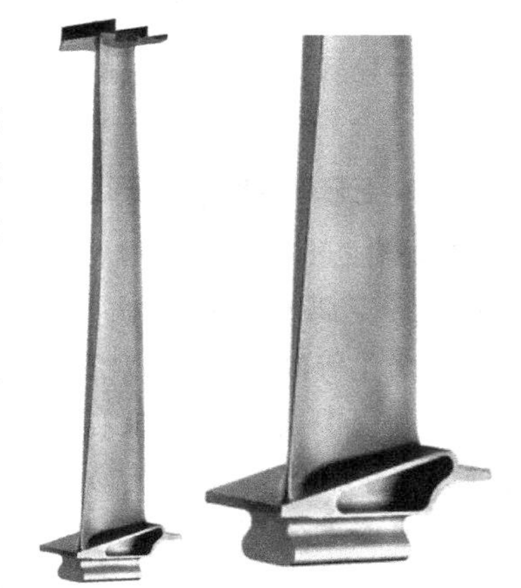

图 5.8　Avio 公司采用 EBM 技术制备的 TiAl 叶片

5.5.3 金属多孔材料

相比熔体发泡、粉末冶金等传统金属多孔材料制备技术，EBM 技术不仅可以实现孔结构的精确控制，而且在复杂孔结构的制备方面具有传统技术无可比拟的优势。

目前EBM制备金属多孔材料最为典型的应用主要集中在生物植入体方面。早在2007年，意大利Adler Ortho公司采用EBM技术制备出表面具有人体骨小梁结构的髋关节产品，获得欧洲CE认证，如图5.9所示。2010年，美国Exactech公司采用EBM技术制备的同类产品通过了美国FDA认证。有资料表明，EBM技术制备的多孔型外表面的髋臼产品临床已经超过30000例，临床评价优良，目前该数字还在继续增加。

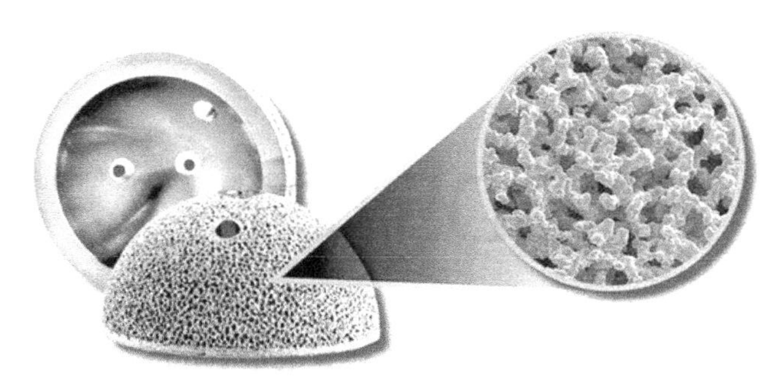

图5.9　EBM技术制备出表面具有人体骨小梁结构的髋关节

除生物植入体外，EBM技术在过滤分离、高效换热、减振降噪等特种金属多孔功能构件的制备方面同样具有广泛的应用前景。

从以上可以看出，这些零件都实现了孔结构设计与EBM技术的有效结合，极大地提高了其使用性能，并且展现出传统方法制备材料所不具有的新特性，因此以EBM等增材制造技术为依托，开展新型结构功能一体化新材料的研究得到越来越多的关注。

复习思考题

1. 简述EBM成形的原理。
2. 简述EBM成形的特点。
3. 简述EBM成形的工件存在的缺陷。
4. 简述EBM成形的工件缺陷的控制方法。
5. 简述EBM成形的主要应用。

3DP技术

20 世纪 90 年代初，液滴喷射技术受到从事快速成形工作的国内外人员的广泛关注，这种技术适用于三维打印（Three Dimensional Printing）快速成形，也就是现在所说的 3DP 法，又称为三维印刷。在 1992 年，美国麻省理工学院 Emanual Sachs 等人利用平面打印机喷墨的原理成功喷射出具有黏性的溶液，再根据三维打印的思想以粉末为打印材料，最终获得三维实体模型，这种工艺也就是三维印刷工艺。1995 年，即将离校的学生 Jim Bredt 和 Tim Anderson 在喷墨打印机的原理上做了改进，他们没有把墨水挤压在纸上，而是采用把溶剂喷射到粉末所在的加工床上，基于以上的工作和研究成果，由麻省理工学院首先提出了三维打印一词。1989 年，Emanual Sachs 申请了 3DP 专利，该专利是非成形材料微滴喷射成形范畴的核心专利之一。3DP 成形案例如图 6.1 所示。

图 6.1　3DP 成形案例

6.1　基本原理及成形流程

6.1.1　基本原理

3DP 技术是一种基于喷射技术，从喷嘴喷射出液态微滴或连续的熔融材料束，按一定路径逐层堆积成形的 RP 技术。3DP 也称为粉末材料选择性黏结，与 SLS 类似这个技术的原料也是粉末状，不同的是它不是将材料熔融，而是通过喷头喷出黏结剂将材料结合在一起。3DP 工艺原理如图 6.2 所示。喷头在计算机的控制下，按照截面轮廓的信息，在铺好的一层粉末材料上，有选择性地喷射黏结剂，使部分粉末黏结，形成截面层。一层完成后，工作台下降一个层厚，铺粉，喷黏结剂，再进行后一层的黏结，如此循环形成三维制件。黏结得到的制件要置于加热炉中进一步的固化或烧结，以提高黏结强度。

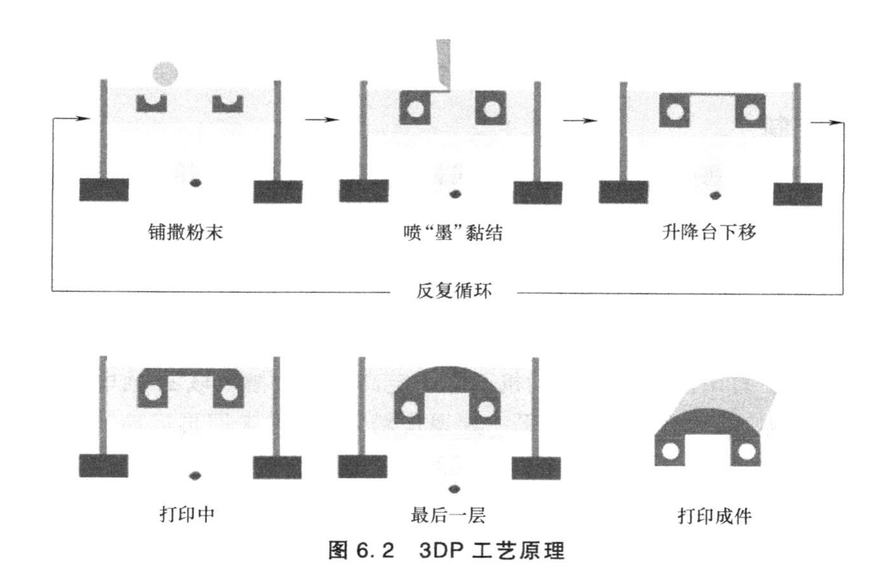

图 6.2　3DP 工艺原理

6.1.2　成形流程

3DP 技术是一个多学科交叉的系统工程，涉及 CAD/CAM 技术、数据处理技术、材料技术、激光技术和计算机软件技术等，在快速成形技术中，首先要做的就是数据处理，从三维信息到二维信息的处理，这是非常重要的一个环节。成形件的质量高低与这一环节的方法及其精度有着非常紧密的关系。在数据处理的系统软件中，可以将分层软件看成 3D 打印机的核心。分层软件是 CAD 到 RP 的桥梁。其成形工艺过程包括模型设计、分层切片、数据准备、打印模型及后处理等步骤。在采用 3DP 设备制件前，必须对 CAD 模型进行数据处理。由 UG、Pro/E 等 CAD 软件生成 CAD 模型，并输出 STL 文件，必要时需采用专用软件对 STL 文件进行检查并修正错误。但此时生成的 STL 文件还不能直接用于 3DP，必须采用分层软件对其进行分层。层厚大，精度低，但成形时间快；相反，层厚小，精度高，但成形时间慢。分层后得到的只是原型一定高度的外形轮廓，此时还必须对其内部进行填充；最终得到 3DP 数据文件。

3DP 具体工作过程如下：

1）采集粉末原料。

2）将粉末铺平到打印区域。

3）打印机喷头在模型横截面定位，喷黏结剂。

4）送粉活塞上升一层，实体模型下降一层以继续打印。

5）重复上述过程直至模型打印完毕。

6）去除多余粉末，固化模型，进行后处理操作。

6.2　关键技术

从上述的 3DP 的工作原理可以知道，三维打印机仪器设备主要有以下部分：第一部分是打印过程中三轴的运动控制，包括打印头在平面方向上的运动，即 x 轴和 y 轴的运动，还有工作台在 z 方向上的上下运动；第二部分是打印头的驱动控制，与成形原料黏结剂结合起来打印头的喷射；第三部分是粉末材料的机械结构设备，包括粉末回收功能、粉末喂料、铺粉装置和粉末的储存室；第四部分是成形室；第五部分是计算机硬件与软件。

6.2.1 运动控制

送粉活塞和建造活塞用两个步进电动机代替，在铺粉过程中，压平辊子用铺粉的装置代替，其三维电动机的运动过程具体如下：x 轴运动一个来回，喷头完成均匀喷墨第一层，x 轴继续运动到末端，打印区域 z_1 轴电动机下降一定高度，粉槽区域 z_2 轴电动机上升一定高度，x 轴运动回零点，此时刮粉挡板刮平一层厚度粉末，x 轴来回运动一个行程，确保刮粉平面层面光滑，完成第一层堆叠；x 轴继续再运动一次，打印头完成第二层的喷射过程，x 轴继续运动到末端，打印区域 z_1 轴电动机下降一定高度，粉槽区域 z_2 轴电动机上升一定高度，x 轴运动回零点，此时刮粉挡板刮平一层厚度粉末，x 轴来回再运动一个过程，确保刮粉平面层面光滑，结束第二层堆叠。如此来回运动，逐层完成叠加，最终得到实体模型。

6.2.2 胶水的喷射方式

按胶水的喷射方式 3DP 主要分成连续喷射和按需落下喷射两大类。按需落下喷射模式既节约成本又有较高的可靠性，现在的 3DP 设备都使用这种模式。按需落下喷射模式有微压电（Piezoelectric）和热气泡（Thermal Bubble）两种方法形成液滴。两种方法都需要克服溶液表面张力，微压电是利用压电陶瓷在电压作用下变形的特性，使溶液腔内的溶液受到压力；热气泡是使在短时间内受热温度快速上升至 300℃ 的胶水溶液汽化产生气泡。微压电式对产生的液滴有很强的控制效果，适用于高精度打印。喷射模式选择更多的是微压电式。喷射模式参数见表 6.1。

表 6.1 喷射模式参数

喷射性能	喷射类型		
	连续喷射模式	按需落下喷射模式	
		微压电式	热气泡式
黏度/(MPa·s)	1~10	5~30	1~3
最大液滴直径/mm	≈0.1	≈0.03	≈0.035
表面张力/(10^{-5}N/cm)	>40	>32	>35
速度/(m/s)	8~20	2.5~20	5~10
导电性/μΩ	>1000	—	—
溶液(Re)	80~200	2.5~120	58~350

按照压电陶瓷的变形模式不同，压电喷墨头主要分为收缩管型（Squeeze Tube Mode）、弯曲型（Bend Mode）、推挤型（Push Mode）和剪力型（Shear Mode）四种。

压电式喷头的模型（见图 6.3）主要组成为喷墨通道、喷墨液箱、喷孔及压电片。它的工作原理很简单，电脉冲信号传入到压电传感器时，压电片收缩，对压力腔内的墨水产生一个压力，挤出喷嘴。这种喷头结构简单，可以用在小型化的仪器设备上，而且设备可以使用多个这种喷头，实现彩色化。压电喷头在打印过程中产生的都是尺寸均匀的较小墨滴。

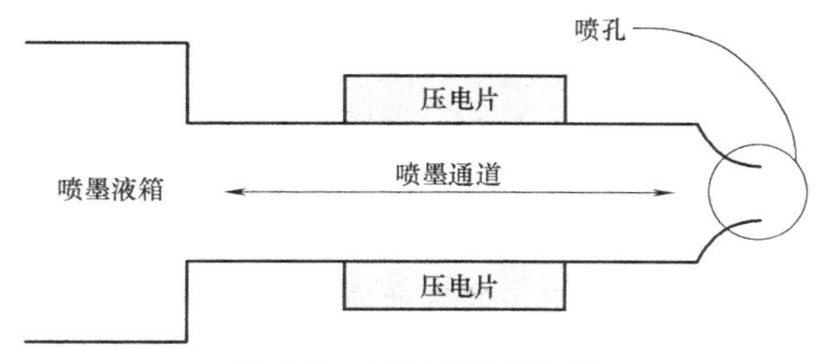

图 6.3 压电式喷头模型

6.2.3 打印所需相关参数

打印所需相关参数有喷头到粉层距离、粉末层厚、喷射和扫描速度、每层成形时间。

1. 喷头到粉层距离的确定

此数值直接决定打印的成败，若距离过大则胶水液滴易飞散，无法准确到达粉层相应位置，使打印精度降低；若距离过小则冲击粉层力度过大，使粉末飞溅，容易堵塞喷头，直接导致打印失败，而且影响喷头使用寿命。胶水液滴对粉层表面冲击的计算公式为

$$K=w_c^2R_c^4$$

式中，K 为溅射系数；w_c 为韦伯数；R_c 为雷诺数。当 $K=K_c$ 时，液滴无法在介质表面产生溅射，表面越粗糙，K_c 值越小，液滴越容易产生溅射。液滴对粉末介质表面的冲击则更复杂，Agland（1999）等将液滴对粉末表面的冲击分为五种形式。液滴与粉末表面的作用结果主要取决于液滴的流体动力学特性和粉末表面的性能。实验研究表明：当 $w_c>1000$ 时，粉末在液滴的作用下会出现溅射/破碎，从而破坏粉末表面，无法精确成形所需截面，这在3DP 快速成形中是需要避免的；当 $w_c<300$ 时，粉末在液滴的作用下会主要表现为沉入，液滴对粉末表面的冲击可以类似于液滴对多孔介质表面的冲击。

2. 粉末层厚的确定

每层粉末的厚度等于工作平面下降一层的高度，即层厚。在工作台上铺粉末的厚度应等于层厚。当要求较高的表面精度或产品强度时，层厚应取较小值。胶水溶液饱和度限制了能满足制件精度和强度的最大厚度，其最大厚度小于用激光烧结粉末的 SLS。在 3DP 快速成形中，黏结剂与粉末空隙体积之比（饱和度），对打印产品的力学性能影响很大。饱和度的增加在一定范围内可以明显提高制件的密度和强度，但是饱和度大到超过合理范围时打印过程变形量会增加，高于所能承受范围，使层面产生翘曲变形，甚至无法成形。饱和度与粉末厚度成反比，厚度越小，层与层黏结强度越高，产品强度越高，但是会导致打印效率下降，使成形的总时间成倍增加。

3. 喷射与扫描速度的确定

对于 3DP 技术来说喷射与扫描速度只影响成形时间而不会影响产品质量，所以只需要考虑运行速度，采用单向扫描即可。

4. 每层成形时间

3DP 快速成形的过程为：在工作平面均匀铺粉末，辊子运动压平粉末，喷头喷射胶水溶液扫描，固化成形，喷头返回初始位置，z 轴下降一层开始下一层打印。系统完成各个步骤所需时间之和就是每层成形时间。每层任何环节需要时间的增加都会直接导致产品整体成形时间的成倍增加。所以缩短整体成形时间必须有效地控制每层成形时间，控制打印各环

节。减少喷射扫描时间需要提高扫描速度，但这样会使喷头运动开始和停止瞬间产生较大惯性，引起胶水喷射位置误差，影响成形精度。由于提高喷射扫描速度会影响成形的精度，且喷射扫描时间只占每层成形时间的1/3左右，而铺撒粉末时间和辊子压平粉末时间之和约占每层成形时间的一半，缩短每层成形时间可以通过提高粉末铺撒速度实现。然而过高的辊子平动速度不利于产生平整的粉末层面，而且会使有微小翘曲的截面整体移动，甚至使已成形的截面层整体破坏，因此，通过提高辊子的移动速度来减少粉末铺覆时间存在很大的限制。综合上述因素，每层成形速度的提高需要加大辊子的运动速度，并有效提高铺撒粉末的均匀性和系统回零等辅助运动速度。

6.3 成形特点

SLA、SLS等快速成形设备以激光作为能源，但激光系统（包括激光器、冷却器、电源和外光路）的价格及维护费用非常昂贵，致使制件的成本较高，而基于喷射黏结剂堆积成形的3DP设备采用相对较廉价的打印头。另外，3DP快速成形方法避免了SLA、SLS及FDM等快速成形方法对温度及环境的要求。

三维打印成形技术具有以下优点：

1）成本低，体积小。无须复杂的激光系统，整体造价大大降低，喷射结构高度集成化，没有庞杂的辅助设备，结构紧凑，适合办公室使用。

2）材料类型广泛。根据使用要求，可以是热塑性材料、金属材料或陶瓷材料，也可以是种类繁多的粉末材料，如石膏、淀粉及各种复合材料，还可以是成形复杂的梯度材料零件。

3）工作过程中无污染。成形过程中无大量热产生，无毒无污染，环境友好。

4）成形速度快。成形头一般具有多个喷嘴，成形速度比采用单个激光头逐点扫描要快得多。

5）高度柔性。这种制造方式不受零件的形状和结构的任何约束且不需要支撑结构，未被喷射黏结剂的成形粉末起到支撑的作用，使复杂模型的直接制造成为可能，尤其是内腔复杂的原型。

6）运行费用低且可靠性高。成形喷头维护简单，消耗能源少，可靠性高，运行费用和维护费用低。

7）和其他工艺相比，该工艺可以制作颜色多样的模型，彩色3DP加强了模型的信息传递潜力。

但是，3DP成形也存在以下不足之处：

1）制件强度较低。由于采用液滴直接黏结成型，制件强度低于其他快速成形方式，一般需要进行后处理。

2）制件精度有待提高。特别是液滴黏结粉末的3DP成形，其表面精度受粉末材料特性的约束。

3）只能使用粉末原型材料。

6.4 成形材料及应用

3DP材料来源广泛，包括尼龙粉末、ABS粉末、金属粉末、陶瓷粉末、塑料粉末和干细胞溶液等，也可以是石膏、砂子等无机材料。胶黏剂液体有单色和彩色，可以像彩色喷墨打印机打印出全彩色产品。可用于打印彩色实物、模型、立体人像、玩具等，尤其是塑料粉末打印物品具有良好的力学性能和外观。将来成形材料应该向各个领域的材料发展，不仅可以打印粉末塑料类材料，也可以打印食物类材料。

3DP 成形可以用于产品模型的制作，以提高设计速度，提高设计交流的能力，成为强有力的与用户交流的工具，进行产品结构设计及评估，以及样件功能测评。除了一般工业模型，3DP 可以成形彩色模型，特别适合生物模型、化工管道及建筑模型等。此外，彩色原型制件可通过不同的颜色来表现三维空间内的温度、应力分布情况，这对于有限元分析是非常好的辅助工具。3DP 成形可用于制作母模、直接制模和间接制模，对正在迅速发展和具有广阔前景的快速模具领域起到积极的推动作用。将 3DP 成形制件经后处理作为母模，浇注出硅橡胶模，然后在真空浇注机中浇注聚亚胺酯复合物，可复制出一定批量的实际零件。聚亚胺酯复合物与大多数热性塑料性能大致相同，生产出的最终零件可以满足高级装配测试功能验证。直接制作模具型腔是真正意义上的快速制造，可以采用混合用金属的树脂材料制成，也可以直接采用金属材料成形。3DP 快速成形直接制模能够制作带有异形冷却道的任意复杂形状模具，甚至在背衬中构建任何形状的中空散热结构，以提高模具的性能和寿命。快速成形技术的发展目标是快速经济地制造金属、陶瓷或其他功能材料零件。美国 Extrude Hone 公司采用金属和树脂黏结剂粉末材料，逐层喷射光敏树脂黏结剂，并通过紫外光照射进行固化，成形制件经二次烧结和渗铜，最后形成 60% 钢和 40% 铜的金属制件。其金属粉末材料的范围包括低碳钢、不锈钢、碳化钨，以及上述材料的混合物等。美国 ProMetal 公司通过喷射液滴逐层黏结覆膜金属属合金粉末，成形后再进行烧结，直接生产金属零件。3DP 成形可以进行假体与移植物的制作，利用模型预制个性化移植物（假体），提高精确性，缩短手术时间，减少病人的痛苦。此外，3DP 成形制作医学模型可以辅助手术策划，有助于改善外科手术方案，并有效地进行医学诊断，大幅度减少时间和费用，给人类带来巨大的利益。缓释药物可以使药物维持在希望的治疗浓度，减少副作用，优化治疗。提高病人的舒适度，是目前研究的热点。缓释药物具有复杂的内部孔穴和薄壁部分，麻省理工学院采用多喷嘴 3DP 快速成形，用 PMMA 材料制备了支架结构，将几种用量相当精确的药物打印人生物相融的、可水解的聚合物基层中，实现可控释放药物的制作。3DP 技术还以其不浪费、不需劳力和比传统方法更快速等优势在短期内对纺织服装业带来冲击，而纵观长期发展，它将改变纺织服装业发展的结构与设计师们的想象力。

6.5　发展趋势

目前国外对 3DP 各种类型技术展开研究和开发工作并商业化的企业较多，其中以美国的 Z 公司、3D Systems 公司和 Solid Scape 公司，以及以色列的 OBJET Geometries 等公司作为主要代表。随着 3DP 技术的不断发展和完善，其发展趋势可以归纳为以下方面：

1）研究喷头技术。研究喷头气泡形成的机理，通过控制气泡的形成，进一步降低液滴直径；为了提高速度和精度，可以通过控制更多的喷头来实现；为了延长喷头寿命，可以改善喷头在打印过程中的温度，调节所在环境。

2）软件开发。软件开发主要是影响材料成形精度，主要体现在两个方面：一方面是由 CAD 模型转换成 STL 格式文件的转换过程中会出现不可避免的误差；另一方面是对 STL 文件进行切片处理时所产生的误差。为了解决成形系统功能单一和二次开发困难的问题，将来应该提出一种标准的三维软件快速成形系统，使其二次开发更加容易，能满足大多数人的要求，形成软件的集成化。这样才能为 3DP 技术提供一个平台，共同开发和研究 3DP 技术。

3）成形材料。成形材料是决定快速成形技术发展的基本要素之一，它直接影响到物理化学性能、原型的精度及应用等。将来成形材料应该向各个领域的材料发展，不仅可以打印粉末塑料类材料，也可以打印食物类材料。

4）快速成形的发展应该是到快速制造的转变，从非功能部位逐渐变成功能部件。随着印刷材料的不断扩大，打印出 3D 实体模型的非功能性部分应该逐渐变成功能部件，即简单处理后可以直接使用到实际的应用当中。

5）体积小型化、桌面化 3D 打印机在普及的过程中，为了方便人们使用，将出现更加经济、外形更加小巧、更适合办公室环境的机型。

6）新工艺的开发和设备的改进随着喷射技术的进步，开发新工艺，在 3D 打印机上实现高端快速成形设备的一些高级功能，进一步提高原型件的表面质量和尺寸精度。

7）随着技术的发展，直接喷射出成形材料在外场下固化，成为这种工艺的新发展趋势。

复习思考题

1. 简述 3DP 技术的基本原理及其工作过程。
2. 简述 3DP 技术在打印过程中对三轴的运动控制。
3. 简述压电式喷头的工作原理。
4. 简述 3DP 技术的优缺点都有哪些？
5. 简述 3DP 技术的发展趋势。

光固化数字化成形技术

7.1　液态树脂光固化技术

1. 光固化立体成形技术概述

光固化立体成形（SLA）工艺属于“液态树脂光固化成形”这一大类。SLA 用的是紫外光源，SLA 的耗材一般为液态光敏树脂。

世界上第一台 3D 打印机采用的是 SLA 工艺，这项技术由美国人 Charles W. Hull 发明，他由此于 1986 年创办了 3D Systems 公司。该技术原理是：在树脂槽中盛满有黏性的液态光敏树脂，它在紫外光束的照射下会快速固化。成形过程开始时，可升降的工作台处于液面下一个截面层厚的高度。聚焦后的激光束在计算机的控制下，按照截面轮廓的要求，沿液面进行扫描，使被扫描的区域树脂固化，从而该得到该截面轮廓的塑料薄片。然后，工作台下降一层薄片的高度，再固化另一个层面。这样层层叠加构成一个三维实体，如图 7.1 所示。

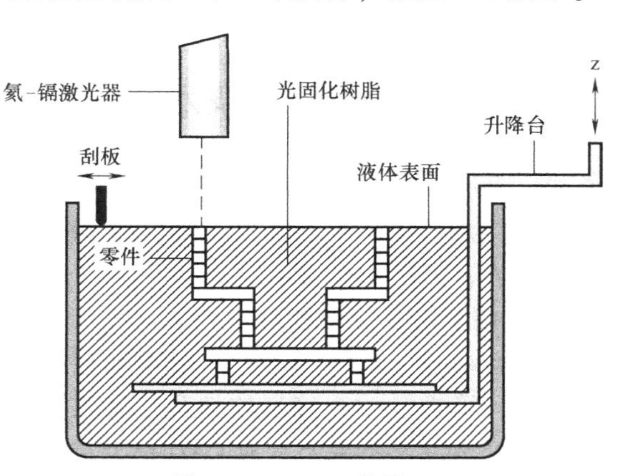

图 7.1　SLA 工作原理

因为树脂材料的高黏性，在每层固化之后，液面很难在短时间内迅速流平，这将会影响实体的精度。采用刮板刮切后，所需数量的树脂便会被十分均匀地涂敷在上一叠层上，这样经过激光固化后可以得到较好的精度，使产品表面更加光滑和平整。SLA 的材料是液态的，不存在颗粒的东西，因此可以做得很精细，不过它的材料比 SLS 贵得多，所以它目前用于打印薄壁的、精度较高的零件，适用于制作中小型工件，能直接得到塑料产品。它能代替蜡模制作浇注磨具，以及金属喷涂模、环氧树脂模和其他软模的母模。

SLA 的优点：

1）SLA 是最早出现的快速成形工艺，成熟度最高。

2）经过时间的检验，成形速度较快，系统工作相对稳定。

3）打印的尺寸也比较可观，可以做到2m的大件，后期处理特别是上色都比较容易。

4）尺寸精度高，可以做到微米级别，如0.025mm。

5）表面质量较好，比较适合做小件及较精细件。

SLA的缺点：

1）SLA设备造价高昂，使用和维护成本高。

2）SLA系统是对液体进行操作的精密设备，对工作环境要求苛刻。

3）成型件多为树脂类，材料价格贵，强度、刚度、耐热性有限，不利于长时间保存。

4）这种成型产品对贮藏环境有很高的要求，温度过高会熔化，工作温度不能超过100℃。光敏树脂固化后较脆、易断、可加工性不好。成形件易吸湿膨胀，抗腐蚀能力不强。

5）光敏树脂对环境有污染，会使人体皮肤过敏。

6）需设计工件的支撑结构，以便确保在成形过程中制作的每一个结构部位都能可靠地定位，支撑结构需在未完成固化时手动去除，否则容易破坏成形件。

2. 数字光处理技术概述

数字光处理（DLP）技术也属于“液态树脂光固化成形”这一大类，DLP技术和SLA技术比较相似，不过它使用高分辨率的数字处理器投影仪来固化液态聚合物，逐层进行光固化。由于每次成形一个面，因此在理论上也比同类的SLA快得多。该技术成形精度高，在材料属性、细节和表面粗糙度方面可匹敌注塑成形的耐用塑料部件。DLP技术利用投射原理成型，无论工件大小都不会改变成形速度。此外，DLP技术不需要激光头去固化成形，取而代之是使用极为便宜的灯泡照射。整个系统并没有喷射部分，所以并没有传统成形系统喷头堵塞的问题出现，故大大降低了维护成本。DLP技术最早由美国德州仪器公司开发，目前很多产品也是基于德州仪器提供的芯片组。

ZCory公司使用DLP技术开发了ZBuilder产品系列，使得工程师能够在产品大规模生产前验证设计的形状、匹配和功能，从而避免成本高昂的生产磨具的修改，缩短了上市时间。有一名叫Tristram Budel的创客发布了一款开源的高分辨率的DLP 3D桌面打印机。

7.2 光固化立体成形技术

7.2.1 光固化立体成形的系统组成

通常的光固化立体成形系统由数控系统、控制软件、光学部分、树脂容器及后固化装置等部分组成，如图7.2所示。

1. 数控系统及控制软件

数控系统和控制软件主要由数据处理计算机、控制计算机、CAD接口软件和控制软件组成。数据处理计算机主要是对CAD模型进行离散化处理，使之变成适用于光固化立体成形的文件格式（STL格式），然后对模型定向切片。控制计算机主要用于x-y扫描系统、z向工作平台上下运动和重涂层系统的控制。CAD接口软件内容包括对CAD数据模型的通信格式、接受CAD文件的曲面表示格式、设定过程参数等。

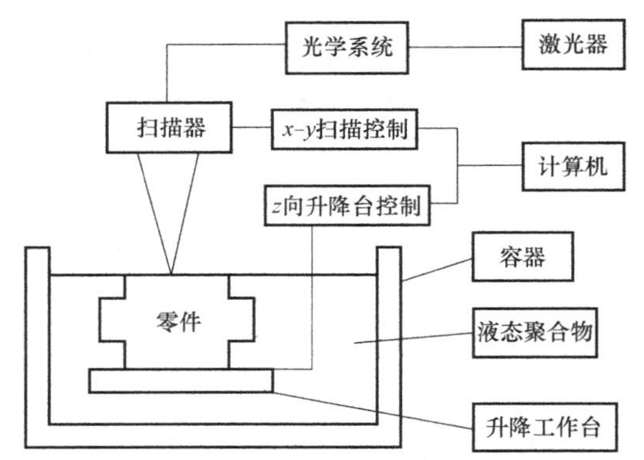

图7.2 光固化立体成形工艺原理

控制软件包括对激光器光束反射镜扫描驱动器、x-y 扫描系统、升降台和重涂层装置等的控制。

2. 光学系统

1）紫外激光器。用于造型的紫外光式激光器常有两种类型：一种是氦-镉（He-Cd）激光器，输出功率为 15~50mW，输出波长为 523nm；另一种为氩（Ar）激光器，输出功率为 100~500mW，输出波长为 351~365nm。激光束的光斑直径为 0.05~3mm，激光的位移精度可达 0.008mm。

2）激光束扫描装置。激光束扫描装置有两种形式：一种是电流计驱动的扫描镜方式，其最高扫描速度可达 15m/s，它适用于制造尺寸较小的高精度的原型件；另一种是 x-y 绘图仪方式，激光束在整个扫描的过程中与树脂表面垂直，适用于制造大尺寸、高精度的原型件。

3. 树脂容器系统和重涂层系统

1）树脂容器。盛装液态树脂的容器由不锈钢制成，其尺寸大小决定了光固化立体成形系统所能制造原型或零件的最大尺寸。

2）升降工作台。由步进电动机控制，最小步距可达 0.02mm，在全行程内的位置精度为 0.05mm。

3）重涂层装置。重涂层装置主要是使液态光敏树脂能迅速、均匀地覆盖在已固化层表面，保持每一层片厚度的一致性，从而提高原型的制造精度。

4. 后固化装置

当所有的层都制作好后，原型的固化程度已达 95%，但原型的强度还很低，需要经过进一步固化处理，以达到所要求的性能指标。后固化装置用很强的紫外光源使原型充分固化。固化时间依据制件的几何形状、尺寸和树脂特性而定，大多数原型件的固化时间不少于 30min。

7.2.2 光固化快速成形的工艺过程

光固化快速成形的制作一般可以分为前期处理、光固化成形加工和后处理三个阶段。

1. 前期处理阶段

前期处理阶段主要是对原型的 CAD 模型进行数据转换、确定摆放方位、施加支撑和切片分层，实际上就是为原型的制作准备数据，如图 7.3 所示为光固化快速成形前处理。

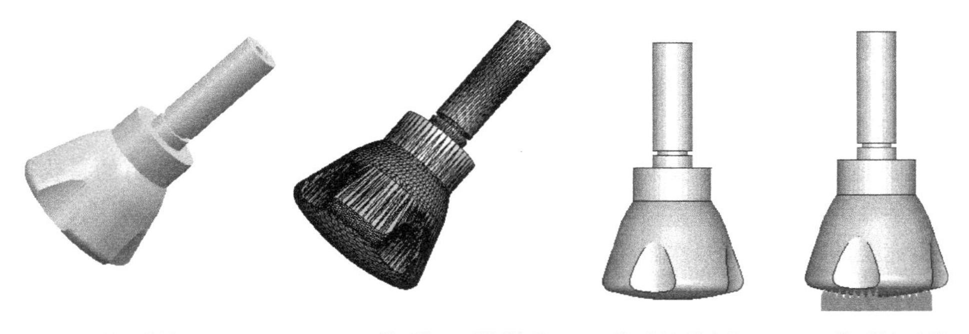

a) CAD三维原始模型　b) CAD模型的STL数据模型　c) 模型的摆放方位　d) 模型施加支撑

图 7.3 光固化快速成形前处理

1）CAD 三维造型。可以 UG、Pro/E、CATIA 等大型 CAD 软件上实现。

2）数据转换。对产品 CAD 模型的近似处理，主要是生成 STL 格式文件。

3）确定摆放方位。摆放方位的处理是十分重要的，不但影响制作时间和效率，而且影响后续支撑的施加及原型的表面质量等，因此，摆放方位的确定需要综合考虑上述各种因素。

4）施加支撑。摆放方位确定后，便可以进行支撑的施加了。施加支撑是光固化快速成形制作前期处理阶段的重要工作。对于结构复杂的数据模型，支撑的施加是费时而精细的。支撑施加的好坏直接影响着原型制作的成功与否及制作的质量。支撑施加可以手工进行，也可以用软件自动实现。软件自动实现的支撑施加一般都要经过人工的核查，进行必要的修改和删减，以便于在后续处理中去除支撑及获得优良的表面质量。

5）切片分层处理。光固化快速成形工艺本身是基于分层制造原理进行成形加工的，这也是快速成形技术可以将 CAD 三维数据模型直接生产为原型实体的原因，所以，成形加工前必须对三维模型进行切片分层。需要注意在进行切片处理之前，要选用 STL 文件格式确定分层方向也是极其重要的。SLT 模型截面与分层定向的平行面达到垂直状态，对产品的精度要求越高，所需要的平行面就越多。平行面的增多，会使分层的层数同时增多，这样成形制件的精度会随之增大。同时需要注意到，尽管层数的增大会提高制件的性能，但是产品的制作周期就会相应的增加，这样会增加相应的成本，降低生产效率，增加废品的产出率，因此要在试验的基础上，选择相应合理的分层层数来达到最合理的工艺流程。

2. 光固化成形加工阶段

特定的成形机是进行光固化打印的基础设备。在成形前，需要先起动成形机，并将光敏树脂加热到符合成形的温度，一般为 38℃。然后打开紫外光激光器，待设备运行稳定后，打开工控机，输入待定的数据信息。这个数据信息主要根据所需要的树脂模型的需求来确定。当进行最后的数据处理的时候，需要用到 RpData 软件。通过 RpData 软件来设定光固化成形的工艺参数，主要包括填充距离与方式、扫描间距、填充扫描速度、边缘轮廓扫描速度、支撑扫描速度、层间等待时间、跳跨速度、刮板涂铺控制速度及光斑补偿参数等。根据试验的要求设定工艺参数后，计算机控制系统会在特定的物化反应下使光敏树脂材料有效固化。根据试验要求固定工作台的角度与位置，使其处于材料液面以下特定的位置，根据零点位置调整扫描器，当一切按试验要求准备妥当后，固化试验即可开始。紫外光按照系统指令照射指定薄层，被照射的光敏材料迅速固化。当紫外线固化一层树脂材料之后，升降台下降，另一层光敏材料重复上述试验过程，如此不断重复进行试验，根据计算机软件设定的工艺参数达到试验要求的固化材料厚度，最终获得实体原型。

3. 后处理阶段

光固化成形完成后，还需要对成形制件进行辅助处理工艺，即后处理。目的是获得一个表面质量与力学性能更优的零件。后处理阶段主要包括：将成形件取下用酒精清洗；去除支撑；对于固化不完全的零件进行二次固化；固化完成后进行抛光、打磨和表面处理等工作。

7.3 光固化立体成形技术的研究现状

1. 国内研究现状

20 世纪 90 年代初期，我国开始大规模研究快速成形技术，虽然起步较晚但已取得了丰硕的成果。

机器设备方面，依据目前快速成形机的发展来看，其成形加工系统主要分为两类：①面向成形工业产品开发的较为高端的光固化快速成形机；②面向成形一些三维模型的较为低端的光固化快速成形机。西安交通大学大力开展了对 SLA 成形过程的研究，并取得了丰硕的成果，不仅有 LPS 系列和 CPS 系列的快速成形机成功问世，还开发出了一种性能优越、成本低廉的光敏树脂。这些研究成果都将为后人的研究工作提供宝贵的经验。上海联泰三维科技有限公司成立于 2000 年，是国内最早从事三维打印技术应用的企业之一，也推出了多款 RS 系列的光固化快速成形机。

在成形所用材料种类的繁衍方面，由于该种先进制造技术在高速发展，并不断地被深入研究，用户对其制件的要求也在不断提高，进而对用于成型的材料也有了更高的要求，而现有的光固化树脂材料存在的问题也势必会一一得到解决，同时新的树脂材料体系也在不断问世。南京理工大学成功研发了一种新型的可见光引发剂，它可以感 680nm 红光。湖北工业大学的吴幼军等人发现了一种固化效果较好的光固化体系，而此体系主要是针对 532nm 绿光激光器，同时还对树脂的成分进行了优化，从而在一定程度上改进了树脂的性能。

数据处理技术的研究方面，热点体现在如何提高成形系统中数据处理的精度和速度，减少数据处理的计算量和由于 STL 文件格式转换过程中产生的数据缺失和模型轮廓数据的失真。陈绪兵、莫建华等人在《激光光固化快速成形用光敏树脂的研制》一书中提出了一种新的数据算法，即 CAD 模型的直接切片法。这种算法不但具有降低数据前处理时间的优点，同时还可以避免 STL 文件的检查与错误修复，大大减少了数据处理的计算量。上海交通大学的周满元等人在《基于 STEP 的非均匀自适应分层方法》一书中提到一种基于 STEP 标准的三维实体模型直接分层算法，而且这种算法正逐步被大家所接受，作为国际层面上的数据转换标准。它成功避免了 STL 格式的转换，直接对 CAD 模型进行分层处理，继而获取薄片的精确轮廓信息，极大地提高了成形精度，并具有通用性好的优点。

2. 国外研究现状

国际上有许多公司都在研究光固化快速成形技术，其中研究成果较为突出的主要有光固化快速成形技术的开创者者——美国的 3D Systems 公司、德国的知名企业 EOS 公司、日本的 C-MET 公司和 D-MEC 公司等。3D Systems 公司对如何提高成形精度及使用激光诱发光敏树脂发生聚合反应的过程进行了深入的研究之后，相继推出了 SLA-3500、SLA-5000 和 SLA-250HR 三种快速成形机，扫描速率分别可达 2.5m/s 和 5.2m/s，成形层厚最小能够达到 0.05mm。两年之后又成功开发出 SLA-7000 机型，其扫描速度比之前机型提高了约 1 倍，可达到 9.53m/s，成形层厚约为之前机型的 1/2，最小厚度可达 0.025mm。此外，许多公司对开发专门用于检验设计、模拟制品视觉化和对成形制件精度要求低的概念机也十分关注。

采用激光作为光源的固化快速成形机，因为激光系统无论是价格还是维修维护费用都较为昂贵，大大提高了成形加工的成本。所以，研发新的成本低廉的能源迫在眉睫。日本的化药公司、DenKen 工程公司和 AutoStrade 公司强强联合，率先研制出一种半导体激光器，以此作为快速成形机光源，大大降低了快速成形机的成本。

目前，国际上的光固化快速成形技术主要应用于制作医疗模型、机械模具、家电和通信设备模型，还用于汽车车身的制造方面。通过光固化快速成形技术制作出精密的车身金属模具，浇注出车身模型，然后进行碰撞与风洞试验，并取得了令人满意的效果。同样，该技术也可用于汽车发动机进气管制造环节，通过试验取得了理想的效果，大大降低了试验成本。

7.4 光固化立体成形的材料研究

1. 光固化树脂的研究现状

光固化树脂（预聚物）又称为齐聚物，是含有不饱和官能团的低分子聚合物，少数是丙烯酸酯的低聚物。和常规的热固材料一样，在光固化材料的各组分中，预聚物是光固化体系的主体，它的性能基本上决定了固化后材料的主要性能。一般来说，预聚物相对分子质量越大，固化时体积收缩小，固化速度也快，但相对分子质量大，需要更多的单体稀释。因此，聚合物的合成或选择是光固化配方设计时的重要一环。

目前，光固化所用的预聚物类型几乎包括了热固化用的所有预聚物类型。所不同的是，预聚物必须引以在光照射下能发生交联聚合的双键或环氧基团，如能发生游离基型聚合的不饱和聚酯、聚酯丙烯酸酯、聚醚丙烯酸酯等，能发生游离基加成的聚硫醇-聚丙烯等，能发生阳离子聚合的环氧丙烯酸等。

光敏树脂种类繁多，性能也大相径庭，其中应用较多的是环氧丙烯酸酯、聚氨酯丙烯酸酯、聚酯丙烯酸酯、聚醚丙烯酸酯、丙烯酸树脂、不饱和聚酯树脂、多烯/硫醇体系、水性丙烯酸酯及阳离子固化用预聚物体系等。现在工业化的丙烯酸酯化的预聚物主要有四种类型，即丙烯酸酯化的环氧树脂、丙烯酸酯化的氨基甲酸酯、丙烯酸酯化的聚酯和丙烯酸酯化的聚丙烯酸酯，其中以环氧丙烯酸酯和聚氨酯丙烯酸酯两种最为重要。表 7.1 列出了常见的预聚物的结构和性能。

表 7.1　常见预聚物的结构和性能

类型	固化速率	抗张强度	柔性	强度	耐化学性	抗黄变性
环氧丙烯酸酯	快	高	不好	高	极好	不好
聚氨酯丙烯酸酯	快	可调	好	可调	好	可调
聚酯丙烯酸酯	可调	中	可调	中	好	不好
聚醚丙烯酸酯	可调	低	好	低	不好	好
丙烯酸树脂	快	低	好	低	不好	极好
不饱和聚酯树脂	慢	高	不好	高	不好	不好

2. 光固化树脂的发展趋势

丙烯酸酯类单体仍是目前使用量最大的预聚物。由于环保立法对其的限制和对“绿色技术”的日益重视，目前研究的重点在于发展多种反应性多官能团单体和改性丙烯酸酯类单体。Kuaffillan 等人研究了一系列具有支化结构低玻璃化转变温度的聚酯型丙烯酸酯树脂，其相对分子质量高于普通低聚物，具有良好的热稳定性及耐紫外光性，且膜的颜色较浅。马来酰亚胺衍生物在丙烯酸体系中具有单体和引发剂的双重功能，经光照后其分子激发至单层激发态，再由系间变叉至三重激发态，然后夺取助引发剂（如醚、胺等）上的活泼氢原子，生成两个自由基，这一过程已被证实。

20 世纪 80 年代末期，出现了以阳离子机理固化成膜的预聚物，即非丙烯酸酯预聚物，常用于阳离子光固化的预聚物是乙烯基醚化合物系列、环氧化合物系列。乙烯基醚类齐聚物可以用轻基乙烯基醚与相应树脂反应得到；环氧类齐聚物有环氧化双酚 A 树脂、环氧化硅氧烷树脂、环氧化聚丁二烯、环氧化天然橡胶等，其中最常使用的环氧化双酚 A 树脂，其黏度较高，聚合速度慢，一般与低黏度聚合速度快的脂肪族环氧树脂配合使用。这类光活性预聚物不受 O_2 的阻聚作用，固化速度快，同时阳离子聚合过程中可以发生单离子链的终止反应及链转移。

随着研究的进一步深入，出现了水溶性预聚物，如聚乙二醇丙烯酸酯、聚氨酯丙烯酸酯等。这类预聚物在固化前有较强的吸水性，而固化后又有较强的抗水性，已经报道了一些水性紫外光固化体系。今后，光固化的预聚物一方面要进一步发展水溶性的，另一方面要研制不含溶剂的粉末型光固化树脂。

7.5 基于 SLA 技术的 3D 打印机

1. 工业级打印机

在 3D 打印的领域里，3D Systems 和 Stratasys 公司竞争了近 30 年，它们的故事演绎着一个行业的发展轨迹。

3D Systems 公司的技术优势和特色有：SLA（光固化立体成形）的始祖，全彩 3D 打印，产品线涵盖个人级 3D 打印机、生产级 3D 打印机、专业级 3D 打印机。

世界上第一台 3D 打印机采用的是 SLA 工艺，这项技术由 Charles W. Hdll 发明，他由此于 1986 年创办了 3D Systems 公司，致力于将该技术商业化。为了让机器更加准确地将 CAD 模型打印出实物，Charles 又研发了著名的 STL 文件格式。STL 格式将 CAD 模型进行三角化处理，用许多杂乱无序的三角形小平面来表示三维物体，如今已是 CAD/CAM 系统接口文件格式的工业标准之一。

不过光固化立体成形技术也有自己的缺陷。它采用紫外光对物体进行固化，这项技术所采用的材料有一定的局限性，而且无论打印机本身还是光固化材料都价格昂贵。这使得基于该技术的快速成形与 3D 打印技术的普及速度都受到了限制。

与此同时，20 世纪 80 年代中期，身为传感器制造商 IDEA 的联合创始人和销售副总裁的 Scott Crump 决定设计一个能快速生产模型的机器。与光固化立体成形不同，它的材料是热塑性塑料。这一技术被 Scott Crump 称为熔融沉积成形（FDM），这一技术的出现对 3D Systems 公司造成一定的冲击。他于 1989 年创立了 3D 打印机的制造商 Stratasys 公司。

1988 年，3D Systems 公司推出了第一台基于光固化立体成形的 3D 打印机。尽管体积庞大、价格昂贵，但它的问世标志着 3D 打印的商业化开始起步。与此同时，Stratasys 公司也在 Scott Crump 的带领下快速成长，于 1992 年推出了第一台熔融沉积成形的 3D 打印机。该公司于 1994 年上市，先后推出了面向不同行业的 3D 打印机。

2. 桌面级打印机

当下的 3D 打印机业界可以清晰地分为两类公司：一类是过去 30 年左右成立的，以生产价格在数万到数十万之间工业级为主的公司；另一类是从 2009 年开始崛起的桌面级打印公司，生产设备通常在几千美元左右，当然大多数工业级打印机生产公司也已经进入桌面领域，推出多款桌面级打印机。

一般来说，桌面级打印机的精度都不太高。以颇受欢迎的桌面级 3D 打印机 MakerBot Replicator 2 为例，精度仅为 0.1mm。为了突破这一限制，2011 年麻省理工学院成立了 From-labs 公司，该公司推出了 Form 1 打印机，其最高分辨率可以达到 0.025mm，意味着它已经达到了工业级别的精度。在 Form 1 基础上改进的 Form 1 3D 打印机集出色的设计、性能和可操作性于一体，带来了专业品质的 3D 打印，为世界各地富有创意的设计师、工程师和艺术家提供了先进和创新的生产工具。

领先的 3D 打印机制造商 Envision TEC 近日推出了最新的 3DemTM SCP 3D 打印机，专门用来打印牙齿模，也是应用了光固化立体成形技术。Envision TEC 公司于 2002 年成立于德国马尔，在董事会主席 Siblani 的带领下，Envision TEC 公司已经成长为快速成形和快速制造设备的世界性领导企业。

Envision TEC 公司拥有一个由光学、机械和电气工程方面专家组成的技术团队，他们成功开发了基于选择性光学控制成形这一核心技术的 DLP 快速成形系统，这是当今世界最可靠、最受欢迎的快速成形系统，使得 Envision TEC 的 Perfactory®系列设备在全世界助听器定制领域成功占有 60%以上的装机量，以及珠宝首饰市场 50%以上的装机量。

Envision TEC 公司在特定领域提供完整的解决方案。在助听器定制领域，与 3Shape 公司的技术成功整合；在牙科和珠宝首饰领域与 Dental Wings 的软件无缝衔接。还在 Perfactory 系列设备的软件套装内配备了 Materialise 公司的 Magics 软件，给客户提供了 STL 文件修复与操控的最佳体验。

7.6 基于 DLP 技术的 3D 打印机

DLP 是 Digital Light Processing 的缩写，即数字光处理技术，它利用一片数字微小反光镜阵列（Digital Micro Device，DMD）的光处理芯片，光线照射到 DMD 上，将计算机图像通过该芯片投射出来，该技术已广泛应用于投影机上。基于 DLP 技术的 3D 打印，利用投影图像，对光敏树脂进行曝光固化成形。如图 7.4 所示为 DLP 投影原理。高亮度的光源通过透镜后照射在 DMD 芯片上，DMD 由很多铝制微小反光镜组成，对紫外光的反射性能好，控制灵敏，而且紫外光对铝制镜片没有损伤，在图像控制器的控制下，把需要投射出的图像反射到投影镜头中，把不需要的部分反射到其他地方，图像显示在屏幕上。3D 打印就是利用了这一原理。所谓下置式指投影机放置在树脂槽的下方。在打印前，将光敏树脂倒入树脂槽中，树脂槽的底部为透明的玻璃板，树脂槽很浅，只需要少量树脂就可进行打印工作，底板与玻璃板之间充满了树脂，两者间的空隙为分层的厚度。打印开始后，在计算机控制下，分层的图像透过玻璃被投影到树脂槽里的底板上，树脂在底板上固化后，底板上升一段距离（与分层厚度相等），树脂再次填充在两者之间，等待下一层固化。将 DMD 投影技术应用到快速成形领域，具有很大的发展潜力。

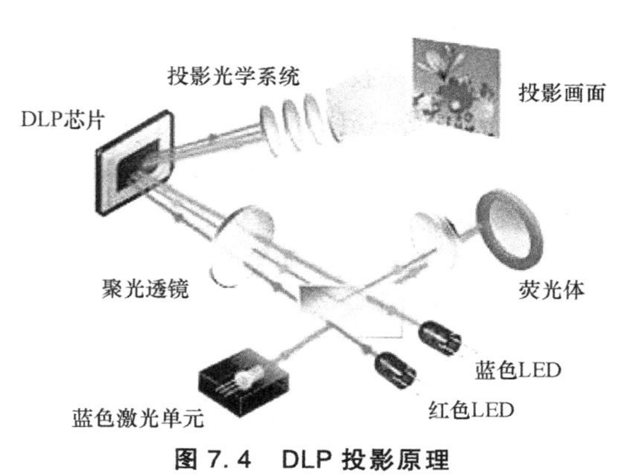

图 7.4 DLP 投影原理

7.7 基于 MJM 技术的 3D 打印机

基于多喷建模成形（Multi-jet Modeling，MJM），3D Systems 公司推出了 ProJet3510 系列 3D 打印机，使用 VisiJet 材料建造高精度、高清晰的模型和原型，进行概念验证、功能测试、模具的原始模型制造、直接熔模铸造，适用于运输、能源、消费品、娱乐。MJM 技术原理：材料被一层一层的喷射，并通过化学树脂、热熔材料以光固化的方式成形，如图 7.5 所示为 MJM 打印示意图。

MJM 多喷建模成形技术的优点：高精度，全彩，允许一个产品中含多种材料。

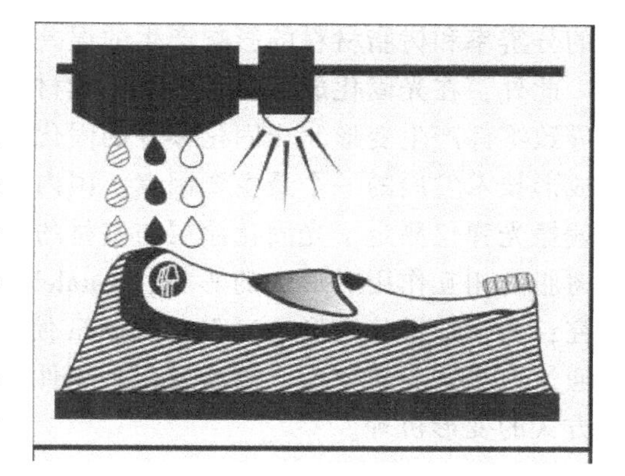

图 7.5 MJM 打印

3D Systems 公司基于 MJM 技术推出了一系列 3D 打印机。ProJet 3510CP 型 3D 打印机：经济、质量高、易于使用；使用经济的打印材料 VisiJet Prowax，有效降低了铸造模型费用。ProJet 3510CPX 型 3D 打印机：高精度、高解析度；可大量生产微小细节图案的蜡质模型，打印效果表面质量光滑，有着非常良好的细节和卓越的精确度，尤其适合于加快工作流程、大量的定制生产与改进铸造室效率和生产力。ProJet 3510CPXPlus 型 3D 打印机：图案更精细分辨率更佳更灵活；一款生产力更高、拥有最高分辨率的蜡性打印机；提供 4 种打印模式（HD、HD HiQ、UHD、XHD），以保证能够大量生产 100%的铸造模型；加大的建造面积，更快的 UHD 模式，能够提高 90%的产能。ProJet 3510CPXMax 型 3D 打印机：高性能的 CPXMax 提供更高的清晰度的打印和更高的生产力；RealWax 模型可用于标准失蜡材料和铸造工艺的失蜡铸造应用；提供 4 种打印模式（HD、HD HiQ、UHD、XHD），都有着最大的成形空间；快速的 UHD 模式，使得 CPXMax 的生产量是 CPX 的 3 倍，比 CPXPlus 高出 50%，保证了最大的生产量，最高的精度。专业 MultiJet 建模打印机包括 PROJET 3500、PROJET 3500Plus、PROJET 3500Max 和 PROJET5000 型，具有很高的解析度，特别适于医疗牙齿和珠宝加工。

MJM 技术应用范围：一般工业铸造应用，面对中型到大型零件、首饰、微细节医疗器械、植入体、电气组件、小雕像等的铸造模型。

7.8 光固化成形技术的应用前景

1. 光固化快速成形的主要应用领域

1）传统制造领域，主要体现在各种模型制作，如各种工业磨具、玩具模型，以及一些高精密仪器产品。

2）对产品外形的有效评估，如对航天、汽车、高端体育产品、家庭产品、表面要求较高的艺术品等进行评估。

3）科学研究，如特定粒子模型的制作等。

4）多维模型中的流体，如大型机器、宏大建筑等。

5）艺术领域，特定技术产品的准确实物转化，如摄影等。

6）医疗领域、研究性人类器官骨骼仿制品及人造器官等。

7）珠宝首饰树脂蜡的 3D 打印等。

2. 光固化成形技术的误差

光固化立体成形工艺中影响原型精度的因素有很多，主要分为三大类：数据处理产生的误差、成形过程产生的误差及受 DMD 芯片分辨率和树脂材料的影响产生的误差。数据处理产生的误差包括CAD模型表面离散化的误差、切片分层误差。成形过程产生的误差包括升降工作台 z 方向运动误差、扫描误差、涂层误差、工件的收缩变形产生的误差。受DMD芯片的分辨率和树脂材料的影响产生的误差主要是固化成形误差。

此外，在光固化成形过程中，树脂材料吸收光能后发生光敏反应，树脂材料发生收缩，会导致零件产生变形。光固化零件的固化变形是绝对的，其零件变形较大已成为当前制约快速成形技术发展的一个最主要因素。国内外许多学者为此做了很多工作：庞正智等人用漫射式偏振光弹仪测定了光固化涂层与基材的相对内应力；Wiedemann研究了已固化树脂和未固化树脂的相互作用对形变的影响；Karalekas对树脂的收缩特性及翘曲变形机理进行了理论研究；为模拟零件变形的过程，Bugeda使用有限元方法分析线收缩对形变的影响；Narahara等通过大量实验研究证明温度变化是零件变形的主要原因。上述研究大多针对的是扫描式固化方式的变形机理。

目前国内很少有文献从理论上分析面曝光过程中零件变形的影响因素，有文献指出每个固化层树脂都要经过从液态到固态的相变过程，分子距离从范德华距离转变成共价键距离，距离变小，引起固化收缩变形，并在收缩过程中释放大量的能量。西安理工大学的于殿泓对面曝光固化成形的固化层进行了力学分析，针对固化物翘曲严重的问题，采用二次曝光工艺减少收缩变形，提高了成形质量。他认为树脂的固化过程与复合材料杆的层间温度应力问题是类似的，即树脂固化层的线收缩是仅由温度引起的线应变，由此对树脂固化层的线收缩率进行公式推导，得出线收缩率的大小是树脂热膨胀系数与温度差的乘积的结论。西安工程大学的宫静研究了面曝光固化过程中的变形问题，并进行了仿真模拟。

3. 光固化成形技术的前景

光固化快速成形制造技术自问世以来在快速制造领域发挥了巨大作用，已成为工程界关注的焦点。光固化原形的制作精度和成型材料的性能成本，一直是该技术领域研究的热点。目前，很多研究者通过对成形参数、成形方式、材料间化等方面的研究，分析了各种影响成形精度的因素，提出了很多提高光固化原型的制作精度的方法，如扫描线重叠区域固化工艺、改进的二次曝光法、研究开发用CAD原始数据直接切片法、在制件加工之前对工艺参数进行优化等，这些方法都可以减小零件的变形、降低残余应力、提高原型的制作精度。此外，SLA所用的材料为液态光敏树脂，其性能的好坏直接影响到成形零件的强度、韧性等重要指标，进而影响到SLA技术的应用前景。所以近年来在提高成形材料的性能、降低成本方面也做了很多的研究，提出了很多有效的工艺方法。例如：将改性后的纳米 SiO_2 分散到自由基-阳离子混杂型的光敏树脂中，可以使光敏树脂的临界曝光量增大而投射深度变小，明显提高其成形件的耐热性、硬度和弯曲强度；在树脂基中加入SiC晶须，可以提高其韧性和可靠性；开发新型的可见光固化树脂，这种新型树脂使用可见光便可固化且固化速度快，对人体危害小，提高了生产效率，大幅降低了成本。

光固化快速成形技术发展到今天已经比较成熟，各种新的成形工艺不断涌现。下面从微光固化快速成形制造技术和生物医学两方面展望SLA技术。

（1）微光固化快速成形制造技术

目前，传统的SLA设备成形精度为±0.1mm，能够较好地满足一般的工程需求。但是在微电子和生物工程等领域，一般要求制件具有微米级或亚微米级的细微结构，而传统的SLA工艺技术已无法满足这一领域的需求。尤其在近年来，微电子机械系统和微电子领域的快速发展，使得微机械结构的制造成为具有极大研究价值和经济价值的热点。微光固化快速成形（Micro Stereolithography，μ-SL）技术便是在传统的SLA技术基础上，面向微机械结构制造需求而提出的一种新的快速成形技术。该技术早在20世纪80年代就已经被提出，经过30多年的努力研究，已经得到了一定的应用。目前提出并实现的μ-SL技术主要包括基于单光子吸收效应的μ-SL技术和基于双光子吸收效应的μ-SL技术，可将传统的SLA技术成形精度提高到亚微米级，开拓了快速成形技术在微机械制造方面的应用。但是，绝大多数的μ-SL制造技术成本相当高，因此多数还处于试验室阶段，离实现大规模工业化生产还有一定的距离。因而今后该领域的研究方向为：开发低成本生产技术，降低设备的成本；开发新型的树脂材料；进一步提高光成形技术的精度；建立μ-SL数学模型和物理模型，为解决工程中的实际问题提供理论依据；实现μ-SL与其他领域的结合，如生物工程领域等。图7.6所示为加州大学洛杉矶分校的C. Sun等人利用DMD作为图形发生器，固化成形高分辨率微小3D件。实验证明，此系统能生成很多其他的微固化系统所不能实现的细节。

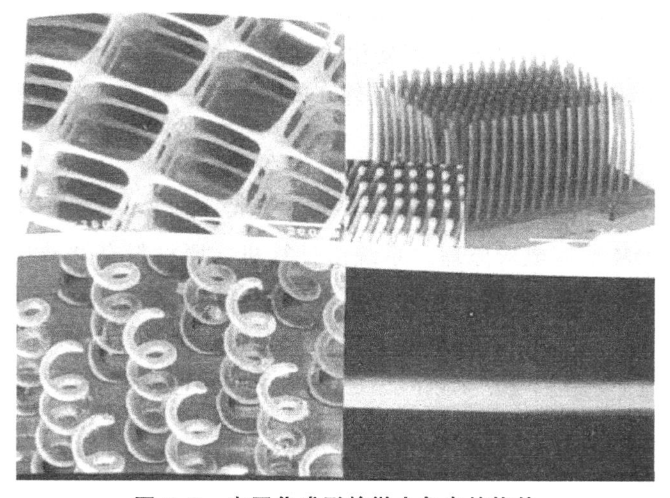

图7.6　光固化成形的微小复杂结构件

（2）生物医学领域

光固化快速成形技术为不能制作或难以用传统方法制作的人体器官模型提供了一种新的方法，基于CT图像的光固化成形技术是应用于假体制作、复杂外科手术的规划、口腔颌面修复的有效方法。目前在生命科学研究的前沿领域出现了一门新的交叉学科——组织工程，它是光固化成形技术非常有前景的一个应用领域。基于SLA技术可以制作具有生物活性的人工骨支架，该支架具有很好的力学性能和与细胞的生物相容性，且有利于成骨细胞的黏附和生长。

复习思考题

1. 简述光固化立体成形技术的基本原理。
2. 简述光固化快速成形的工艺过程。
3. 简述数字光处理技术的基本原理。
4. 简述数字光处理技术的特点有哪些？
5. 简述光固化立体成形的系统组成。

叠层数字化成形技术

叠层实体制造（Laminated Object Manufacturing，LOM）技术由美国 Helisys 公司的 Michael Feygin 于 1986 年发明，并推出了商品化的机器。由于 LOM 技术多用纸材，成本低廉，制件精度高，而且制造出来的木质原型具有外在的美感和一些特殊的品质，因而受到了广泛的关注和迅速的发展。

8.1 LOM 快速成形的原理

图 8.1 所示为 LOM 快速成形原理。系统由计算机、原材料存储及送进机构、热黏压机构、激光切割系统、可升降工作台、数控系统、模型取出装置和机架等组成。其中，计算机用于接受和存储工件的三维模型，沿模型的成形方向截取一系列的截面轮廓信息，发出控制指令。原材料存储及送进机构将存于其中的原材料（如底面有热熔胶和添加剂的纸），逐步送至工作台的上方。热黏压机构将一层层成型材料黏合在一起。激光切割系统按照计算机截取的截面轮廓信息，逐一在工作台上方的材料上切割出每一层截面轮廓，并将无轮廓区切割成小网格，这是为了在成形之后能剔除废料。网格的大小根据被成形件时形状复杂程度选定。网格越小，越容易剔除废料，但成形花费的时间越长，反之亦然。

可升降工作台支撑正在成形的工件，并在每层成行完毕之后，降低一个材料厚度（通常为 0.1~0.2mm）以便送进、黏合和切断新的一层成形材料。数控系统执行计算机发出的指令，使材料逐步送至工作台的上方，然后黏合、切割，最终形成三维工件。模型取出装置用于方便地卸下已成形的模型，机架是整个机器的支撑。

这种快速成形系统截面轮廓被切割和叠合后所成的制品如图 8.2 所示。所需的工件被废料小方格包围，剔除这些小方格之后，便可得到三维工件。

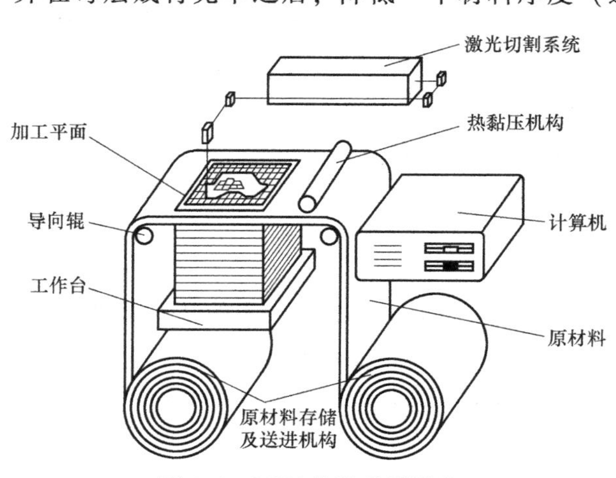

图 8.1 LOM 快速成形原理

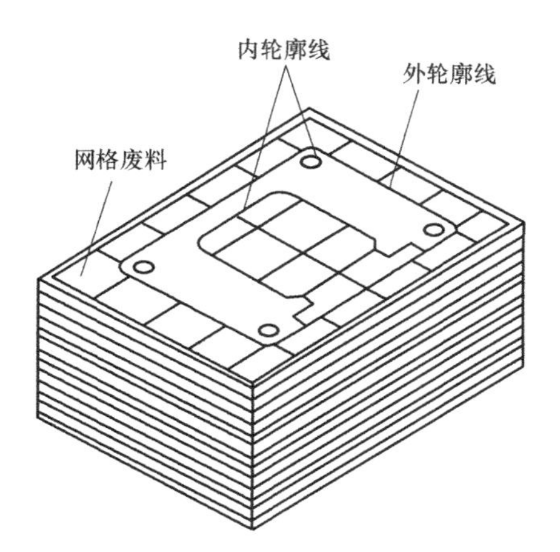

图 8.2　截面轮廓被切割和叠合后所成的制件

8.2　LOM 快速成形的工艺参数和后处理

1. LOM 快速成形工艺参数

从 LOM 快速成形工艺的原理看出，该制造系统主要由控制系统、机械系统、激光器等部分组成。LOM 快速成形机的主要参数如下：

1）激光切割速度。激光切割速度影响着原型表面质量和原型制作时间，通常是根据激光器的型号规格选定。

2）加热辊温度与压力。加热辊温度与压力应根据原型层面尺寸大小、纸张厚度及环境温度来设置。

3）激光能量。激光能量的大小直接影响着切割纸材的厚度和切割速度。

4）切碎网格尺寸。切碎网格尺寸的大小直接影响着废料剥离的难易和原型的表面质量。网格尺寸的大小影响制作效率。

2. LOM 快速成形工艺的后处理过程

LOM 原型制造完毕后，原型埋在叠层块中，需要去除废料，对原型进行剥离。还需要进行打磨、修补、抛光和表面处理等，这些工序统称为后处理。

1）废料去除。将成形过程中产生的废料与原型分离称为废料去除。LOM 成形的废料主要是网状废料，通常采用手工剥离的方式，所以比较费时间。为保证制件的完整和美观，要求工作人员耐心、细致并具有一定的工作技巧。

2）后置处理。当原型零件台阶效应或 STL 格式化的缺陷比较明显，或某些薄壁和小特征结构的强度、刚度不足，或某局部的形状、尺寸不够精确，或原型的某些物理、力学性能不太理想时，就要对原型零件进行修补、打磨、抛光和表面涂覆等后置处理。后置处理后，原型的表面强度、力学性能、尺寸的稳定性、精度等各方面都会得到提高。

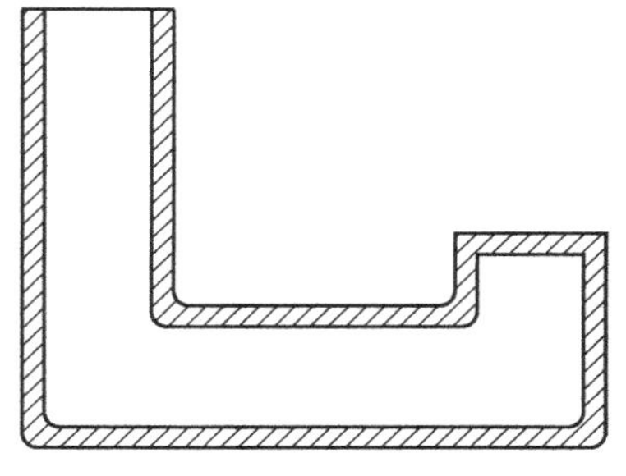

图 8.3　中空类零件

3）易于去除废料的 LOM 快速成形工艺过程。为了成形后易于去除废料，特别是图 8.3 所示的 U 形中空类零件去除废料，韩国理工学院（Korea Institute of Science and

Technology）提出了图 8.4 所示的新型的“Offset Fabrication” LOM 快速成型工艺方法。该工艺采用双层薄材，衬层材料只起黏结作用，而叠层材料被切割两次。首先切割内孔或内腔的内轮廓，之后，内孔或内腔的余料在衬层与叠层分离时被衬层黏结带走，然后被去除内孔或内腔余料的叠层材料继续送进进行与原来制作好的叠层实现黏结，然后进行第二次切割，切割其余轮廓。整个过程分为如下 6 步：

① 在第一次切割过程中，仅在成形材料上切割废料区的周边（见图 8.4a）。

② 将已切割过的成形材料送至原已成形的叠层块上的同时，自动剥离背衬纸，本层废料也与背衬纸同时被剥离（见图 8.4b）。

③ 工作台上升（见图 8.4c）。

④ 使成形材料黏结在已成形的叠层块上（见图 8.4d）。

⑤ 在第二次切割过程中，切割工件本层轮廓的边界（见图 8.4e）。

⑥ 工作台下降（见图 8.4f）。

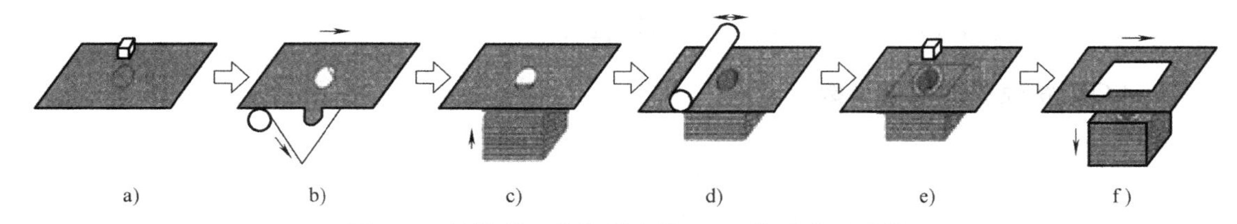

图 8.4　韩国理工学院提出的 LOM 快速成形过程

重复上述过程，直到工件制作完毕。当成形过程完成之后，除了支撑结构和连接孤立轮廓的桥部尚需剥离之外，大部分废料都被分离，因此可以节省剥离废料的时间。图 8.5 所示为上述成形过程的送料机构原理。

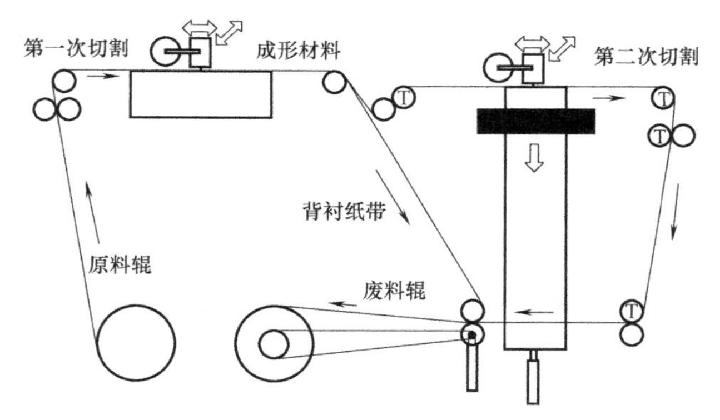

图 8.5　韩国理工学院提出的 LOM 快速成形过程的送料机构原理

8.3　LOM 快速成形的材料及其选择

LOM 快速成形工艺的成型材料涉及三个方面的问题：薄层材料、黏结剂和涂布工艺。目前的薄层材料多为纸材，黏结剂一般多为热熔胶。纸材的选取、热溶胶的配制及涂布工艺既要保证成形零件的质量，又要考虑成本。

1. 纸的性能

1）抗湿性。保证纸原料（卷轴纸）不会因时间长而吸水，从而保证热压过程中不会因为水分的损失而产生变形和黏结不牢。

2）良好的浸润性。保证良好的涂胶性能。

3）收缩率小。保证热压过程中不会因部分水分损失而变形。

4）一定的抗拉强度。保证加工过程中不被拉断。

5）剥离性能好。因剥离时破坏发生在纸张内部，要求纸的垂直方向抗拉强度不是很大。

6）易打磨。打磨至表面光滑。

7）稳定性好。成形零件可以长时间保存。

2. 热熔胶

分层实体制造中的成型材料多为涂有热熔胶的纸材，层与层之间的黏结是由热熔胶来保证的。热熔胶的种类很多，最常用的是EVA，占热溶胶总销量的80%左右。为了得到较好的使用效果，在热熔胶中还要增加其他的组分，如增黏剂、蜡类等。LOM快速成形工艺对热熔胶的基本要求为：

1）良好的热熔冷固性，70~100℃开始熔化，室温下固化。

2）在反复熔化-固化条件下，具有较好的物理化学稳定性。

3）熔融状态下与纸具有较好的涂挂性与涂匀性。

4）与纸具有足够的黏结强度。

5）良好的废料分离性能。

3. 涂布工艺

涂布工艺包括涂布形状和涂布厚度两个方面。涂布形状指的是采用均匀式涂布还是非均匀式涂布。均匀式涂布采用狭缝式刮板进行涂布，非均匀式涂布有条纹式和颗粒式。非均匀式涂布可以减小应力集中，但涂布设备较贵。涂布厚度指的是在纸材上涂多厚的胶。在保证可靠黏结的情况下，尽可能涂得薄一些，这样可以减少变形、溢胶和错位。

8.4　LOM快速成形的优缺点

LOM快速成形工艺只需在片材上切割出零件截面的轮廓，而不用扫描整个截面，所以适合制造大型实体零件。和其他快速成形工艺相比，LOM快速成形工艺具有制作效率高、速度快、成本低等好处。

1. LOM快速成形工艺的优点

1）原型零件精度高（一般小于0.15mm）。这是因为进行薄形材料选择性切割成形时，在原材料——涂胶的纸中，只有极薄的一层胶发生状态变化（由固态变为熔融态），而主要的基底——纸仍保持固态不变，因此翘曲变形较小；采用了特殊的上胶工艺，吸附在纸上的胶呈微粒状分布，用这种工艺制作的纸比热熔涂覆法制作的纸有较小的翘曲变形。

2）制件能承受高达200℃的温度，有较高的硬度和较好的力学性能，可进行各种切削加工。

3）无须后固化处理。

4）工件外框与截面轮廓间的多余材料在加工中起到了支撑作用，故无须设计和制作支撑结构。

5）制件尺寸大。目前最大的LOM快速成形机的成形件长度达1600mm。

6）在中国有原材料（快速成形用纸）的生产公司，价格便宜，能及时供货。

7）可靠性高，寿命长。采用了高质量的元器件，有完善的安全、保护装置，因而能长时间连续运行。

8）操作方便。

2. LOM 快速成形工艺的缺点

1）废料难以剥离。

2）不能直接制作塑料工件。

3）工件（特别是薄壁件）的强度和弹性不够好。

4）工件易吸湿膨胀，因此成形后应尽快进行表面防潮处理。

5）工件表面有台阶纹，其高度等于材料的厚度（通常为 0.1mm 左右），成形后需进行表面打磨。

8.5 LOM 快速成形的误差分析

快速成形时，要将复杂的三维加工转化为一系列简单的二维加工的叠加，对成形机本身而言，成形精度主要取决于二维 xy 平面上的加工精度及高度 z 方向上的叠加精度。基于此，采用成熟的数控技术，完全可以将 x、y、z 方向上的运动位置精度控制在微米级水平，因而能得到精度相当高的工件。然而，影响工件最终精度的因素不仅有成形机本身的精度，还有其他的因素，而这些因素更难于控制。

1. CAD 前处理造成的误差

为得到一系列的截面轮廓，必须对三维 CAD 模型进行 STL 格式化和切片等前处理。STL 格式化是用许多小三角面去逼近模型的表面，用有限的小三角面来逼近 CAD 模型表面是原始模型的一阶近似，它不包括邻接关系信息，不可能完全表达原始设计的意图，离真正的表面有一定的距离，而且在边界上有凸凹现象，因此无法避免误差。由于每一个三角面是单独记录，三角面之间共享的坐标数据多次重复，STL 格式化后的文件数据冗余量相当大，使 STL 格式化文件的规模比 CAD 模型文件的大许多倍，加大了后续数据的 STL 格式化运算量；同时，在表达截面轮廓时会产生许多小线段，这些小线段不利于激光头的扫描运动，从而影响生产效率并产生表面粗糙。

2. 成形过程中的误差

1）叠层厚度分布不均。新铺设的一层胶纸被热压后，该胶纸可能不在一个平面上。这是因为，热压过程中会产生比纸大得多的变形，几百层以至几千层黏胶变形的累积引起叠层厚度分布不均，其厚度差别能达到毫米级。

2）叠层的热翘曲变形。胶、纸热压后，因二者的热膨胀系数不同，加上相邻层间不规则的约束，冷却时会导致叠层的翘曲变形，在制件内部产生残余应力。

3）激光功率过大造成制件表面损伤。由于叠层块表面不平和机器控制误差，激光功率要调到正好切透一层胶纸十分困难。由于激光功率过小会引起废料剥离困难，因而实际操作时，常将激光功率略微调大，这将有可能损伤到制件前一层胶纸表面。

4）机器的控制误差。成形头的 x、y 平面扫描运动及工作台的 z 方向运动位置误差会直接导致成形件的形状和尺寸误差。

3. 后处理过程中的误差

1）温度、湿度的变化引起的误差。叠层块从工作台上取下后，温度下降会引起叠层块进一步翘曲；剥离边框和废料后，制件将吸收空气中的水分而产生吸湿膨胀。如果制件所处的环境（温度、湿度）发生变化，制件还会进一步变形。

2）不适当的后处理可能引起的误差。通常，成形后的制件需要进行打磨和喷涂等处理。如果处理不当，对形状、尺寸控制不严，也可能导致误差。

4. 提高 LOM 制件精度的措施

1）在进行 STL 转换时，可以根据零件形状的不同复杂程度来确定转换精度。在保证成形形状完整平滑的条件下，尽量避免过高的精度。如果零件细小结构复杂，那么可转换精度可以设高一些。

2）STL 文件输出精度的取值应与相对应的原型制作设备上切片软件的精度相匹配。过大会使切割速度严重减慢，过小会引起轮廓切割的严重失真。

3）模型的成形方向对工件品质（尺寸精度、表面粗糙度、强度等）、材料成本和制作时间产生很大的影响。一般来说，无论哪种快速成形方法，由于不容易控制工件 z 方向的翘曲变形等原因，工件的 x-y 方向的尺寸精度比 z 方向的更容易保证，应该将精度要求较高的轮廓尽可能放置在 x-y 平面。

4）充分冷却后再剥离。成形后，不立即剥离，而让制件在叠层块内冷却，使废料可以支撑制件，减少因制件局部刚度不足和结构复杂引起的较大变形。

5）切碎网格的尺寸有多种设定方法。当原型形状比较简单时，可以将网格尺寸设大一些，以提高成形效率；当形状复杂或零件内部有废料时，可以采用变网格尺寸的方法进行设定，即在零件外部采用大网格划分，零件内部采用小网格划分。

6）处理湿胀变形的一般方法是涂漆。为考察原型的吸湿性即涂漆的防湿效果，选取尺寸相同的成形的长方形叠层块经过不同处理后，置入书中 10min 进行实验，观看其尺寸和质量的变化情况。

复习思考题

1. 简述 LOM 快速成形制造工艺的基本原理。
2. 简述 LOM 快速成形制造工艺的特点。
3. 简述新型的“Offset Fabrication” LOM 快速成形工艺方法的基本原理。
4. 分析 LOM 快速成形的误差。
5. 提高 LOM 制件精度，可采取哪些措施？

第9章

金属板料无模数字化快速成形技术

9.1 单点渐进成形

单点渐进成形是在数控机床上通过计算机程序控制形状简单的成形工具，利用其沿着垂直方向的进给及水平方向的运动轨迹逐层形成板类件的三维包络面，从而实现金属板料连续局部塑性成形的加工方法。单点渐进成形适用于新产品试制及小批量生产。

9.1.1 成形基本原理

单点渐进成形在成形过程中，成形工具在某一点处压向板料，使之产生一定的变形后再抬起，然后按运动轨迹移动到下一点处压向板料，如此依次使板料逐点产生一定的变形。这些变形的累积就使板料产生了一定的整体变形。渐进成形原理如图9.1所示。

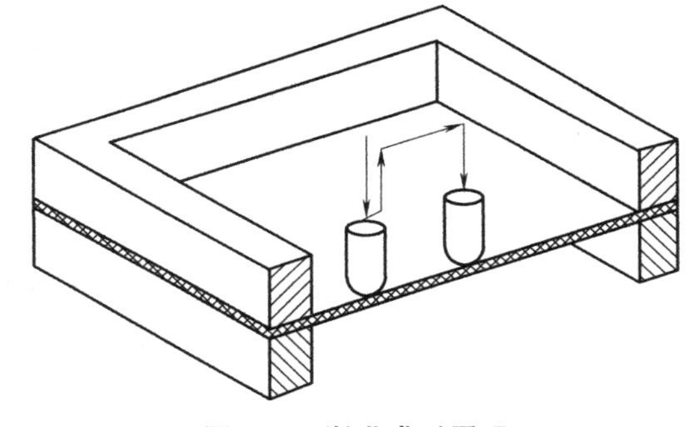
图9.1 渐进成形原理

板料数控渐进成形分为有支撑的渐进成形和无支撑的渐进成形，两者的成形过程大致相同，但仍有些小的差别。

图9.2所示为无支撑渐进成形原理。首先将被加工的板料固定安装于成形设备上，通过特定的支撑座托板和压板压紧板料，在装置底部预留出空间以容纳板料变形。成形时成形工具按照预先编好的数控程序运动到指定位置，并对板料压下预定的下压量，分层逐点的对板料进行塑性加工。待成形第一层轮廓后，程序驱动成形工具在 z 轴方向上增加一个下压量到第二层位置，继续完成第二层的成形，如此反复直至整个工件成形完毕。

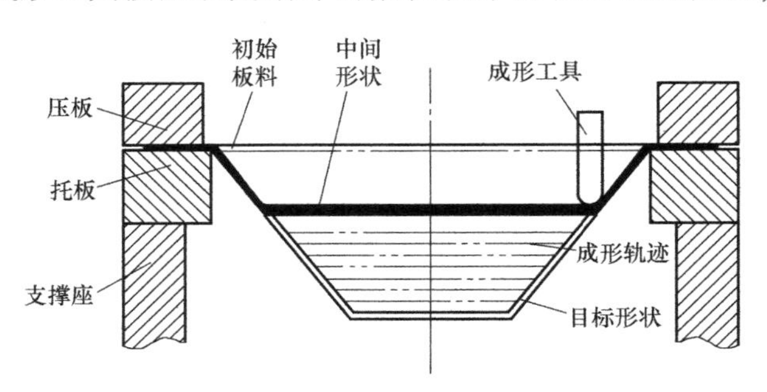

图9.2 无支撑渐进成形原理

图9.3所示是有支撑渐进成形原理。首先将被加工板料置于一个支撑模型上，在板料四周用压板将其夹紧在托

板上，托板可沿导柱自由上下滑动，然后将该装置固定在成形设备上。加工时成形工具先走到指定位置，并对板料压下设定下压量，然后根据控制系统的指令，按照第一层轮廓的加工轨迹要求，以走等高线的方式对板料进行塑性加工。形成第一层轮廓后，成形工具压下设定下压量，再按第二层轮廓的轨迹要求运动，并形成第二层轮廓。如此反复直至整个工件成形完毕。

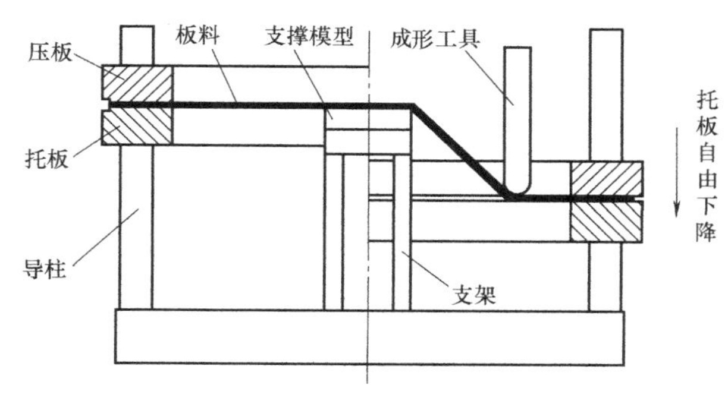

图 9.3　有支撑渐进成形原理

在板料数控渐进成形工艺过程中，由于成形工具的球头半径远远小于板料的面积尺寸，所以板料每次产生的变形仅仅发生在球头的周围。成形工具使板料产生变薄拉深变形，导致板料的厚度减薄，表面积增大，板料就靠这种逐次变形累积而产生整体变形。板料数控渐进成形的可成形性好于传统成形工艺，所以能够成形出传统成形工艺很难甚至无法成形出的具有复杂曲面形状的制件。

9.1.2　成形装备结构及组成

1. 数控渐进成形机

(1) 通用数控渐进成形机

目前国内外金属板料数控渐进成形研究所使用的机床主要有三轴数控铣床或数控加工中心和专用数控渐进成形机。在科学研究试验中，成形易变形材料和薄板料零件时，可以对普通的数控铣床或加工中心进行简单改造用于板料数控渐进成形。但对于难变形材料的零件侧壁成形和水平方向大进给量成形时，则要求机床主轴和床体可以承受较大的弯矩，不发生弹性或塑性变形而影响成形精度，此时需要专用数控渐进成形机。

表 9.1　XKN714 型数控铣床主要技术参数

名　　称	参　　数
工作台面(长×宽)	900mm×400mm
行程(x 轴×y 轴×z 轴)	760mm×410mm×510mm
主轴转速范围	60~3000r/min
快速进给(x,y,z)	10000mm/min
主轴端面至工作台台面距离	130~640mm
主轴电动机功率	5.5kW
主轴电动机转速	变频调速
交流伺服进给电动机	(z,y,z)5S 型
机床净质量	3200kg

图 9.4 所示为南京第二机床厂生产的 XKN714 型数控铣床。XKN7144 型数控铣床是高精度自动化的加工设备，其主要技术参数见表 9.1。对该数控铣床进行一定的改造，即可作为板料数控渐进成形加工的机床使用，主要的改造措施是增加一个具有一定通用性的支撑台及必要的辅助成形装置，如图 9.5 所示。经过改装后的数控铣床可作为无支撑渐进成形机床

使用，可以加工口部面积小于 150mm×150mm 的金属板料零件，但板料厚度不宜过大，铝板厚度一般不超过 2mm。

图 9.4 XKN714 型数控铣床

图 9.5 辅助成形装置

（2）专用数控渐进成形机

当前，国内外对于无模渐进成形设备的研究相对滞后些，除了从 AMINO 公司网站上可以看到一些广告形式的设备宣传外，其他与这种高度柔性的成形工艺相适应的专用成形机罕有报道。华中科技大学与三环集团黄石锻压机床有限公司合作开发出了国内第一台金属板料数控渐进成形设备，如图 9.6 所示，它的最大加工范围为 800mm×500mm×300mm。为了适应成形工艺的柔性需要，该设备采用了开放式的体系结构，从控制系统到系统软件，都充分考虑到了成形工艺的特殊需要，既可以快速对设备硬件进行可靠缩放，又能够通过系统软件充分保证工艺的快速更改和变换。

2. 机身结构

金属板料数控渐进成形机由底座、立柱、动横梁、拖板、成形工具等部分组成（见图 9.7）。夹持系统包括夹板、托架、支撑气缸和气压传动系统等。支撑模型被固定在主机身底座上，成形工具装在拖板上，拖板在动横梁上由伺服电动机滚珠丝杠传动系统驱动，沿 y 轴移动。动横梁在机身框架上由双伺服电动机滚珠丝杠传动系统驱动，沿 x 轴移动。成形工具在拖板上由伺服电动机滚珠丝杠传动系统驱动，沿 z 轴向下运动。计算机发送指令控制 x、y、z 三轴的伺服电动机，即可控制成形工具作三维运动，并以走等高线的方式对金属板料进行数控渐进塑性成形。

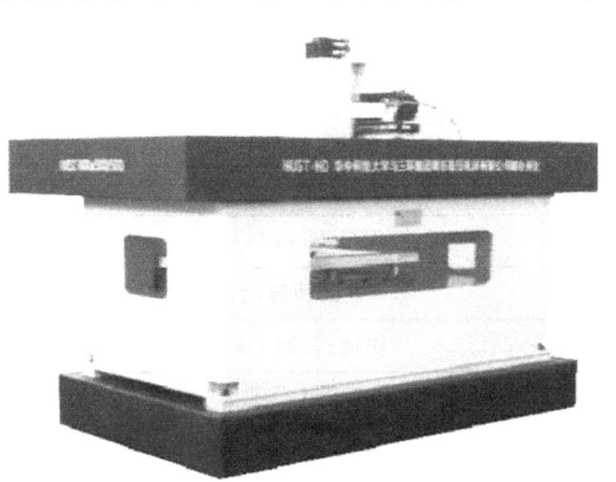

图 9.6 华中科技大学研制的金属板料数控渐进成形机

板料数控渐进成形系统的机身结构包括轨迹执行系统、成形工具系统、气动升降压系统、成形支撑及定位系统和计算机控制系统五个子系统。其中，轨迹执行系统包括 x、y、z 三个运动轴，分别由伺服电动机、联轴器、滚珠丝杠和直线导轨组成，用于完成三个方向上的加工运动；成形工具系统由定位锥套、紧固螺母和成形工具组成，成形工具在轨迹执行系统的驱动下对金属板料进行逐层连续渐进碾压成形，实现板料的无模成形；气动升降压边系统用于对板料进行紧固夹持，并可随着成形工具的逐层下降而下降，它由压边圈、压板、活塞、气缸、电磁阀、选择开关和控制电路组成；成形支撑及定位系统由支撑模型构成，起到靠模的作用，在支撑模型上加工有定位孔，以完成支撑模型在机床坐标系中的定位；计算机控制系统由上位机和下位机组成，上位机负责设备操作的人机交互和机床运动逻辑管理，下位机负责运动轨迹插补和实时控制。

板料数控渐进成形机机身结构具有如下特点：

1）整机为框架式结构，具有结构简单、惯量小的优点，在 x 方向上使用双电动机同时驱动，保证了动横梁的运动平稳。

2）成形工具具有不同的直径规格，并分为滑动式和滚动式等多种结构形式，适用于不同形状尺寸的零件加工，并且成本低、更换简便、持久耐用。

3）成形支撑及定位系统由快速原形制造技术中的 LOM 技术实现，加工快速、精度高，较好地满足了板料成形过程中的靠模需要。

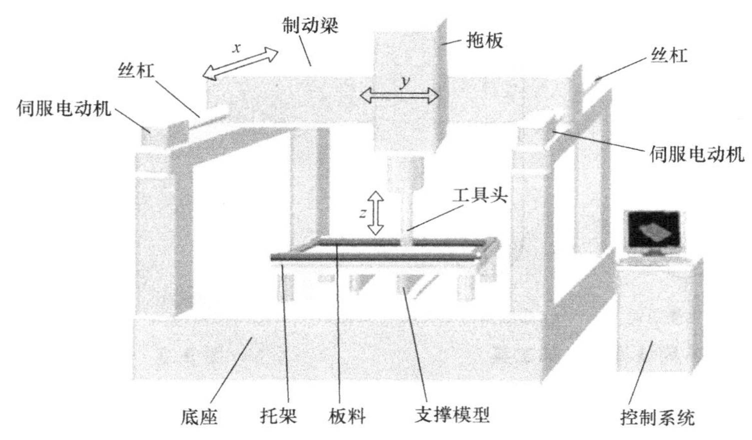

图 9.7　板料数控渐进成形系统

3. 运动执行系统

在运动执行系统中，由于是成形工具对金属板料强迫碾压成形，变形力很大，同时考虑到机床的动横梁比较长，如果当成形工具运动到动横梁的某一端，且在 x 方向发生运动时，将对 x 方向上另一端的导轨产生很大的力矩，可能会导致此端导轨因摩擦力过大或者弯曲变形而超出运动许可的范围，所以在 x 方向上使用了双电动机驱动 y 方向动横梁的结构（见图 9.7），以保证动横梁运动的平稳和 x 轴受力的均衡。可见，驱动成形工具完成三维运动，需要四个运动单元：驱动 x 方向上两轴的两个电动机，驱动 y 轴的一个电动机和驱动 z 轴的一个电动机。在该设备中，考虑到定位精度及轮廓跟随误差的要求，以上运动单元均按照伺服系统动力学的方法选用了相适应的交流伺服电动机。表 9.2 列出了该成形设备的基本硬件参数。

表 9.2　成形设备硬件基本参数

运动轴	丝杠		额定加速度 /(m/s²)	电动机	
	型号	导程/mm		型号	数量
x 轴	THKBNF3620	20	9.8	MDM302A1C	2
y 轴	THK BNF3620	20	9.8	MDM302A1C	2
z 轴	THKBNF3208	8	2	MDM52A1C	1

板料数控渐进成形的成形工具直接与被加工的板料接触，成形工具的形状、尺寸、硬度和表面粗糙度等对成形质量都有较大的影响。为了提高制件的表面质量，需要对成形工具的形状、结构和表面状态进行研究。目前常使用的成形工具主要有三种（图 9.8）：第一种是头部为半球体或大半球冠的金属杆，即固定式成形工具；第二种是头部为可以自由滚动的硬质金属球和金属杆组装而成的自由滚动式成形工具；第三种是带圆角的平头式成形工具。采用固定式成形工具时，由于成形过程中成形工具与板料之间发生的摩擦为滑动摩擦，所以板料表面容易被擦伤。采用自由滚动式成形工具时，可以将加工过程中的滑动摩擦转换成滚动摩擦，这样可以减小摩擦力，因此所加工的零件表面质量较好，但制造复杂，成本高。由于固定式成形工具制作简单，所以通过提高成形工具的硬度和表面质量，辅助以良好的润滑工艺，也可以取得满意的加工质量，如图 9.9 所示为固定式成形工具实物图片。

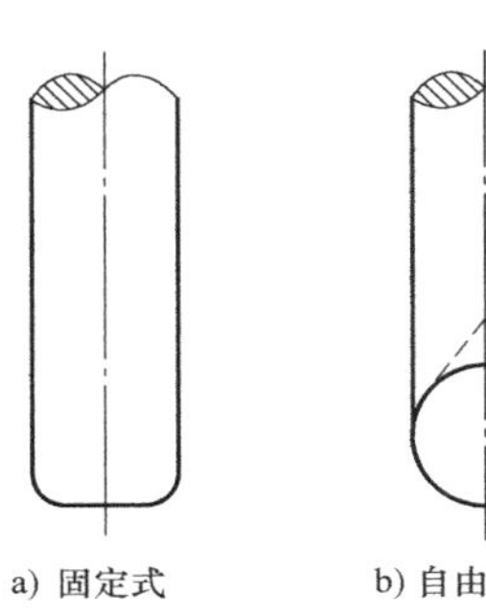

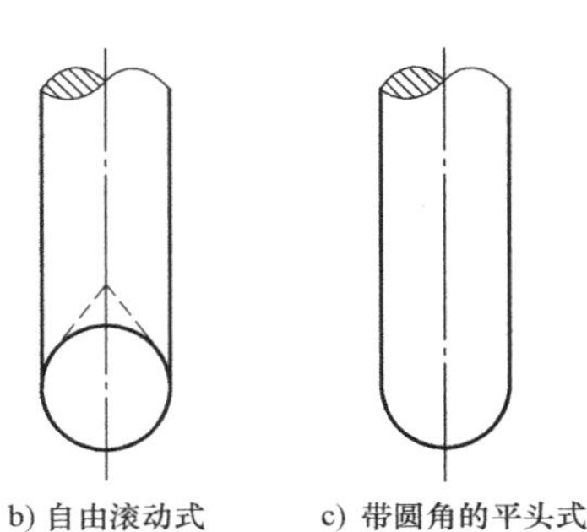

a) 固定式　b) 自由滚动式　c) 带圆角的平头式

图 9.8　三种不同结构的成形工具

图 9.9　固定式成形工具

此外，成形一些具有小圆角的零件（如加强肋、浮雕字等）时，采用带适当圆角的平头式成形工具可以得到较高的成形质量和良好的视觉效果。随着板料数控渐进成形技术的发展，出现了高压水射流渐进成形工艺，其成形工具是高压水射流而非常规的金属成形工具。

板料数控渐进成形工艺要求成形工具具有较高的强度、韧性和表面硬度，同时需要有较好的耐疲劳性能和耐磨性能。在常温下，金属成形工具的常见材料有轴承钢（GCrl5）、高速工具钢（W12Cr4V5Co5、W12Cr4V5Co8）、低淬透性调质钢（40Cr）等。对于热渐进成形，由于成形温度较高，成形工具一般采用有耐高温涂层保护的碳化钨制成。

4. 润滑剂

润滑是减小摩擦对成形过程的不良影响的最有效的措施。润滑的目的是改善摩擦条件，降低接触面上的摩擦力，减小磨损，获得表面光洁的制件，提高成形工具寿命。为了减小摩擦，提高成形零件质量，必须采用合适的润滑剂和润滑方式。板料数控渐进成形过程中，成形工具与零件之间是逐点接触，成形时局部压力较大，并且不断有新的材料表面产生，这些都会对摩擦和成形结果产生影响。板料数控渐进成形对润滑剂的要求如下：

1）可以显著降低摩擦，减小摩擦力，提高成形零件表面质量。

2）应有良好的耐压性能，在高压下能附着在接触表面上，保持良好的润滑状态；具有一定的流动性，可以快速覆盖成形过程中新产生的表面，保证其润滑效果。

3）便于储存，成分均匀，性能稳定；不受温度、氧化等影响而变质。

4）安全、环保、方便、价格合理。残留在金属表面的润滑剂应对人体无伤害，符合环保要求，不腐蚀金属板料和成型工具，容易清理且经济实用。

根据以上原则，一般可选择的润滑剂有锂基润滑脂、液态机油、工业润滑脂和石墨等。

锂基润滑脂为脂肪酸锂皂稠化矿物润滑油，它化学稳定性好、价格便宜、与金属不起化学反应，但形成稳定润滑膜的张力较差、着火点低。虽然其抗压性能不错，但无法及时覆盖新产生的金属表面，以致使新产生表面与成形工具直接接触而被擦伤。采用该润滑剂，成形出的零件表面质量一般，不能达到满意的效果。

液态机油可以很好地覆盖新产生的金属表面，但在接触点处的抗压性能不佳，不能很好地附着在金属表面，润滑效果一般。

用已经析出液态润滑油的糊状工业润滑脂，可以起到很好的润滑效果。固体润滑脂具有较好的抗压性能，附着在金属表面，在接触点处起到良好的润滑效果液态的润滑油具有较好的流动性，可以及时覆盖在新产生的金属表面上，保护其质量。

石墨是很好的固体润滑剂，它是四方晶系的层状结构，层间结合力比同层原子间结合力小得多，用作润滑剂时，其层与层之间的内摩擦代替了板料与成形工具之间的摩擦，而且热稳定性好，使用时可制成水剂或油剂。

试验表明，已经析出液态润滑油的糊状工业润滑脂具有较好的抗压性能和可以及时覆盖新生金属表面的功能，可以取得良好的润滑效果。一般在成形铝板的过程中，由于接触点的压力较大，且成形工具较硬而铝板较软，所以在产生新的金属表面的同时，会出现类似切削碎屑的小颗粒，它混在润滑剂中，会降低成形零件的表面质量，所以每一次成形都需要更换新的润滑剂。而成形镀锌钢板时，由于材料硬度较高，该现象不明显。

5. 成形辅助装置

板料数控渐进成形依据有无支撑可分为有支撑渐进成形和无支撑渐进成形。两种不同的成形方式都需要一定的成形装置起固定及辅助支撑作用。在上述两种不同的成形方式中，虽然板料固定装置的形式有所不同，但对于成形装置都有相同的要求：

1）具有足够的刚度。在板料变形过程中，支撑装置不发生弹性或塑性变形，常用的材料为普通碳素结构钢，如 Q235。

2）可以快速有效地装夹和卸载板料，且具有对不同形状、规格的零件在一定范围内的适应性。

3）需要有一定的能容纳板料变形的空间，包括高度方向和水平方向。

（1）无支撑渐进成形装置

无支撑渐进成形工艺采用具有一定通用性的简单支撑装置固定板料周边，使板料的周边位置固定不动，而中心区域随成形工具不断向下变形。一般无支撑渐进成形的支撑装置由支撑底座、托板和压板三部分组成。支撑底座的作用是为了支撑板料变形，提供容纳板料变形的空间。托板及压板的作用是夹紧板料，使其在变形时不移动，夹紧力的大小可以通过周边的螺栓控制，其作用类似于冲压中的固定压边圈作用。托板及压板具有一定的通用性，可以根据零件形状的不同而选择不同的类型。支撑装置用压板固定在机床工作台面上，板料夹持在托板及压板中间，然后通过螺栓夹紧在支撑台上。如图 9.10 所示为无支撑渐进成形装置。

（2）有支撑渐进成形装置

有支撑渐进成形与无支撑渐进成形的最大区别在于，成形板料的下方有支撑模型支撑。有支撑渐进成形装置主要由压板、托板、支撑模型及导向装置等组成，如图 9.11 所示。板

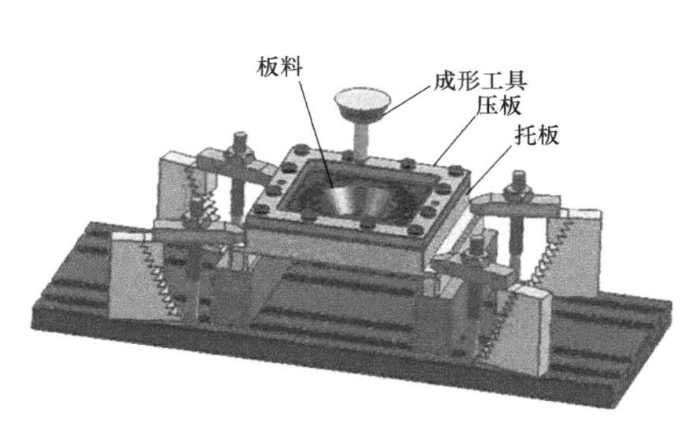

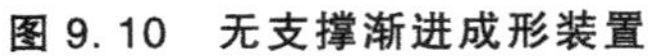
图 9.10 无支撑渐进成形装置

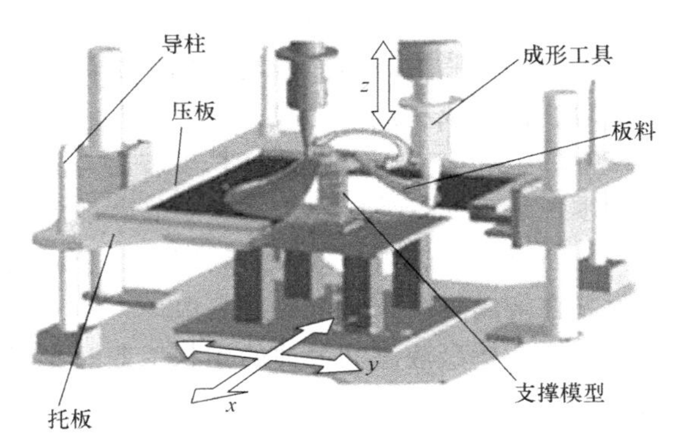

图 9.11 有支撑渐进成形装置

料周边用压板夹紧在托板上，在成形过程中托板可沿导柱上下自由滑动。支撑模型在有支撑渐进成形中是很重要的辅助装置。在成形简单制件时，只需要支撑模型与制件形状大致相同即可；而在成形各种复杂的曲面壳形件时，就需要一个与之相同的支撑模型垫在板料的下部，且这个支撑模型一般用高强度橡胶或树脂加工而成。制作与成形件形状相同的支撑模型，加工成本较高，并且使产品周期增长，针对这种情况，点支撑成形方式应运而生。将一个或多个顶杆布置在制件成形过程中的关键部位以代替原来的支撑模型，顶杆的直径和高度依据布置点处制件的形状和尺寸决定。但在点支撑成形方式使用过程中，点支撑以外的材料处于悬空状态，容易出现形状失稳现象，影响制件的尺寸精度和表面质量，因此在实际加工过程中应避免板料、压板和托板随成形工具运动而发生晃动的情况。

在有支撑渐进成形过程中，由于支撑模型表面承受着相当大的局部作用力，并且作用点随着进给方向变化，同时金属板料在变形时沿支撑模型接触面的流动也会产生很大的摩擦。因此，要求支撑模型具有足够的强度、刚度、硬度、精度和良好的耐磨性。支撑模型的常见制作方法有：

1）利用实体分层制造技术制作的纸基支撑模型。这种纸基支撑模型制作快速、修改方便、操作简单，既缩短了工作周期又降低了加工成本，但需要专用的实体分层制造设备。

2）以化学木材为原材料，利用分层叠加与数控铣削相结合的快速成形制造方法制作支撑模型。这种化学木材不仅具有足够的强度和硬度，而且具有良好的可加工性能，适用于高速切削加工。这种支撑模型的制作方法不需要特殊的设备和辅助夹具，仅依靠现有数控机床就可快速地实现制作，操作简单易于修改，可降低制作成本并能缩短制作周期，同时具有较高的尺寸精度和表面质量，能够很好地保证复杂工件的成形质量。

3）以橡胶为主要材料制作弹性支撑模型。该弹性支撑模型能够从一定程度上减小回弹和破裂的危险，且一种弹性支撑模型可用于不同工件的成形，但与无支撑渐进成形工艺相比仍增加了工件的制造成本。

9.1.3 成形工艺过程及特点

1. 板料数控渐进成形工艺过程

1）产品成形分析。依据产品特点判断能否采用板料数控渐进成形技术进行加工，经判断若不适合采用该技术成形，则选用其他成形技术加工，若适合则进入第二步流程。

2）产品结构设计。在计算机上用三维 CAD 软件建立目标制件的三维数字模型。

3）成形工艺设计/成形工艺分析、工艺规划，制造工艺辅助装置。

4）数控程序编制。对三维模型进行分层处理，并进行路径规划，设计成形轨迹，生成 NC 代码。

5）机床加工成形。将 NC 代码输入计算机，控制专用成形设备成形目标制件并对成形制件进行后续处理，得到最终产品。

6）制件质量检验。依据产品的质量要求，利用各种检测手段对成形出的目标制件进行检测，若产品满足要求，制件成形结束；若产品不符合要求，则重新从流程 3）开始，进行成形工艺设计，如此循环。其工艺流程如图 9.12 所示。

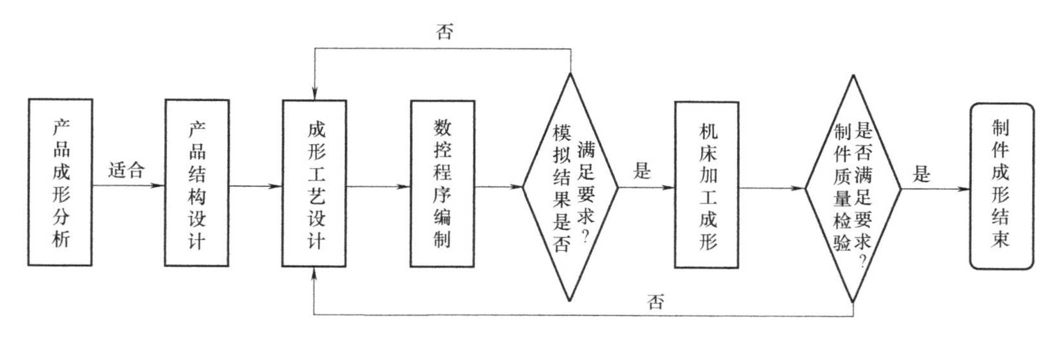

图 9.12　板料数控渐进成形工艺流程

2. 板料数控渐进成形工艺特点

板料数控渐进成形技术是一种新型的板料加工技术，与传统的板料成形工艺相比，实现了无模成形；与其他无模成形工艺相比，是分层逐点成形，能充分发挥板料成形的性能；与快速成形制造技术相比，加工的零件可直接或经半量的处理后使用。

（1）与传统板料成形工艺比较

传统板料成形工艺是利用模具在压力机上对板料施加压力，使其分离和变形，从而得到一定形状并且满足一定使用要求的零件的一类加工方法。在板料数控渐进成形过程中，板料在外力作用下仅发生塑性变形，不产生剪切分离，因而与传统板料成形工艺中的分离工序有着显著区别，与拉伸、胀形等成形工序有一定的类似。拉伸件如图 9.13 所示。

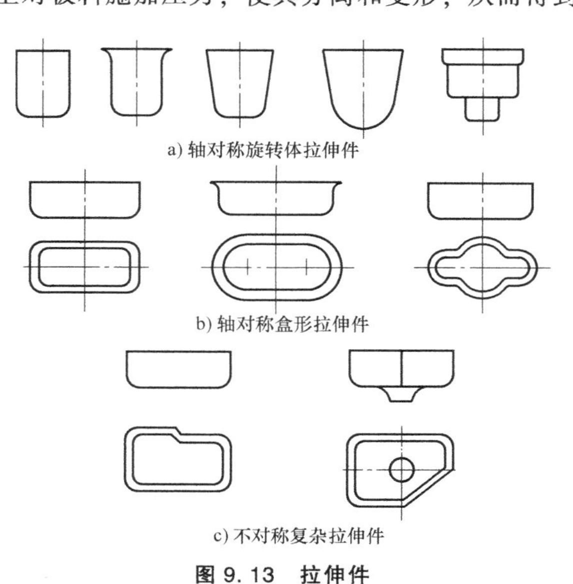

图 9.13　拉伸件

板料数控渐进成形技术是通过数控程序控制成形工具分层逐点成形，依靠变形的累积，获得最终形状的成形方法。板料数控渐进成形工艺与传统板料成形工艺如拉伸、胀形相比，其优点如下：

1）实现了无模成形，不需要模具或仅需要简单的模具，节约了模具制造的费用，降低了生产成本。

2）省去了模具的设计制造时间，从产品设计到制造周期变短，缩短了产品对市场需求的反应时间，易于快速制造。

3）采用的是逐点渐进成形，能对板料变形逐点控制，依靠变形的累积最终成形，更能充分利用材料的成形性能制造变形程度更大的零件。同时，能够在板料局部区域成型出常规成形方法无法成形的具有复杂曲面的形状。板料局部成形所需要的成型力小，设备能耗低，近似于静压力，振动小、噪声低，属于绿色加工。

4）从成形制件的壁厚来看，利用板料数控渐进成形技术，在理论上来说可以控制板料每一点的成形，因而制件壁厚均匀。传统的拉伸成形变形区域主要是凸缘部分，胀形塑性变形区局限于与凸模接触部分。利用拉伸、胀形等成形制件时，无法控制板料的微小局部成形，因而成形制件的壁厚无法达到均匀状态。

5）利用拉伸可以成形出筒形、球形、锥形等回转件及盒形件等非回转件，板料数控渐进成形也可以成形出上述类型的零件。

6）从产品生产的自动化程度来看，板料数控渐进成形的三维造型、工艺规划、成形过程模拟、成形过程控制等全部通过计算机完成，CAD/CAM 一体化制造，自动化程度高。

板料数控渐进成形工艺与传统板料成形工艺相比，其缺点如下：

1）不适合大批量的生产。这主要由于成形过程中加工每一个制件都需要装夹固定板料，此外机床加工成形速度不宜过快，需要将加工成形速度限制在一定的合理范围内。上述因素导致成形制件时间较长，不适合于大批量的生产。

2）对板料规格有一定限制，受现阶段用于成形的机床主轴所能承受的成形力限制，板料的厚度不宜过大。

（2）板料数控渐进成形与其他无模成形工艺比较

1）喷丸成形。喷丸成形技术是 20 世纪 50 年代初伴随着飞机整体壁板的应用，在喷丸强化工艺的基础上发展起来的一种很有发展前景的新工艺方法，它是飞机制造中成形整体壁板和整体厚蒙皮零件的主要方法之一。喷丸成形是利用高速金属弹丸流冲击金属板料表面，使受撞击表面及其下层金属产生塑性变形而延伸（见图 9.14a），从而使板料产生向受喷面突起的弯曲变形而达到所需外形的一种成形方法。喷丸成形的方法有预应力喷丸成形技术、数字化喷丸成形技术、新型喷丸成形技术（双面喷丸成形技术、激光喷丸成形技术、超声喷丸成形技术、高压水喷丸成形技术）。

喷丸成形技术的主要特点是：工艺装备简单，不需要成形模具，因此零件制造成本低，对零件尺寸大小的适应性强；由于喷丸成形后，沿零件厚度方向在上、下两个表面均形成残

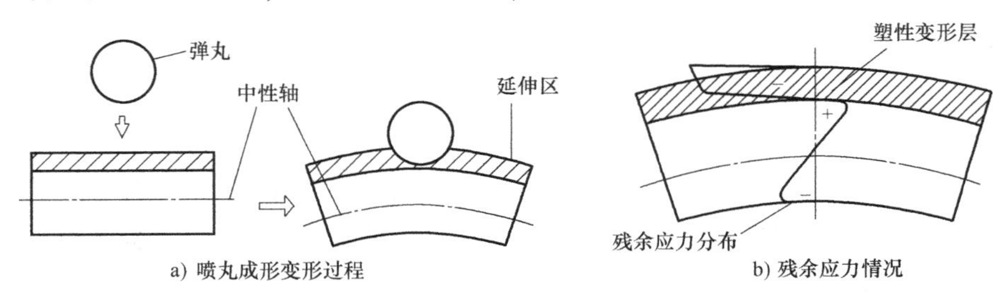

图 9.14　喷丸成形基本原理

余应力（见图 9.14b），因此在零件成形时还可以改善零件的抗疲劳性能；既可以成形单曲率零件，也可以成形复杂双曲率零件。但该方法成形机理十分复杂，影响成形过程的因素较多，喷丸成形工艺参数的选择仍要依靠庞大的实验数据库和操作经验，耗时耗资。

喷丸成形与板料数控渐进成形最大的区别在于，喷丸成形是利用高速金属弹丸流冲击金属板料表面，使受撞击表面及其下层金属产生塑性变形，而板料数控渐进成形是利用成形工具在板料上进行逐点分层加工，是一个变形累积的过程。对于板料数控渐进成形的操作无需太多经验，工艺参数的选择也无须庞大的实验数据。在成形过程的模拟方面，目前针对喷丸成形过程模拟方面的研究方法主要有弹丸撞击法和等效载荷法。虽然弹丸撞击法与喷丸的物理过程非常接近，但是由于弹丸尺寸与零件尺寸之间的差异，仍然无法完全实现喷丸成形全过程的数值模拟，从一定程度上限制了对该工艺的研究。虽然对于板料数控渐进成形过程的模拟还不完善，但有限元数值模拟方法已经成为研究该工艺强有力的工具。

2）成形锤成形。成形锤成形是将金属板料放置于刚性冲头和弹性橡胶模之间，通过不断地锤击板料各区域进行局部成形，逐步成形为所需形状，制件加工过程如图 9.15 所示。该成形技术方法简单，成形速度较快，但是只能成形形状比较简单的制件，而且成形后留下大量锤击压痕，影响制件的表面质量，必须进行后续处理。

成形锤成形是利用锤击对板料各区域分别进行局部成形，一次变形量较大，成形后制件表面需要进行后续处理才能使用。板料数控渐进成形虽然也是用成形工具对板料进行局部成形，但该工艺引入分层制造的思想，把三维的目标工件离散成系列二维切片分层加工，每层变形量较小，制件最终的成形是通过变形的累积，因此较高发挥了板料的成形性能，也提高了材料的利用率。

3）激光成形。激光热应力成形是利用激光束扫描金属薄板表面，在热作用区域产生明显的温度梯度，导致非均匀分布的热应力，使板料产生塑性变形的一种工艺方法。图 9.16 所示为板料激光成形。激光冲击波成形是在激光冲击强化基础上发展起来的一种全新板料成形技术。它是利用高功率密度、短脉冲的强激光作用于覆盖在金属板料表面上的柔性贴膜，使其气化电离，形成高温高压的等离子体而爆炸，产生向金属内部传播的强冲击波，由于冲击波压力远远大于材料的动态屈服强度，从而使材料产生塑性变形。由于激光成形仅靠热应力使板料成形，所以不存在模具制作的问题，使生产周期短、柔性大；同时激光成形作为一种热态累积成形，能够成形常温下难变形的材料和高硬化指数金属。激光成形工艺具有高精密、高质量、非接触性、洁净无污染、无噪声、材料消耗少、参数精密控制和高度自动化等特性。

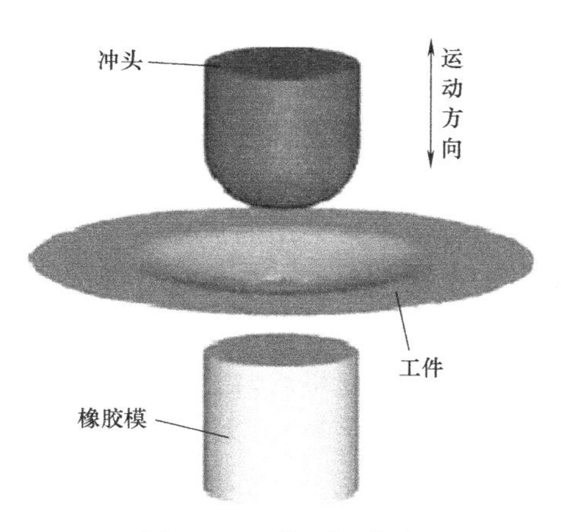

图 9.15　成形锤成形

板料数控渐进成形时成形工具需与板料表面接触，而激光成形是一种非接触的成形工艺，通过远程作用在有限的空间或不可接触的位置上进行精确成形。激光成形的材料非常广泛，包括各种碳钢、不锈钢、合金、有色金属以及金属基复合材料等利用常规工艺不能加工或难以加工的材料。目前板料数控渐进成形技术受制于成形设备的成形能力，所能成形的材

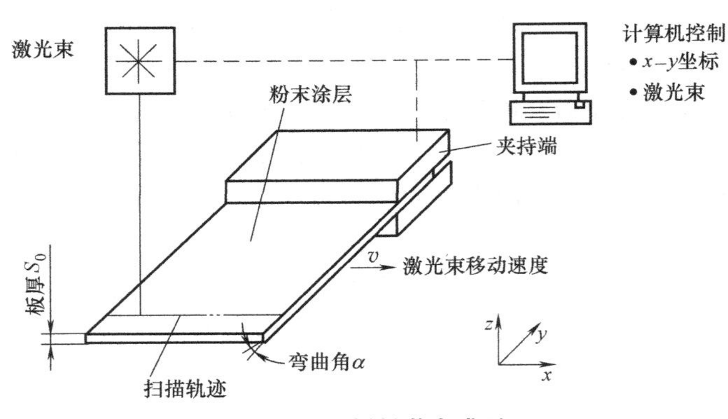

图 9.16 板料激光成形

料种类及板料厚度的范围有限。板料数控渐进成形时对板料实行逐点分层加：能够充分发挥板料的成形性能，有效控制成形制件壁厚，同时可以成形出具有复杂曲面的制件，这些是目前激光成形所不具备的。鉴于两者的优点，目前已经出现一种作为热渐进成形的激光辅助渐进成形工艺，该工艺成形规律有待进一步地研究。

9.1.4 成形质量影响因素及分析

板料成形过程中包括复杂的物理现象，涉及力学中的三大非线性问题，即几何非线性（大位移、大变形）、材料非线性（弹塑性、弹黏性、各向异性）、状态非线性（接触和摩擦）。板料数控渐进成形过程同样包含了复杂的力学过程，影响渐进成形的因素很多，主要有成形工具（尺寸、形状）、轴向进给量、进给速度、成形角、板料属性（厚度、性能）、成形温度等。

1. 成形工具

板料数控渐进成形工艺有别于其他成形工艺，因此成形工具也有别于传统成形工艺的成型工具，成形工具的尺寸、形状是板料数控渐进成形主要的影响因素之一。在板料数控渐进成形过程中，常采用的成形工具形状即为成形工具中加工金属杆头部的形状，主要有半球体、大半球冠和平头带圆角三种。一般而言，球头成形工具的成形性能优于具有相同圆角半径的平头成形工具；带适当圆角的平头成形工具的成形性能优于同直径下的球头成形工具，它既能使板料变得均匀，又可使板料所受的成形应力较小。成形一些具有小圆角的零件（如加强肋、浮雕字等），采用带适当圆角的平头成形工具可以得到较高的成形质量和良好的视觉效果。

在成形过程中，虽然选择半径大的成形工具有利于成形，但是存在着局部区域成形工具不能加工到位的情况，即表面质量较差，尤其是加工复杂零件时容易产生干涉；选择半径过小的成形工具则容易导致应力集中，致使板料产生破裂。因此，对于形状复杂的零件，通常先选用半径约为板料厚度 5 倍的成形工具进行粗加工，然后使用不小于 3 倍板料厚度的小半径成形工具对板料成形件进行局部细微加工，以提高成形件的表面质量；对于形状简单的零件，通常选用半径约为 5 倍板料厚度的成形工具进行加工。

2. 轴向进给量

板料数控渐进成形工艺是一种通过数控程序控制成形设备，按照预先编制好的程序逐点成形板料零件的柔性加工工艺。在成形轨迹生成过程中，成形工具深度方向的进给量是很重要的一项成形路径参数。深度方向的进给量一般称为轴向进给量或 z 轴进给量，如图 9.17 所示，它是指板料数控渐进成形过程中预先设定的压下量，即任意相邻两层面之间的垂直距离 h。

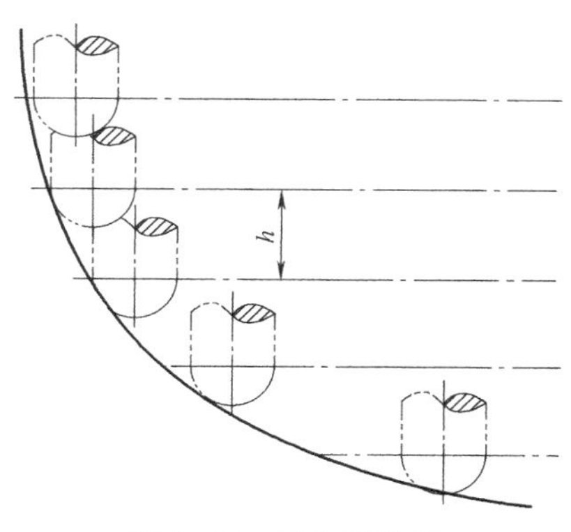

图 9.17　轴向进给量

轴向进给量的选择应考虑以下方面：

1）从变形稳定性方面考虑。轴向进给量越大，成形时产生的拉应力越大，使板料减薄严重，易导致拉裂，即拉应力失稳。

2）从变形精度方面考虑。轴向进给量越大，成形工具压入板料的深度越大，使与板料接触的面积增大，摩擦力增大，易造成成形工具弯曲，从而影响变形精度。

3）从加工效率考虑。在加工条件允许的情况下，应尽量增大轴向进给量，以缩短加工时间。

4）从成形表面质量考虑。一般情况下轴向进给量越大，表面质量越差，如图 9.18 所示。

a)

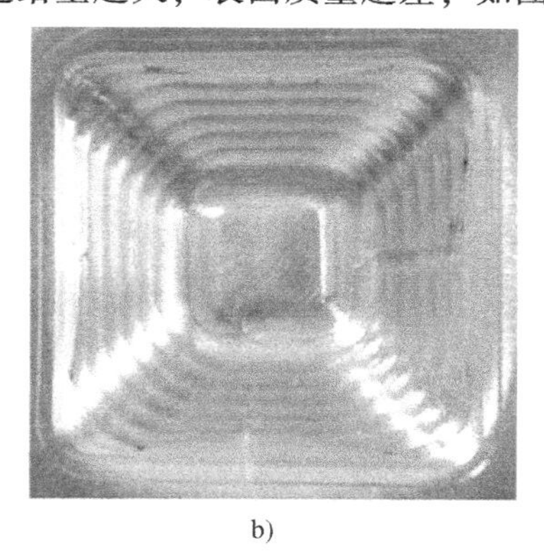
b)

图 9.18　不同轴向进给量成形制件实物

因此对于轴向进给量的确定采用适中的原则，若材料较难发生变形，则轴向进给量要小一些，反之可适当增大轴向进给量，以减少加工时间提高生产效率。

3. 进给速度

进给速度是指单位时间内工件与成形工具在进给运动方向的相对位移。进给速度是影响成形效率的重要因素之一，合理的进给速度将会产生良好的成形效果，所以对进给速度进行优化，具有重要意义。加工轨迹分为空走部分（如抬刀、平移、进刀等）和加工部分，因而需要分别对这两部分速度进行优化。由于空走部分的速度对于加工制件的质量影响甚微，所以可以提高这部分的运动速度，以减少辅助运动时间；直接对加工轨迹进行优化，尽量减少空走部分的运动轨迹，同样可减少辅助运动时间。同时，提高加工部分的进给速度也可以减少加工时间，提高生产效率，但对加工部分进给速度的调整需考虑以下三个方面：

1）目标制件的尺寸、形状。一般而言，对于尺寸较大、形状简单的制件，可提高进给速度；对于尺寸较小、形状复杂的制件如有拐角、尖角等，进给速度不宜过快。

2）在成形过程中，一般开始阶段可选用较高的进给速度，随着成形过程的进行，尤其是快结束时，应适当减小进给速度。

3）由于板料数控渐进成形机自身的限制，尤其是加工不易变形板料时，要根据主轴的承受能力选取合适的进给速度。在实际成形过程中，进给速度常设置为1500~2000mm/min。

4. 成形角

在板料数控渐进成形过程中，对于单道次渐进成形而言，若目标制件一定，则其成形角就已经确定；对于多道次渐进成形而言，各道次的成形角是不确定的，所以在设计成形路径时成形角是主要的考虑因素之一。成形角对板料数控渐进成形的影响主要体现在两个方面：

1）对于某种一定厚度的板料，成形极限角是一定的。当成形角大于这个角度时，通过单道次是无法成形出合格制件的，因而需要采用多道次成形目标制件。在多道次渐进成形过程中，设计各道次成形路径时，不仅要考虑每一道次的成形角，还需考虑各道次之间的成形面之间的夹角。各道次成形面之间的夹角不宜过大，因为当各道次成形面之间的夹角过大时板料会因变形程度过大而产生薄壁区甚至发生破裂，导致成形失败。

2）对零件表面质量的影响。在成形过程中，按轴向进给量相同控制成形工具时（其余加工参数相同），从成形出的零件可以明显看出，成形角较小时的平缓曲面处与成形角较大时的陡峭面处的表面质量有很大的差别（见图9.19）。在平缓曲面处，零件表面有明显的成形工具挤压的痕迹，表面质量较差；而在陡峭面处零件的表面质量较好。图9.20所示为给定每层轴向进给量的情况下，成形角变化时零件的加工轨迹。从图9.20中可以看出，沿着成形工具进给方向，零件轮廓线切线与初始板料平面的夹角不断增大，即成形角不断增大，零件表面的残余高度越来越小。然而实际加工的零件表面波纹的波峰高度在平缓曲面处的值比理论值大得多，随着成形角度的增加，波峰高度的值快速减小，与理论值越来越吻合。

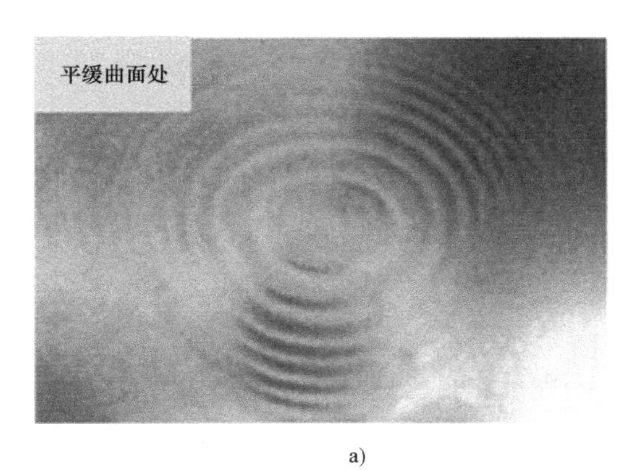

a)

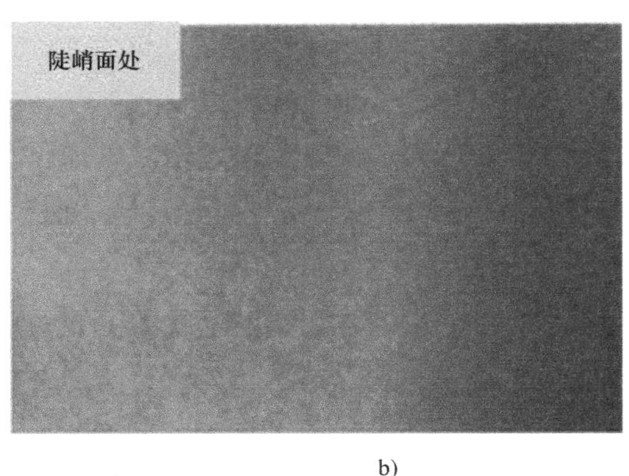

b)

图9.19 不同成形角时零件表面质量

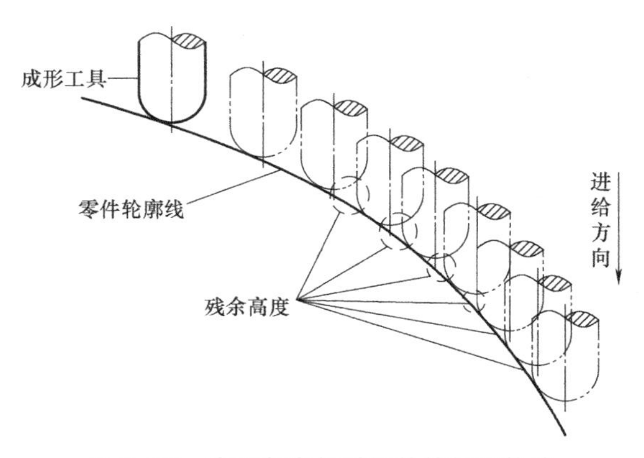

图9.20 成形角变化时零件的加工轨迹

成形角是影响零件壁厚分布的主要因素之一，一般认为单道次成形的零件壁厚分布与成形角存在如下关系

$$t=\sin(90-\theta)t_0 \tag{9-1}$$

式中，t 为成形后板料厚度；t_0 为成形前板料厚度；θ 为成形角。

在板料数控渐进成形中，将式（9-1）所表述的成形前后板料厚度关系称为制件壁厚的正弦定律，简称正弦定律。虽然在实际渐进成形过程中，单道次渐进成形后制件的壁厚与正弦定律并不完全吻合，但正弦定律在设计成形路径时仍能起到预测壁厚的一定作用，对路径的设计优化有着重要意义。

5. 板料属性（厚度、性能）

板料数控渐进成形过程中，由于板料需要满足发生很大的局部塑性变形而不发生破裂的性能要求，而且变形过程又伴随有较大的回弹现象，所以成形板料的选择需要满足以下要求：表面和内部质量较好，板料表面不得有夹杂、裂纹、飞边、污垢等，板料内部不得有孔洞，材料均匀性要好，材料尽量各向同性，不会因为板料的纤维取向而影响零件的成形。材料性能的不均匀性、板料的金相组织和应力分布的不均匀，会使变形不均，甚至使工件断裂，使不同部位的材料强度各不相同。

意大利的 L. Filice 等开发出一个通过测量成形过程中机床受力情况，进而在线控制成形过程的装置，此装置通过安装在机床上的传感器测量成形过程中成型工具与板料间的力。板料厚度对变形力影响较大，试验研究发现变形力随着板料厚度的增加而增大。板料主要的性能参数有硬化系数 K、硬化指数 n、屈服强度、延伸率等。通常来说，有较大的硬化系数和延伸率的材料在板料数控渐进成形工艺中有较好的成形性能。

6. 成形温度

一般情况下板料的成形都是在常温下进行的，但对于一些室温条件下塑性差，难以加工的材料（如镁合金），可以采用热渐进成形方法进行加工。热渐进成形是包含有加工硬化、静态再结晶和动态再结晶的一个复杂过程，决定于板料的成形温度和成形时间。对热渐进成形而言，虽然随着温度的升高变形力逐渐减小，但每种材料都有一个相对的最佳成形温度范围。热渐进成形过程中，板料的残余应力减小，因此成形过程中的回弹量减小，成形精度比常温成形高。

9.1.5　成形案例

板料数控渐进成形技术是针对现代社会产品要求日益多样化、个性化，产品设计不断创新、更新换代速度不断加快等特点而发展起来的塑性加工技术，它适应了产品的创新设计，适应了多品种、少批量生产，它适应了交货时间短、快速响应用户需要等要求。该技术可以直接应用于汽车工业、航空航天、医疗器械、家居装饰、厨房用具、洁具、工艺美术品等产品的设计制造，对提高我国相关企业的市场竞争力具有重要的意义。

1. 车辆制造业

目前，在汽车市场每年都有大批新车型上市，如何快速、低成本和高质量地开发出新车型是汽车制造业面临的一大难题。传统成形工艺需要采用模具加工，而传统模具的设计和试制过程周期长、费用高，在很大程度上影响了新车型的开发周期和成本。将板料数控渐进成形技术用于汽车覆盖件的制造，节省了产品开发过程中因模具设计、制造、试验修改等复杂过程所耗费的时间和资金，缩短了新产品开发的周期，降低了成本。它还可以用于新车型的快速开发和对概念车设计的验证。日本本田公司在 2005 年改装车展上，展出了采用板料数控渐进成形技术加工的 S800 型跑车发动机罩等产品，如图 9.21 所示。华中科技大学对汽车覆盖件的板料数控渐进成形工艺进行了研究，加工了汽车门及翼子板等部件。图 9.22 所示为车辆中的板料数控渐进成形零件。

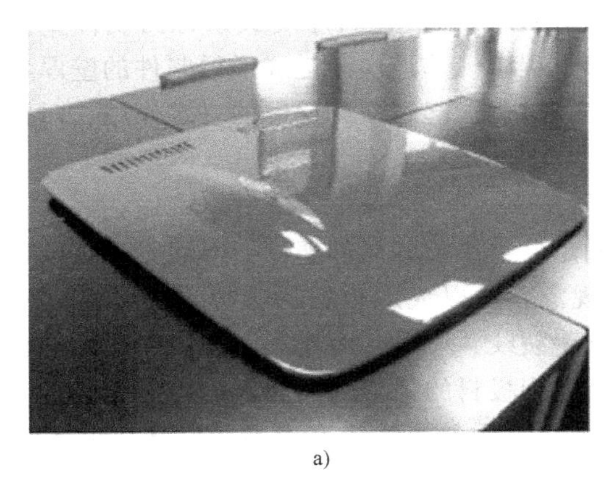

a)

b)

图 9.21　发动机罩

a) 摩托车油箱盖

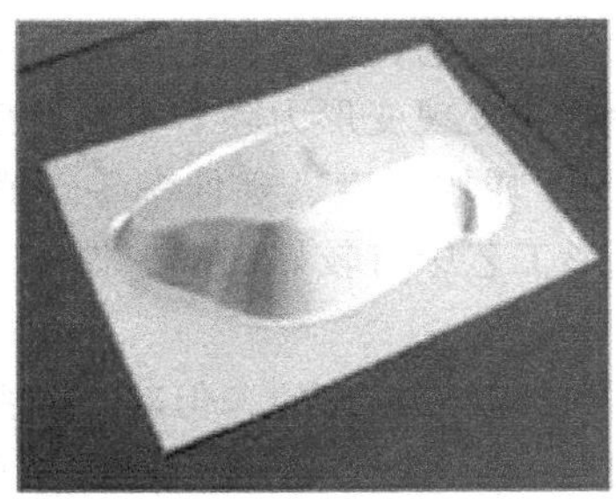

b) 发动机盖板

c) 多歧管

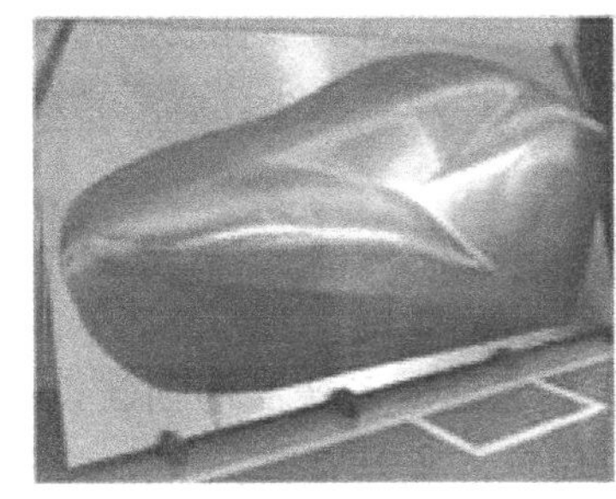

d) 高速列车车头

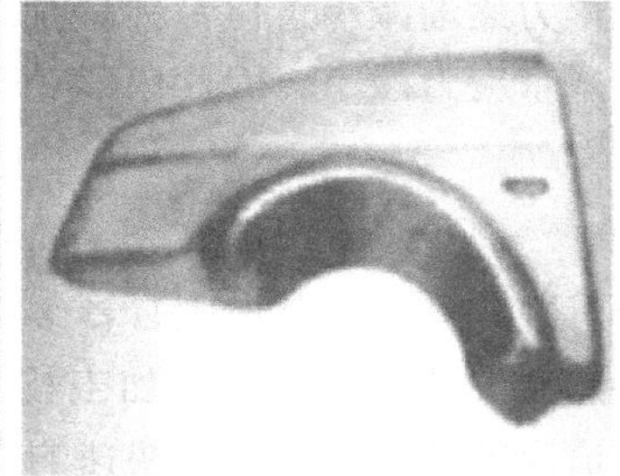

e) 翼子板

f) 隔热板

图 9.22　车辆中的板料数控渐进成形零件

2. 医疗领域

板料渐进成形技术同样适用于医疗领域小批量、多品种产品的加工成形。由于人体修补中，与患者缺损部位形状相吻合的修复体的快速成形一直是难以解决的问题。目前在国外的颅骨缺损修补中一般是采用铸造方法或液压成形的方法来制作修复体，但这两种方法制备时间长、费用昂贵，一般患者都难以接受。而板料数控渐进成形技术可以利用生物钛合金板进行颅骨缺损修补。王培等利用板料数控渐进成形技术对颅骨缺损修补进行了初步研究，并利用铝板进行了成形，工艺过程如图 9.23 所示。首先根据多张 CT 断层图像重建颅骨三维模型，得到颅骨缺损部位的三维模型（见图 9.23a），并最终实现缺损部位修复体的板料数控渐进成形加工（见图 9.23b、c）。Ambrogio 等人对人体脚踝实体模型进行三维激光扫描，反求得到脚踝的实体数字化模型，再利用板料数控渐进成形技术得到踝足矫形器（见图 19.24b），图 9.24a 所示是踝足矫形器制作流程。日本的田中繁一等人利用板料数控渐进成形技术对纯铁板进行加工成形，得到义齿基托，如图 9.24c 所示。可见板料数控渐进成形技术可以根据患者身体的特点、尺寸、结构，专门设计、制造，实现个性化产品的制作。图 9.24d 所示为用板料数控渐进成形的头颅骨缺损部分的移植钛合金修复体。

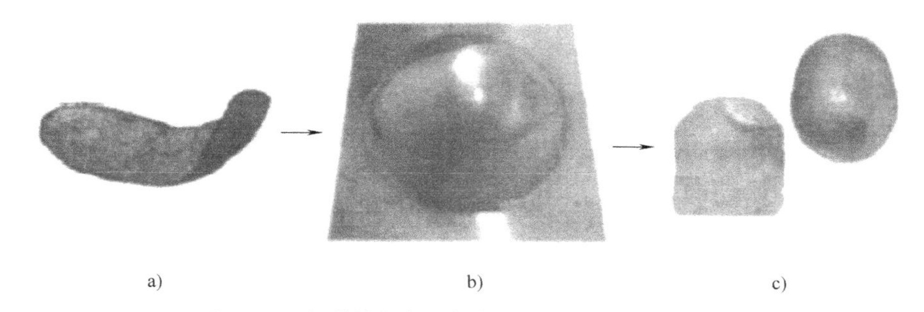

图 9.23 颅骨缺损部位修复体的板料数控渐进成形

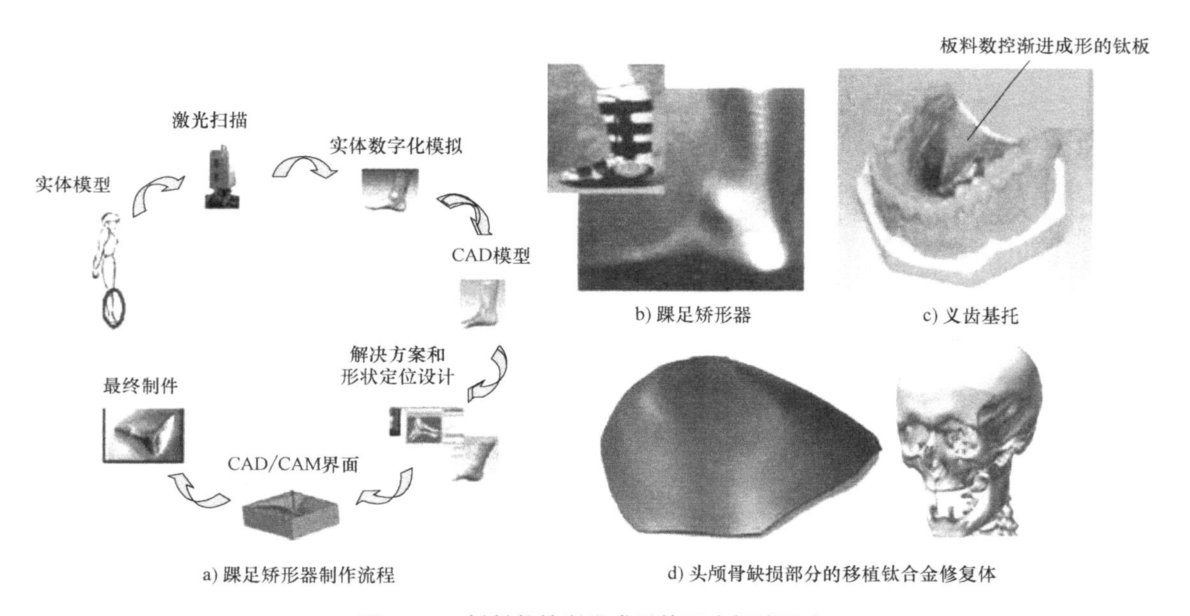

图 9.24 板料数控渐进成形的医疗领域用途

3. 艺术领域及其他应用

金属雕塑是雕塑领域的重要组成部分，因为金属材料所具有的延展性、可塑性及光泽性使金属雕塑有着高贵而典雅的气质。传统的金属雕塑制作手段主要是金属浇注或锻造，需要进行模具设计，制造周期长，费用高，而且制作难度极大，加工工艺复杂，非经长期系统的专业训练不能完成。目前板料数控渐进成形技术已经初步运用到了雕塑领域。利用板料数控渐进成型工艺制作雕塑产品，可以缩短制作时间、节省材料，成形精确、制作成本大大降低，图 9.25a 所示是爱因斯坦头像的雕塑件。板料数控渐进成形工艺也可用于钣金浮雕字成形，如图 9.25b 所示。

a) 爱因斯坦头像的雕塑件　　b) 钣金浮雕字

图 9.25　板料数控渐进成形雕塑品

图 9.26 所示为板料数控渐进成形工艺加工的其他各种工艺品及生活用品。在工业生产中，经常会有很多的板料废料，目前日本已研究证实了板料数控渐进成形工艺在废料回收利用领域的可行性。

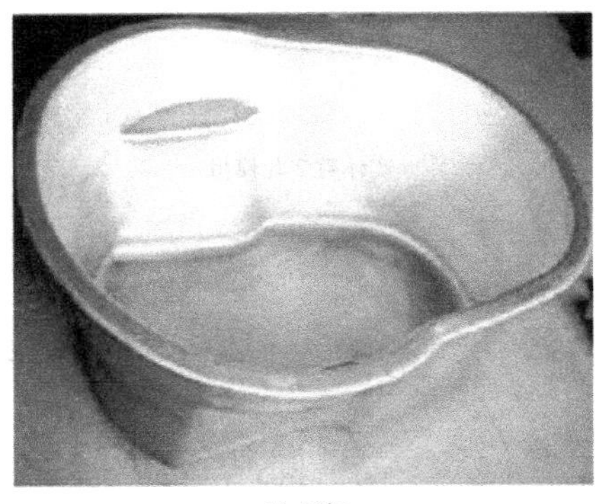

a) 米奇老鼠　　b) 浴缸

图 9.26　板料数控渐进成形的工艺品及生活用品

4. 翻制用于批量生产的模具

板料数控渐进成形技术不仅适用于新产品的开发和对新产品设计的验证，也可用这种方法加工的板料成形件作为原型来翻制模具，并用这些模具进行批量生产，还可用于制作正式钢模具前的工艺验证。目前制作这类模具的主要方法有两种：一种是用树脂材料制作模具，制模成本可降低 30%~50%，周期缩短 50%左右，适于制作大型覆盖件拉伸模和镶钢复合模，其寿命可达几千件，但材料不能回收再利用；另一种是用低熔点合金材料制作模具，与钢模制造相比，成本可降低 30%~50%，周期缩短 70%~90%，可在铸型机（或压力机）上用低熔点合金直接铸制成形，不需其他任何机器加工就可得到具有均匀型腔间隙的凸凹模，模具用毕，可随时熔掉并反复使用，其寿命可达上千件。这两种方法的共同特点是：制作周期短，成本低，易于修改。上述简易模具可用于铜、铝、不锈钢及钛钢板的冲压加工，特别适用于做新产品试制和制作大型覆盖件的冲压模具，对汽车、飞机等产品的大型薄板件的拉深成形尤为适宜。

9.2　多点成形

1. 概念

多点成形是将柔性成形技术和计算机技术结合为一体的先进技术。它利用多点成形装备的柔性与数字化制造特点，无须换模就可完成板材不同曲面的成形，从而实现无模、快速、低成本生产。该工艺目前已在高速列车流线型车头制作、船舶外板成形、建筑物内外饰板成型及医学工程等领域得到广泛应用。多点成形中由规则排列的基本体点阵代替传统的整体模具（见图9.27），通过计算机控制基本体的位置形成形状可变的“柔性模具”，从而实现不同形状板类件的快速成形。

2. 原理

多点成形是金属板材三维曲面成形方法。其核心原理是将传统的整体模具离散成一系列规则排列、高度可调的基本体（或称冲头），在整体模具成形中，板材由模具曲面来成形，而多点成形中则由基本体冲头的包络面来成形。

图9.27　多点成形

各基本体的行程可独立地调节，改变各基本体的位置就改变了成形曲面，也就相当于重新构造了成形模具。最基本的多点成形系统由三大部分组成，即软件系统、计算机控制系统及多点成形主机（见图9.28）。

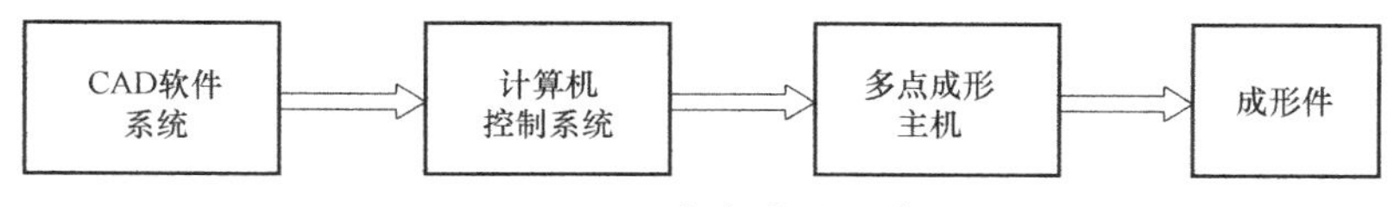

图9.28　多点成形系统

9.2.1　多点成形技术的背景及意义

在现代制造业中，需要使用成千上万的各类模具生产形状各异的板类曲面零件，尤其是在飞机、轮船、各种车辆等产品的覆盖件制造中，必需的模具制造与调试往往需要几个甚至十几个月的加工周期与巨额资金，从而严重影响着众多产品的研发、生产效率、制造成本和更新换代。因此，实现板类件的无模成形或柔性加工，一直都是全球专业技术人员梦寐以求的夙愿。

由于模具费用昂贵，大尺寸（如巨型天线、开发阶段列车的机头覆盖件、船上的大型钣金件等）、小批量、多品种的零件只能采用手工成形方法，如在造船行业，每一块船体外板形状都各不相同，并且都非批量生产。我国第一台国产准高速列车的流线型车头外壳采用的也是手工操作的对击锤成形方法。手工成形方法成形质量差、生产效率低，而且劳动强度极大。

将传统的整体模具离散化，变成形状可变的“柔性模具”，则可用于任意形状的板材成形。这样将省去大量的模具制造费用，又能解决单件、小批量零件的生产问题，这种先进的金属板材成形技术就是板材多点成形技术。

9.2.2 多点成形技术的特点与优点

1. 特点

1）模具型面由离散的点构成，这些点的位置可调。

2）用离散点取代连续的模具型面，会带来局部形状的误差，可以用加弹性垫的方法弥补。

3）多点成形模具具有柔性特点，可根据不同零件的需要进行调整。

4）采用具有柔性的多点成形模具，可以省去模具费用。

5）缩短生产准备时间。

6）适合单件、小批量钣金件的生产。

7）避免了手工成形方法质量差、生产效率低、劳动强度大的不足。

2. 优点

1）无须另外配置模具，因此不存在模具设计、制造及调试费用的问题。与整体模具成形方法相比，节省了大量的资金与时间；更重要的是过去因模具造价太高而不得不采用手工成形的单件、小批零件，采用此技术可完全实现规范的自动成形，这无疑将大大提高成形质量。

2）用于成形板材的基本体群成形面形状，可通过对各基本体运动的实时控制自由地构造出来，甚至在板材成形过程中都可以随时进行调整。因而，这种成形方法的板材成形路径是可选择的，而这是整体模具成形无法实现的功能。

3）利用成形面可变的特点，可以实现板材的分段、分片成形，在小设备上能成形大于设备成形面积数倍甚至数十倍的大尺寸零件。

4）通用性强，适用范围宽。通常整体模具成形方法只适用于指定厚度的板材，而这种成形方法可用于最大厚度与最小厚度之比达到 10 的各种材质板料。

9.2.3 多点成形技术的分类

1. 一次成形工艺

一次多点成形工艺与传统的整体模具冲压成形类似，根据零件的几何形状并考虑材料的回弹等因素设计出成形面，在成形前调整各基本体的位置，按调整后基本体群成形面一次完成零件成形。

1）中、厚板成形。对于变形不太剧烈的中、厚曲面零件，可直接进行多点成形，不需要压边。如果板材坯料计算准确，这种成形方法的材料利用率最高，且可省去后续的切边工序。

2）薄板成形。压痕与起皱是多点成形中最典型的成形缺陷。采用弹性垫技术，压痕缺陷可以得到有效控制。起皱缺陷则是薄板曲面件多点成形中的关键技术问题。起皱产生于板材塑性失稳，当局部切向压应力较大，而板面又没有足够约束时，由于面外变形所需能量小，板材的变形路径向面外分叉，由面内变形转为面外变形，出现皱曲。在传统板材成形中，通过采用压边圈与拉延筋来改变板材的受力状态与约束状态，从而消除起皱。在多点成形中，也需采用压边技术抑制起皱的产生，实现板材的拉深成形。图 9.29 所示为薄板多点成形，其压边装置由数十个液压缸分别控制，而且压边型面柔性可变。

图 9.29 薄板多点成形

2. 分段成形工艺

分段成形通过改变基本体群成形面的形状，逐段、分区对板材连续成形，从而实现小设备成形大尺寸、大变形量的零件。在这种成形方式中，板材分成四个区：已成形区、成形区、过渡区及未成形区（见图 9.30）。这几个区域在成形过程中是相互影响的，过渡区成形面的几何形状对分段成形结果影响最大，过渡区设计是分段成形最关键的技术问题。

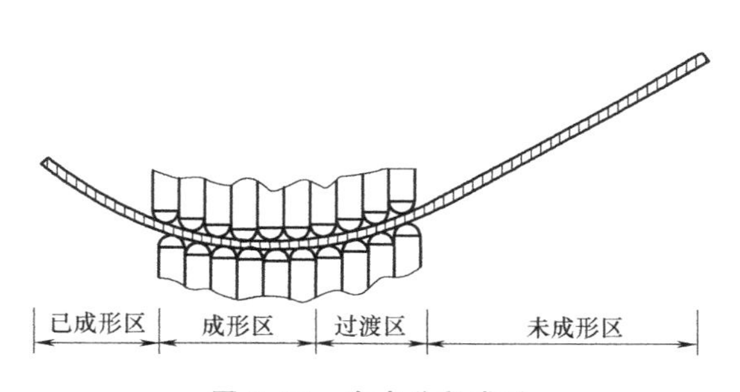

图 9.30 多点分段成形

图 9.31 分段多点成形的扭曲面样件

采用多点分段成形技术目前已成形出超过设备成形面积数倍甚至数十倍的样件。在成形尺寸为 140mm×140mm 的小设备上成形出宽度为 280mm，长度超过 3m 的零件。图 9.31 所示给出了扭曲面分段成形样件，其总扭曲角超过 400%。

3. 反复成形工艺

回弹是板材冲压成形中不可避免的现象，它是在板料成形卸载过程中发生的，板材在外荷载作用下发生变形，其变形由塑性变形及弹性变形两部分组成。当外荷载卸除后，塑性变形部分保留下来，而弹性变形部分则恢复。这样在卸载过程中，成形件的形状和尺寸都将发生与加载过程中变形方向相反的变化，这就是板材产生弹性回复的原因。在多点成形中，可采用反复成形的方法减小回弹并降低残余应力。

反复成形的过程如图 9.32 所示，首先使变形超过目标形状，然后反向变形并超过目标形状，再正向变形；以目标形状为中心循环反复成形，直至收敛于目标形状。

第 i 次成形卸载后，以原始平板的形状尺寸为基准，变形量为 D_i(D 为几何形状变化的度量参数)，以 D_{obj} 表示目标变形量，则第 i 次成形卸载后的变形量 Δ_i 与目标变形量之差（即第 i 次成形后板料形状与目标形状的偏差）为

$$\Delta_i = D_i - D_{obj} \tag{9-2}$$

反复成形按下列步骤进行：

1）第一次加载成形，使板材产生大于目标形状的变形量，即 $\Delta_1>0$。

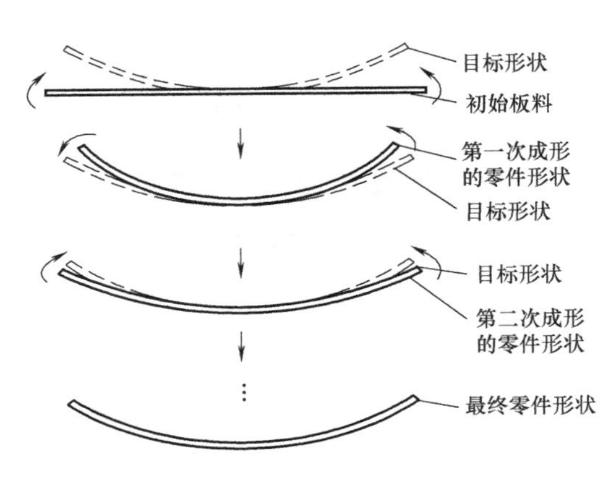

图 9.32　反复成形

2）第二次成形要使板材的变形量 D_2 小于目标变形量，即 $\Delta_2<0$，且 $|\Delta_2|<|\Delta_1|$，这需要施加反向荷载才能完成，在多点成形中可通过实时调整基本体群、改变型面参数来实现。

3）第三次再施加正向荷载，使板材再次产生大于目标形状的变形量，即 $\Delta_3>0$，并且要满足 $|\Delta_3|<|\Delta_2|$。

4）第四次再施加反向载荷，使 $\Delta_4<0$，且 $|\Delta_4|<|\Delta_3|$。

如此反复地成形，随着反复成形次数的增加，板材与目标形状的偏差 Δ_i 逐渐减小，产生变形的外弯矩也逐渐减小，从而弹性回复引起的板料曲率的变化逐渐减小，即卸载回弹量越来越小，使板材最终收敛于目标形状。

图 9.33 所示为厚 1.5mm、目标形状为扭曲形的试件在反复成形道次为 6 次时的实验结果。

在此实验中，采用六种逐渐趋近于最终目标形状的基本体群成形面。如果没有回弹存在，每次成形后板材应与成形面形状完全一致。由于金属板材成形过程中回弹不可避免，实际变形量与理想无回弹变形量必然有一定的偏离，偏离量即为回弹量。

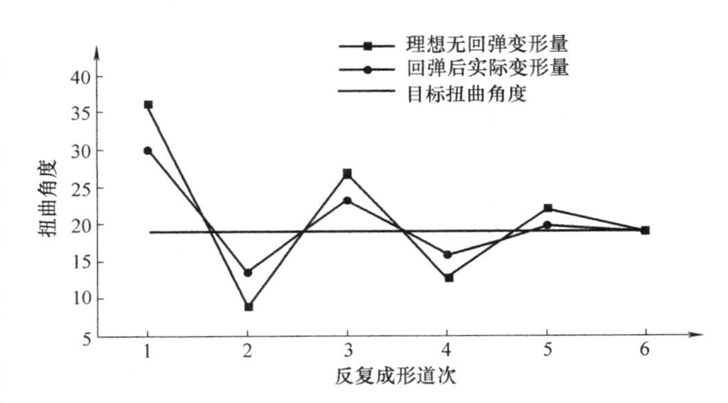

图 9.33　反复成形法对试件成形尺寸的影响

对于扭曲形，变形量 D 由扭曲角来度量，目标扭曲角度为 19°。第一次正向加载成形后，试件实际扭曲角度与目标扭曲角度的偏差 $\Delta_1 = 12°$，第二次反向加载成形后，$\Delta_2 = -5.5°$。在随后的反复成形道次中，实际扭曲角度逐渐趋近于目标扭曲角度，偏差依次为 4°、-1°、0.5°，第六次再反向加载成形，试件达到目标扭曲角度。

可以看出，在反复成形中，随着反复成形道次的增加，试件弹性回复逐步减小，逐渐稳定于目标尺寸。

4. 多道成形工艺

对于变形量很大的零件，可逐次改变多点模具的成形面形状，进行多道次成形。其基本

思想是将一个较大的目标变形量分成多步，逐渐实现。通过多道次的成形，将一步步的小变形，最终累积到所需的大变形。

通过设计每一道次成形面形状，可以改变板材的变形路径，使各部分变形尽量均匀，使板材沿着近似的最佳路径成形，从而消除起皱等成形缺陷，提高板材的成形能力。因此，多道次成形也可看成是一种近似的多点压机成形。

如果当成形件上出现轻微的皱纹或皱折时即认为达到了板材的成形极限，板材的成形能力可由达到成形极限时的变形量来反映。图 9.34 给出了球形件与马鞍形件在多道成形与一次成形时的极限变形。可见，采用多道成形时板材的成形能力得到明显的提高。

5. 闭环成形工艺

板材成形包含了材料非线性、几何非线性及接触非线性的复杂问题，由于摩擦条件、材料参数变化等因素的不确定性，即使采用数值模拟技术进行成形预测，也很难一次得到精确的目标产品。利用基本体群成形面的形状可以任意调整的特点，在多点成形中可采用闭环技术实现智能化的精确成形：零件第一次成形后，测量出曲面几何参数，与目标形状进行比较，根据二者的几何误差通过反馈控制的方法进行运算，将计算结果反馈到 CAD 系统，重新计算出基本体群成形面进行再次成形。这一过程反复多次，直到得到所需形状的零件（见图 9.35）。

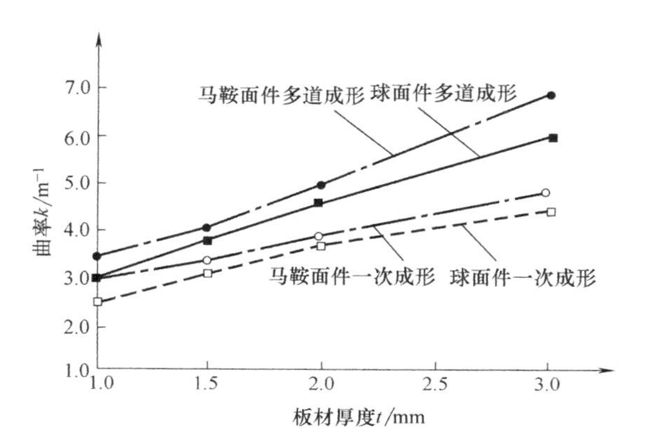

图 9.34　多道成形与一次成形的极限变形

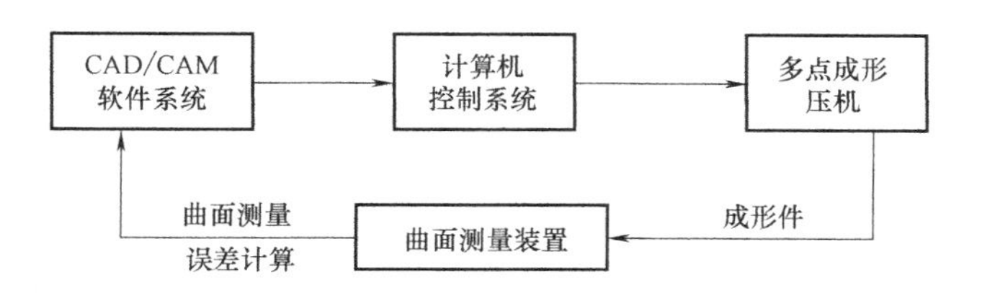

图 9.35　多点闭环成形

闭环成形过程的分析以成形件三维曲面形状的离散傅里叶变换为基础，将影响成形过程的变量看作系统的扰动量，多点成形系统可简化为单输入输出系统。建立多点成形过程的传递函数，并通过非参数化系统辨识方法获得每次循环中成形过程的非参数模型，从而预测出下次成形所需的基本体群形状。图 9.36 给出了球面件在闭环成形过程中的成形误差曲线。目标形状为半径 $R=300$mm 的球面，材料为厚 3mm 的 L2Y2 铝板，尺寸为 100mm×100mm。

由图 9.36 不难看出，球面成形件经过 5 次闭环成型后，曲面最大绝对值误差从 4.4mm 减小到 0.25mm，曲面均方根误差从 1.3mm 减小到 0.10mm。可见，采用闭环多点成形技术，成形件曲面形状误差收敛的速度较快，经过 4~5 次多点闭环成形即可收敛到所要求的目标形状。

9.2.4 多点成形技术的模具

多点成形板材的共同特征是用多个按一定规则排列的基本体（如冲头），通过上下调节来模拟出板材的基本形状，进而过上下动作来完成板材制品的成形，省去了传统意义上的模具。按成形过程路径及冲头移动状态的不同，多点成形法分为四大类，即多点靠模成形、半多点靠模成形、多点冲压成形和半多点冲压成形。

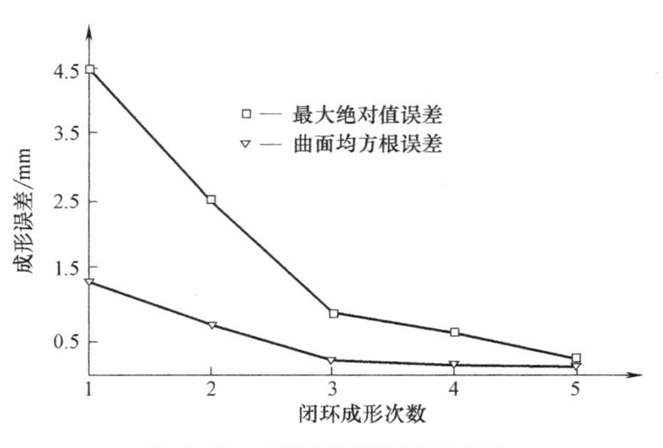

图 9.36 球面成形件闭环成形过程中成形误差曲线

1. 多点靠模成形

多点靠模成形过程如图 9.37 所示。成形前把基本体群调整到适当位置，使基本体群形成制品曲面的包络面，成形时各基本体间无相对运动，基本体不是始终与板材接触。

特点：装置简单，容易制作成小型设备；需要较长时间调整各基本体，调整精度也不易保证。

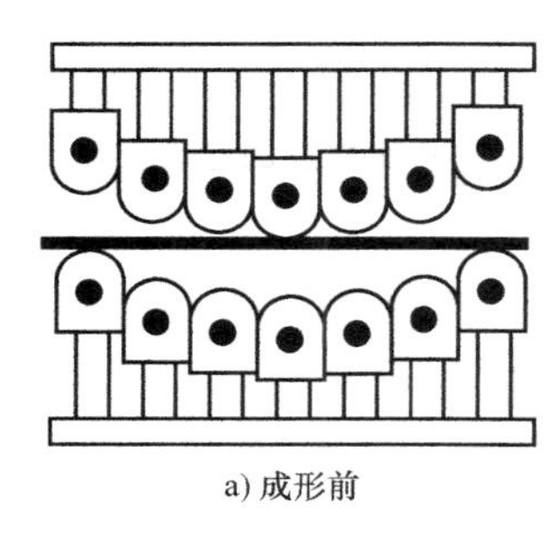

a) 成形前

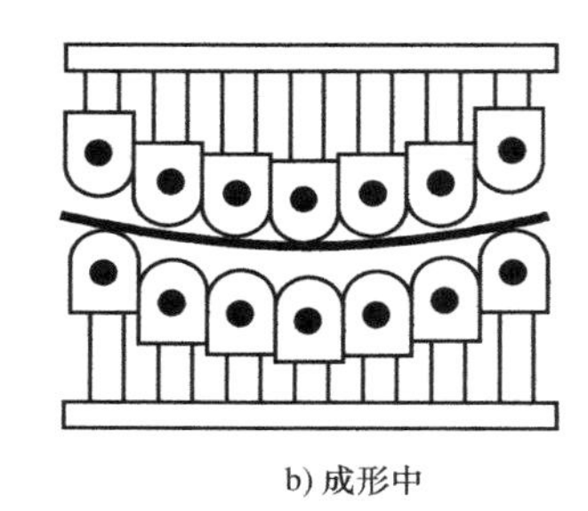

b) 成形中

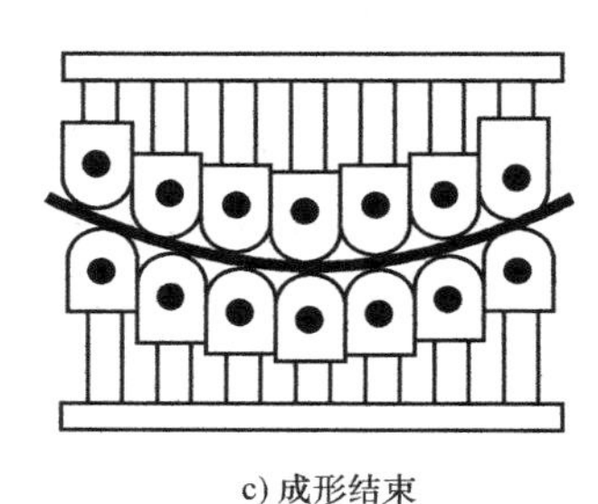

c) 成形结束

图 9.37 多点靠模成形

2. 半多点靠模成形

上冲头的调整与多点靠模成形相同，而下模处于易于上料的水平位置（见图 9.38a），上料之后，下降上模架至最低的冲头与板材相接触为止，然后缓慢在下冲头加力，至全部冲头都压紧为止。成形中上冲头各基本体仍为一体，而下冲头则有相对移动，成形的整个过程

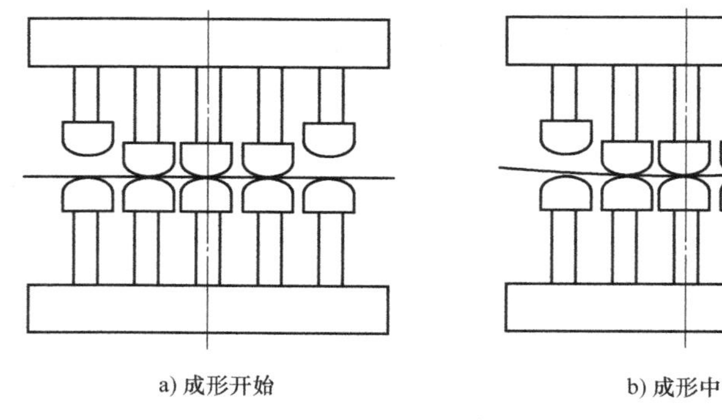

a) 成形开始　　b) 成形中

图 9.38 半多点靠模成形

下冲头都与板材相接触。

3. 多点冲压成形与半多点冲压成形

多点冲压成形（见图9.39）能实时控制各基本体的运动，形成随时变化的瞬时成形面。在成形过程中，各基本体之间存在相对运动，基本体始终与板材接触。这是一种理想的板材成形方法，但要实现这种成形方式，压力机必须具有实时精确控制各基本体运动的功能，而且设备昂贵。

半多点冲压成形（见图9.40），只调整一半的基本体高度。另一半基本体群高度则采用液压油缸等被动方式控制。

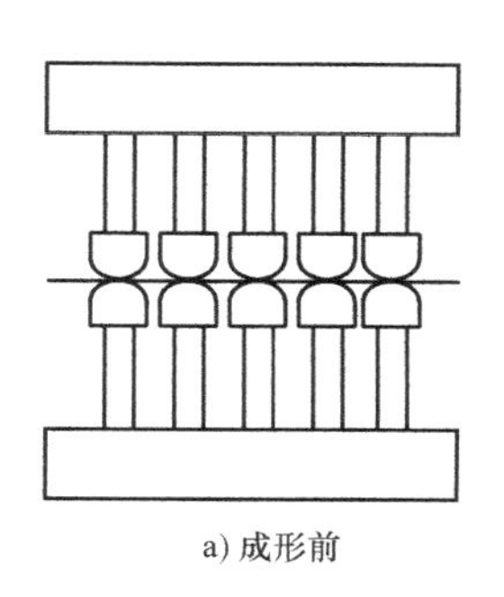

a) 成形前

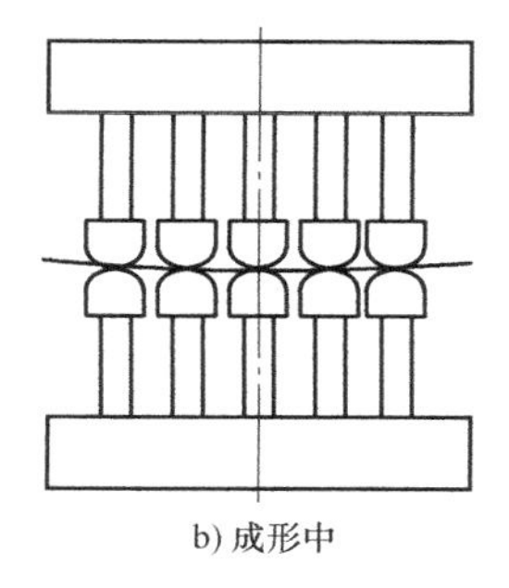

b) 成形中

图9.39 多点冲压成形

图9.40 半多点冲压成形

9.2.5 多点成形技术的应用

多点成形作为一种新颖的冲压成形技术已在一些领域得到应用，如高速列车流线型车头制作，船体外板成形，航空航天器、化工压力容器、建筑物内外饰板的成形及医学工程等。

高速列车流线形车头覆盖件的压制是多点成形技术实际应用的一个例子。流线形车头的外覆盖件通常要分成50~80块不同曲面，每一块曲面都要分别成形后进行拼焊，如图9.41所示。

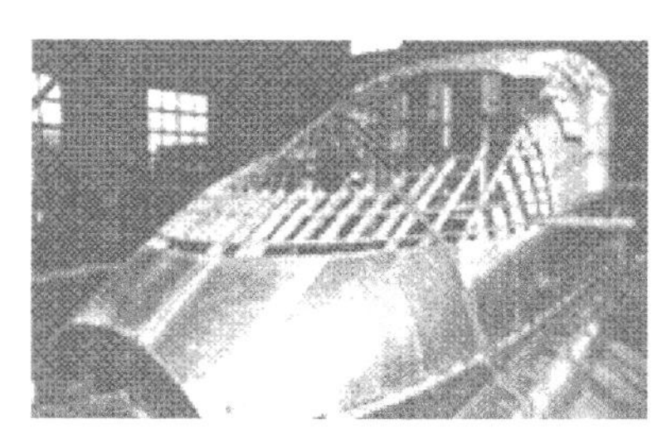

图9.41 高速列车车头

多点成形技术在2008年北京奥运会主场馆——鸟巢中的应用是建筑领域中一个较典型的应用实例。鸟巢大量采用由钢板焊接而成的箱形构件，不同部位的三维弯扭结构的弯曲与扭曲程度不相同，成形厚度从10mm变化到60mm，回弹量变化很大。如采用模具成形，将花费巨额的模具制造费用；采用水火弯板等手工方法成形，需要大量的熟练工人，还难以保证成形的一致性。采用多点成形技术，不仅节约了高额模具费用，提高成形效率数十倍，还大大提高了成形精度，使整块钢板的最终综合精度控制在几毫米内。该技术实现了中厚板类件从设计到成形过程的数字化，圆满解决了鸟巢中钢构件加工的技术难题，如图9.42所示。

图9.42　多点成形在鸟巢中的应用

多点成形技术在医学工程中，也取得了很好的效果。人脑颅骨受损伤后，需要进行颅骨修补手术，目前较常用的方法是在颅骨缺损处植入用钛合金网板成型的颅骨修复体。因每个人的头部形状与大小都不一样，而且颅骨缺损部位也有区别，在手术前需要按照患者的头形与手术部位成形钛合金网板，这也是一种典型的个性化制造方面的需求。颅骨修复体的多点数字化成形技术已经应用于长春、哈尔滨、北京、天津及上海等城市的多家医院，如图9.43所示。

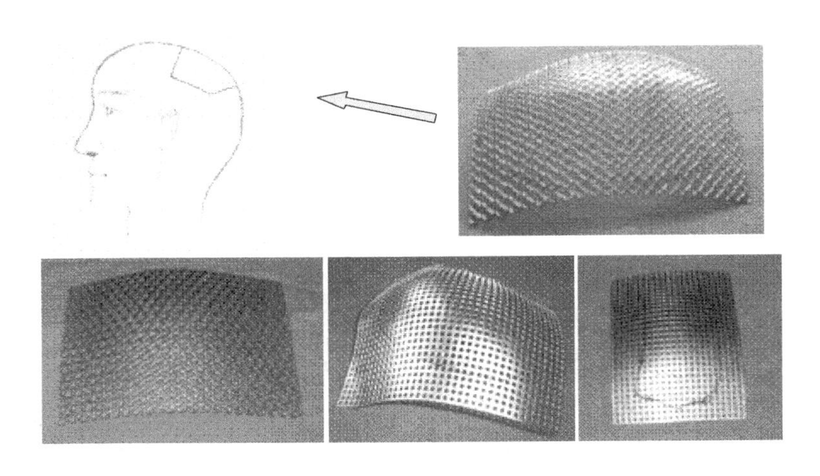

图9.43　多点成形在颅骨修复体上的应用

9.2.6　多点成形技术的缺陷

1. 压痕

压痕是多点成形中所特有的成形缺陷。在多点成形中，板材受到的外力来自于单元体对板材的接触作用力。凸模一般都是球形，二者的接触区域是球面的一部分，接触面积极小，基本上为点接触。在接触处，板材将会受到很大的作用力，必定要在板材上留下压痕，从而影响成形零件的外观和精度。这种压痕通常包括表面压痕和包络压痕两种情况，如图 9.44 所示。

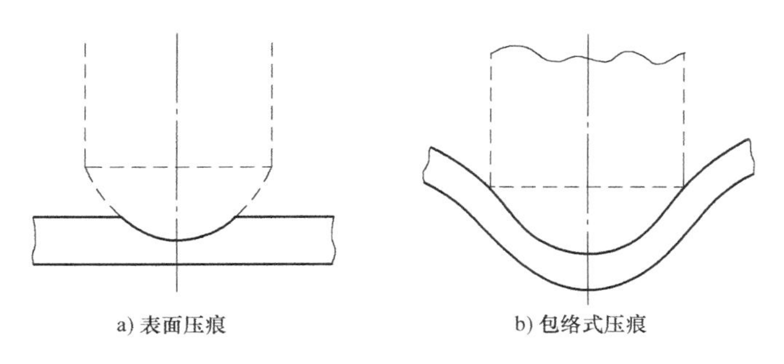

a) 表面压痕　　b) 包络式压痕

图 9.44　多点成形中的压痕

表面压痕是冲头压入板材时在板材表面留下的凹坑，是一种局部变形，如图 9.45a 所示。这时板材的塑性变形集中在与冲头接触的区域内，该区域内的板厚变化较大，从接触区域中心到区域边缘厚向应变由大到小；未与冲头接触的区域仅产生很小变形或不产生变形，厚向应变很小或为零。当接触点处挠曲变形刚度很大时，挠曲变形需要的变形力很大，挠曲变形很难产生，这时大部分外力功使板材产生压入变形，表面将出现压痕。

包络式压痕类似于局部拉伸的变形，当接触点处挠曲变形刚度较小时（如板材较薄的情况），挠曲变形需要的变形力比较小，挠曲变形极易产生，若约束条件不合理，板材包裹于冲头上，在全板厚范围内同时发生整体面外变形，在板材上形成冲头形状的凹陷或凸起，如图 9.45b 所示。这种变形以板材的拉伸变形与弯曲变形为主。接触区域内板厚比较均匀，厚向应变变化不大；未与冲头接触的板材也跟随变形部位发生面外变形。

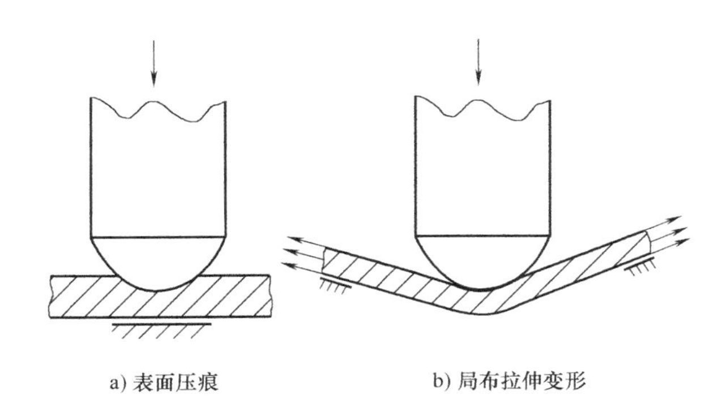

a) 表面压痕　　b) 局布拉伸变形

图 9.45　产生压痕的局部受力状态

影响挠曲变形刚度的主要因素是板材材质、板材厚度及板材成形时的约束条件等。较厚、较软的板材，因其挠曲变形刚度大，材料的屈服应力低，较容易产生表面压痕。在多点成形中，板材约束条件是由基本体群的位置及排列方式来决定的，因而可以通过控制各基本体的位置，在成形过程中改变板材约束条件，从而改变板材的挠曲变形刚度。

通过对压痕形成的分析可以看出，压痕主要是由于接触压力的高度集中、变形过于局部化等造成的。因此，通过增大接触面积、均匀分散接触压力、使变形均匀化等措施都可有效抑制压痕的产生。具体可采取以下工艺方法：

1）采用大曲率半径的冲头。这种方法可以增大接触面积，减小接触压力，对减轻压痕比较有效。但有时受所成形零件形状的限制，如对于大曲率的零件，用大半径的冲头则无法成形。

2）在冲头与板材之间使用弹性垫。这种方法分散了接触压力，避免了冲头的集中力直接作用于板材，对于抑制表面压痕特别有效。目前使用的弹性垫主要有普通橡胶垫、聚氨酯橡胶垫、由弹性钢条编织的弹性垫及聚氨酯橡胶帽等。

3）利用多点成形面可变的特点，采用多点压机成形或多道次多点成形为路径成形方式，通过在成形过程中实时调整各基本体的位置，分散接触压力，改变板材的局部变形刚度，使各部分尽量均匀地变形，也可有效抑制压痕的产生。

2. 起皱

起皱产生于板材塑性失稳，当局部切向压应力较大，而板面又没有足够约束时，由于面外变形所需能量小，板材的变形路径向面外分叉，由面内变形转为面外变形，出现皱曲。图 9.46 所示为多点成形中的局部起皱。

增加对变形中板材的约束，改变变形路径，使变形均匀化及减小局部压应力的措施都有抑制起皱的效果。改变板材变形路径在传统的整体模具成形中是不可能的，但多点成形中是完全能够实现的。利用多点成形的成形面可变的特点，以下两种多点成形方式对消除起皱比较有效：

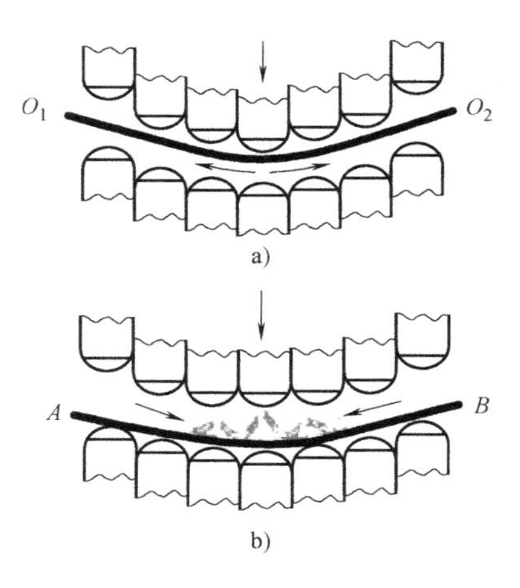

图 9.46　多点成形中的局部起皱

1）采用变路径多点成形方式。这种成形方式通过在成形过程中控制基本体群的位置，调整板材的约束状态，改变板材的变形路径，使各部分在成形过程中保持变形均匀或者最大限度地减小不均匀程度，从而避免产生起皱。

2）采用分段多点成形技术。利用多点成形的基本体群成形面可变的特点，将零件逐段、分区域逐次连续成形。这种成型方式在每一区域的每次成形中，可将板材的变形量控制在比较小的范围内，通过过渡区成形面的设计，使板材与各基本体充分接触，提供足够的变形约束，使变形均匀化，从而消除起皱现象。

3. 阶梯效应

图 9.47 所示为多点成形技术在成形半球形钣金件时基本体群的轴向剖视图。

从图 9.47 中可以看出，在成形过程中，各离散单元体和钣金件之间的接触点不连续，单元体与单元体之间呈现阶梯状排列。在成形过程中，在成形拉伸力作用下，两接触点之间的金属板材将成为直边，最终成形零件的轴向剖视图将成为多边形，而不是半圆形，这种现象称为阶梯效应。

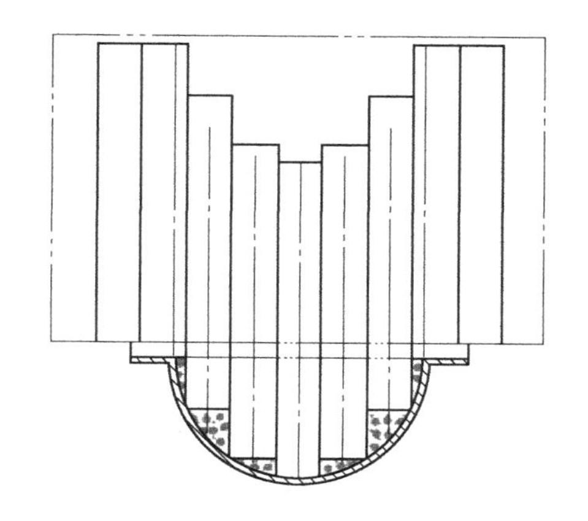

图 9.47　阶梯效应

图 9.47 中填充区域大小反映了阶梯效应的明显程度。阶梯效应主要与单元体尺寸和成形零件的曲率有关，阶梯效应随着单元体直径的增大而变得越来越明显，这使得通过采取增大单元体的直径来减轻压痕的措施受到一定的限制；阶梯效应与成形件的曲率的关系是：成形件的曲率越大，阶梯效应越明显，这将导致拉伸零件产生形状和尺寸误差，降低拉伸件的表面质量。这是单纯离散堆积快速成形的固有弊端，只有减小离散单元的尺寸，增加离散单元的数量，才能减轻这一效应，但这又会使压痕变得明显。

复习思考题

1. 简述单点渐进成形的基本原理。
2. 简述有支撑的渐进成形和无支撑的渐进成形原理。
3. 简述单点成形的工艺过程。
4. 单点渐进成形中是如何考虑轴向进给量的？
5. 简述多点成形的特点。
6. 多点成形技术分为哪几类？
7. 多点成形技术的模具分为哪几类？
8. 简述多点成形技术的缺陷。

激光熔覆数字化成形技术

10.1 激光熔覆的原理及应用范围

激光熔覆（Laser Cladding）也称为激光包覆或激光熔敷，是一种先进的表面改性技术。它通过在基材表面添加熔覆材料，利用高能密度的激光束使之与基材表面薄层一起熔凝，在基层表面形成与基材冶金结合的表面熔覆层，从而显著改善基材表面的耐磨、耐蚀、耐热、抗氧化及电气特性等。激光熔覆可达到表而改性或修复的目的，既满足了对材料表特定性能的要求，又节约了大量的贵重元素。

10.1.1 激光熔覆的原理

1. 激光熔覆的相互作用

激光熔覆（见图 10.1）涉及物理、冶金、材料科学等领域，能够有效提高工件表面的耐蚀、耐磨、耐热等性能，节省贵重的合金，受到了国内外的普遍重视。

激光熔覆技术是激光表面改性技术的一个分支，是 20 世纪 70 年代随着大功率激光器的发展而兴起的一种新的表面改性技术：它的激光功率密度的分布区间为 104～106W/cm^2，介于激光淬火和激光合金化之间。激光熔覆是在激光束作用下将合金粉末或陶瓷粉末与基材表面迅速加热并熔化，光束移开后自激冷却形成稀释率极低，与基材材料呈冶金结合的表面熔覆层。

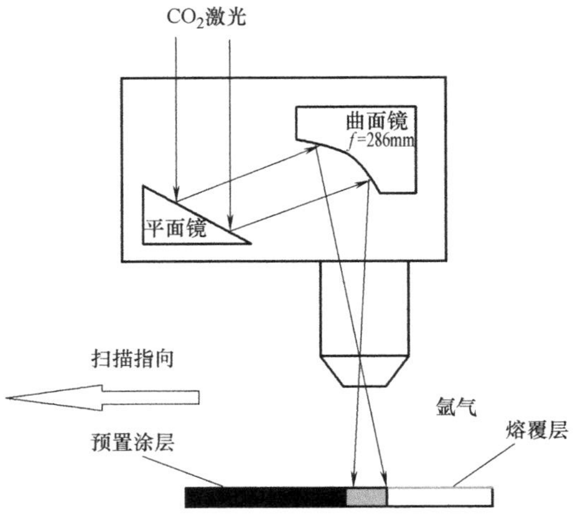

图 10.1 激光熔覆的原理

在整个激光熔覆过程中，激光、粉米、基材三者之间存在着相互作用关系，即激光与粉末、激光与基材及粉末与基材的相互作用。

1）激光与粉末的相互作用。当激光束穿越粉末时，部分能量被粉末吸收，致使到达基材表面的能量衰减；而粉末由于激光的加热作用，在进入金属熔池之前，粉末形态发生改变，依据所吸收能量的多少，粉末形态有熔化态、半熔化态和未熔相变态三种。

2）激光与基材的相互作用。使基材熔化产生熔池的热量来自于激光与粉末作用衰减之后的能量，该能量的大小决定了基材熔深，进而对熔覆层的稀释产生影响。

3）粉末与基材的相互作用。合金粉末在喷出送粉口之后在气流力学因素的扰动下产生发散，导致部分粉末未进入基材金属熔池，而是被束流冲击到未熔基材上发生飞溅。这是侧向送粉式激光熔覆粉末利用率较低的一个重要原因。

激光熔覆技术可获得与基材呈冶金结合、稀释率低的表面熔覆层，对基材热影响较小，能进行局部熔覆。从 20 世纪 80 年代开始，激光熔覆技术的研究领域进一步扩大和加深，包括熔覆层质量、组织和使用性能、合金选择、工艺性、热物理性能和计算机数值模拟等。

激光熔覆工艺中最先采用的熔覆层材料是 Co 基、Fe 基、Ni 基自熔合金，主要是为了提高钛合金表面性能。通过前期试验证实，Ti-Al 金属化合物基自熔合金粉末也适用于钛合金表面的激光熔覆工艺。在上述自熔合金的基础上，在自熔合金中加入各种具有高耐磨性能的碳化物（如 TiC、SiC、WC）、氮化物（TiN）、硼化物（TiB_2）及氧化物陶瓷颗粒强化相等，经过激光熔覆工艺后形成金属/陶瓷复合涂层，可对钛合金表面性能起到明显的改善作用。如，对 60 高碳钢进行碳化钨激光熔覆后，熔覆层硬度最高达 2200 HV 以上，耐磨损性能为基材 60 高碳钢的 20 倍左右。在 Q235 钢表面激光熔覆 CoCrSiB 合金后，将其耐蚀性与火焰喷涂的耐蚀性进行了对比，发现前者的耐蚀性明显高于后者。

激光熔覆材料是指用于成形熔覆层的材料，按形状划分为粉材、丝材、片材等。其中，粉末状熔覆材料的应用最为广泛。

2. 激光熔覆的能量传递

激光熔覆过程中，激光束将能量传递给了其所照射的材料。激光和材料之间的能量转化要遵从能量守恒法，则

$$E_0 = E_{反射} + E_{吸收} + E_{通过} \tag{10-1}$$

式中，E_0 为入射到材料表面的激光能量；$E_{反射}$ 为被激光照射材料反射的能量；$E_{吸收}$ 为被激光照射材料吸收的能量；$E_{通过}$ 为激光透过材料后仍保留的能量。

式（10-1）可转换为

$$1 = \frac{E_{反射}}{E_0} + \frac{E_{吸收}}{E_0} + \frac{E_{通过}}{E_0} = R + \alpha + T \tag{10-2}$$

式中，R 为反射系数；α 为吸收系数；T 为透射系数。

对于激光无法透过的材料，取 $E_{通过}=0$，则

$$1 = R + \alpha \tag{10-3}$$

被激光所照射的材料吸收激光中能量。对于各向同性的均匀物质来说，强度为 I 的入射激光通过厚度为 $\mathrm{d}x$ 的薄层后，激光强度的相对减少量 $\mathrm{d}I/I$ 与所吸收厚度 $\mathrm{d}x$ 成正比，即 $\mathrm{d}I/I \propto \mathrm{d}x$，则

$$\mathrm{d}I/I \propto \alpha \mathrm{d}x \tag{10-4}$$

设入射到材料表面的激光强度为 I_0，将式（10-4）从 0 到 x 积分，可求得激光入射到距离表面为 x 处的激光强度 I，即

$$I=I_0 e^{-\alpha x} \tag{10-5}$$

材料对激光的吸收系数 α 除取决于材料的种类外，还与激光波长有关。人们将吸收系数 α 与波长有关的吸收称为选择吸收；相反，将 α 不随波长而变的吸收称为一般吸收。通常，用 $1/\alpha$ 来大致反应不同材料对激光的平均透入深度。

当激光垂直入射金属平板时，金属对激光的反射率 R 由下式确定

$$R=\left|\frac{1-z}{1+z}\right|^{z} \tag{10-6}$$

式（10-6）中，z 为表面阻抗。

当光子被电子吸收处在高能级受激态时，金属对激光的反射率 R 由下式确定

$$R=\frac{(n-1)^2+K^2}{(n+1)^2+K^2} \tag{10-7}$$

式中，n 为折射率；K 为消光系数。

对激光不透明的材料来说，吸收率 α 与反射率 R 之间的关系为 $\alpha=1-R$，则

$$\alpha=\frac{4n}{(n+1)^2+K^2} \tag{10-8}$$

图 10.2 所示为式（10.8）的图解，它是通过试验测定 n 与 K 值来计算 α 与波长关系建立的。

在此试验中，波长、温度、表面粗糙度及涂层等因素影响钛合金对激光的吸收率。钛合金基材对激光的吸收表示为激光能量向固体钛合金传输。一旦试验所用激光束中的光子入射到金属晶体中，在入射激光强度不引起金属晶体结构发生根本性重构的前提下，光子与公有化电子的相互作用将决定金属对激光束能量的吸收。在光子被电子吸收的作用下，电子由原来的能级状态跃迁到高能级状态。

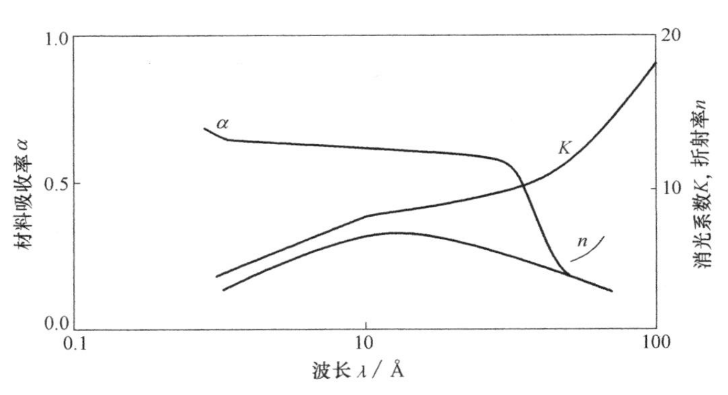

图 10.2　材料吸收率 $\alpha=f(n,\ k)$ 的关系曲线

入射到金属内部的光子面对着数量非常多的公有化电子，它们之间通过一次或多次非弹性碰撞，光子总会在距表面一个很薄的厚度内被电子吸收。对于大多数的金属来说，金属吸收光子的深度都小于 0.1μm。碰撞的平均时间为 10^{-13}s 数量级，金属中的公有化电子之间在不停地相互碰撞。因此，吸收了光子处于高能级状态的电子将在与其他电子相互碰撞和与晶格声子（晶格振动量子）相互作用的过程中进行能量传递。在此试验过程中，钛合金基材内部在吸收激光光子的作用点上，在非常短的瞬间内完成光能到热能的转变。

3. 激光熔覆的工艺特点

激光熔覆是一个复杂的物理、化学冶金过程，激光熔覆工艺所用设备、材料及熔覆过程

中的参数对熔覆件的质量有很大的影响。

激光熔覆前需要对材料表面进行预处理，去除材料表面的油污、水分、灰尘、锈蚀、氧化皮等，防止其进入熔覆层形成夹杂物和熔覆缺陷，影响熔覆层的质量和性能。如果工件表面的污染物比较牢固，可以采用机械喷砂的方法进行清理，喷砂还有利于提高表面粗糙度，提高基材对激光的吸收率。油污可以采用清洗剂加热到一定的温度进行清洗。粉末使用前也应在一定的温度进行烘干，去除其表面吸附的水分，改善其流动性。

激光熔覆有单道、多道搭接、单层、多层叠加等形式，采用何种形式取决于熔覆层的具体尺寸要求。通过多道搭接和多层叠加可以实现大面积和大厚度熔覆层的制备。图 10.3 所示为激光熔覆多道搭接与试样表面形貌。

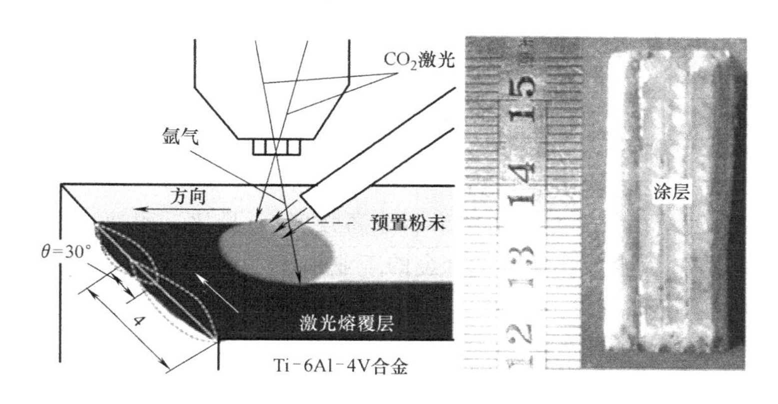

图 10.3　激光熔覆多道搭接与试样表面形貌

激光熔覆层的成形与熔覆工艺有密切关系。选择合理的工艺参数，可保证熔覆层与基材优良的冶金结合，保证熔覆层平整、组织致密、无缺陷。熔覆过程中吹送氩气保护熔池，以防氧化。在扫描速度一定的条件下，随着送粉速度的增加，熔覆层厚度增加，宽度变化不大；在送粉速度一定的条件下，随着扫描速度的增加，熔覆层厚度减小，熔覆宽度减小。

10.1.2　激光熔覆的应用范围

激光熔覆技术因无污染且制备出的涂层与基材呈冶金结合等优点而成为当代材料表面改性的研究热点，已在汽车工业、航空航天、海洋及石油化工等工业领域中得到了广泛的使用。

利用激光熔覆技术可以修复飞机零部件中的裂纹。一些非穿透性裂纹通常产生于后壁零部件中，裂纹深度无法直接测量，其他修复技术无法发挥作用，可采用激光熔覆技术。根据裂纹情况，通过多次打磨、探伤将裂纹逐步清除。打磨后的沟槽用激光熔覆添加粉末的多层熔覆工艺填平，即可重建损伤结构，恢复其使用性能。用于激光熔覆的粉末粒子成球状，尺寸小于 150μm。不同合金粉末的熔覆层要选用不同的工艺参数，以获得最佳的熔覆效果。

激光熔覆具有显著的经济效益，在航空工业领域具有巨大的应用潜力。英国 Rolls Royce 公司为解决工件的开裂问题，并提高工作效率，采用激光熔覆技术修复航空涡轮发动机叶片。近年来，针对航空发动机叶片和阀座修复工业问题等，国内的科研人员也进行了深入的激光熔覆方面的研究。

1. 零部件工业制造中的应用

飞机机体与发动机钛合金构件除了在工作状态下承受载荷外，还因发动机的起动、停车循环形成热疲劳荷载，在交变应力和热疲劳双重作用下，产生了不同程度的裂纹，严重影响了机体与发动机的使用寿命，甚至危及飞行安全。因此，需要研究航空钛合金结构表面强化方式，发挥其性能优势，使之得以更广泛地应用。表 10.1 列出了激光熔覆在航空工业制造中应用。

表 10.1　激光熔覆在航空工业制造中的应用

熔覆部件	粉末或方式/熔覆合金
涡轮机叶片/壳体结合部件	送粉熔覆/钴基合金
涡轮机叶片	预置粉末/PWA694、Nimonic
海洋钻井和生产部件	送粉熔覆/Stellite/Colmonoy 合金和碳化物等
阀杆、阀座	预置粉末/铸铁/CrC、Co、Ni、Mo
涡轮机叶片	送粉熔覆/Stellite/Colmonoy 预置粉末和重力

在飞机制造中广泛使用钛合金，如用于制造高强度/质量比、耐热、耐疲劳和耐腐蚀的航空零部件的 Ti-6Al-4V 钛合金。但在钛合金的工业加工制造中存在难以加工的难题，且效率极低。激光熔覆技术在钛合金工业加工制造中具有极大优势，可强化钛合金表面，并极大减少制造时间。

20 世纪 80 年代初。英国 Rolls Royce 公司采用激光熔覆技术对 RB211 涡轮发动机壳体结合部位进行表面处理，取得了良好效果。近年来，由美国 AeroMet 公司生产的 F-22 战机上的两个全尺寸接头满足疲劳寿命 2 倍的要求，而升降用的连接杆满足飞行要求，F/A-18E/F 的翼根吊环满足疲劳寿命 4 倍的要求，使用寿命超出原技术要求的 30%。激光熔覆表面强化技术在材料加工方面具有极大优势，可极大降低生产成本，缩短生产周期。采用激光熔覆技术所制造的钛合金零部在性能上远远超出传统工艺制造的零部件。

2. 工业修复中的应用

激光熔覆技术可以减少航空零部件表面的热应力和热变形等，具有广阔的应用前景。通过材料表面激光熔覆工艺，可以修复转动空气密封垫、涡轮发动机叶片/叶轮等零部件。

激光熔覆技术可以克服一些存在于厚壁零部件中的非穿透性裂纹，且根据裂纹情况，通过多次打磨、探伤将裂纹逐步清除。打磨后的沟槽用激光熔覆添加粉末的多层熔覆工艺填平，即可重建损伤结构，恢复其使用性能。用于激光熔覆的粉末粒子成球状，尺寸小于 150μm。

激光熔覆技术可有效提高钛合金表面的物理与化学性能，生产出具有优异性能的激光熔覆层。激光熔覆堆焊合金粉末可在航空零部件表面形成具有极高硬度与耐磨性能的表面涂层。这个过程可以采用预置涂层法激光熔覆（见图 10.4），预置材料可以是丝材、板材、粉末等，最常用的是合金粉末。

在激光束和送粉系统的作用下可形成激光熔覆区。激光直接照射在基材表面形成了一个熔池，同时合金粉末被送到熔池表面。氩气作为一种有效的保护气体，在激光熔覆的过程中被送入熔池处以防止基材表面氧化。熔覆层的硬度、耐磨性、耐腐蚀性和抗疲劳性能一般难以兼顾，但在一般情况下，激光熔覆层的耐磨性与硬度成正比。通过激光熔覆工艺可以改善基材表面的化学成分、显微组织和相组成。钛合金激光熔覆提高了工业生产效率，解决了转动部件快速抢修等在航空装备连续可靠运行时所必须解决的工业难题，具有广阔的应用前景。

图 10.4　激光熔覆现场照片

3. 材料表面强化及改性中的应用

钛及钛合金具有高比强度、优良耐腐蚀、良好耐高温性能，可减轻机体重量、提高推重比。因此，钛合金在现代飞机制造中被大量使用。钛合金具有硬度低、耐磨性差等缺陷。纯钛的硬度仅为150~200$HV_{0.2}$，而钛合金的硬度一般也不超过370$HV_{0.2}$。钛及钛合金表面生成的氧化膜对其防腐蚀的提高具有显著作用，但是在氧化膜破裂或发生缝隙腐蚀的情况下，钛合金的耐腐蚀性能也将难以保证。

经过激光熔覆的钛合金表面显微硬度为800~3000$HV_{0.2}$。与其他表面强化方法相比，通过激光熔覆技术所产生的熔覆层与钛基材之间具有冶金结合的特点，且结合强度很高。用激光熔覆技术对钛合金表面进行表面强化是解决钛合金表面耐磨性差、易塑性变形等问题的有效方法。激光熔覆层厚度达到1~3mm，熔覆层组织非常细小。激光熔覆层具有硬度高、耐磨性好及较强的承载能力，不会使软基材与强化层之间应变不协调而产生裂纹。

4. 工业热障涂层的应用

近年来，燃烧室的燃气温度和燃气压力持续提高，航空发动机燃气涡轮机也向高进口温度、高流量比及高推重比的方向发展。如，军用飞机发动机涡轮前温度已达1800℃，燃烧室的温度将近2000~2200℃，这样的高温已超过现有高温合金的熔点。在高温合金热端部件表面通过激光熔覆工艺制备热障涂层（Thermal Bamer Coatings，TBCs）是很有效的手段，它可以满足高性能航空发动机降低热诱导应力、温度梯度，提高基材服役稳定性的要求。

要在金属基材表面得到与基材呈冶金结合的热障涂层，可利用大功率激光器直接辐照陶瓷或金属粉末。如，用激光熔覆方法得到了8%（质量分数）氧化钇部分稳定氧化锆（YPSZ）热障涂层。另外，也可将混合均匀的粉末置于基材上，利用大功率激光器照射混合粉末。通过反复调节激光功率、扫描速度及光斑尺寸使粉末熔化良好，形成激光熔池。在此基础上进一步向熔池中不断加入合金粉末，重复上述过程，即可获得激光熔覆梯度涂层。

通过激光熔覆工艺生产出的热障涂层具有良好的隔热效果。近年来，随着我国综合国力的不断增强，包括汽车、工业开发逐渐加速，增材制造技术迎来了高速发展的黄金阶段，未来的工业应用前景将十分广阔。

5. 汽车制造领域中的应用

由于汽车的发动机活塞和阀门、汽缸内槽、齿轮、排气阀座及一些精密微细部件要求具有高的耐磨、耐热及耐蚀性能，激光熔覆在汽车零部件制造中得到了广泛的应用，如在汽车发动机铝合金缸盖阀座上激光熔覆直接形成铜合金阀座圈，取代传统的粉末冶金/压配阀座圈，可显著改善发动机性能，降低生产成本，延长发动机阀座圈的工作寿命。

6. 生物医学领域中的应用

钛及其合金作为生物医用材料，因具有良好的性能而受到人们的关注。但其较差的耐腐蚀性、生物相容性及金属离子潜在的毒副作用，却使钛合金在生物体中的应用受到限制。通过激光熔覆技术对钛合金表面“改头换面”，可使钛及其合金满足在生理条件下的生物活性、生物相容性等方面的要求。一些生物陶瓷成分具有良好的生物相容性和生物活性，利用这些良好的生物学性能材料来改善钛合金的表面性能成为目前的研究热点之一。激光熔覆可以改变钛合金表面的成分、组织和性能。激光熔覆技术不仅在一定程度上改善钛合金的表面生物性能，还可解决或避免熔覆层与界面结合不牢的问题。

对于激光熔覆生物材料体系和其熔覆层质量的研究，可进一步扩宽其应用领域和推进其在现有领域中的应用。

7. 石油工业中的应用

石油现场的工况比较恶劣，许多金属零部件长期工作在承受重荷载并伴有腐蚀、摩擦和磨损的现场，致使它们过早地发生失效破坏而缩短了其使用寿命。停止检修和更换新部件既增加材料成本，又影响油田生产，带来多方面损失。各种常规表面处理技术，如涂料涂层、电镀、化学镀、电刷镀、热喷涂等，它们所产生的处理层与金属基材大多为机械式结合，结合力较差，不能胜任摩擦、磨损条件较为苛刻的场合；并且油田现场许多金属零部件摩擦副的磨损间隙处在近毫米级别上，而常规表面处理技术的处理层较薄，很难对易损件进行表面修复，使这些技术的应用范围受到了限制。而激光熔覆表面处理技术可以解决这一问题。

10.2 激光熔覆的分类

10.2.1 预置送粉式激光熔覆

预置送粉式激光熔覆是将熔覆材料预先置于基材表面的熔覆部位，然后采用激光束辐照扫描熔化，熔覆材料以粉、丝、板的形式加入，其中以粉末涂层的形式加入最为常用。预置送粉式激光熔覆的主要工艺流程是：基材熔覆表面预处理→预置熔覆材料→预热→激光熔化→后热处理。主要有黏结、喷涂两种方式，黏结方法简便灵活，不需要任何设备。涂层的黏结剂在熔覆过程中受热分解，会产生一定量的气体，在熔覆层快速凝固结晶的过程中，易滞留在熔覆层内部形成气孔；黏结剂大多是有机物，受热分解的气体容易污染基材表面，影响基材和熔覆层的熔合。喷涂是将涂层材料（粉末、丝材或棒材）加热到熔化或半熔化的状态，并在雾化气体下加速并获得一定的动能，喷涂到零件表面上，对基材表面和涂层的污染较小。但火焰喷涂、等离子弧喷涂容易使基材表面氧化，所以须严格控制工艺参数。电弧喷涂在预置涂层方面有优势，在电弧喷涂过程中基材材料的受热程度很小（基材温度可控制在 80℃以下），工件表面几乎没有污染，而且涂层的致密度很好，但需要把涂层材料加工成线材。采用热喷涂方法预制涂层，需要添加必要的喷涂设备。

机械或人工涂刷法主要采用各种黏结剂在常温下将合金粉末调和在一起，然后以膏状或糊状涂刷在待处理金属表面。常用的黏结剂有清漆、硅酸盐胶、水玻璃、含氧的纤维素乙醚、醋酸纤维素、酒精松香溶液、碳氢化合物溶液、脂肪油、超级水泥胶、环氧树脂、自凝塑胶、丙酮硼砂溶液、异丙基醇等。

在激光加热过程中，硅酸盐胶和水玻璃容易膨胀，从而导致涂层与基材间的剥落。含氧的纤维素乙醚没有上述缺点，且在低温下可以燃烧，因此不影响熔覆层的组织与性能，还能保证涂层对辐射激光有良好的吸收率。在激光熔覆时，大多数黏结剂将燃烧或发生分解，并形成炭黑产物。这可能导致涂层内的合金粉末溅出和对辐射激光的周期性屏蔽，其结果是熔化层的深度不均匀，合金元素的含量下降。若采用以硝化纤维素为基的黏结剂，如糨糊、透明胶、氧乙烷基纤维素等，可以得到好的实验结果。

同步送粉法与预置法相比，两者熔覆和凝固结晶的物理过程有很大的区别。同步送粉法熔覆时合金粉末与基材表面同时熔化。预置法则是先加热涂层表面，在依赖热传导的过程中加热整个涂层。

在材料表面激光熔覆过程中，影响激光熔覆层质量和组织性能的因素很多，如激光功率、扫描速度、材料添加方式、搭接率与表面质量、稀释率等。针对不同的工件和使用要求应综合考虑，选取最佳工艺及参数的组合。

10.2.2　同步送粉式激光熔覆

图 10.5 所示为同步送粉式激光熔覆。激光束照射基材形成液态熔池，合金粉末在载气的带动下从送粉喷嘴射出，与激光作用后进入液态熔池，随着送粉喷嘴与激光束的同步移动形成了熔覆层。

同步送粉法具有易实现自动化控制、激光能量吸收率高、熔覆层内部无气孔和加工成形性良好等优点，尤其熔覆金属陶瓷可以提高熔覆层的抗裂性能，使硬质陶瓷相可以在熔覆层内均匀分布。若同时加载保护气，可防止熔池氧化，获得表面光亮的熔覆层。目前实际应用较多的是同步送粉式激光熔覆。

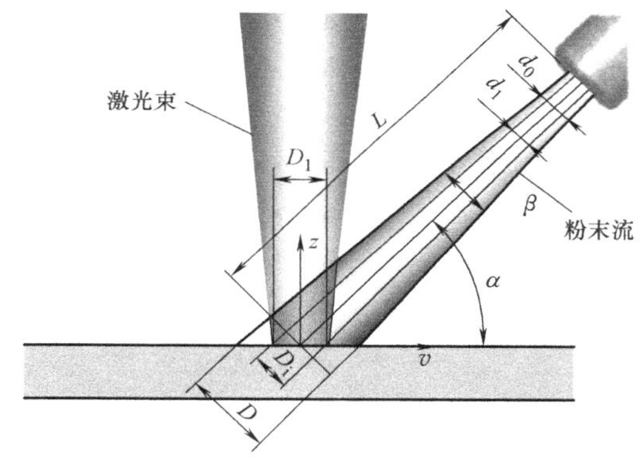

图 10.5　同步送粉式激光熔覆

用气动喷注法把粉末传送入熔池中被认为是成效较高的方法，因为激光束与材料的相互作用区被熔化的粉末层所覆盖，会提高对激光能量的吸收。这时成分的稀释是由粉末流速控制的，而不是由激光功率密度所控制。

气动传送粉末技术的送粉系统如图 10.6 所示。该送粉系统由一个小漏斗箱组成，底部有一个测量孔。供料粉末通过漏斗箱进入与氩气瓶相连接的管道，再由氩气流带出。漏斗箱连接着一个振动器，目的是得到均匀的粉末流。通过控制测量孔和氩气流速可以改变粉末流的流速。粉末流速是影响熔覆层形状、孔隙率、稀释率、结合强度的关键因素。

按工艺流程，与激光熔覆相关的工艺主要是基材表面预处理方法、熔覆材料的供料方式、预热和后热处理。

10.2.3　丝材激光熔覆

丝材激光熔覆技术作为增材制造领域的关键技术之一，在现代工业中具有非常广阔的应用前景。相对目前应用较广阔的激光熔覆法，激光熔丝在其生产过程中有材料利用率高、速度快、绿色环保、沉积层组织缺陷较少且组织更为细密等诸多优点。激光熔丝沉积技术由于其独特的技术优势，自产生之日起便受到了世界上诸多研究机构、政府及企业的多方关注。

迄今为止，国外学者对激光熔丝沉积技术进行了大量研究。韩国仁荷大学的 Jae-Do Kim

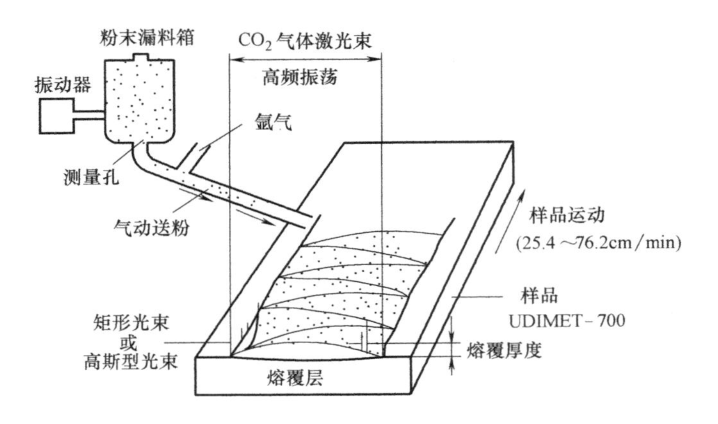

图 10.6　气动传送粉末技术的送粉系统

等人对激光熔丝过程中的送丝角度、速度及方向等诸多工艺参数进行了系统的研究，分析了参数对所成形激光涂层组织结构的影响，并证实随着激光扫描速度的增加，基材金属的热影响区的晶粒尺寸变小，如图 10.7 所示。

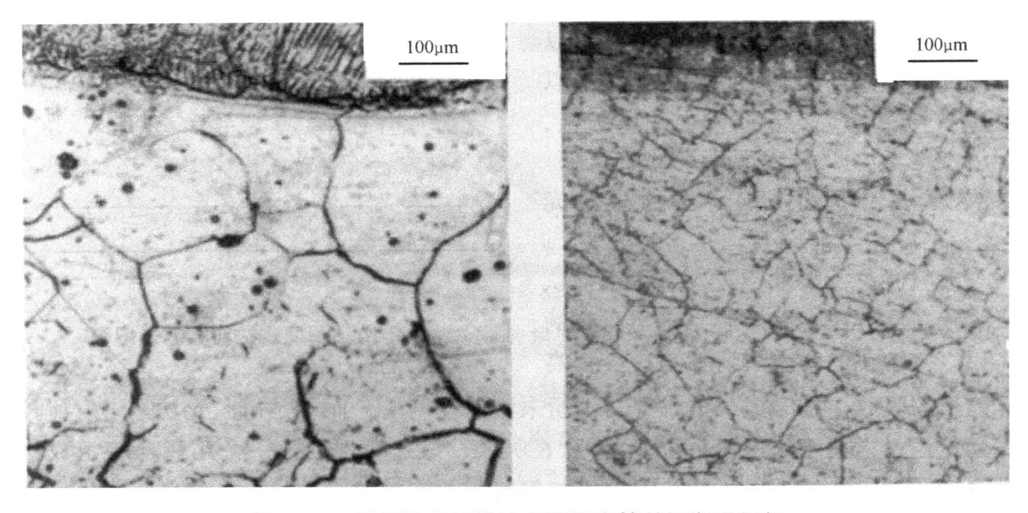

图 10.7　不同激光扫描速度下激光熔丝沉积层组织

苏州大学在 45 钢基材上采用不同的送丝速度进行光内送丝激光熔覆实验，建立了金属丝在整个熔化过程中的熔滴与熔池模型，并对这两种模型进行了理论分析。结果表明，在扫描速度和激光功率保持不变的条件下，送丝速度直接影响着熔池稳定性，对涂层形貌和显微组织形态起到了重要作用。浙江工业大学在 45 钢上用大功率 CO_2 激光束和自动送丝机进行了激光快速成形工艺性研究。研究结果显示，优化工艺范围后的激光涂层组织较氩弧焊层组织结构明显细化，硬度提高将近 70%，过渡区狭小，激光涂层有良好的耐磨性。华南理工大学对激光熔丝过程中的送丝方向与角度、送丝速度、激光扫描速度、功率及激光涂层结构进行了深入研究。研究表明，基于送丝技术的激光快速成形可获得超致密的组织结构，为后续激光修复与快速成形方面的研究打下了坚实的理论基础。浙江工业大学选用不同的激光功率、扫描速度、送丝速度，用专用丝材进行了激光快速成形试验。研究结果表明，当速度不变时，激光功率增加，其热影响区变大，组织结构由细变粗，硬度增加；随着扫描速度增加，激光层稀释率下降，硬度则显著提升。

英国诺丁汉大学 S. H. Mok 等人用 2.5kW 的二极管激光在 TC4 钛合金表面进行了激光熔丝试验，制备出了致密的激光涂层，大幅度提高了钛合金的硬度。试验如图 10.8 所示。

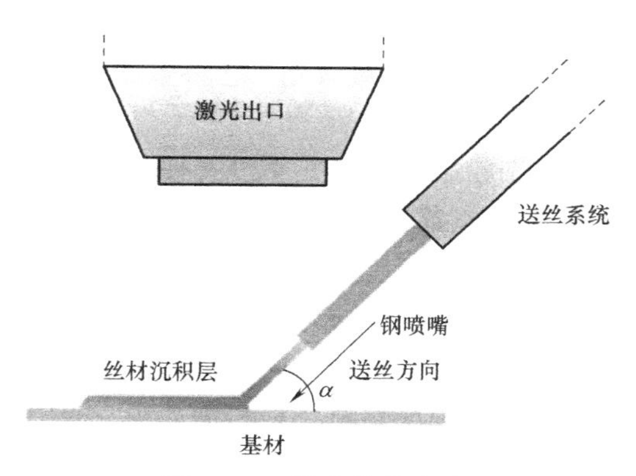

图 10.8　激光熔丝试验

英国曼彻斯特大学研究表明，激光熔丝过程中，丝材与激光熔池的位置对所生成的激光涂层具有重要影响。当丝材处于熔池后方时，激光涂层各方面性能与表面形貌达到最佳。

瑞典西部大学 A. Heralic 教授等人采用一种全新的激光熔丝自动化系统来进行激光增材制造（见图 10.9）。该系统具有效率高、精准度高及安全度高的“三高”特点，具有非常显著的工业实用性价值。系统配备专业摄像头和报警系统，可随时监测整个激光熔丝过程，并随时有效预防可能出现的各种不安全及意外的发生。

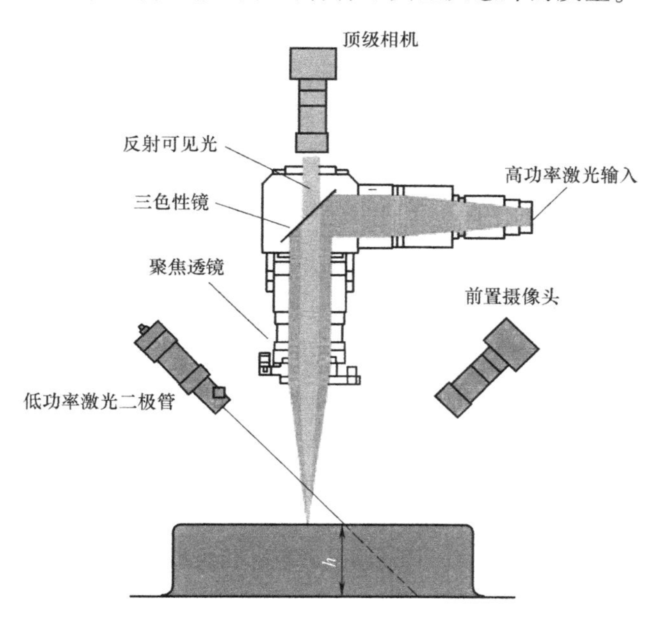

图 10.9　激光熔丝自动化系统

10.3　激光熔覆的特点

激光熔覆能量密度高度集中，基材材料对熔覆层的稀释率很小，熔覆层组织性能容易得到保证。激光熔覆精度高，可控性好，适合于对精密零件或局部表面进行处理，可以处理的熔覆材料品种多、范围广。

同其他表面强化技术相比，激光熔覆技术有如下优点：

1）冷却速度快（高达10^5～10^6K/s），产生快速凝固组织特征，容易得到细晶组织或产生平衡态所无法得到的新相，如亚稳相、非晶相等。

2）热输入小，畸变小，熔覆层稀释率小（一般小于5%），与基材呈牢固的冶金结合或界面扩散结合，通过对激光工艺参数的调整，可以获得低稀释率的良好熔覆层，并且熔覆层成分和稀释率可控。

3）合金粉末的选择几乎没有任何限制，许多金属或合金都能熔覆到基材表面上，特别是能熔覆高熔点或低熔点的合金（如在低熔点金属表面熔覆高熔点合金）。

4）熔覆层的厚度范围大，单道送粉一次熔覆厚度为0.2～2.0mm；熔覆层组织细小致密，甚至产生亚稳相、超弥散相、非晶相等，微观缺陷少，界面结合强度高，熔覆层性能优异。

5）能进行选区熔覆，材料消耗少，具有优异的性能价格比；尤其是采用高功率密度快速激光熔覆时，表面变形可降低到零件的装配公差内。

6）光束瞄准可以对复杂件和难以接近的区域激光熔敷，工艺过程易于实现自动化。

在我国工程应用中钢铁材料占主导地位，金属材料的失效（如腐蚀、磨损、疲劳等）大多发生在零部件的工作表面，需要对表面进行强化。为满足工件的服役条件而采用大块的原位生成颗粒增强钢铁基材料制造，不仅浪费材料，而且成本极高。另一方面，从仿生学的角度考察天然生物材料，其组成为外密内疏，性能为外硬内韧，而且密与疏、硬与韧从外到内是梯度变化的，天然生物材料的特殊结构使其具有优良的使用性能。根据工程上材料特殊的服役条件和性能的要求，迫切需要开发强韧结合、性能梯度变化的新型表层金属基复合材料。激光熔覆技术正有利于这种表面改性和梯度变化复合材料的研发。

1. 激光熔覆的优点

激光熔覆技术因无污染且制备出的涂层与基材呈冶金结合等优点已成为当代钛合金表面改性的研究热点。钛合金具有高比强、高比模量及优异的耐蚀性能等特点，已在航空航天、海洋及石油化工等多种工业领域各种关键结构零部件的制造中得到了广泛使用。

大功率激光器的开发和应用为材料表面强化技术的发展开辟了一条新途径，也为料表面改性提供了新的手段。针对零部件的不同服役条件，利用高能密度激光束具有加热温度高和加热速度快等特点，选择适合的陶瓷材料，在钛合金表面激光熔覆一层金属/陶瓷复合涂层，将金属材料的高塑性、高韧性与陶瓷材料优异的耐磨、耐蚀等性能有机地结合起来，可以大幅度提高工业零部件的使用寿命。

激光熔覆技术可有效解决电弧焊、氩弧焊、等离子弧焊等无法解决的技术问题，如热变形、热疲劳及组织粗大等；同时还解决了传统电镀、喷涂技术等无法克服的技术问题，如镀层与基材结合强度较差、在使用过程中易产生剥离等。激光熔覆可以实现工件的优质与快速修复，还能显著改善被修复工件表面的理化性，极大地延长了工件的使用寿命。

表面工程经历了以传统单一表面工程技术为标志的第一代表面工程和以复杂表面工程技术为标志的第二代表面工程两个发展阶段后，现已进入第三代表面工程阶段——将纳米材料和纳米技术与传统表面工程有机结合并应用的纳米表面工程阶段。激光合金化是一种新型的表面改性技术，可以针对航空材料的不同服役条件，利用高能密度激光束加热冷却速率快等特点，在结构件表面制备非晶-纳米晶增强金属陶瓷复合涂层，达到航空材料表面改性的目的。在钛合金表面制备的激光非晶-纳米晶增强复合涂层，将陶瓷材料优异的耐磨性能与金属材料的高塑性、高韧性及非晶-纳米晶优异的耐磨性有机结合，可大幅度延长航空钛合金的使用寿命。

2. 激光熔覆的缺点

尽管激光熔覆技术在近年来得到了快速发展，并且在某些工业领域获得了一些应用，但该项技术目前尚处于发展阶段，还存在一些问题尚待解决。

（1）激光熔覆层的冶金质量

涂层材料与基材材料两者理想结合应是在界面上形成致密的、低稀释度的、较窄的交互扩散带。而这一冶金结合除与激光加工工艺及熔覆层的厚度有关外，主要取决于熔覆合金与基材材料的性质。良好的润湿性和自熔性可以获得理想的冶金结合。但是熔覆层合金与基材材料的熔点差异过大，则形成不了良好的冶金结合。熔覆层合金熔点过高，熔覆层熔化小，表面质量下降，且基材表层过烧严重污染覆层；反之，涂层过烧，合金元素蒸发，收缩率增加，破坏了覆层的组织与性能。同时基材难熔，界面张力增大，涂层与基材间难免产生孔洞和夹杂。在激光熔覆过程中，在满足冶金结合时，应尽可能减少稀释率。研究表明，不同的基材材料与覆层合金化时所能得到的最低稀释率并不相同，一般认为，稀释率保持在5%以下为宜。

（2）气孔

在激光熔覆层中气孔也是一种非常有害的缺陷，它不仅易成为熔覆层中的裂纹源，并且对气密性要求很高的熔覆层也危害极大，另外它也将直接影响熔覆层的耐磨、耐蚀性能。涂层粉末在激光熔覆以前氧化、受潮或有的元素在高温下发生氧化反应，在熔覆过程中就会产生气体。由于激光处理是一个快速熔化和凝固过程，产生的气体如果来不及排除，也会在涂层中形成气孔。此外还有多道搭接熔覆中的搭接孔洞、熔覆层凝固收缩时带来的凝固孔洞及熔覆过程中某些物质蒸发带来的气泡。一般来说，激光熔覆层中的气孔是难以避免的，但与热喷涂涂层相比，激光熔覆层的气孔明显减少。激光熔覆过程中可以采用一些措施加以控制，常用的方法是严格防止合金粉末储运中的氧化，在使用前要烘干去湿及激光熔覆时要采取防氧化的保护措施，根据试验选择合理的激光熔覆工艺参数等。

（3）在激光熔覆过程中成分及组织不均匀

在激光熔覆过程中往往会产生成分不均匀，即所谓产生成分偏析及由此带来的组织不均匀。产生成分偏析的原因很多。首先，在激光熔覆加热时，加热速度极快，从而会带来从基材到熔覆层方向上的极大的温度梯度，这一梯度的存在必然导致冷却时熔覆层的定向先后凝固，根据金属学知识可知先后凝固的熔覆层中必然成分不同。加之凝固后冷却速度也极快，元素来不及均匀化热扩散，从而导致成分不均匀即所谓成分偏析的出现，自然也就引起了组织的不均匀及熔覆层性能的损害。这种成分偏析在激光熔覆中目前尚无法解决。其次，是由于熔池的对流而带来的成分偏析。由于激光辐射能量的分布不均，熔覆时必然要引起熔池对流，这种熔池对流往往造成覆层中合金元素宏观均匀化，因为熔池中物质的传输主要靠液体流动（即对流）来实现，同时熔池对流也将带来成分的微观偏析。另外，由于合金的性质，如黏度、表面张力及合金元素间的相互作用都将对熔池的对流产生影响，故它们也必将对成分偏析造成影响。要完全消除激光熔覆中成分偏析是不可能的。但可以通过调整激光与熔覆金属的相互作用时间，或者调整激光束类型，改变熔池整体对流为多微区对流等手段来达到适当抑制激光熔覆层的成分偏析，便得到组织较为均匀的熔覆层，满足设计的覆层性能。在多道搭接熔覆时，由于搭接区冷却速率及被搭接处有非均质结晶形核，搭接区出现与非搭接区不同的组织结构，从而使多道搭接激光熔覆中组织不均匀。

（4）裂纹及开裂

激光熔覆技术自诞生以来，总的来讲未能得以真正推广应用。这主要因为激光熔覆中存在的最为棘手的问题是熔覆层的裂纹与开裂，并在很大程度上限制了这一技术的应用范围。激光熔覆裂纹产生的主要原因是由于激光熔覆材料和基材材料在物理性能上存在差异，加之高能密度激光束的快速加热和急冷作用，使熔覆层中产生极大的热应力。通常情况下，激光熔覆层的热应力为拉应力，当局部拉应力超过涂层材料的抗拉强度时，就会产生裂纹，由于激光熔覆层的枝晶界、气孔、夹杂处强度较低且易于产生应力集中，裂纹往往在这些地方产生。在激光熔覆材料方面，可以在熔覆层中加入低熔点的合金材料。这些都可以减缓涂层中的应力集中，降低开裂倾向。在激光熔覆涂层中尝试加入适量的稀土，可以增加涂层韧性，使激光熔覆过程中熔覆层裂纹明显减少。这些措施虽然能解决一些问题，但还不能很好地解决钛合金熔覆的开裂、气孔和夹杂，因此开发研制适合钛合金熔覆的材料是很有必要的。在激光熔覆工艺方面，为了获得高质量的熔层，可进一步开发新型的激光熔覆技术，如梯度涂覆采用硬质相含量渐变涂覆的方法，可获得熔层内硬质相含量连续变化且无裂纹的梯度熔层，此外涂层前后进行合适的热处理等（如采用预热和激光重熔的方法），也能有效防止熔覆层中裂纹和孔洞的产生。

此外，在激光熔覆过程中，工艺不规范，可重复性差，尽管激光熔覆工艺日趋成熟，但也存在一些问题，往往各个研究者之间的结果存在着较大的差异，工艺稳定性与重现性不能令人满意，因此，有必要研究更为合理的评价参数，并制定相应的工艺标准。

10.4 激光熔覆加工系统

激光加工设备是激光熔覆技术的支撑，其不断进步和发展推动了激光熔覆技术的不断革新。市场需求的增加和激光熔覆技术的进步也对激光熔覆设备系统提出了更高的要求。近年来随着大功率半导体激光器技术的日渐成熟，以 LD 为泵浦源的激光器和光纤耦合半导体激光器发展迅速，市场占有率不断升高，成为激光器的一个新的发展方向。

10.4.1 激光熔覆加工系统的组成

激光熔覆加工过程是依靠激光熔覆设备来实现的。激光熔覆加工设备是一个复杂的系统，主要包括以下部分：

1）激光器（CO_2 激光器、YAG 激光器、半导体激光器、光纤激光器等）和光路系统。产生并传导激光束到加工区域。

2）送粉设备（送粉器、粉末传输通道和喷嘴）。将粉末传输到熔池。

3）激光加工平台。多坐标数控机床或智能机器人按照编制的数控程序实现激光束与成形件之间的相对运动。

除上述必备的装置外，还可配有以下辅助装置：

1）气氛控制系统。保证加工区域的气氛环境达到一定的要求，在进行一些活泼材料的激光熔覆时该保护气氛是必需的，如某些易氧化的金属或合金（钛合金、铝合金等）。

2）监测与反馈控制系统。对成形过程进行实时监测，并根据监测结果对成形过程进行反馈控制，以保证成形工艺的稳定性，这对成形精度有至关重要的影响。

10.4.2　送粉（丝）系统

激光熔覆过程是将两种不同的材料利用激光热源结合在一起的过程，按照粉末材料的加入方式，激光熔覆工艺可以分为预制式激光熔覆和送粉丝式激光熔覆。预置式研究较早，但工艺过程中存在许多无法克服的缺点，如熔覆材料烧损严重、稀释率高、气孔和裂纹缺陷多等，且预置粉末工艺耗时耗力，不适用于大规模工业生产。送粉式激光熔覆具有自动化程度高、生产工艺简单等特点。根据送粉方式的不同，又可划分为同轴送粉和旁轴送粉方式。

送粉系统是整个成形系统中较为关键和核心的部分，送粉系统性能的好坏直接决定了成形零件的最终质量，包括成形精度和性能。送粉系统通常包括送粉器、粉末传输通道和喷嘴三部分。送粉器是送粉系统的基础，对于激光熔覆技术而言，送粉器要能够连续均匀地输送粉末，粉末流不能出现忽大忽小和暂停现象，即粉末流要保持连续均匀。这一点对于精度要求较高的立体成形过程显得尤为重要，因为不稳定的粉末流将直接导致粉末堆积厚度的差异，而这样的差异如果不加以控制，将直接影响成形过程的稳定性。

除了上述在国内外应用相对较多的送粉方法外，国内外学者还展开了利用丝状材料进行熔覆试验的研究。丝状熔覆（Wirefeed）制造用一种很细的丝替代上述激光熔覆快速制造技术中的粉末作为添加材料制造金属零件。该技术是把丝材从环形激光束内部或者侧面送给，利用激光束的高能在基体或熔覆层上形成熔池，同时送丝装置把金属丝不断地送入熔池，随着激光束按预定轨迹相对于基体不断地扫描，就可得到所需的致密金属零件。

1. 送粉式激光熔覆技术

送粉式激光熔覆是近年来发展起来的新工艺，它克服了很多预置式激光熔覆的缺点，又具有熔覆材料与基体材料同时被激光加热、成形性好、熔覆速度快、烧损轻、易于达到冶金结合、熔覆层组织细小、熔覆粉末可调可控和适应范围广等诸多工艺优点。根据粉路和激光束的相对位置关系，送粉式激光熔覆可分为同轴送粉和旁轴送粉两种形式，如图 10.10 所示。

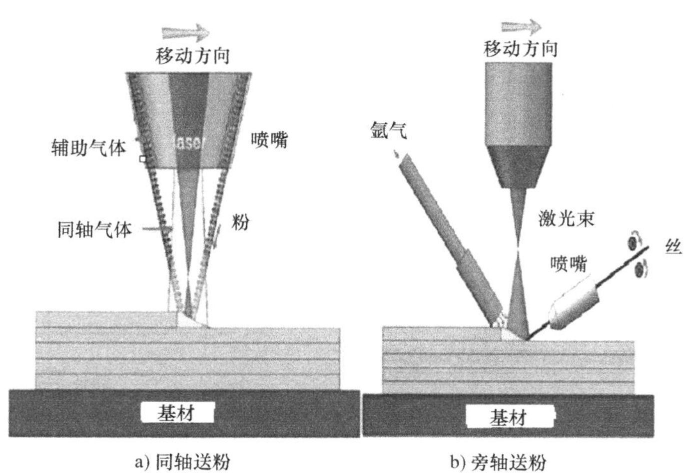

a) 同轴送粉　　b) 旁轴送粉

图 10.10　送粉式激光熔覆

同轴送粉技术是激光熔覆成形材料供给方式中较为先进的供给方式，粉末流与激光束同轴耦合输出，而同轴送粉喷嘴作为同轴送粉系统的关键部件之一，已成为各科研单位的研究热点。目前，国内外大多数研究单位均研制出了适合本单位需要的同轴送粉喷嘴，但现有的同轴送粉喷嘴大多存在粉末汇聚性差、粉末利用率低、出粉口容易堵塞等缺点。

旁轴送粉技术是激光熔覆过程中粉料的输送装置和激光束分开，彼此独立的一种送粉方式。因此，在激光熔覆过程中，两者需要通过较复杂的工艺设计来匹配。在旁轴送粉机构中，送粉口一般设计在激光束的行走方向之前，利用重力作用将粉末堆积在熔覆基材的表面，然后后方的激光束扫描在预先沉积的粉末上，完成激光熔覆过程。实际生产过程中，旁轴送粉的工艺要求送粉器的喷嘴与激光头有相对固定的位置和角度匹配。而且由于粉末预先沉积在工件表面，激光熔覆过程不能再施加保护气体，否则将导致沉积的粉末被吹散，熔覆效率大大降低。激光熔池由于缺少保护气体的保护，只能依靠熔覆粉末熔化时熔渣的自我保护。因此目前工业生产中，自熔性合金粉末应用于旁轴送粉系统的激光熔覆较多。旁轴送粉系统复杂的粉光匹配、熔池气保护难以实现、熔覆工艺与送粉工艺难以相互协调等缺点限制了其在应用中的进一步推广。

2. 送粉器的分类和特点

送粉器的功能是按照加工工艺的要求将熔覆粉末精确地送入激光熔池，并确保加工过程中粉末能连续、均匀、稳定地输送。送粉器的性能将直接影响到激光熔覆层的质量。随着激光熔覆技术的发展，对送粉器的性能也提出了更高的要求。针对不同类型的工艺特点和粉末类型，目前国内外已经研制的送粉器类型主要有螺旋式送粉器、转盘式送粉器、刮板式送粉器、毛细管式送粉器、鼓轮式送粉器、电磁振动式送粉器和沸腾式送粉器。其工作原理包括重力场、气体动力学和机械力学等，各种送粉器的具体结构形式和工作原理如下：

（1）螺旋式送粉器

螺旋式送粉器主要是基于机械力学原理，如图 10.11a 所示，它主要由粉末存储仓斗、螺旋杆、振动器和混合器等组成。工作时，电动机带动螺旋杆旋转，使粉末沿着筒壁输送至混合器，然后混合器中的载流气体将粉末以流体的方式输送至加工区域。为了使粉末充满螺纹间隙，粉末存储仓斗底部加有振动器，能提高送粉量的精度。送粉量的大小与螺旋杆的旋转速度成正比，调节控制螺旋杆转动的电动机转速，就能精确控制送粉量。

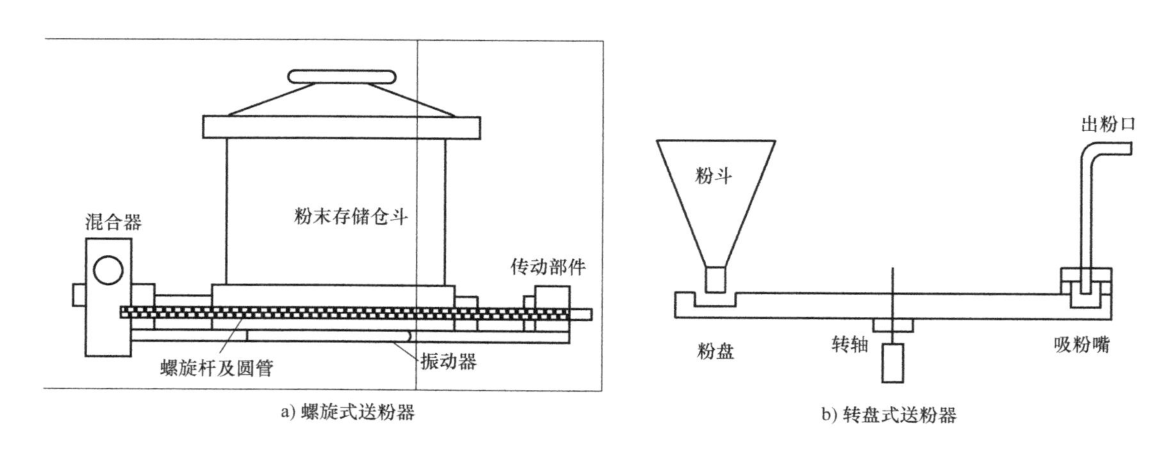

图 10.11 螺旋式及转盘式送粉器结构

这种送粉器能传送粒度大于15μm的粉末，粉末的输送速率为10～150g/min，比较适用于小颗粒粉末输送，工作中输送均匀，连续性和稳定性高，并且这种送粉方式对粉末的干湿度没有要求，可以输送稍微潮湿的粉末。但是这种送粉方式不适用于大颗粒粉末的输送，容易堵塞。由于这种送粉方式是靠螺纹的间隙送粉，送粉量不能太小，所以很难实现精密激光熔覆加工中所要求的微量送粉，并且不适于输送不同材料的粉末。

（2）转盘式送粉器

转盘式送粉器是基于气体动力学原理，以通入的气体作为载流气体进行粉末输送。其结构如图10.11b所示，主要由粉斗、粉盘和吸粉嘴组成。粉盘上带有凹槽，整个装置处于密闭环境中，粉末由粉斗通过自身重力落入转盘凹槽，并且电动机带动粉盘转动将粉末运至吸粉嘴，密闭装置中由进气管充入保护性气体，通过气体压力将粉末从吸粉嘴处送出，然后在经过出粉管到达激光加工区域。

转盘式送粉器适用于球形粉末的输送，并且不同材料的粉末可以混合输送，最小粉末输送率可达1g/min。但是这种送粉方式对其他形状的粉末输送效果不好，工作时送粉率不可控，并且对粉末的干燥程度要求高，稍微潮湿的粉末会使送粉的连续性和均匀性降低。

（3）刮板式送粉器

刮板式送粉器如图10.12所示，它主要由存储粉末的粉斗、转盘、刮板、接粉斗等组成。工作时粉末从粉斗经过漏粉孔靠自身的重力和载流气体的压力流至转盘，在转盘上方固定一个与转盘表面紧密接触的刮板，当转盘转动时，不断将粉末刮下至接粉斗，在载流气体作用下，通过送粉管送至激光加工区域。送粉量大小是通过转盘的转速来决定的，通过调节转盘的转速便可以控制送粉量的大小，调节粉斗和转盘的高度和漏粉孔的大小，可以使送粉量的调节达到更宽的范围。刮板式送粉器适用于颗粒直径大于20μm的粉末输送。

刮板式送粉器对于颗粒较大的粉末流动性好，易于传输。但在输送颗粒较小的粉末时，容易团聚，流动性较差，送粉的连续性和均匀性差，容易造成出粉管口堵塞。针对传统刮板式送粉器的不足，有改进的摆针式刮板同步送粉器，其结构如图10.12b所示，由摆针、粉筒体、吸嘴、转盘、动力源、箱体及进气管组成。粉筒由装粉螺栓、粉筒盖、粉筒体、摆针、平衡气管、调节阀和不同尺寸的密封圈组成。吸嘴由心轴、弹簧、内嘴、滚珠和导管组成。动力源由转轴、骨架型密封圈、减速机和步进电动机组成。

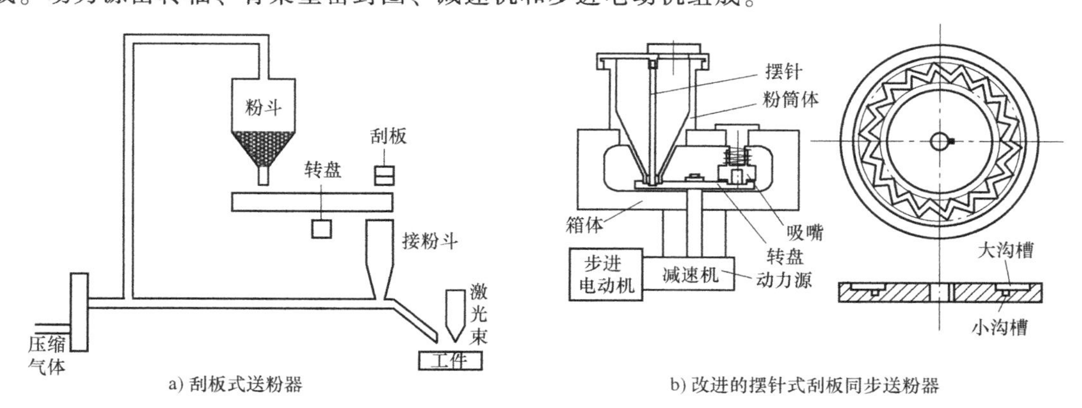

a) 刮板式送粉器　　b) 改进的摆针式刮板同步送粉器

图10.12　刮板式送粉器结构

一般情况下，较大尺寸的粉末流动性较好，易于传送。而颗粒直径较小的粉末容易团聚，流动性较差，通常传送小尺寸的粉末是非常困难的。送粉器首先需要将团聚的粉末打散，其次被打散的粉末需在一定的速度和传输速率下传送。摆针式刮板同步送粉器工作时，步进电动机带动转轴旋转，转轴的旋转带动转盘（槽形凸轮机构，凸轮轮廓线形式如图10.12b所示）同步旋转，摆针沿着槽形凸轮轮廓线往复摆动将团聚的粉末打散。被打散的粉末在重力的作用下均匀、连续地落在转盘的大小沟槽中，进气管连续往箱体内充气，使箱体内产生正压；当粉末随着转盘转至吸嘴下方时，粉末在空气正压的作用下随空气一起沿着导管连续、均匀地流出箱体，送至激光加工区。

（4）毛细管式送粉器

这种方法主要使用一个振动毛细管来送粉，振动是为了粉末微粒的分离。该送粉器由超声波振荡器、带储粉斗的毛细管和盛水的容器组成，如图10.13a所示。电源驱动超声波振荡器产生超声波，用水来传送超声波。粉末存储在毛细管上面的漏斗里，毛细管在水面下面，下端出口在容器外面，通过产生的振动将粉末打散开，由重力场传送。

毛细管送粉器能输送的粉末直径大于0.4μm。粉末输送率可以达到小于或等于1g/min。能够在一定程度上实现精密熔覆中要求的微量送粉，但是它是靠自身的重力输送粉末的，因此必须是干燥的粉末，否则容易堵塞，送粉的重复性和稳定性差。对于不规则的粉末输送，输送时在毛细管中容易堵塞，所以只适用于球形粉末的输送。

（5）鼓轮式送粉器

鼓轮式送粉器的主要结构如图10.13b所示，主要由储粉斗、粉槽和送粉轮组成。粉末从储粉斗落入下面的粉槽，利用大气压强和粉槽内的气压维持粉末堆积量在一定范围内的动态平衡。鼓轮匀速转动，其上均匀分布的粉勺不断从粉槽舀取粉末，又从右侧倒出粉末，粉末由于重力从出粉口送出。通过调节鼓轮的转速和更换不同大小的粉勺来实现送粉率的控制。

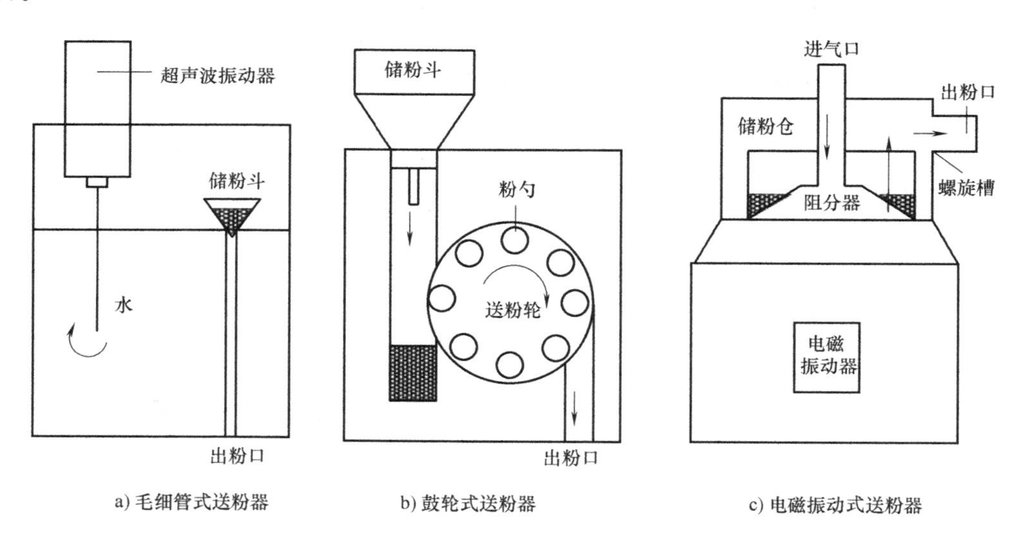

图10.13　毛细管式、鼓轮式及电磁振动式送粉器结构

鼓轮式送粉器工作原理是基于重力场，对于颗粒比较大的粉末，因其流动性好能够连续送粉，并且机构简单。由于它是通过送粉轮上的粉勺输送粉末的，对粉末的干燥度要求高，微湿的粉末和超细粉末容易堵塞粉勺，使送粉不稳定，精度降低。

（6）电磁振动式送粉器

电磁振动式送粉器的原理如图10.13c所示，在电磁振动器的推动下，阻分器振动，储藏在储粉仓内的粉末沿着螺旋槽逐渐上升到出粉口，由气流送出。阻分器还有阻止粉末分离的作用。电磁振动器实质上是一块电磁铁，通过调节电磁铁线圈电压的频率和大小就可实现送粉率的控制。

电磁振动式送粉器是基于机械力学和气体动力学原理工作的，反应灵敏，自用气体作为载流体将粉末输出的，所以对粉末的干燥程度要求高，微湿粉末会造成送粉的重复性差。对于超细粉末的输送不稳定，在出粉管处超细粉末容易团聚，发生堵塞。

（7）沸腾式送粉器

沸腾式送粉器是用气流将粉末流化或达到临界流化，由气体将这些流化或临界流化的粉末吹送运输的一种送粉装置。底部和上部的两个进气道使粉末流化或达到临界流化。中部的载流气体将流化的粉末送出。沸腾式送粉器能使气体与粉末混合均匀，不易发生堵塞；送粉量大小由气体调节，可靠方便；不像刮吸式与螺旋式等机械式送粉器在粉末输送过程中与送粉器内部发生机械挤压和摩擦，容易发生粉末堵塞现象，造成送粉量的不稳定。

沸腾式送粉器原理如图10.14a所示。沸腾气流1与沸腾气流2将粉末流化或使粉末达到临界流化状态。粉末输送管中间有一孔洞与送粉器内腔相通，当粉末流化或处于临界流化状态时，送粉进气通过粉末输送管便可将粉末连续地输送出。为使粉末能够顺利通过小孔洞进入粉末输送管中，腔内的沸腾气压应大于送粉进气的气压。对于沸腾式送粉器，调节气体流量的大小便可以实现对粉末输送速率的调节；结构的紧凑性与沸腾式的送粉方式使储粉罐内粉末储藏量对送粉的影响减小；对于不同的粉末或者是合金粉末，沸腾式送粉器也可以进行输送。

沸腾式送粉器的结构如图10.14b所示，主要由储粉罐、上沸腾腔、下沸腾腔、粉末输

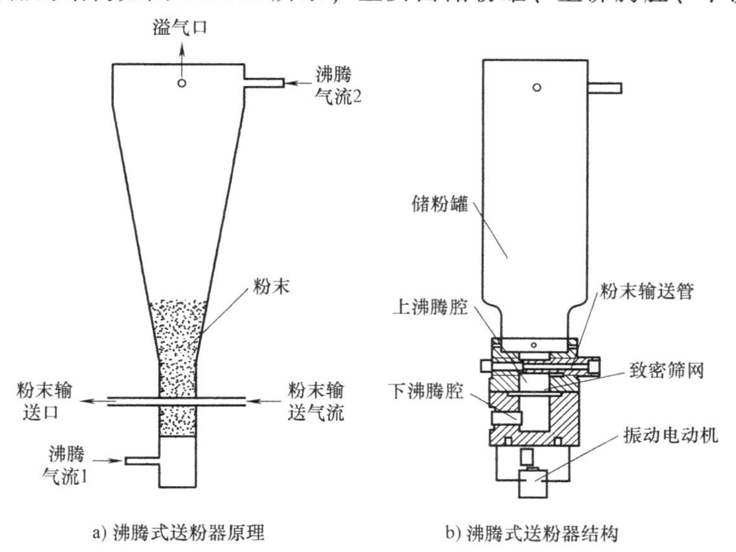

图10.14　沸腾式送粉器

送管、致密筛网及振动电动机组成。各个零件之间用 O 形密封圈与密封垫片密封。此送粉器结构简单，易于拆装。上沸腾腔与下沸腾腔之间用扣环与合页配合固定，这样的结构便于下沸腾腔打开与合拢，从而实现对送粉器的清理。在下沸腾腔下部安装振动电动机。在送粉过程中，振动电动机可避免粉末在管道中的堵塞现象。在清理送粉器的过程中，振动电动机也可使腔体内粉末振落。致密筛网将粉末隔离，使粉末储存于储粉罐和上沸腾腔之内。

沸腾式送粉器是基于气固两相流原理设计的。工作时，载流气体在气体流化区域直接将粉末吹出送至激光熔池，但同样要求所送粉末干燥。沸腾式送粉器对于粉末的流化和吹送都是通过气体来完成的，所以避免了前面螺旋式、刮板式等粉末与送粉器元件的机械摩擦，对粉末的粒度和形状有较宽的适用范围。

3. 送粉器产品

（1）新松 XSL-PF-ST 送粉器（图 12. 15a）

该送粉器是新松公司为激光熔覆技术设计开发的标准型送粉器，也可以应用于等离子热喷涂、火焰热喷涂等热喷涂工艺。新松 XSL-PF-ST 送粉器采用负压式送粉原理，双送粉单元配置，每个送粉单元可单独送粉，可联动控制，也可实现加工设备外部控制。粉筒采用透明材质制成，剩余粉量直观可视。新松 XSL-PF-ST 送粉器的主要技术参数见表 10. 2。该设备送粉精确、稳定，使用安全可靠。

a) 新松XSL-PF-ST送粉器　　b) IGS-3型精确送粉器

图 10. 15　送粉器设备

表 10. 2　新松 XSLHPF-ST 送粉器的主要技术参数

电源	电流/A	功率/W	电动机转速/(r/min)	转动精度(%)
220V/50Hz	2	55	0. 1～10	±1
压力/MPa	流量/(m^3/h)	气体成分	粉末粒度/μm	送粉/(g/min)
0. 4～0. 6	0. 1～1	N_2 或 Ar	20～150	5～150

（2）IGS-3（X、W）型精确送粉器

随着材料表面改性技术的发展，等离子熔覆（堆焊）、激光熔覆、热喷涂/喷焊、气相沉积及焊丝堆焊加粉增硬等工艺在高校实验与工业领域中的应用也越来越广泛，而送粉器是实施这些技术的关键部件。为了满足表面改性技术和工艺的需要，河南省煤科院耐磨技术有限公司研制出了多种型号的IGS系列精确送粉器，适用于各种送粉加工工艺。该系列送粉器具有制作精良、送粉连续性好、精度高、结构简单（只有一个独立运动部件）、使用寿命长等优点。IGS-3型送粉器如图10.15b所示，IGS系列精确送粉器的主要技术参数见表10.3。

表10.3　IGS系列精确送粉器主要技术参数

型号	送粉量/(g/min)	送粉精度(%)	储粉罐容量/kg	电机功率/W	电枢电压范围/V	粉量控制方式	粉末粒度/目	适应粉末粒径	送粉气压力/MPa	送粉气流量/(m^3/h)
IGS-3	6~150	≤3	5、8(10)	40	0~90	调节电枢电压	80~280	55~180	0.2	0.1~0.5
IGS-3X	6~120			20	0~24		80~280	55~180		0.1~0.5
IGS-3W	3~30			20	0~24		400~800	20~40		0.1~0.4

4. 分粉器和送粉嘴

根据激光熔覆对金属粉末送粉的要求，已有研究表明，对于同轴送粉机构，要形成均匀封闭的粉帘，采用四路送粉管路是一个比较合理的方案。实现四路送粉的方案主要有两种：一种是采用四个送粉器分成四路同时送粉；另一种是采用一个送粉器分成四路进行送粉。显然第二种方案更加经济可行，因此在实际工业应用中往往采用后者。

分粉器的设计要求是尽量减少四路送粉量的差别，以保证最终形成粉帘的均匀性；分粉过程中，粉流势必会与分粉器内壁发生碰撞而影响粉流速度，因此送粉过程中应尽量减少对粉流速度的影响。图10.16所示为分粉器结构，主要由外壳、分粉圆锥和基体组成。外壳的主要作用是为粉流提供一个扩散的空间，有利于粉末流的空间分布尽量均匀。基体的作用除了固定外壳和分粉圆锥外，还为已分流的粉末提供一个流动路径。

喷嘴是送粉系统中另一个核心部件，按照喷嘴与激光束之间的相对位置关系，送粉喷嘴的种类大致可以分为侧向送粉嘴和同轴送粉嘴两种。

(1) 侧向送粉嘴

侧向喷嘴是指其轴线与激光束轴线之间存在夹角的喷嘴。图10.17为侧向送粉嘴的结构，其特点为粉末出口和激光束距离较远，粉末流和激光束可以独立调节，可控性好，不会出现因为粉末焰化而堵塞激光束出口的现象。但侧向送粉只有一个送粉方向，无法克服因为激光束和粉末输入不对称带来的激光熔覆方向受限的缺点，因而不能实现任一方向上形成均匀的熔覆层，在实际生产过程中容易受到限制。另外，由于其无法在熔池附近区域形成一个稳定的惰性保护气氛，因而在成形过程的氧化防护方面也有不足。有些侧向送粉嘴具有双层结构，即在内层送粉通道的外面还有一层气体通道，一方面能够起到一定的熔池保护作用，另一方面还能够有效地约束粉末流，使粉末在流出喷嘴后不至于迅速发散，提高粉末的利用率。

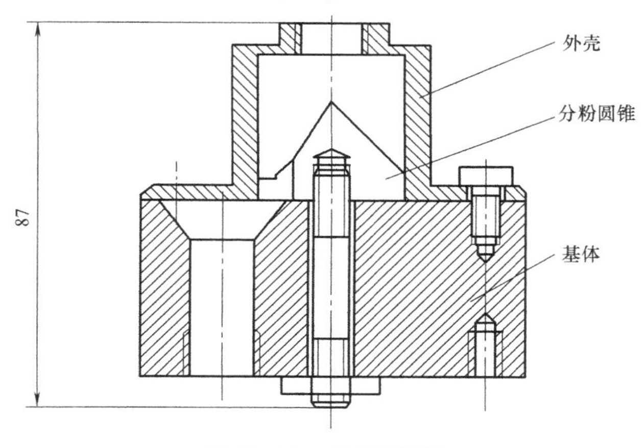

图10.16　分粉器结构

（2）同轴送粉嘴

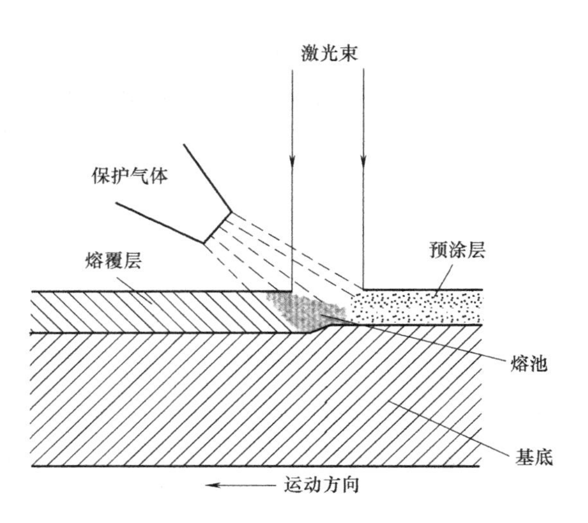

图 10.17　侧向送粉嘴的结构

同轴送粉嘴克服了因为激光束和粉末流不对称导致的激光扫描方向受限，因此被广泛应用于激光熔覆快速制造的工艺过程中。现有的同轴送粉嘴主要分为两类，一类是在激光输出镜周围对称安装四个侧向送粉嘴，利用对称粉末流汇聚作用达到同轴送粉的效果；另一种如图 10.18 所示，激光束通道、保护气通道和粉末流通道设计在同一个喷嘴上。同轴送粉效果好，激光熔覆方向不受限制，粉末利用率也较高，但是送粉器和喷嘴的结构设计比较复杂。同轴送粉喷嘴的设计要求主要有以下几点：

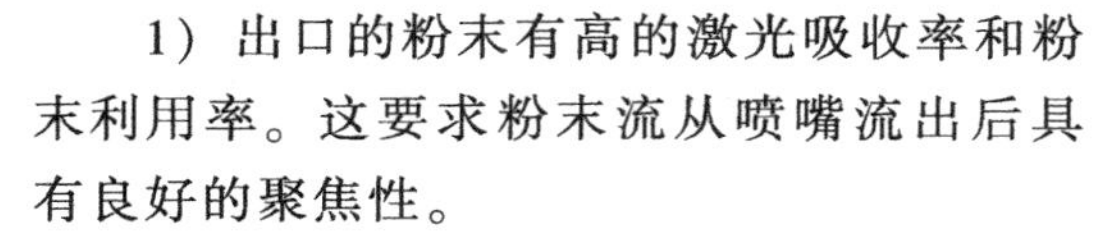

1）出口的粉末有高的激光吸收率和粉末利用率。这要求粉末流从喷嘴流出后具有良好的聚焦性。

2）加工时要有较为开阔的空间，便于观察和操作。因此要求送粉嘴在结构上必须紧凑。

3）保证各个送粉通路的均匀性，即粉末在通过粉嘴后形成的粉末流在各个方向上的密度相等。

4）粉流的角度在一定范围内可调，不同加工工艺需要不同的粉光匹配，可调节粉末流可以给加工工艺带来更大的适用性和更好的灵活性。

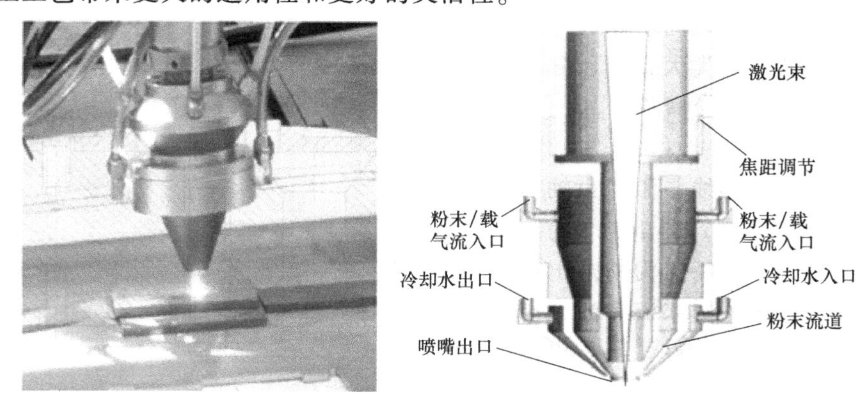

图 10.18　同轴送粉嘴结构及实物

5）粉嘴在工作过程中冷却环境要得到保障。

6）激光束与粉流的作用位置要合理。一是必须保证粉末束与激光束同轴，否则影响各个方向上熔覆层的均匀性；二是粉末流激光束作用点与焦点的相对位置应该利于形成结合良好的熔覆层。

5. 激光熔覆中的粉光匹配

同轴送粉激光熔覆工艺实施过程中，熔覆材料粉在激光束中流动时具有发散性，送粉速率和载气流量对这种发散性有直接的影响。就激光束的属性而言，一旦光路系统确定以后，激光束横截面的形状、尺寸变化规律就基本确定下来了。为了保证激光束的高能量密度，激光束直径尺寸一般均控制在较小的范围内变化。因此对同轴送粉激光熔覆而言，实现良好的粉光匹配是工艺实施的关键技术。

（1）激光熔覆实现的条件

控制熔覆材料和基体材料的加热温度是实现激光熔覆的关键技术。大量的试验研究结果表明，能够实现激光熔覆的必要条件有三个：一是熔覆材料粉末在进入激光束中后直到落到基体表面前，必须保证熔覆材料粉颗粒始终在激光束中被加热；二是熔覆材料与基体表面同时被加热，且要保证基体表面被加热到熔化或具有表面活性状态，以实现熔覆材料与基体的冶金结合；三是实现良好的熔覆材料粉流束与激光束的匹配。

（2）粉末的流动形态与影响因素

1）粉末的流动形态。熔覆材料粉在激光熔覆过程中的流动动力来源于自身的重力、载气流动动力和激光压力，根据目前常见的同轴送粉喷嘴的给粉方式不同，粉体流动空间形态也不同，图 10.19 所示为最常见的几种匹配状态。

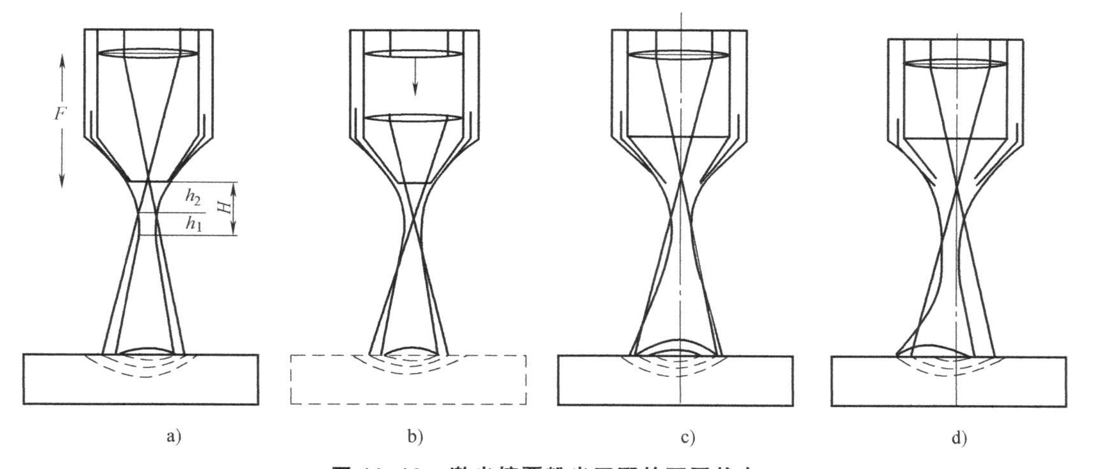

图 10.19　激光熔覆粉光匹配的不同状态

图 10.19a、b 所示为粉体流动动力为载气动力、粉体自重和激光压力的情况，粉光匹配合理，激光熔覆工艺能够实现获得良好的熔覆层；图 10.19c 所示为熔覆材料粉散落范围超出激光束有效作用区域，此时熔覆层与基体出现非冶金结合区域，不能获得完整冶金结合的熔覆层，是激光熔覆过程中必须避免的现象之一；图 10.19d 所示为熔覆材料粉整体吹偏散落，造成单侧出现熔覆层与基体非冶金结合区域，也是熔覆过程中必须避免的现象之一。

2）熔覆材料粉的焦点与束径。熔覆粉料颗粒从送粉嘴喷出后至工件表面之前在激光束中做抛物线运动，颗粒运动轨迹与送粉嘴中心轴线的交汇点称为熔覆材料粉的焦点。熔覆材料的焦点位置与载气流速、颗粒大小、喷出角度有直接关系，如图 10.20 所示。在实际熔覆过程中，熔覆材料的焦点位置可以在一定范围内调整，在图 10.20a 中，当载气流速大到熔覆材料粉的自由落体运动分量可以忽略时，熔覆材料粉的焦点位置为 A 点，实际上 A 点是熔覆材料粉焦点最上位置的极限位置。当不施加载气时，熔覆材料粉在重力作用下进行斜抛-由落体运动，熔覆材料粉焦点位置为 B 点。理论上讲，随着载气的加入及流速的增大，B 点会向 A 点方向移动，但实际激光熔覆过程中，由于熔覆材料粉颗粒众多，在汇聚时发生碰撞而形成了汇聚的粉体束流，由于颗粒之间的相互制约，使得熔覆材料粉在焦点处的横向和纵向均被扩展开来，同时这种碰撞使得 A、B 之间的区域向下漂移，形成了熔覆材料粉束流的束腰。如图 10.20b 所示，可以看出粉体束腰可近似视为圆柱状，不同的送粉速度对熔覆材料粉束流的束径和腰长有显著影响。

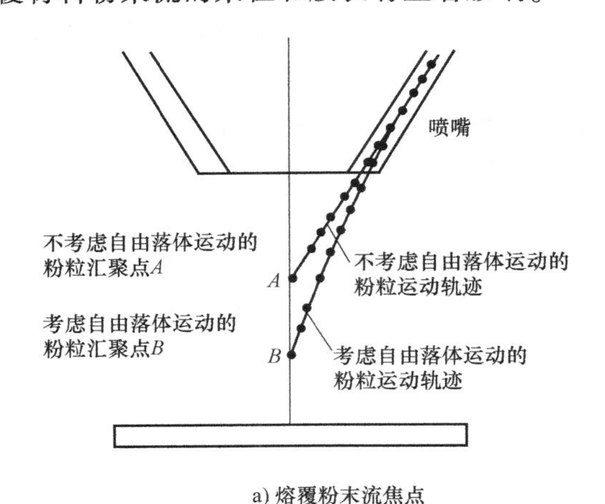

a) 熔覆粉末流焦点

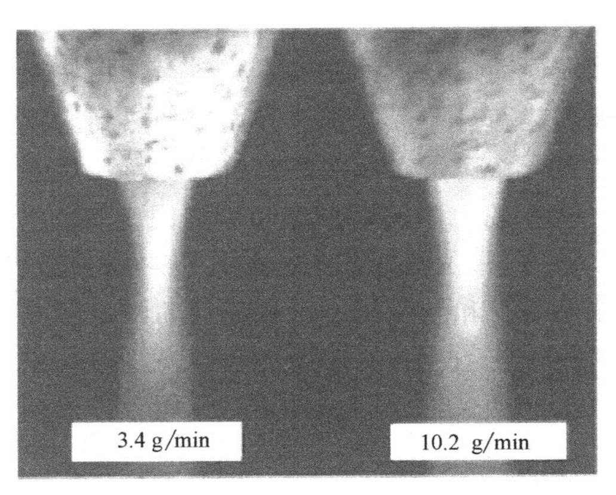

b) 送粉速度对粉末流的影响

图 10.20 熔覆粉末流的焦点与影响因素

3）激光束的焦点与激光束的有效直径。在送粉激光熔覆过程中，熔覆材料与基体材料同时被激光加热，只有熔覆材料粉颗粒和基体表面同时被加热到适当的温度才能够获得良好熔覆层，保证熔覆材料粉颗粒之间及熔覆材料与基体之间达到冶金结合。基体表面的加热过程和加热温度由透过粉体区的激光束能量密度决定，激光通过粉体区域的透光率、激光束扫描速度和基体对激光能量的吸收转化率决定了实际作用在基体材料表面上的线能量密度的大小，而透光率与送粉速率、激光束移动速度等工艺参数有对应关系。在一定的扫描速度下，随着送粉速率的提高透光率下降；在一定的送粉速率下，随着激光束扫描速度的提高透光率提高。最终导致随着送粉速率和扫描速度的提高，作用在基体表面的激光能量线密度下降。根据激光束本身的属性，在确保熔覆材料粉颗粒在激光束中被加热的前提下，还要确保熔覆材料粉颗粒落在激光束的有效作用区域内。据此判定：获得熔覆材料与基体材料达到冶金结合的粉光匹配条件为激光束有效直径大于或等于熔覆材料粉束腰直径。

（3）激光熔覆过程中粉光匹配

1）粉光匹配原则。实际激光熔覆过程中的粉光匹配是复杂的技术问题，常见的可变参数有激光输出功率、离焦量、激光束与工件表面的相对移动速度、送粉速率、载气流量和熔覆材料参数（包括熔覆材料颗粒大小、熔覆材料的物理化学参数），这些参数都将直接影响到激光熔覆过程中的粉光匹配状态。为获得良好的熔覆状态，保证熔覆材料的性能属性和熔覆层与基体之间结合界面的良好结合，粉光匹配的原则是熔覆材料粉颗粒在激光束有效直径内加热并落到基体表面的激光束作用的有效区域内。这样既可以获得良好的熔覆层质量，又能够保证熔覆材料的有效利用。这个粉光匹配原则对激光直写技术、激光熔覆法快速成形技术的实现同样适用。

2）粉光匹配调整。如图 10.21 所示给出了一定条件下工件表面的调整过程。根据上述粉光匹配的原则，在图示状态下，工件表面处于 3 位置为最佳的粉光匹配状态。工件表面在 2、3 位置之间，所获得的熔覆层外观良好，但在激光束有效直径外的部分熔覆材料不能与基体实现冶金结合，降低了熔覆层与基体的整体结合质量。当工件表面处在 2 位置以下时，可以认为不能实现熔覆，尤其是在进行搭接熔覆时，后续的搭接熔覆过程将无法进行。工件表面在 3、4 位置之间，可以实现激光熔覆，但随着工件表面从 3 位置向上移动时，可能会降低激光束的能量利用率和增大基体的热影响区比例。工件表面可由 4 位置向 5 位置逼近，此时由于工件表面会很接近喷嘴，激光的反射、被加热的熔覆材料的高温辐射等会导致喷嘴口处于高温状态，进而导致熔覆材料早期软化粘连堵死喷嘴，使熔覆工艺无法进行下去，同时出现相对移动空间不足的问题。在不考虑这种情况时，5 位置是工件表面的最高位置。

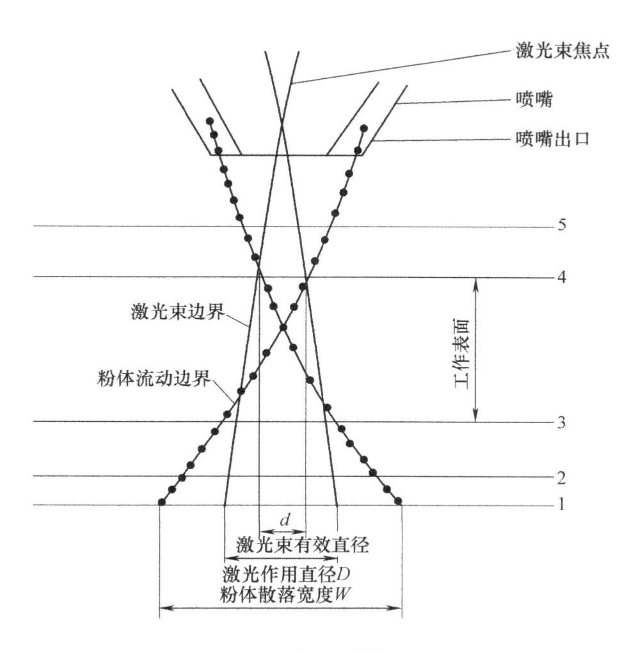

图 10.21　激光熔覆粉光匹配

6. 激光熔覆送丝系统

丝材熔覆制造技术与其他激光熔覆快速制造技术相比，主要具有以下优点：为了保证零件堆积的连续性，高速送给的粉末大约只有 20%参与了成形，大部分的粉末需要回收，而采用丝材熔覆，如果精确控制丝材的送给，材料利用率几乎为 100%；粉末流束不易控制，需要复杂的同轴送粉嘴和送粉器来保证成形精度，由于金属材料呈丝状，送料过程易于控制，且送料精度较高，非常适合自动化生产；激光熔覆快速制造技术对粉末的粒度和成分要求极高，而大部分材料主要以丝的形式供应；丝材熔覆制造技术对环境无污染；金属丝比金属粉末和金属条便宜，送丝的一个很重要的优势是它适合不同覆层位置的要求，如管道内壁的覆层就可用送丝熔覆实现。因此，该方法具有很大的发展空间。

（1）激光熔覆送丝方式

激光熔覆送丝方式主要分为两种，即激光束外旁轴送丝和环形激光束内同轴送丝。图10.22所示为两种送丝方式。光外送丝工艺对激光熔覆层形貌的影响因素有很多，如激光功率、激光扫描速度、送丝速度、送丝方向、送丝角度、送丝位置及保护气（氩气、氮气等）流速等。送丝方向、角度和位置的单独作用和交互作用都会对熔覆表面质量产生重要影响。当送丝方向与工件运动方向相同、送丝角度较小时，才能形成熔覆宽度、高度均匀，表面精度好的熔覆表面；金属丝输送到熔池前沿的熔覆表面质量要明显好于金属丝输送到熔池中央的。光外侧向送丝工艺明显存在扫描方向性影响和光丝耦合不准确的问题。

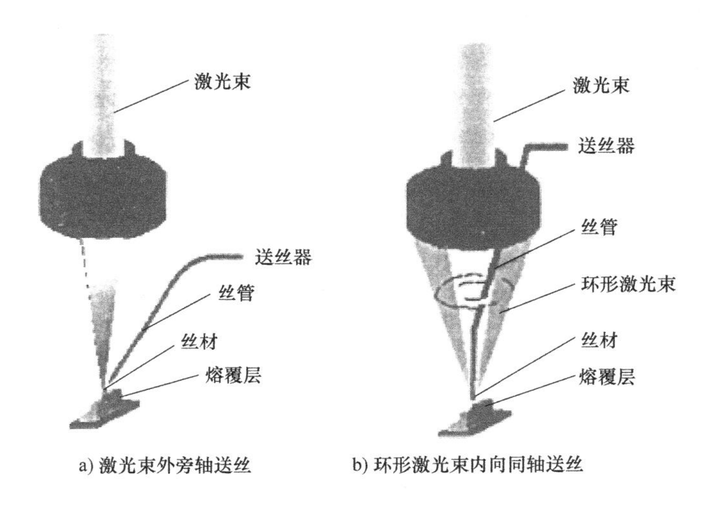

图 10.22　激光熔覆送丝方式

光内同轴送丝工艺是一种“光束中空，丝材居中，光内同轴送丝”的工艺，将传统的圆锥形聚焦光束变换成为圆环锥形聚焦光束，以实现“光内同轴送丝”。该工艺主要的特点体现在以下两个方面：

1）光束中空。采用光路转换将传统的圆锥形聚焦光束变换成为圆环锥形聚焦光束，中空光内空间为安放同轴送丝装备提供了无光空间。

2）同轴送丝。侧向送丝是将金属丝通过导向管输入到激光焦点位置，而导向管与激光束的轴线是存在一定夹角的，夹角的存在会引起送丝方向、角度等众多问题。环形光中空区域设置一个与激光束轴线同轴的导向嘴，将金属丝沿激光束中心线方向输送，实现光与丝在理论上的同轴，同时送丝喷嘴与激光头一体安装，保证二者联动。

（2）同轴送丝系统的主要组成

1）送丝机。金属丝输入部分由送丝机、送丝软管和同轴送丝管组成，该部分将保证金属丝连续、准确地送到激光熔池，过程平稳，是激光熔覆光内送丝系统的重要组成部分，是激光熔覆光内送丝工艺成功与否的关键。该系统主要由金属丝输入和送丝速度控制两大部分组成，实现金属丝准确、速度均匀可调并连续到达工件表面与激光束作用。

为了保证送丝过程的连续性、可调性、稳定性，实现试验的要求，选取送丝机应遵循的原则是：送丝速度范围合适，金属丝的输入速度对激光熔覆质量有重要的影响；送丝直径范围适应不同丝径的要求；送丝过程平稳，减少金属丝在输送过程中的波动。送丝机的技术参数见表10.4。

表 10.4　送丝机的技术参数

送丝电源/V	电源电压/V	丝的直径/mm	送丝速度/(m/min)	额定牵引力/N	整机质量/kg	通用丝盘/mm
DC24、DC18.3	AC24	0.8～2.4	0.15～1.8	200	10	300×50×103

2）同轴送丝管。金属丝在送丝机驱动下，进入送丝软管到达激光头，经过同轴送丝管的定位、导向等几何控制后与激光束作用。金属丝能否准确与激光束耦合，完全依靠同轴送丝管的几何控制。因此，同轴送丝管的设计是光内送丝熔覆成功的一个关键环节。为了实现将金属丝准确送入熔池和熔覆过程的连续进行，同轴送丝管在设计时需满足以下要求：虽然金属丝和聚焦激光束实现了理论意义上的同轴，但由于两者可能仍存在一定偏差，因此送丝管要有方便可靠的调节装置，使金属丝在一定空间范围内可调，使其与激光束真正同轴，有利于成形各个方向上均匀的熔覆层；为了保证金属丝准确地输送到指定位置，金属丝在进入熔池之前必须有一段适应不同丝径的导向管，同时喷嘴要尽量靠近熔池；要有稳定可靠的气体保护系统，阻止烟雾杂质进入喷头内部，有效地保护光学镜片；在实现特定功能的前提下，结构简单、紧凑。

根据以上设计要求，对同轴送丝管进行了设计加工。图 10.23 所示为同轴送丝管的结构与加工实物。该送丝管主要由可调节对中丝管、金属丝输入管、送丝嘴和同轴气套等组成。通过调节对中丝管在一定圆周区域内的位置，使金属丝轴线与聚焦激光束的轴线重合，保证了激光束和金属丝的精确耦合，使金属丝准确输送到加工面上的激光斑内，保证成形质量。同轴气套与同轴送丝嘴同轴安装，气套喷出的保护气方向与金属丝方向平行，可有效地压制火焰、防止烟雾进入装置内部，同时保护熔覆层以防被氧化。通过选用不同内径的喷嘴，可以适应不同丝径的要求。喷嘴内径和丝径相配合，可以保证对金属丝的约束。同时，喷嘴长度可以满足对金属丝的导向要求，也可以减少喷嘴与熔池的距离，保证输入位置精确。

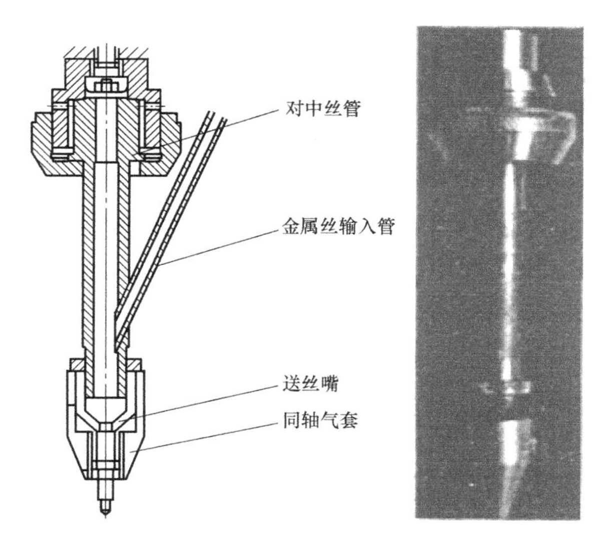

图 10.23　同轴送丝管结构与实物图

10.4.3 激光加工平台

激光从激光设备产生之后，实现光束与工件的相对运动必须依靠激光加工运动设备。一般在激光熔覆过程中都配备了数控加工系统，提供激光束与设备工件的相对运动。按照工作过程中光束和加工工件相对运动的形式，可以将激光加工运动系统分为以下类型：

1）激光器运动。主要为小型的激光加工系统，设备移动相对简单，应用较少。

2）工件运动。这种方式中工件在数控加工机床上定位，工件的三维移动或回转运动依靠数控机床的控制实现，适用于小型零件的加工或轴类等回转体零件的表面熔覆。

3）光束运动。这种方式中光束和加工零件固定不动，依靠反射镜、聚光镜、光纤等光学元件的组合，匹配智能机械手或数控加工机器人实现激光束的移动。近年来发展起来的光纤激光器匹配智能机器人，可以实现柔性加工和激光熔覆的精密控制。YAG 激光器可以通过光纤与六轴机器人组成柔性加工系统。CO_2 激光器输出的激光不能通过光纤传输，但其与机器人的结合可以通过外关节臂或者内关节臂光学系统来实现。这种加工方式适用于大规模的工业应用和复杂零件的激光加工。

4）组合运动。通过光束运动和工件运动两者的配合，实现激光加工过程，保证激光加工所需的相对运动和精度要求。

激光熔覆加工平台是与激光器、导光系统互相匹配的，目前激光熔覆中常用的两种加工平台主要是数控机床加工平台和智能机器人柔性制造平台，两者具有不同的加工特点和适用范围。传统的 CO_2 激光器和 Nd：YAG 激光器由于导光系统柔性的限制，往往配备数控机床加工平台，实现工作过程中光束和加工工件相对运动。新型光纤激光器的出现，大大增加了激光加工的柔性，使光纤导光系统、智能机械手、普通加工机床三者匹配即可组成柔性激光熔覆加工平台，不仅减少了数控机床的大量资金投入，也大大提高了激光加工过程的灵活性。智能机器人制造平台也存在激光加工精度低、加工工艺复杂等不足。数控机床加工平台在实现精密熔覆、增材制造及三维打印等方面具有不可替代的优势。

1. 数控机床激光熔覆系统

在现代机械制造中，精度要求较高和表面粗糙度要求较细的零件，一般都需在机床上进行最终加工，机床在国民经济现代化的建设中起着重大作用。数控机床是一种装有程序控制系统的自动化机床。该控制系统能够逻辑地处理具有控制编码或其他符号指令规定的程序，并将其译码，从而使机床动作并加工零件。

（1）数控机床的特点

数控机床加工精度高，具有稳定的加工质量；可进行多坐标的联动，能加工形状复杂的零件；加工零件改变时一般只需要更改数控程序，这样可节省生产准备时间；由于机床本身的精度高、刚性大，可选择有利的加工用量，生产率高，一般为普通机床的 3~5 倍；机床自动化程度高，可以减轻劳动强度；对操作人员的素质要求较高，对维修人员的技术要求更高。多轴数控机床可用于加工许多型面复杂的特殊关键零件，对航空航天、船舶、汽车、电力、模具和医疗器械等制造业领域的快速发展作用重大。

（2）多轴数控机床的结构

多轴数控机床除和三轴数控机床一样具有 x、y、z 三个直线运动坐标外，通常还有一或两个回转运动轴坐标。常见的五轴数控机床或加工中心结构主要通过五种技术途径实现。

1）双转台结构（Double Rotary Table） 采用复合 $A(B)$、C 轴回转工作台，通常一个转台在另一个转台上，要求两个转台回转中心线在空间上应能相交于一点。

2）双摆角结构（Double Pivot Spindle Head）。装备复合 A、B 回转摆角的主轴头，同样要求两个摆角回转中心线在空间上应能相交于一点。双摆角结构在大型龙门式数控铣床上也得到了较多应用。

3）回转工作台+摆角头结构（Rotary Table+Pivot Spindle Head）。

4）复合 $A(B)$、C 回转轴电主轴头结构。复合电主轴头，通常带 C 回转坐标 360°，$A(B)$ 坐标旋转一定范围。这种结构在大型龙门移动式加工中心或铣床上得到了最广泛的应用。

5）回转工作台+工作台水平倾斜旋转结构。在一些紧凑型五轴数控加工中心上得到了应用，适合加工一些中小型复杂零件。

五轴数控机床结构相对复杂，制造技术难度大，因而造价高。五轴数控机床和三轴数控机床最大区别在于，五轴数控机床在其连续加工过程中可连续调整刀具和工件间的相对方位。五轴数控机床已成为加工连续空间曲线和角度变化的三维空间曲面零件的同义词，通常要求配置更为先进与复杂的五轴联动数控系统和先进的编程技术。

（3）五轴数控机床的优点与缺点

现代五轴数控机床能为制造业提供更高的生产率、更好的设备柔性和零件加工质量。制造业产品零件切削加工更多地采用五轴数控机床具有许多明显优点，如增加制造复杂零件的能力，优化加工零件精度和质量，降低零件加工费用，实现复合加工，实现高效率高速加工，适应产品全数字化生产。造成五轴数控机床应用不广泛的主要原因有：数控机床制造技术难度大，造价高；五轴联动 CAM 编程软件复杂，费用高；操作困难；配置三轴或四轴数控机床也能满足大部分生产应用。

（4）数控机床激光熔覆系统实例

由某公司设计制造的 IGJR 型半导体激光熔覆设备配备了半导体激光器和四轴联动精密机床，可以实现精密仪器设备的激光熔覆。设备如图 10.24 所示。该套激光熔覆加工设备的主要配置有四轴联动精密机床、4kW 半导体激光器、精确送粉系统、激光控制系统及双回路液体冷却系统。

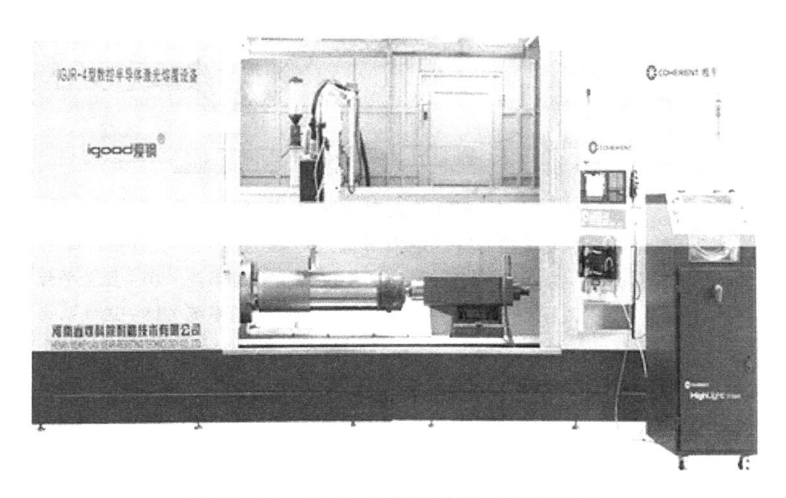

图 10.24 IGJR 型半导体激光熔覆系统

该设备主要技术参数见表 10.5。

表 10.5 IGJR 型半导体激光熔覆系统主要技术参数

产品型号	激光输出功率/W	工作波长/nm	功率稳定(%)	光斑选项(根据工艺选配)/mm
Highlight 4000D	≥4000	975±10	<±1	x 方向:4/6/12/18/24/30 y 方向:1/2/3/4/5/6/8/12
工作距离/mm	激光头尺寸/mm	激光头质量/kg	额定电压	熔覆效率/(h/m^2)
280	283(H) ×190(W) ×201(D)	23.5 (含光斑整形系统)	AC380~400V ±10%,三相	2.8(厚度 1.2mm)

2. 智能机器人激光加工平台

近年来激光技术飞速发展，涌现出了可与机器人柔性耦合的光纤传输的高功率工业型激光器。先进制造领域在智能化、自动化和信息化技术方面的不断进步促进了机器人技术与激光技术的结合，特别是汽车产业的发展需求，带动了激光加工机器人产业的形成与发展。随着激光直接制造和再制造技术的发展，面对航空航天、冶金、汽车等行业快速成形和快速制造的需求，从 2002 年起，国际上开始研发激光熔覆机器人。我国拥有千万套国产大型贵重装备和进口高精尖的昂贵设备，现场快速修复有广阔的市场需求。

(1) 智能机器人激光加工平台的组成

机器人是高度柔性加工系统，所以要求激光器必须具有高度的柔性，目前都选择可光纤传输的激光器。如图 10.25 所示，智能机器人激光加工平台主要由以下部分组成：光纤耦合和传输系统；激光光束变换光学系统；六自由度机器人本体；机器人数字控制系统（控制器、示教盒）；计算机离线编程系统（计算机、软件）；机器视觉系统；激光加工头；材料进给系统（高压气体、送丝机、送粉器）。

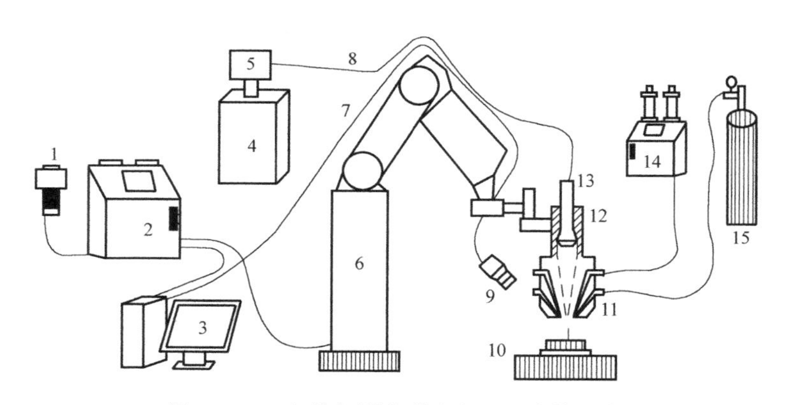

图 10.25 智能机器人激光加工平台的组成

1—示教盒 2—机器人控制器 3—计算机 4—激光器 5—光纤输出口
6—智能机器人 7—机械臂 8—传导光纤 9—视觉跟踪系统 10—加工平台
11—送粉头 12—激光镜头 13—光纤输出端 14—送粉系统 15—送气系统

(2) 智能机器人结构及性能参数

智能机器人主要由机器人本体、驱动系统和控制系统构成。机器人本体由机座、立柱、大臂、小臂、腕部和手部组成，用转动或移动关节串联起来，激光加工工作头安装在其手部终端，像人手一样在工作空间内执行多种作业。加工头的位置一般是由前 3 个手臂自由度确定的，而其姿态则与后3个腕部自由度有关。按前3个自由度布置的不同工作空间，机器人有直角坐标型、圆柱坐标型、球坐标型及拟人臂关节坐标型四种不同结构。根据需要，机器人本体的机座可安装在移动机构上，以增加机器人的工作空间。图10.26所示为ABB公司IRB7600系列六轴智能机器人。

图10.26 ABB公司IRB7600系列六轴智能机器人

机器人驱动系统大多采用直流伺服电动机、交流伺服电动机等电力驱动，也有的采用油缸液压驱动和气缸气压驱动，借助齿轮、连杆、齿形带、滚珠丝杠、谐波减速器、钢丝绳等部件驱动各主动关节实现6个自由度运动。机器人控制系统是机器人的大脑和心脏，决定机器人的性能水平，主要作用是控制机器人终端运动的离散点位和连续路径。

在选用激光加工机器人时，主要要考虑以下性能参数：

1）负载能力。在保证机器人正常工作精度条件下，机器人能够承载的额定负荷质量。激光加工头质量一般比较轻，为10~50kg，选型时可用1~2倍。

2）精度。机器人达到指定点的精确度，它与驱动器的分辨率有关。一般机器人都具有0.002mm的精度，足够激光加工使用。

3）重复精度。机器人多次到达一个固定点，引起的重复误差。根据用途不同，机器人重复精度有很大不同（0.02~0.6mm）。激光切割精度要求高可选0.01mm，激光熔覆精度要求低可选0.1~0.3mm。

4）最大运动范围。机器人在其工作区域内可以达到的最大距离。具体大小可以根据激光加工作业要求而定。

5）自由度。用于激光加工的机器人一般至少具有6个自由度。

（3）激光加工机器人控制方式

按加工过程控制的智能化程度分，机器人可有以下三种编程层次：

1）在线编程（On-line Program）机器人。在线编程主要是示教编程，它的智能性最低，称为第一代机器人。根据实际作业条件事先预置加工路径和加工参数，在示教盒中进行编程，通过示教盒操作机器人到所需要的点，教给机器人按此程序动作一次，并把每个点的位置通过示教盒保存起来，这样就形成了机器人轨迹程序。机器人将示教动作记忆存储，在正式加工中机器人按此示教程序进行作业。示教编程具有操作简单、对人员编程技术要求低、可靠性强、可完成多次重复作业等特点。

2）离线编程（Off-line Program）机器人。机器人离线编程是指部分或完全脱离机器人，借助计算机来提前编制机器人程序，它还可以具有一定的机器视觉功能，称为第二代机器人。一般采用计算机辅助设计（CAD）技术建立起机器人及其工作环境的几何模型，再利用一些规划算法，通过对图形的控制和操作，在离线的状况下进行路径规划，经过机器人编程语言处理模块生成一些代码，然后对编程结果进行三维图形动画仿真，以检验程序的正确性，最后把生成的程序导入机器人控制柜中，以控制机器人运动，完成所给的任务。

3）智能自主编程（Intelliget Program）机器人。智能自主编程机器人装有多种传感器，能感知多种外部工况环境，具有一定的类似人类高级智能，能自主地感知、决策、规划，以及自主编程和自主执行作业任务，称为第三代机器人。由于计算机现代人工智能技术尚未获得实用性的突破，智能自主编程机器人仍处于研究试验阶段。

（4）配备智能机器人的激光熔覆系统

图 10.27 所示为新松 YLR 系列光纤激光制造成套装备。该系统主要包括光纤激光器、光纤输出与激光镜头、智能机器人、加工台、送粉器、送气系统和电源控制柜等部分。根据激光器输出功率的不同，该公司研发了激光输出功率为 1~20kW 的 YLR 系列激光制造系统，主要技术参数见表 10.6。

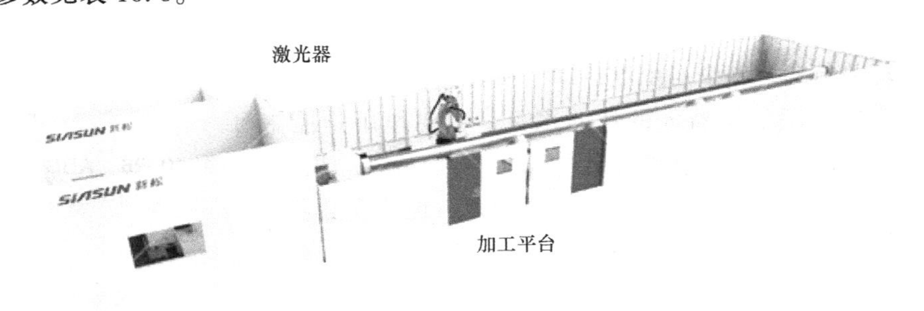

图 10.27 新松 YLR 光纤激光制造成套装备

表 10.6 YLR 系列光纤激光制造系统的主要技术参数

设备型号	YLR-1000	YLR-2000	YLR-5000	YLR-10000	YLR-20000
波长/nm	1070~1080	1070~1080	1070~1080	1070~1080	1070~1080
额定输出功率/W	1000	2000	5000	10000	20000
光束质量 BPP/mm · 10^{-3}rad	5	8	12	16	18
优化/mm · 10^{-3}rad	2.5	4	8	10	12
特殊要求/mm · 10^{-3}rad	2	2.5	4.5	6	8
输出功率稳定性(%)	2	2	2	3	3
输出光纤芯径/μm	50	50~100	100~200	100~300	100~300
额定输入电压 AC/V	380/3P	380/3P	380/3P	380/3P	380/3P
功率消耗/kW	4	8	20	40	80
尺寸/cm	80×80×80	86×81×120	86×81×150	86×81×150	150×81×150
质量/kg	280	350	700	1000	1200
工作环境温度/℃	0~45	0~45	0~45	0~45	0~45

10.5 激光熔覆材料

熔覆材料直接决定熔覆层的服役性能，因此自激光熔覆技术诞生以来，激光熔覆材料一直受到研究开发和工程应用人员的重视。利用激光熔覆技术制备的熔覆层可以满足耐磨性、耐腐蚀性、隔热性和耐高温性能等一种或数种要求。根据其服役条件的需要，灵活选择和设计激光熔覆材料是一个重要的问题。

10.5.1 激光熔覆材料的特点

按熔覆材料的初始供应状态，熔覆材料可分为粉末状、丝状、棒状和薄板状，其中应用最广泛的是粉末状材料。按照材料成分构成，激光熔覆粉末材料主要分为金属粉末、陶瓷粉末和复合粉末等。现在激光熔覆用的材料基本上是沿用热喷涂用的自熔合金粉末，或在自熔合金粉末中加入一定量的 WC 和 TiC 等陶瓷颗粒增强相，获得不同功能的激光熔覆层。热喷涂与激光熔覆有着许多相近似的物理和化学过程，它们对所用合金粉末的性能要求也有很多相近之处，如合金粉末具有脱氧、还原、造渣、除气、湿润金属表面、良好的固态流动性、适中的粒度、含氧量低等性能。激光熔覆与热喷涂对所用合金粉末的性能要求也有一些不同之处：

1）热喷涂时为了便于用氧乙炔焰熔化，也为了喷熔时基材表面无熔化变形，合金粉末应具有熔点较低的特性，然而根据金属材料的物理性能，绝大多数熔点较低的合金具有较高的热膨胀系数，根据熔覆层裂纹形成机理，这些合金也具有较大的开裂倾向。

2）热喷涂时为了保证合金在熔融时有适度的流动性，使熔化的合金能在基材表面均匀摊开形成光滑表面，合金从熔化开始到熔化结束应有较大的温度范围，但在激光熔覆时，由于冷却速度快，枝晶偏析是不可避免的，熔覆合金熔化温度区间越大，熔覆层内枝晶偏析越严重，脆性温度区间也越宽，熔覆层的开裂敏感性也越大。

3）与热喷涂相比，激光熔池寿命较短，一些低熔点化合物（如硼硅酸盐）往往来不及浮到熔池表面而残留在涂层内，在冷却过程中形成液态薄膜，加剧涂层开裂，或者造成夹渣等熔覆层缺陷。

正是由于激光熔覆与热喷涂对所用合金粉末的性能要求存在较大的差距，导致采用现有热喷涂用自熔合金粉末进行激光熔覆时熔覆层容易产生裂纹、气孔等缺陷，熔覆层硬度要求高时这种现象特别明显。因此，从改进热喷涂用自熔合金粉末成分方面入手，研制激光熔覆专用材料是急需解决的关键问题。

10.5.2 激光熔覆材料的分类

随着激光熔覆技术的不断发展，熔覆材料也得到了快速发展，原则上可以应用于热喷涂的材料均可以作为激光熔覆材料。激光熔覆材料可以从材料形状、成分和使用性能等不同角度进行分类。

1）根据激光熔覆材料的不同形状，可以将其分为丝材、棒材和粉末材料三种主要类型，见表10.7，其中粉末材料的研究和应用较为广泛。

表10.7 不同形状的激光熔覆材料分类

粉末	纯金属粉	Fe、Ni、Cr、Co、Ti、Al、W、Cu、Zn、Mo、Pb、Sn等
	合金粉	低碳钢、高碳钢、不锈钢、镍基合金、钴基合金、钛合金、铜基合金、铝合金、巴氏合金
	自熔性合金粉	铁基、镍基、钴基、铜基及其他有色金属系
	陶瓷、金属陶瓷粉	金属氧化物、金属碳化物及硼氮、硅化物等
	包覆粉	镍包铝、铝包镍、镍包氧化铝、镍包WC、Co包WC等
	复合粉	金属+合金、金属+自熔性合金、WC或WC-Co+金属及合金、WC-Co+自熔性合金、氧化物+金属及合金、氧化物+包覆粉、氧化物+氧化物、碳化物+自熔性合金、WC+Co等
丝材	纯金属丝材	Al、Cu、N、Mo、Zn等
	合金丝材	Zn-Al-Pb-Sn、Cu合金、巴氏合金、Ni合金、碳钢、合金钢、不锈钢、耐热钢
	复合丝材	金属包金属（铝包镍、镍包合金）、金属包陶瓷（金属包碳化物、氧化物等）
	粉芯丝材	7Cr13、低碳马氏体等
棒材	纯金属棒材	Fe、Al、Cu、Ni等
	陶瓷棒材	Al_2O_3、TiO_2、Cr_2O_3、Al_2O_3-MgO、Al_2O_3-SiO_2

2）根据激光熔覆材料的成分，可以将其分为金属、合金和陶瓷材料三大类，见表10-8。

表 10-8 激光熔覆材料按其成分分类

类别		熔覆材料
金属与合金	铁基合金	低碳钢、高碳钢、不锈钢、高碳钼复合粉等
	镍基合金	纯镍、镍包铝、铝包镍、NiCr/Ai 复合粉、NiAlMoFe、NiCrAlY、NiCoCrAlY 等
	钴基合金	纯 Co、CoCrFe、CoCrNiW 等
	有色金属	Cu、铝青铜、黄铜、Cu-Ni 合金、Cu-Ni-In 合金、巴氏合金、Al、Mg、Ti 等
	难熔金属及合金	Mo、W、Ta 等
	自熔性合金	Fe-Cr-B-Si、Ni- Cr-B-Si、Ni-Cr-Fe-B-Si、Co-Cr-Ni-B-Si-W 等
陶瓷材料	氧化物陶瓷	Al_2O_3、Al_2O_3-TiO_2、Cr_2O_3、TiO_2-CrO_3、SiO_2-Cr_2O_3-ZrO_2 (CaO、Y_2O_3、MgO)、TiO_2-Al_2O_3-SiO_2等
	碳化物	WC、WC-Ni、WC-Co、TiC、VC、Cr_3C_2
	氮化物	TiN、BN、ZrN、Si_3N_4 等
	硅化物	MoSi、$TaSi_2$、Cr_3Si-$TiSi_2$、WSi_2等
	硼化物	CrB_2、TiB_2、ZrB_2、WB 等

3）根据喷涂材料的性质及获得的涂层性能，可以将其分为耐磨材料、耐腐蚀材料、隔热材料、抗高温氧化材料、自润滑减摩材料、导电、绝缘材料、打底层材料和功能材料等类型。

复习思考题

1. 简述激光熔覆的原理。
2. 简述激光熔覆的分类。
3. 简述激光熔覆的特点及优缺点？
4. 激光熔覆加工系统由哪几部分组成？
5. 激光熔覆常用材料都有哪些？

数字化无模铸造技术

11.1 数字化无模铸造技术简介

数字化无模铸造技术简称无模铸造技术，是计算机、自动控制、新材料、铸造等技术的集成和创新，是由三维 CAD 模型直接驱动铸型制造，不需要模具，缩短了铸造流程，实现了数字化铸造、快速制造。无模铸造技术的流程如图 11.1 所示。

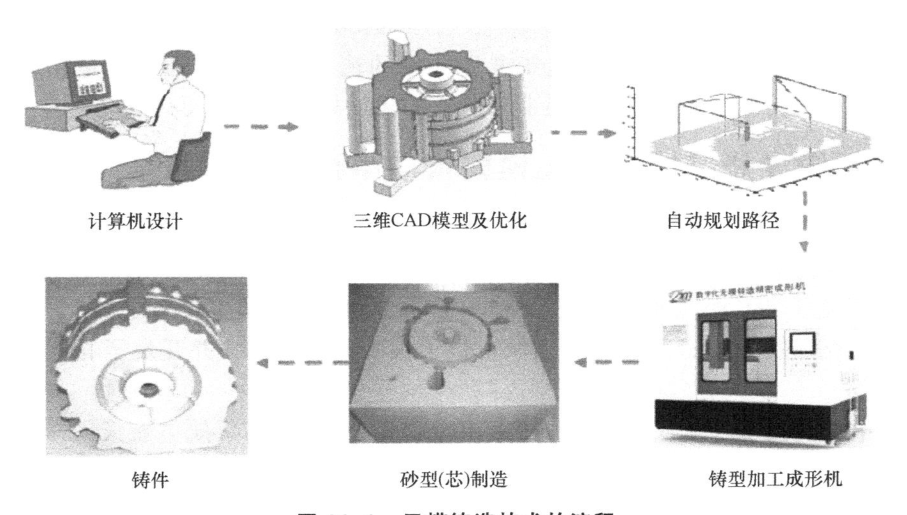

图 11.1 无模铸造技术的流程

同传统铸型制造技术相比，无模铸造具有无可比拟的优越性，它不仅使铸造过程高度自动化、敏捷化，降低工人劳动强度，而且在技术上突破了传统工艺的许多障碍，使设计、制造的约束条件大大减少。具体表现在以下方面：

1）造型时间短。利用传统的方法制造铸型必须先加工模样，无论是普通加工还是数控加工，模样的制造周期都比较长。对于大中型铸件来说，铸型的制造周期一般以月为单位计算。由于采用计算机自动处理，无模铸造工艺的信息处理过程一般只需花费几个小时至几十个小时。所以从制造时间上来看，该工艺具有传统造型方法无法比拟的优越性。

2）制造成本低。无模铸造工艺的自动化程度高，其设备一次性投资较大，其他生产条件（如原砂、树脂等原材料的准备过程）与传统的自硬树脂砂造型工艺相同。由于它造型不需模样，对于一些大型、复杂铸件，模具的成本又较高，所以其收益是明显的。

3）一体化制造。由于传统造型需要起模，因此一般要求沿铸件最大截面处（分型面）将其分开，也就是采用分型造型。这样往往限制了铸件设计的自由度，某些表面和内腔复杂的铸型不得不采用多个分型面，使造型、合箱装配过程的难度大大增加，分型造型使铸件产生“飞边”，导致机加工量增大。无模铸造工艺采用离散/堆积成形原理，没有起模过程，所以分型面的设计不是主要障碍。分型面的设计甚至可以根据需要不设置在铸件的最大截面处，而设在铸件的非关键部位。对于某些铸件，完全可以采用一体化制造方法，即上下型同时成形。一体化造型最显著的优点是省去了合箱装配的定位过程，减少了设计约束和机加工量，使铸件的尺寸精度更容易控制。

4）型、芯同时成形。传统工艺出于起模考虑，型腔内部一些结构设计成芯，型、芯分开制造，然后将二者装配起来，装配过程需要准确定位，还必须考虑芯子的稳定性。无模铸造工艺制造的铸型，型、芯是同时堆积而成，不需装配，更易保证位置精度。

5）易于制造含自由曲面的铸型。传统工艺中，采用普通加工方法制造模样的精度难以保证，数控加工编程复杂，并涉及刀具干涉等问题，所以传统工艺不适用于制造含自由曲面或曲线的铸件。基于离散/堆积成形原理的无模铸造工艺，不存在成形的几何约束，因而能够很容易地实现任意复杂形状的造型。

6）造型材料廉价易得。无模铸造工艺所使用的造型材料是普通的铸造用砂，价格低廉，来源广泛；而黏结剂和催化剂也是非常普通的化学材料，成本不高。

11.2 基于激光烧结原理的无模精密砂型快速铸造技术

选择性激光烧结（Selective Laser Sintering，SLS），又称为选区激光烧结，由美国德克萨斯大学奥汀分校的 C. R. Dechard 于 1989 年研制成功。该方法已被美国 DTM 公司商品化。于 1992 年开发了基于 SLS 的商业成形机（Sinterstation）。DTM 公司多年来在 SLS 领域做了大量的研究工作。德国的 EOS 公司在这一领域也做了很多研究工作，并开发了相应的系列成形设备。

国内华中科技大学（武汉滨湖机电产业有限责任公司）、南京航空航天大学、中北大学和北京隆源自动成型有限公司等，也取得了许多重大成果和系列的商品化设备。

1. 选择性激光烧结技术的工作原理

选择性激光烧结加工过程是采用铺料辊将一层粉末材料平铺在已成形零件的上表面，并加热至恰好低于该粉末烧结点的某一温度，控制系统控制激光束按照该层的截面轮廓在粉层上扫描，使粉末的温度升至熔化点，进行烧结并与下面已成形的部分实现粘接。当一层截面烧结完后，工作台下降一个层的厚度，铺料辊又在上面铺上一层均匀密实的粉末，进行新一层截面的烧结，直至完成整个模型。在成形过程中，未经烧结的粉末对模型的空腔和悬臂部分起着支撑作用，不必像 SLA 和 FDM 工艺那样另行生成支撑工艺结构。

当实体构建完成并在原型部分充分冷却后，粉末块会上升到初始的位置，将其拿出并放置到工作台上，用刷子小心地刷去表面粉末露出加工件部分，用压缩空气除去残留的粉末。选择性激光烧结的工作原理如图 11.2 所示。

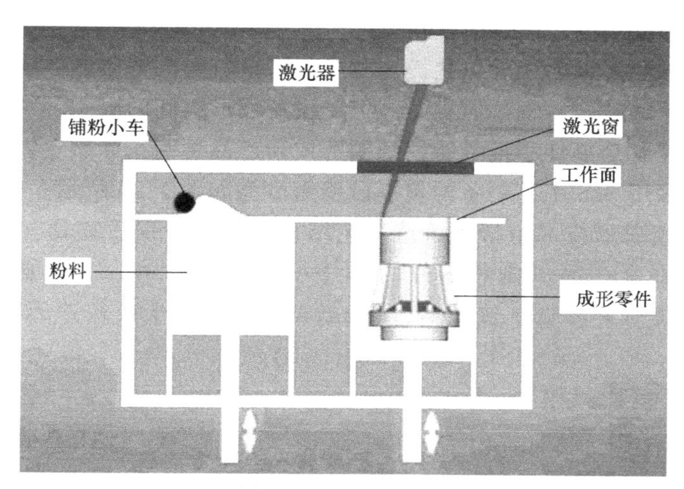

图 11.2 选择性激光烧结技术的工作原理

2. 选择性激光烧结技术的优点

1）可直接制作金属制品。在目前广泛应用的快速原型工艺方法中，只有 SLS 方法可直接烧结制作金属材质的原型，这是 SLS 工艺的独特优点。

2）可采用多种材料。从原理上说，这种方法可采用加热时黏度降低的任何粉末材料，通过材料或各类含黏结剂的涂层颗粒制造出任何造型，适应不同的需要。

3）制造工艺比较简单。由于可用多种材料，选择性激光烧结工艺按采用原料的不同可以直接生产复杂形状的原型、型腔模三维构件或部件及工具。例如，制造概念原型，可安装为最终产品模型的概念原型，蜡模铸造模型及其他少量母模，直接制造金属注塑模等。

4）不需支撑结构。和 LOM 工艺一样，SLS 工艺也不需支撑结构，叠层过程中出现的悬空层面可直接由未烧结的粉末来实现支撑。

5）材料利用率高。由于 SLS 工艺过程不需要支撑结构，也不像 LOM 工艺那样出现许多工艺废料，也不需要制作基底支撑，所以在常见的快速成形工艺中，该工艺的材料利用率是最高的，基本可以认为是 100%。SLS 工艺中多数粉末的价格较便宜，所以 SLS 模型的成本相比较而言也是较低的。

3. 选择性激光烧结技术的缺点

1）原型表面粗糙。由于 SLS 工艺的原材料是粉状的，原型的建造是由材料粉层经过加热熔化而实现逐层粘接的，因此原型表面严格讲是粉粒状的，因而表面质量不高。

2）烧结过程散发异味。SLS 工艺中的粉层粘接是需要激光能源使其加热而达到熔化状态，高分子材料或者粉粒在激光烧结熔化时一般会散发异味气体。

3）有时需要比较复杂的辅助工艺。SLS 技术因所用的材料而异，有时需要比较复杂的辅助工艺过程。以聚酰胺粉末烧结为例，为避免激光扫描烧结过程中材料因高温起火燃烧，必须在机器的工作空间充入阻燃气体，一般为氮气。为了使粉状材料可靠地烧结，必须将机器的整个工作空间内直接参与造型工作的所有机件及所使用的粉状材料预先加热到规定的温度，这个预热过程常常需要数小时。造型工作完成后，为了除去工件表面粘的浮粉，需要使用软刷和压缩空气，而这一步骤必须在封闭空间中完成，以免造成粉尘污染。

4. 选择性激光烧结技术的应用

覆膜砂 SLS 铸型制造采用 SLS 工艺，用覆膜砂可以直接制造整体砂型或型芯，最终的砂型可用于有色金属、铸铁、铸钢件的浇注。但受设备成形空间的限制，该方法适用于中小型复杂铸件的生产，尤其是单件小批量铸件的制造或新产品试制，如航空发动机、坦克发动机的缸体、缸盖等。采用 SLS 工艺制备的覆膜砂精密砂型如图 11.3 所示。

将 SLS 激光快速成形技术与精密铸造工艺结合起来，特别适宜具有复杂形状的金属功能零件整体制造。在新产品试制和零件的单件小批量生产中，不需要复杂工装及模具，可大大提高制造速度，并降低制造成本，图 11.4 给出了若干由快速无模具铸造方法制作的产品。

图 11.3 采用 SLS 工艺制备的覆膜砂精密砂型

图 11.4 由快速无模具铸造方法制作的产品

11.3 基于 3DP 原理的无模精密砂型快速铸造技术

3DP 工艺原理如图 11.5 所示，先在工作台上铺一层型砂，接着在 CAD 模型的驱动下，微滴喷射装置根据该层的轮廓线喷射黏结剂，然后工作缸下降一层厚度距离，再铺一层新的砂粒，这样周而复始直到获得完整的砂型。

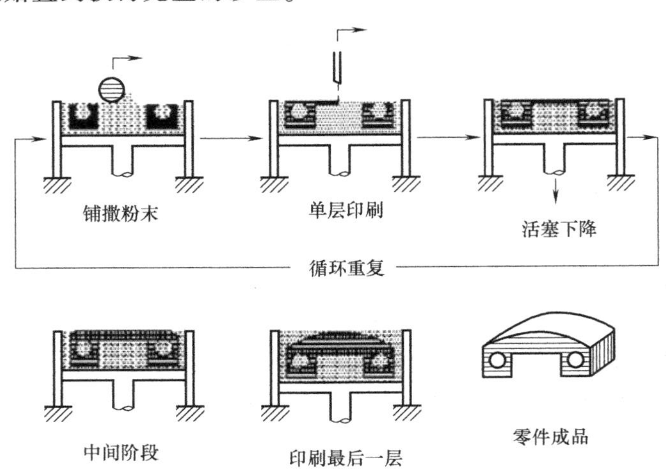

图 11.5 3DP 的工艺原理

相比于 SLS 工艺，基于 3DP 原理的无模砂型快速铸造技术用喷头代替了激光器，设备投资小、运行成本低、寿命长、维护简单、环境适应性好。因此，在新产品的试制及单件小批量产品的生产上得到更广泛地应用。

3DP 技术的特点：

1）成形速度快，成形材料价格低，适合用作桌面型的快速成形设备。

2）在黏结剂中添加颜料，可以制作彩色原型，这是该工艺最具竞争力的特点之一。

3）成形过程不需要支撑，多余粉末的去除比较方便，特别适用于制作内腔复杂的原型。

目前，基于 3DP 原理的无模精密砂型快速铸造技术有无模铸型制造（Patternless Casting Manufacturing，PCM）技术、直接壳型制造（Direct Shell Production Casting，DSPC）技术、Z Cast 直接金属制造技术、ProMetal RCT 技术和 GS（Generis RP Systems）技术。

1）无模铸型制造技术。它在 3DP 技术喷射黏结剂的基础上，第二个喷头沿相同的路径喷射催化剂，或者双喷头一次复合喷射技术按照截面轮廓信息同时喷射黏结剂和催化剂。采用 PCM 技术制造砂型，成本低廉、砂型强度较高，铸型的精度和表面质量相对较高，无须特殊的后处理，尤其适用于大中型铸型的制造，如图 11.6 所示。

2）直接壳型制造技术。美国 Soligen 公司根据美国麻省理工学院（MIT）的 3DP 专利开发形成了直接壳型铸造技术。该工艺采用陶瓷粉末作为造型材料，颗粒尺寸为 75~150mm，因此铸型的表面质量较高。但由于采用硅酸盐水溶液作为黏结剂，获得的陶瓷铸型强度较低，必须经过焙烧之后才能用于浇注金属，因此一般适用于中小型铸型的制造。

3）Z Cast 直接金属制造技术。Z Cast 直接金属制造技术采用由铸造砂、塑料和其他添加物的混合物作为材料。在完成铸型的 CAD 模型后，利用其开发的 3DP 设备获得分部件的壳型及型芯，然后将这些壳型及型芯的部件组装起来，形成铸造用的砂型。该技术能达到的最高浇注温度为 1100℃，主要适用于有色金属砂型制造。

4）ProMetal RCT 技术。ExOne 公司的 ProMetal RCT 技术是一种专门制作铸造砂型的 3DP 技术，其成形材料为树脂砂，其型砂多为硅砂、合成砂及其他的铸造介质。成形件（砂型）不需要进行特别的后处理工序，进行清扫后就可以用于铸造生产。ProMetal RCT 技术的工作空间达到 1800mm×1000mm×700mm，层厚为 0.28~0.5mm，打印速度为 59400~108000cm^3/h，可用于大型铸型的制造，如图 11.7 所示。

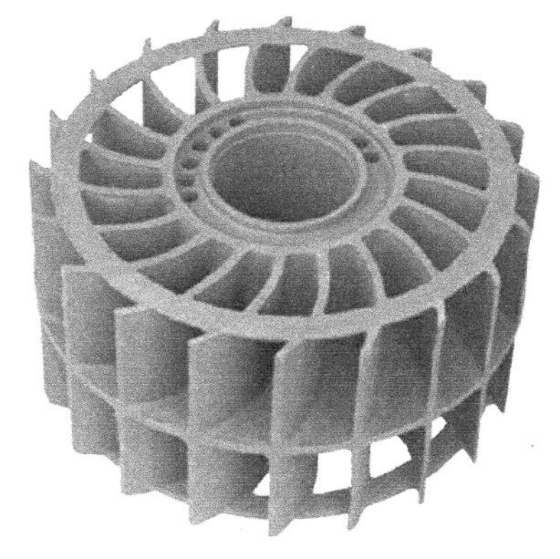

图 11.6　采用 PCM 工艺制造的叶轮铸件

图 11.7　ProMetal RCT 技术打印的砂型

5）GS（Generis RP Systems）技术。德国 Generis 公司是采用三维打印原理进行铸型制造的专业公司，2000 年该公司和 Soligen 公司达成合作协议，取得 MIT 的 3DP 专利许可推出了 GS 技术。GS 技术采用多通道喷头向砂床均匀喷射树脂，然后由一个喷头依据轮廓路径喷射催化剂，催化剂遇树脂后发生胶联反应，使铸型层层固化堆积形成砂型。由于该技术采用了多喷头成形，效率较高，可用于大中型砂型铸造。但在成形过程中，整个型砂表面均喷射黏结剂，造成型砂和黏结剂的大量浪费，同时砂型表面浮砂清除困难，需要特殊的后处理工序。

11.4 基于数控加工原理的无模精密砂型快速铸造技术

由于数控技术的快速发展，基于减材原理的快速加工制造技术在我国机械工业中得到快速应用，目前已经广泛应用于零件加工、模具制造中。工业发达国家目前已将数控加工技术应 用于制造铸型，是传统铸造工业的重大变革。在 CAD 模型驱动下，直接采用数控机床加工砂型，获得浇注的铸型，不需要传统的铸造模样，不仅制造速度快，而且精度高，如图 11.8 所示。由于是在封闭环境中加工，故成形过程中的废弃物（如粉尘、废气、废渣等）可以回收。

图 11.8 数字化无模铸造精密成形机

数控加工砂型快速铸造技术具有数控加工的优点，即成形精度高，表面质量比较好；但也继承了它的缺点，受工装夹具的限制，柔性比较差。因此，该技术一般适合于形状复杂的大中型砂型的生产，多用于汽车零部件、机械设备砂型的制造。DMM 砂型加工如图 11.9 所示，采用数控加工无模铸造技术的机车罩壳砂型如图 11.10 所示。

图 11.9 DMM 砂型加工

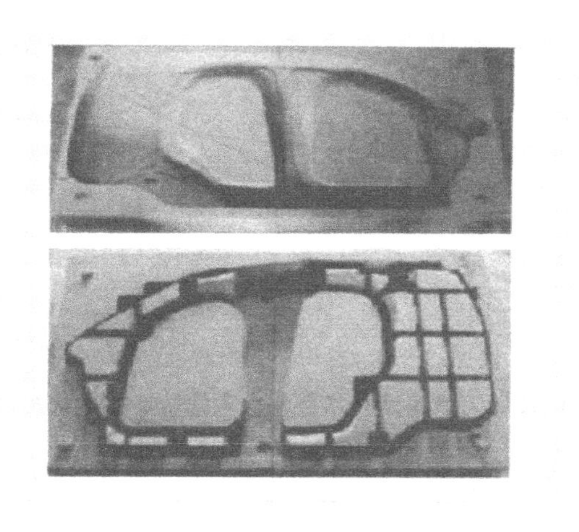

图 11.10 采用数控加工无模铸造技术的机车罩壳砂型

11.5 无模铸造与传统铸造技术的对比

数字化无模铸造精密成形技术是一种全新的复杂金属件快速制造方法，能够实现复杂金属件制造的柔性化、数字化、精密化、绿色化、智能化，是铸造技术的革命。该技术不需要木模及模具，缩短了铸造流程，实现了传统铸造行业的数字化制造，特别适用于复杂零部件的快速制造，在节约铸造材料、缩短工艺流程，减少铸造废弃物，提升铸造质量，降低铸件能耗等方面具有显著特色和优势，改变了几千年来铸造需要模具的状况。

与传统有模铸造技术相比，数字化无模铸造技术的加工费用仅为有模方法的 1/10 左右，开发时间缩短了 50%~80% ，制造成本降低了 30%~50%。无模铸造技术与传统有模铸造技术耗费的时间对比如图 11-11 所示，费用比较如图 11.12 所示。汽车缸体无模铸造技术与传统有模铸造技术应用效果的对比见表 11.1。

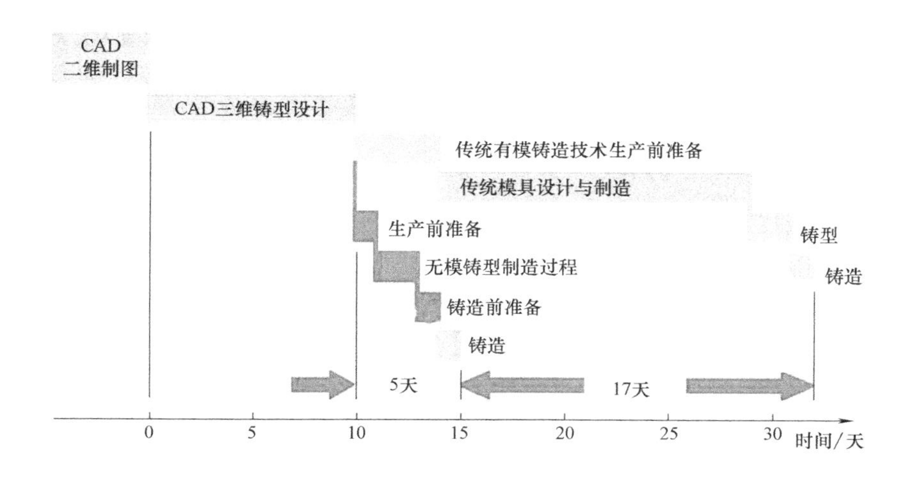

图 11.11 无模铸造技术与传统有耗费时间对比

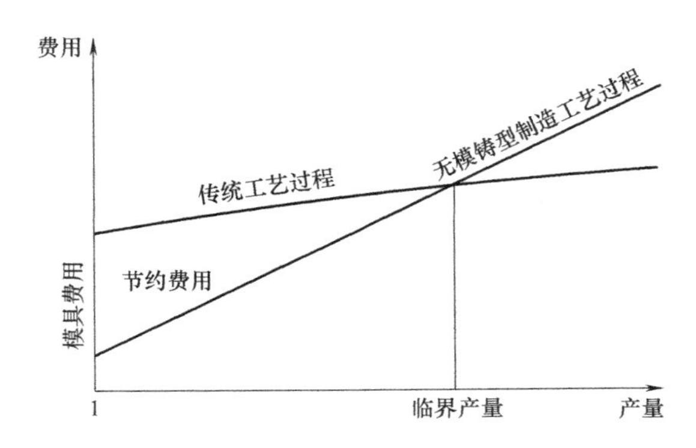

图 11.12 无模铸造技术与传统有模铸造技术费用比较

表 11.1 汽车缸体无模铸造技术与传统有模铸造技术应用效果的对比

项目	无模铸造技术	传统有模铸造技术
制作过程	无须模具,铸型一次成形	先制作模具,3~4 次修模后才能做出铸型
制作时间	10~15 天	约 120 天
人工原材料费	低	约 30 万元
工人技能要求	专业技能要求普通,培训一周即可进行操作	专业技能要求高,一般有一定工作经验才能独立工作
工艺和制造特性	1. 无须模具. 铸型一次成形 2. 可实现一体化造型,减少设计约束和机加工量,铸件尺寸精度易控制 3. 型、芯同时成形,提高定位精度 4. 无须拔模斜度,减轻铸件重量 5. 可以制作任意形状的铸件,尤其是制作复杂以及含有自由曲面的铸件,而且精度高 6. 完美体现设计者意图,提高发动机的效率 7. 设计有问题修改三维图即可重新制作	1. 先制作模具,3~4 次修改模具后才能达到设计要求 2. 复杂件只能采用多箱造型的方法,难度增加,铸件容易产生错位,增加清理和机加工的工作量 3. 往往只能型、芯分开成形,再进行组装,定位误差增加 4. 需拔模斜度 5. 传统加工方法难以保证曲面精度,存在无法克服的障碍 6. 铸件有问题很难确定是设计问题还是模具问题 7. 对新产品开发模具投入太大,一般都在几十万元以上

11.6 无模铸造技术的应用

目前无模铸造技术广泛应用在航空、航天、军工、汽车、火车、摩托车、船舶、机械装备、水泵和陶瓷等领域，如图 11.13 所示。

1）生产方面。中国一拖采用 CAMTC-SMM 数字化无模铸造技术及装备进行了多种复杂缸盖的快速开发。其中采用多块砂芯与外模组合方式，可以实现小尺寸高精度形状结构型、芯的快速加工成形。

2）铸造方面。KPS140-150 泵盖、泵体砂芯（见图 11.14）都是用无模铸型快速制造技术整体制作的，尺寸比较准确，且铸件减少了许多披缝。传统技术要分成几个砂芯，再组装，铸件上就增加不少披缝，尺寸精度也受操作的影响。

图 11.13　无模铸造技术广泛应用于各领域

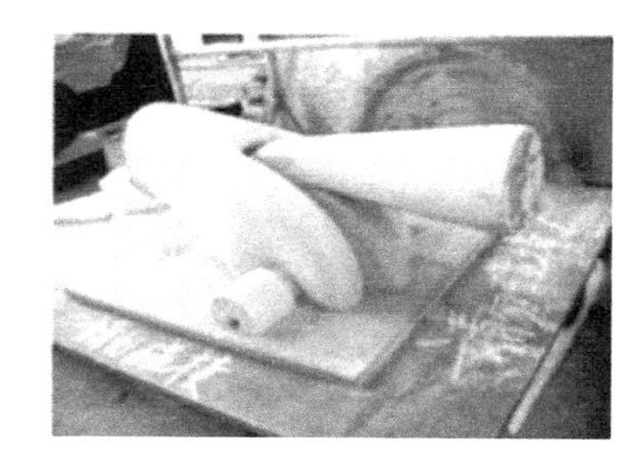

图 11.14　KPS140-150 泵盖、泵体砂芯

3）模具方面。用无模铸型快速制造技术制作的 KPS140-150 泵体树脂砂模，然后翻制成石膏模，再用石膏模翻成用于批量生产的塑料模；XA100×65-250 泵体砂芯则直接用其翻成用于批量生产的塑料芯盒，如图 11.15 所示。

图 11.15　KPS140-150 泵体上、下塑料膜组装

复习思考题

1. 简述选择性激光烧结快速成形技术的基本原理。
2. 选择性激光烧结技术有哪些特点？
3. 简述 3DP 技术的基本原理。
4. 数控加工砂型快速铸造技术有哪些特点？
5. 3DP 技术有哪些特点？
6. 与传统有模铸件制造相比，数字化无模铸造技术有哪些优点？

快速模具制造技术

快速模具制造（Rapid Tooling，RT）是以快速成形技术制造的快速原型零件为母模，采用直接或间接方法，实现硅胶模、金属模、陶瓷模等模具的快速制造，从而形成新产品的小批量制造，降低新产品的开发成本。因而，它越来越受到产品开发商和模具界的广泛重视，可以说，快速模具制造是传统快速模具制造技术与现代先进制造技术相结合的典范。

运用 RT 技术的突出优点是其带来的显著经济效益，与传统的数控加工模具方法相比，其周期和费用都降低了 10%~33.3%。近年来，工业界对快速模具制造技术的研究开发投入日益增多。

采用 RT 技术制造模具具有如下特点：

1）不受工件特征或几何形状的限制。

2）能产生精确的模具几何形状，模具零件调试、修整工作量小。

3）能提供良好质量的型腔表面。

4）无模具尺寸的限制。

5）提高生产效率。

6）与传统机加工钢制模具相比，制作周期短。

12.1　快速模具制造技术的分类

基于 RP 的快速模具制造方法一般分为直接法和间接法两大类。直接制模法是直接采用 RP 技术制作模具。在 RP 技术诸方法中能够直接制作金属模具的是选择性激光烧结法，用这种方法制造的钢铜合金注射模的使用寿命可达 5 万次以上。但该法在烧结过程中材料发生较大收缩且不易控制，难以快速得到高精度的模具。目前，基于 RP 快速制作模具的方法多为间接制模法。间接制模法是指利用 RP 原型间接地翻制模具。依据材质的不同，RP 制模法生产出来的模具一般分为软质模具和硬质模具两大类。基于快速成形的模具制造方法分类如图 12.1 所示。

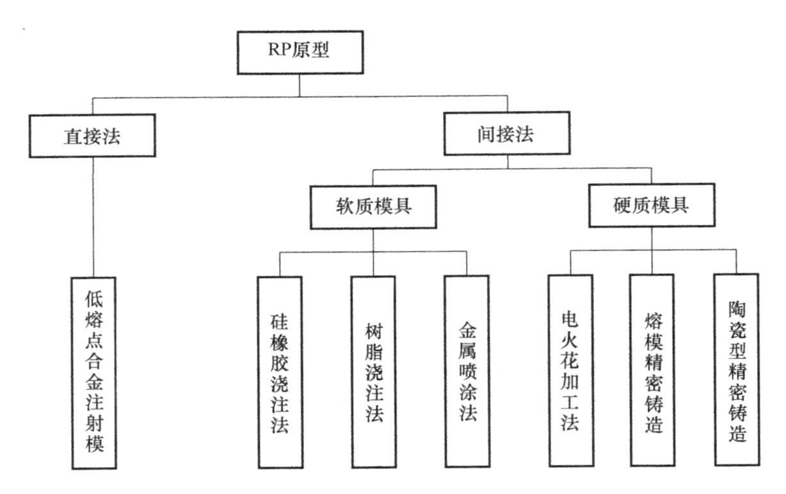

图 12.1 快速模具制造技术分类

12.2 硅橡胶模具的制作

硅橡胶模具制造工艺是一种比较普及的快速模具制造方法。由于硅橡胶模具有良好的柔性和弹性，能够制作结构复杂、花纹精细、无拔模斜度甚至有倒拔模斜度及深凹槽类的零件，制作周期短，制件质量高，因而备受关注。由于零件的形状尺寸不同，对硅橡胶模具的强度大小要求也不一样，因而制模方法也有所不同。

硅橡胶模具有良好的仿真性、强度和极低的收缩率。用该材料制造弹性模具简单易行，无须特殊的技术和设备，只需数小时在室温下即可制成。硅橡胶模具能够重复使用，能保持制作原型和批量生产产品的精密公差，并能直接加工出形状复杂的零件，免去铣削和打磨加工等工序，而且脱模十分容易，大大缩短了产品的试制周期，同时模具修改也很方便。此外，由于硅橡胶模具有良好的弹性，对凹凸部分浇注成形后可直接取出，这是它的独特之处。

硅橡胶的这些优点使它成为很好制模材料，一部分已进入机械制造领域并与金属模具竞争。目前，用硅橡胶制作的弹性模具已用于代替金属模具生产蜡模、石膏模、塑料件，乃至低熔点合金，如铅、锌及铝合金零件，并在轻工、塑料、食品和仿古青铜器等行业的应用不断扩大，对产品的更新换代起到不可估量的作用。利用硅橡胶制作模具，可以更好地发挥快速成形及制造（RP&M）技术的优势。

12.2.1 制作硅橡胶模的方法

硅橡胶可分为室温硫化硅橡胶（RTV）和高温硫化硅橡胶（HTV）两种。室温硫化硅橡胶一般为非透明体，也有透明体。

利用快速原形件制造硅橡胶模的方法主要分为刀割分型面法和哈夫式制造法两种。当硅橡胶为透明体时，可采用刀割分型面法制作硅橡胶，其流程如图 12.2 所示。

基于 RP 原型的硅橡胶快速模具制作步骤如图 12.3 所示。

其主要工艺过程如下：

1）将快速原形制作的零件表面打磨、清理，用一定尺寸的棒状物作为横梁、浇口、出气口，用热溶胶固定在原型件上。

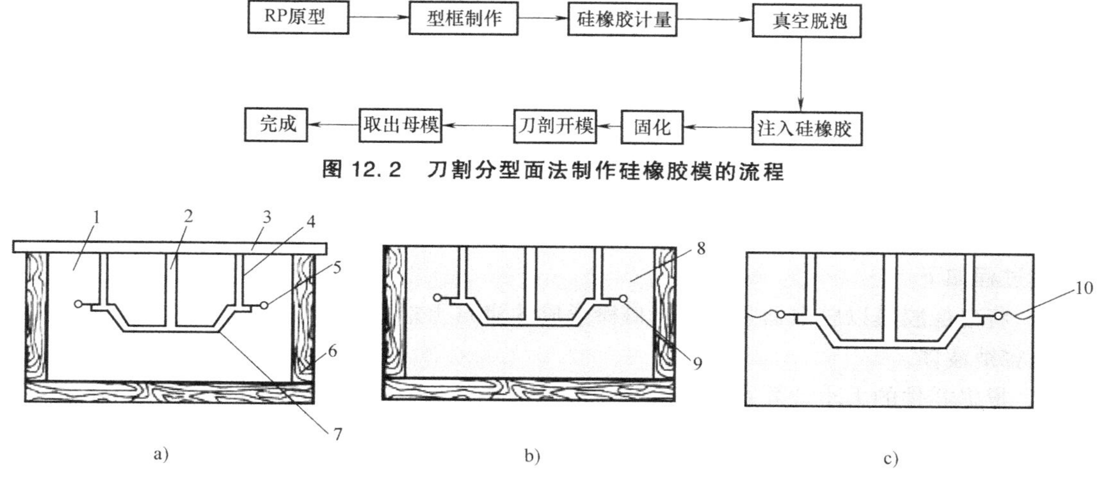

图 12.2　刀割分型面法制作硅橡胶模的流程

图 12.3　基于 RP 原型的硅橡胶快速模具制作步骤

1—模框与原型样件的间距　2—浇注系统　3—制成模具的横梁　4—排气口　5—着色胶带标志的分模线
6—模框　7—原型样件　8—透明 RTV 硅橡胶　9—着色胶带　10—锁栓和定位线用于切成分模线

2）在原型件的边缘粘贴彩色、清洁胶带纸、以便在刀割分型面时具有较好的视觉参考。

3）将黏上横梁、浇口棒、透气棒的原型件用热熔胶固定在一定容积的容器内。容器的体积应根据原型零件的大小不同选择，如果模框太小，模具制造出来的硅胶模具侧壁太薄，分模时容易造成模具损坏并且影响模具的寿命；模框太大时也会造成原材料的浪费，增加成本。

4）根据容器的体积计算所需硅橡胶、固化剂用量，称重、混合后放入真空注型机中抽真空发泡以排出气体，并根据选用硅橡胶的材料特性在真空环境放置适宜的时间。

5）将抽真空后的硅橡胶倒入容器内，将其放入压力罐内，在一定的压力下保持一段时间，以进一步排除混入其中的空气。

6）硅橡胶固化。根据所选硅橡胶的种类及性能选择合适的固化温度和时间。

7）待硅橡胶完全固化后，从容器内取出硅胶膜，根据在原型件边缘粘贴的彩色胶带纸用割刀对硅橡胶模分型。

8）取出原型件，获得硅橡胶模。

哈夫式制模法用于不透明硅橡胶或分型面形状比较复杂的情况，采用刀割分型面法很难使刀割的轨迹与实际要求的分型面相吻合，因此，采用哈夫式制模法，如图 12.4 所示。

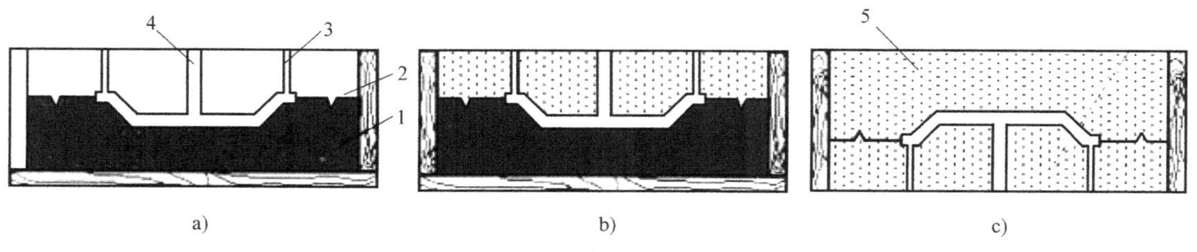

图 12.4　哈夫式制模法

1—橡皮泥　2—分型面　3—出气口　4—浇口　5—硅橡胶

在利用橡皮泥进行哈夫式快速模具制作时，先用橡皮泥将原型件固定在围框内，橡皮泥的厚度约占围框高度的1/2，并使橡皮泥与定型件的相交线为分型面的部位，在分型面上挖2~4个凹坑，用于上、下合模时定位。待半模硅橡胶完全固化后，将围框翻转180°，取出橡皮泥，重新清洁定型样件，完成硅橡胶模具的另一部分。

12.2.2 真空注型

硅橡胶模制造完成之后，即可真空浇注，对原型样件复制，进行小批量的塑料件的制作，其过程如下：

1）将硅橡胶模以胶带捆紧，在浇口棒形成的浇口上端可开设一喇叭状的外浇口，以便更好地容纳液体。

2）根据零件的大小计算并称量注型所需的树脂及固化剂，并将其分别放置于A、B两个容器中。

3）将容器A、B放置于真空注型机上方，硅橡胶模置于下方，关门抽真空，并保持10min。

4）将A、B两容器中的反应成形塑料混合，搅拌后沿浇口注入硅橡胶模，并立即开启阀门加入1个大气压力，增加其充型压力，以充满硅橡胶模。

5）放入固化炉中处理，保持一段时间后打开硅橡胶模获得真空注塑零件。

12.3 粉末金属浇注模具

12.3.1 粉末金属浇注模具的制作技术

粉末金属模具（Powder Metal Tooling）是一种成本较低的钢质快速模具制作技术，其突出优点是低耗快速。由该工艺制作的模具可以和钢质模具生产的工件质量一样高，但模具制作成本只有钢模制作成本的1/3，制作时间由几个月减少到几天。此外，在较高的注射压力下，可以复制非常精致的细节和制造薄壁件。粉末金属快速模具技术中最具代表性的是Keltool制模法。

Keltool制模法是一种基于粉末冶金技术的快速模具制作技术，可以制造使用寿命达100万次以上的精密金属模具，该技术由3D System公司从Keltool公司购得。其基本流程如图12.5所示。

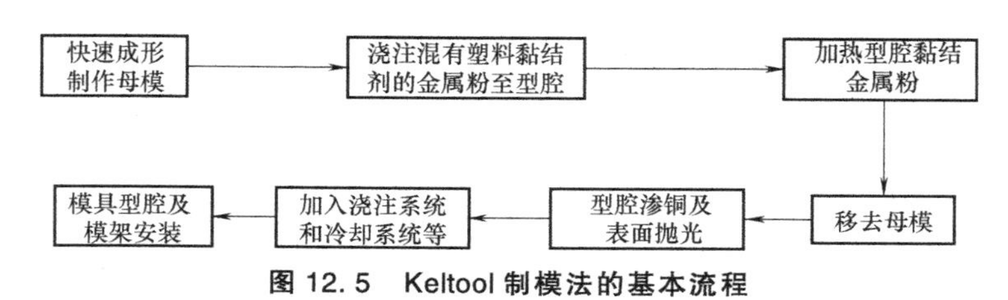

图12.5 Keltool制模法的基本流程

其制作过程如下：

1）根据需制作的零件利用快速成形技术制作母模，如母模的形状与最终注塑件的几何形状相同，称为正形，母模的形状和最终浇注件的几何形状相反则为负形，考虑制作过程的收缩及注塑过程的收缩，母模需按一定比例放大尺寸。

2）浇注室温硫化硅橡胶（RTV）中间模。

3）在 RTV 模中，浇注 A6 工具钢粉粒、WC 颗粒与黏结剂，当黏结剂与 A6/WC 颗粒的混合物在 RTV 模中固化后，脱模得到半成品。

4）烧结半成品。将半成品置于还原炉中，排除炉内的大气，并用氮气进行净化。为安全起见，需进行二次抽真空/氮气净化，以便确保氧气含量低于 0.01%。在烧结半成品的工艺过程中，要避免出现液相烧结，因为它会导致大的收缩率。然后，随着加热炉的缓慢冷却，得到多孔骨架工件。

5）渗铜。从炉中取出骨架件，并在完成其表面的渗透控制之后，再次将骨架件置于还原炉中。同时，将相对骨架中空隙过量的铜合金粉置于炉内，进行渗铜处理。

6）修整。从炉中取出铜合金渗透的模镶块，将其基底铣平，除去过剩的铜合金渗透剂。

12.3.2　3D Keltool 模的优缺点

1. 3D Keltool 模的主要优点

1）WC 的颗粒很细，工件的表面品质好，并能抛光至镜面。

2）含有约 30%的铜，热导率比传统的工具钢好，能缩短注塑周期，提高生产率。

3）含有大量的 WC 颗粒，因此耐磨性好，模具寿命长。对于无填充的热塑性塑料（如聚丙烯、ABS、尼龙与聚碳酸酯），一些 Keltool 镶块的寿命已高于 30 万次；对于玻璃纤维填充的热塑性塑料，镶块寿命已超过 50 万次。

2. 3D Keltool 模的主要缺点

1）目前，3D Keltool 工艺仅适用于制作小于 $66mm^3$ 的镶块，这是因为太大的镶块在渗透工艺过程中会有明显的翘曲，长、薄、平的形体比短、厚形体的问题更大。

2）对于不同的型腔或型心，甚至对于同一型心或型腔的不同部位，3D Keltool 模的精度也会因收缩变化而造成不一致，这个问题也会随尺寸加大而增大。

3）由于精度和一致性问题，一些 3D Keltool 镶块可能需要进一步的后机械加工，这会使 3D Keltool 工艺所能节省的时间和费用受到影响。

12.4　树脂型快速制模技术

环氧树脂型快速制模是将液态的环氧树脂与有机或无机材料复合作为基体材料，以原型为母模浇注模具的一种制模方法。环氧树脂制模一般采用常温、常压下的静态浇注，固化后不需或仅需少量的切削加工，仅根据情况对外形略做修正，大大节省了模具的制作时间和费用，适用于注塑模、薄板拉伸模、吸塑模及聚氨酯发泡成形模等。其主要制作流程如图 12.6 所示。

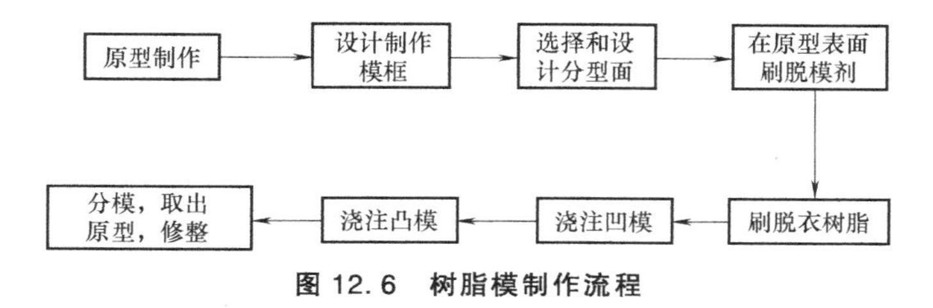

图 12.6　树脂模制作流程

刷胶衣树脂的目的在于防止模具表面受摩擦、碰撞、大气老化腐蚀等，使模具在实际使用过程中安全、可靠，在凹模制作完成之后，倒置并在原型分型面上刷脱模剂和胶衣树脂，完成凸模的制作。

12.5 陶瓷型快速制模技术

陶瓷型快速制模技术是陶瓷型精密铸造与快速成形技术相结合的产物，它将快速成形制作的母模转化成可供金属浇注的陶瓷型模具。

陶瓷型快速制模基本原理为：以耐火度高、热膨胀系数小的耐火材料作为骨架材料，水解液作为黏结剂，配置成陶瓷浆料，在催化剂的作用下经灌浆、结胶、硬化、起模、喷烧、合箱浇注等一系列工艺制成表面光洁、尺寸精度高的陶瓷铸型。该技术用于浇注各种精密铸件，适合生产各种金属模具，其流程如图 12.7 所示。

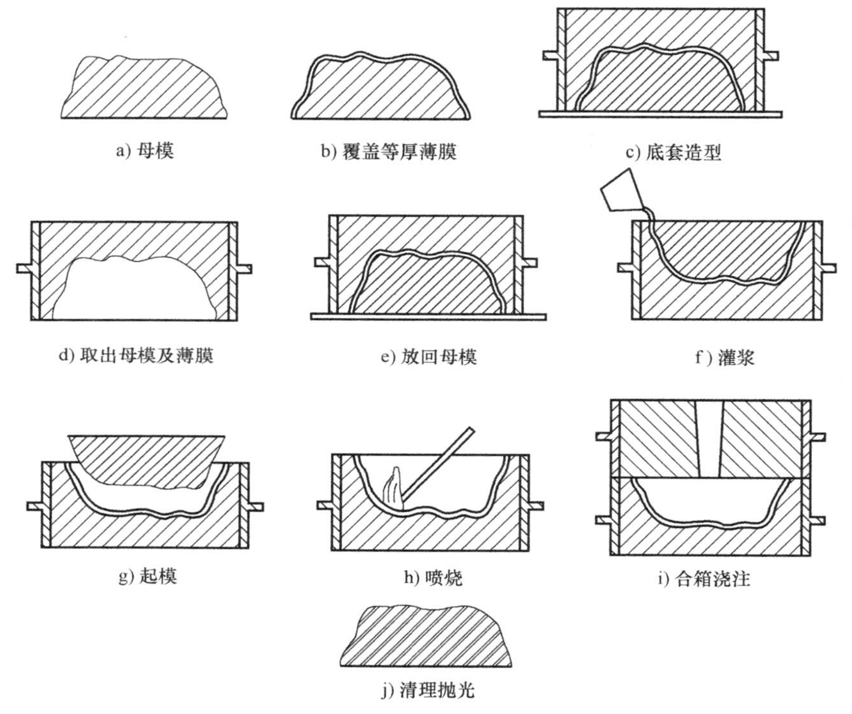

图 12.7 陶瓷型快速制模技术流程

在图 12.7 中，应用快速成形技术制作母模之后，在母模上均匀覆盖一定厚度的等厚薄膜作为粗母模，用粗母模造好下型后取出粗母模，将原型表面的等厚薄膜去除，将去除等厚薄膜的母模放回型板，盖上下型，在母模和下型之间就形成一定厚度的灌浆用间隙空腔，将配置好的陶瓷浆料搅拌均匀后，从灌浆口灌入空腔，待陶瓷浆料胶凝后起模，并立即进行喷烧，即可得到所需的陶瓷铸型。

陶瓷型快速制模技术的突出优点是材料耐火度高，可以用来铸造合金、铸铁及碳钢等铸件，可铸造大型的精密铸件。

12.6 石膏型快速制模技术

石膏型快速模具制造技术是指间接快速模具制作过程中，将快速成形制作的母模（原型）转化为可进行金属浇注的石膏铸型，它是石膏型精密铸造技术与RP技术相结合的产物。RP原型技术与石膏型精密铸造相结合主要有两种途径：一种是以采用快速成形工艺制造的原型作为母模或硅橡胶中间转化模进行石膏型精密铸造；另一种是采用原型件作为母模翻制硅橡胶，再采用硅橡胶翻制蜡型或直接采用FDM、SLS工艺制造蜡型，最后进行石膏型熔模铸造。石膏型快速制模技术可以用来铸造精密、复杂、薄壁有色金属件，铸出的金属件具有表面粗糙度值低、尺寸精度高、变形小等特点，采用特种膨胀石膏还可以补偿铸造时的金属凝固收缩量，并且可以用以制造有色金属模具，大幅度缩短制造周期，降低成本，实现复杂型腔模具的成形。

石膏型快速模具制造技术流程如图12.8所示。

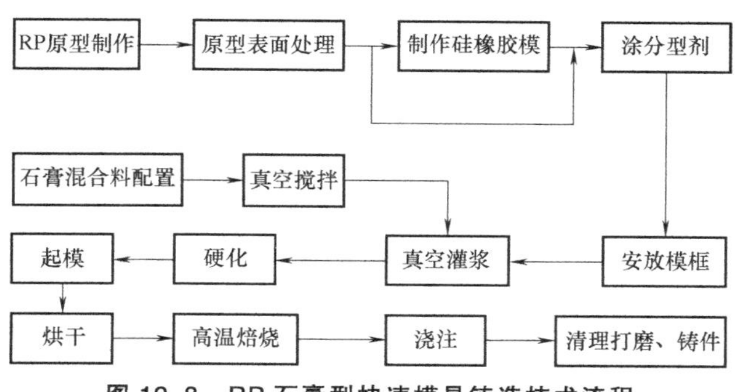

图12.8　RP石膏型快速模具铸造技术流程

按比例称取适量的石膏粉、填料和添加剂混合配制为石膏混合料，在真空条件下，将一定量的水与石膏混合料混合、搅拌制得石膏浆料。类似于快速硅胶膜的制作方法，在原型件表面刷涂了分型剂后，将RP原型固定于一定容积的容器或模框内，进行真空石膏灌浆硬化后取出RP原型（便于起模形状简单的零件）或不取出RP原型（零件复杂、取模难度大，直接熔烧或气化原型），即得到石膏型。将石膏型烘干焙烧后即可浇注金属制品。其技术的关键是石膏型的配方、造型和浇注工艺等。

12.7　快速精密铸造

自从快速成形技术出现后，国外就很重视其与传统精密铸造技术的结合，继而产生了快速精密铸造技术。快速成形技术在熔模精密铸造中的应用可以分为三种：一是消失成形件（模）过程，用于小批量生产；二是直接型壳法，也用于小批量生产；三是快速蜡模模具制造，用于较大批量生产。这三种方法与传统精密铸造相比，解决了传统方法的蜡模制造瓶颈问题，其流程如图12.9所示。

图12.10~图12.11为某自动成形公司提供的一些应用案例。图12.10为该公司凭借激光快速成形设备和技术工艺，与汽车制造企业合作，利用快速成形蜡模进行精密铸造试制的发动机气缸体、气缸盖、气门室罩壳、进气歧管、离合器壳体和油底壳等部件。图12.11为应用激光快速成形机分段成形蜡模，拼接后进行整体浇铸的铸件，仅一个月的时间就完成了制模和铸造，大大缩短了研制周期，节省了开模费用。

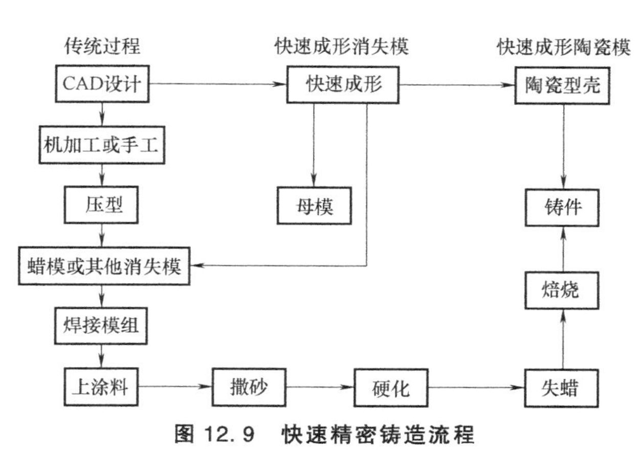

图12.9　快速精密铸造流程

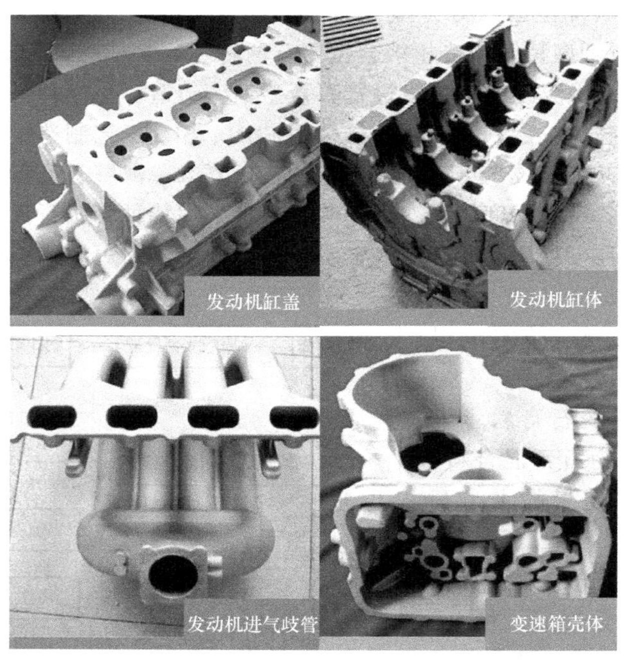

图 12.10　发动机缸盖、缸体、进气歧管及变速箱壳体

图 12.11　分段成形拼接的蜡模

从上述案例可以看出，SLS 蜡型制造具有 RP 工艺的优点：形状和结构复杂程度无限制，直接由 CAD 模型驱动而完成；SLS 蜡型的精度完全可以满足熔模铸造对蜡模的要求；无须专用的注蜡成形的模具，大大缩短了制作周期，降低了蜡模的制作成本，在产品试制和中小批量生产的情况下此优势更为明显。SLS 蜡型制造是高柔性的制作技术，是适合于个性化生产的制作技术。

12.8　直接快速模具制造技术

直接快速模具制造（Direct Rapid Tooling）是利用快速成形技术直接制造模具，再经过一些必要的后处理和机械加工工艺，获得模具所要求的力学性能、尺寸精度和表面粗糙度。目前能够直接制造金属模具的工艺有 SLS、3DPG、LOM 和 SDM 等，常用的制造方法如下。

12.8.1　光固化模具

光固化快速成形技术是最早商业化的 RP 技术，由于其技术成熟，性能稳定，分辨率高，因而在整个服务领域的市场占有率最高。如果可以应用 SL 技术直接制造光固化模具，那么现有的光固化成形设备将可能成为直接成形模具的快速模具制造装备，这不仅拓展了现有快速成形设备的功能，也大大降低了快速模具制造技术的推广成本。

最早尝试 SL 方法制造光固化模具的是 3D System 公司，它提出了 AIM（Accurate-clear-exposy-solid Injection Molding）注射模具制造工艺，它用 SL 工艺制作模具型腔，并采用添加铝粉的环氧树脂作为背衬，以提高模具的强度、韧性和导热性能。但由于所采用的常规光固化树脂力学性能和物理性能的限制，所制作的注射模具仅有几十件的工作寿命。其失效方式主要表现在两个方面：一是高压下由于树脂强度低造成的破裂；二是由于模具散热速度慢，长期滞留在高温状况下引起的树脂降解所导致的表面侵蚀。因此，采用 SL 工艺直接制作光固化模具，必须解决光固化材料强度低、热传导和耐高温性能差的问题。

日本 CMET 及 D-MEC 公司开发了可用于注射模具成形的系列光固化树脂材料，并采用在树脂中添加无机填充物的方法来增强材料的性能。这种经过强化的材料具有 300℃ 的耐高温性能及 100MPa 以上的强度指标，所制作的光固化模具的工作寿命可以达到千件以上。

12.8.2　金属粉末烧结成形技术

虽然材料的强化工艺可以提高光固化成形模具的强度和寿命，但是这种以树脂作为基体的材料结构难以达到金属基体材料的使用性能。选择性激光烧结技术是一种应用较广的金属模具成形方法。SLS 成形工艺主要有 DTM 公司的 Rapidsteel 工艺和 EOS 公司的 Directtool 工艺。

美国 DTM 公司的 Rapidsteel 1.0 是最早商业化的用于金属模具成形的材料，其材料为包覆热固性黏结剂的低碳钢粉末，经激光扫描烧结成形后通过后续处理去除黏结剂并渗黄铜，以提高成形模具的致密度和强度，但是高温处理过程中会引起较大的变形。针对成形模具在尺寸精度、表面粗糙度、强度等方面的缺陷，DTM 公司相继开发了 Rapidsteel2.0、Laserform-100、Laserform-200 等新材料，应用于金属模具的直接成形，在各方面的性能都有所提高。图 12.12 所示为 Laserform ST-200 制作的模具及其金属件。

图 12.12　Laserform ST-200 制作的模具及其金属件

EOS 公司的 Directtool 工艺与 DTM 公司的 Rapidsteel 类似，不同之处是所用的材料是由不同熔点的金属粉末构成的不含有机黏结剂的低收缩率 SLS 成形材料。成形时通过激光熔化低熔点金属实现材料的黏结成形，而后在一定温度下浸渗环氧树脂填充烧结形成的空隙，由此获得的模具虽然热传导性能和力学性能比 Rapidsteel 工艺差些，但是由于没有经过高温处理，获得的模具热应力和热变形都较小。

上述通过低熔点的黏结剂或金属实现黏结成形的方法获得的金属零件往往都是低密度的多孔状结构，虽然可以通过浸渗低熔点材料的方法提高零件的致密度，但制件的强度与精度难以达到令人满意的要求。因而又发展了粉末材料熔融沉积成形技术，如激光直接金属成形设备介绍中采用大功率激光和电子束实现金属粉末直接成形的几种方法，在此不再重述。

激光直接制造的主要问题是成形件的变形和开裂。激光直接制造过程能量非常集中，熔池及其附近区域以远高于其他区域的温度被急剧加热并熔化，导致不均匀的温度场和较大的温度梯度。这部分材料受热膨胀时受到周围区域的约束导致热应力。由于热区温度升高后屈服强度下降，部分区域的热应力值超过屈服强度，因此熔池受到塑性热压缩，冷却后比周围区域缩短、变窄或减小。激光与材料相互作用形成的熔池经快速加热、熔化和快速冷却、凝固，必然产生不均匀的热应力和组织应力，最终在成型件中产生残余应力。残余应力对成形件的静载强度、疲劳强度、断裂韧度等性能有较大影响。如果残余应力较大，沉积金属塑性较差，沉积到一定的层数时就会产生裂纹，由残余应力导致的层间裂纹断裂面一般与激光扫描方向近似垂直。激光直接制造是复杂的物理、化学和冶金过程，影响成形件开裂的因素有很多，它们是热应力、组织应力和约束应力共同作用的结果。因而高能束直接制造的主要问题在于对烧结工程的合理控制。

直接金属成形技术已开始走向成熟并应用于模具制造，以直接金属成形为主要技术的模具制造企业也已出现。如比利时的 Quick Tools 4P 公司是一家采用 DMLS 技术制作塑料注射模具的企业，整个模具制造过程不需要 NC 编程，也不需要考虑加工工艺和刀具、装卡等问题。一个很复杂的型腔结构，在无人看守的情况下便可加工完成，制作工艺简单，制造周期短。一般在模具设计完成后，2~4 天可完成型腔的制作，2~4 天完成修整/抛光和组装，从设计到试模完成只需要 2~4 周。从塑料制品外观看，同传统制模方法成形的零件几乎没有区别。

12.8.3 金属丝材熔焊成形技术

虽然采用粉末材料熔融沉积技术可以直接获得净成形的金属零件，但是其设备成本高昂，限制了该技术的推广使用，该技术目前主要用于军工等特殊领域。因而国内外的研究者开始考虑采用电弧热熔融金属丝材直接成形金属零件的方法。

美国肯塔基大学、南卫理公会大学和英国诺丁汉大学的学者较早地采用了电弧热熔融金属丝材直接成形金属零件的方法。他们均采用熔化极气体保护焊的方法构建了试验平台，并对基于弧焊的直接金属成形方法的扫描工艺、温度控制、应力及变形问题进行了研究。采用熔化极气体保护焊堆积成形时，金属丝作为电弧的一个电极跟随焊炬一起运动，设备结构简单，加工过程的运动控制容易实现。但是，熔化极气体保护焊的工艺控制和熔滴过渡比较复杂，成型过程中的电弧飞溅难以避免，成形件表面质量和成型精度不好。

基于弧焊的直接金属成形方法是先进的 CAD 技术与现有成熟焊接技术有机结合的产物，与其他 RP 技术相比，它提供了一种相对低成本的快速制造金属零件和模具的技术。在金属堆积方法方面，有多种成熟、高效的焊接工艺可以选择，并且强度及其他性能可以满足使用要求。因此，一旦成形的若干关键问题能得到解决，其应用前景将十分广阔。

12.9　快速模具制造技术的发展方向

12.9.1　改善模具的性能及提高模具的精度

良好的模具性能和较高的模具精度是快速模具应用和推广的关键问题。

1. 改善模具的性能

为了得到高质量的产品零件和比较好的模具使用性能，要求模具的工作表面硬且耐磨，并能经受高温与剧变的温度循环；模具的内芯材料应具有高导热性，以便使热量能从工件上迅速转移以及良好的断裂韧性，以便承受疲劳循环。为了能使模具能达到上述性能要求，传统的方法是采用热处理或表面涂覆。可以采用更先进的方法来改变模具的性能。

1）采用功能梯度材料。即用不同的材料构成模具零件，如使其具有硬陶瓷或金属陶瓷的表面，韧性金属复合材料的内芯，并在两者之间有连续的渐变而不是突变。现在，许多技术开发者正致力于在 RP 环境下产生梯度材料，以便能使梯度材料的组合构成快速模具。

2）采用计算机辅助工程（Virtual Manufacturing）和虚拟制造技术（CAE）。为了有效地改善模具性能，将进一步采用计算机辅助工程和虚拟制造技术，使模具材料的选择与组合，模具的结构设计等趋于优化，产品的品质与生产率更高。随着 CAE 技术的发展，将能进行模具性能分析与非常复杂的工艺计算、优化，更深刻地认识材料在流动、固化过程的特性与结构变形的相互作用。虚拟制造技术在快速成型领域的应用——虚拟快速成形（Virtual Prototyping)，是 CAE 分析的必然扩展，它能创造一个虚拟现实环境，在开发物理原型与制作模具之前，更方便、准确地用计算机模拟材料的成形过程，预测模具的模具的性能与工件的性质，为模具的优化与发展提供强有力的手段。

2. 提高模具的精度

由于 RP 技术的分层制造原理和 RP 向 RT 转换过程中存在一定误差，以及 RT 材料本身的原因，使得最后制作出的模具精度不是十分理想。因此，提高快速原型件的精度，直接或间接制造出精密的模具是推广与发展快速模具制造技术的一个关键问题。

随着快速成形与快速模具制造技术的发展，其他技术与 RP、RT 技术的不断集成，在不久的将来，高精度的模具必将有重大的发展。

12.9.2　发展多种模式的模具制作技术

随着科学技术的发展，在制造领域，出现了有关模具的三种模式。

1）传统模具。也就是用于传统制造工艺的模具，它适用于批量生产，通常用金属材料经机械加工制成。

2）无模成形。这是 20 世纪 90 年代初期提出的模式，此模式设想在 CAD 系统上设计产品，并在某种计算机控制的设备上直接生产设计的产品，而无须采用任何模具。

3）一次性模具。这是介于前两种模式之间的一种中间模式。此模式能显著降低制造模具的成本和时间，用这种模具可以生产一批产品，并在这批产品生产后废弃已用过的模具。此后，可以制作新模具来生产更多的产品。

快速模具制造中的快速软模与快速过渡模具已经很接近一次性模具的目标。随着技术的改进，一次性模具的目标是可以达到并将会应用得很好的。传统模具在很多场合具有不可替代的作用，从某种意义上说，快速模具制造的一个主要目的在于快速开发、制作传统模具。

无模成形技术会在某些领域率先得到应用，无模成形是制造业今后奋斗的目标。在未来相当长的一段时期内，这三种模式的模具制造技术会并存，并各自发挥着重要作用。

复习思考题

1. 什么是快速模具制造技术？该技术制造模具有哪些特点？
2. 了解快速模具制造技术的分类，并掌握各自的工艺流程。
3. 简述硅橡胶模的优越性。
4. 简述硅橡胶模真空注塑的过程。
5. 简述石膏型快速制模技术的特点。
6. 简述快速模具制造技术的发展方向。

实 验

A.1 FDM 实验

实验目标：了解 FDM 打印过程、成形特点，以及产品的开发方法和过程。

实验重点：FDM 打印技术的理解与掌握，3D 打印后处理方法。

实验难点：FDM 打印制造的成形思路、操作注意事项的理解与掌握，FDM 成形技巧的理解与掌握。

A.1.1 实验描述

熔融沉积成形技术（FDM）是一种挤出堆积成形技术。材料主要以整捆的丝状结构存在，工作时放置于支撑架上，将 FDM 设备的打印喷头加热，使用电加热的方式将丝状材料（如石蜡、金属、塑料和低熔点合金丝等）加热至略高于熔点之上（通常控制在比熔点高 1℃左右），打印头受分层数据控制，使半流动状态的熔丝材料（丝材直径一般在 1.5mm 以上）从喷头中挤压出来，凝固成轮廓形状的薄层，层层叠加后形成整个零件模型。

实验所用的例程是一个骰子，如图 A.1 所示，结构虽不复杂，但精度要求高。

图 A.1　骰子 STL 模型

A.1.2 数据处理

1. 设备描述

实验选用桌面式 3D 打印机（见图 A.2）作为骰子的 FDM 成形设备。

打印机主要由以下模块组成：

1）上位机（主要是计算机），是 3D 打印机的上司，它负责处理打印三维模型信息并将打印三维模型信息传输给 3D 打印机，如打印材料、打印方式及打印轨迹等信息。

2）下位机，是 3D 打印机的大脑，负责控制 3D 打印机完成打印流程。3D 打印机接收到上位机传输过来的数据信息后，下位机开始处理数据信息，给各个功能模块布置具体的任务。

3）存储模块，负责存储待打印的三维模型信息。上位机通过 SD 卡存储三维模型信息，将三维模型信息从上位机传输到下位机。

4）显示模块，负责显示打印参数，实现人机交互。

5）运动控制模块，负责打印过程中 x、y、z 轴运动。在打印过程中，随着待打印位置三维坐标（x，y，z）的不同，运动模块通过 x、y、z 轴步进电动机运动，将打印头运动到指定打印位置，打印实体。

6）加热与温度模块，负责加热并检测喷头和热床温度。

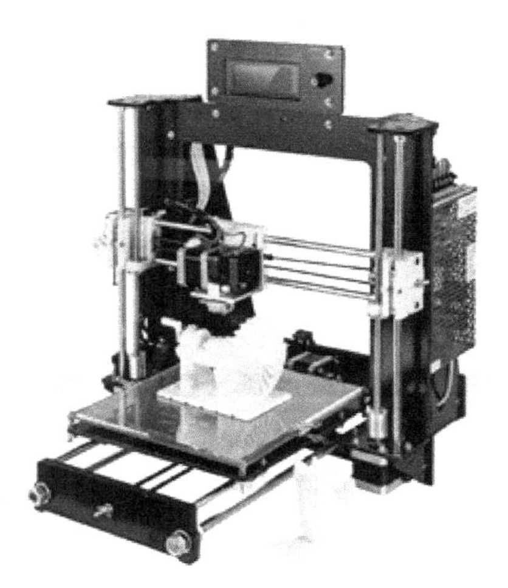

图 A.2　FDM 打印机及打印件

7）限位开关模块，负责传递是否限位信息。

2. 模型 STL 数据处理

3D 打印机软件主要完成切片工作，可使用 Cura-14.04.6，不同的版本之间界面和操作可能会有细微的差别，可到 Cura 切片引擎的官网下载最新版本。

双击下载的 Cura 安装程序进行安装，选择安装位置。注意：目录名和文件名均为英文字符，因为该软件暂不支持中文字符；然后选择需要安装的组件，如果还使用 OBJ 格式文件，请选中“Open OBJ files with Cura”复选框。

用户可以通过选择菜单栏中的【文件】→【读取模型文件】或者单击模型视图中图标来选择要切片的 STL 模型文件，如图 A.3 所示。

在模型读取时，将会出现一个进度条，在模型读取完成后，该图标下面的位置将会显示打印所需时间、用料长度和质量。例如，所要切片的模型打印所需时间为 2 小时 16 分钟，所需丝料长度为 8.97m，质量为 27g。如果已经设置好了切片参数，单击【保存】按钮即可保存模型的 GCode 代码，以便后面 3D 打印机进行打印。

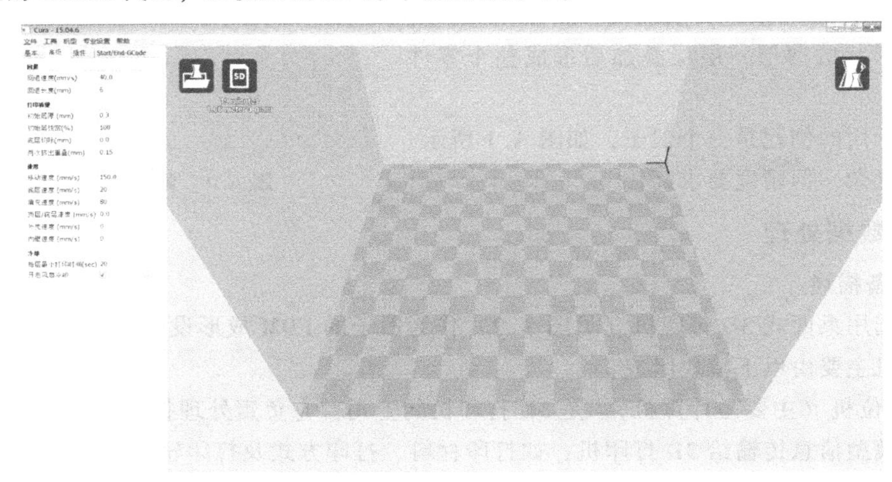

图 A.3　Cura 切片软件界面

3. 工艺参数设置

Cura 屏蔽了用户不需要知道的细节，又能满足 3D 打印用户的需求，简单灵活，下面一一介绍 Cura 软件的切片参数。

（1）“基础”配置界面（见图 A.4）参数

1）【打印质量（Quality）】栏。

① 层厚（Layer height）。指每一层中的厚度，这个设置直接影响打印机打印模型的速度，层高越小，打印时间越长，打印精度越高。在此填入 0.2。

② 壁厚（Shell thickness）。指保护模型内部填充的多层塑料壳，外壳的厚度很大程度上影响打印出 3D 模型的坚固程度。在此填入 1.2。

③ 开启回退（Enable retraction）。指打印机打印头在两个较远距离位置间移动时，出料电机是否需要将丝料回抽进打印头内。开启回抽可以减少拉丝的产生，避免多余塑料在间隔期挤出而影响打印质量。

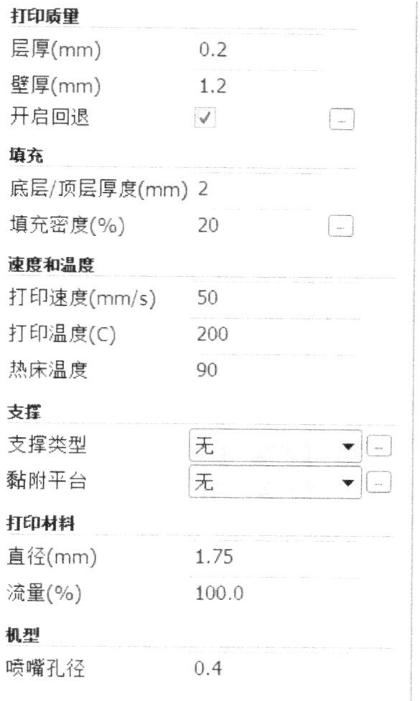

打印质量
层厚(mm) 0.2
壁厚(mm) 1.2
开启回退 ✓
填充
底层/顶层厚度(mm) 2
填充密度(%) 20
速度和温度
打印速度(mm/s) 50
打印温度(C) 200
热床温度 90
支撑
支撑类型 无
黏附平台 无
打印材料
直径(mm) 1.75
流量(%) 100.0
机型
喷嘴孔径 0.4

图 A.4 “基础”配置界面

这里需要注意的是，外壳厚度不能低于打印头直径的 80%，而层高不能高于 80%。如果用户填入的参数违反了该规则，Cura 将把输入框的颜色设置为黄色；如果用户填入的参数是错误的，输入框的颜色将会变为红色来提醒用户更正。

2）【填充（Fill）】栏。

① 底层/顶层厚度（Bottom/Top thickness）。与外壳厚度很相似，这个值需要为层厚和打印头直径的公倍数。在此填入 2。

② 填充密度（Fill Density）。指模型内部填充的密度。这个值的大小将影响打印出模型的坚固程度，越小越节省材料和打印时间。在此填入 20。

3）【速度和温度（Speed and Temperature）】栏。

① 打印速度（Print speed）。指每秒挤出多少毫米的塑料丝。一般情况下，打印头每秒能融化的塑料丝是有限的，这个值需要设置为 50~60。层高设置较大的时候就应该选择较小的值。在此，我们填入 50。

② 打印温度（Printing temperature）。指打印头加热块的温度。PLA 材料的打印温度设置应该为 185~210℃；ABS 材料的打印温度应设置为 210~240℃。使用 PLA 材料，在此填入 200。

③ 热床温度（Bed temperature）。指打印机平台的工作温度。PLA 材料的热床温度应设置为 60~70℃；ABS 材料的热床温度应设置为 80~110℃。在此填入 90。

4）【支撑（Support）】栏。

① 支撑类型（Support type）。有三种选择，一种是默认的无支撑（None）；一种是延伸到平台支撑（Touching buildplate）；剩下一种则是所有悬空支撑（Everywhere）。在这里，延伸到平台支撑指所有的支撑都将附着平台，而内部支撑将被忽略；所有悬空支撑则是指将所有悬空实体都加支撑的情况。

② 黏附平台（Platform adhesion type）。在解决模型翘边问题时很有用，默认无类别（None），用户可以选择沿边型（Brim）或者底座型（Raft）。相比之下，沿边型会让模型与热床之间接触得更好，且底座型更加结实但不易去除。这个选项应根据模型的实际情况设置。

5）【打印材料（Machine）】栏。

① 丝料直径（Diameter）。设置的值为 1.75。

② 流率（Flow）。设置的值为 100。

6）【机型（Filament）】栏。不同的打印头规格可能不同，具体需要询问供给打印头的厂家。本次介绍的打印机打印头直径为 0.4mm，在喷嘴口径（Nozzle size）对应的输入框中，填入 0.4。

（2）【高级】配置界面参数

1）【回退（Retrction）】栏。

① 回退速度（Speed）。对应打印头的回退速度，该值越大，打印效果就越好，但到某个值后会出现丝料网格化的现象。这里保持默认值 40.0。

② 回退长度（Distance）。决定出料电机每次回退的距离，官方默认值为 4.5。考虑到打印机的性能局限性，折中精度将该值设为 6。

2）【打印质量（Quality）】栏。

① 初始层厚（Initial layer thickness）。其设置是为了在层高非常小的情况下，保证第一层与热床的黏连性，如果没有特殊要求则保持与层厚相同。

② 初始层线宽（Initial layer line width）。其设置也是为了加强第一层的黏合强度，这里默认值为 100。一般来说，该值越大，第一层越容易附着。

③ 底层切除（Cut off object bottom）。用于一些不规则的 3D 模型的修剪，以便更好地与热床附着，此处填 0.0 即可。

④ 两次挤出重叠（Dual extrusion overlap）。用于双打印头打印机，此处保持默认值。

3）【速度（Speed）】栏。

① 移动速度（Travel speed）。打印头的移动速度，一般小于 250。在此我们填入 140。

② 底层速度（Bottom layer speed）。指的是打印第一层的速度，速度越慢，黏合性越好，此处填入 20。

③ 填充速度（Infill speed）。指的是内部填充的速度，该值越大，打印的耗时就越少，但打印质量就会越差。此处填入 80。

④ 顶层/底层速度（Top/bottom speed）。与填充速度意义相同，此处使用默认值 0。

⑤ 外壳打印速度（Outer shell speed）。与内壳打印速度（Inner shell speed）一样，一般使用默认值即可。

4）【冷却（Cool）】栏。

① 每层最小打印时间（Minimal layer time）。指的是一层打印后的冷却时间，此项保证在打印过快时，所打印的每一层都有时间来冷却，当丝料被打印得过快时这个值将会保证每一层由这个值大小的时间来冷却。为确保打印质量，在此填入 20。

② 开启风扇冷却（Enable cooling fan）。此项一定要勾选。

在这之后，Cura 会自动完成切片任务，进度条完成后，单击【文件】→【打印】，或者使用快捷键<Ctrl+G>，将 GCode 代码保存起来，通过 SD 卡保存，传输给 3D 打印机开始打印。

A.1.3　模型成形过程

1. 建造前准备

(1) 3D 打印机硬件准备

在桌面式 3D 打印机安装完毕后，需要对 3D 打印机平台进行校准，3D 打印机平台的校准程度，将直接决定模型的打印效果。禁止在未检查电路前将打印机通电，防止发生安全事故；同时，防止电路接错，烧坏 3D 打印机，造成永久性损伤。

校准最重要的部分就是调节打印头与热床之间的距离。想要打印出高质量的 3D 模型，3D 打印机打印头和热床之间的配合和第一层的打印效果至关重要。3D 打印机打印头和热床之间的距离太近或太远，都将得不到想要的打印效果：太近会使打印头和热床之间互相刮擦，造成 3D 打印机打印头和热床损坏；太远会使打印头挤出的塑料丝无法黏着在热床上，没有办法完成打印。

为了提高打印质量，首先粗调打印头和热床的相对位置。移动打印头，检查打印平台是否与打印头平行，控制好间隙。结合通电情况下，检查打印头的原始位置与打印平台的间距；移动打印头，打印头与打印平台的间距越小越好，尽量将 z 轴的复位位置设置为打印头恰好停在热床上的位置。其次，精调打印头和热床的相对位置。先将打印头步进电机复位后移动到热床距离零点最近的一个角，调节打印头和热床的相对位置，将一张平整的 A4 纸放在热床上，晃动 A4 纸，观察是否能将纸插入打印头和热床之间。注意，在精调过程中，手不能按压热床，防止热床产生微变形，影响精调准确度。如果可将纸条插入打印头和热床之间，则说明打印头已经在正确的位置上了。否则，需要调节热床角的螺钉，稍稍拧紧或松开固定螺钉，反复调节以获得最佳效果。

(2) 3D 打印机软件准备

由于一个 STL 文件包含的三角形面片数可达上万个，一般来说人为切片是不可能的，需要用专业的切片软件来实现烦琐的切片过程。

双击下载的 Cura 安装程序进行安装，选择安装位置。注意：目录名和文件名均为英文字符，因为该软件暂不支持中文字符；然后选择需要安装的组件，如果使用 OBJ 格式文件，请选中【Open OBJ files with Cura】复选框。

用户可以通过选择菜单栏中的【文件】→【读取模型文件】或者点击模型视图中图标来选择要切片的 STL 模型文件，如图 A.5 所示。

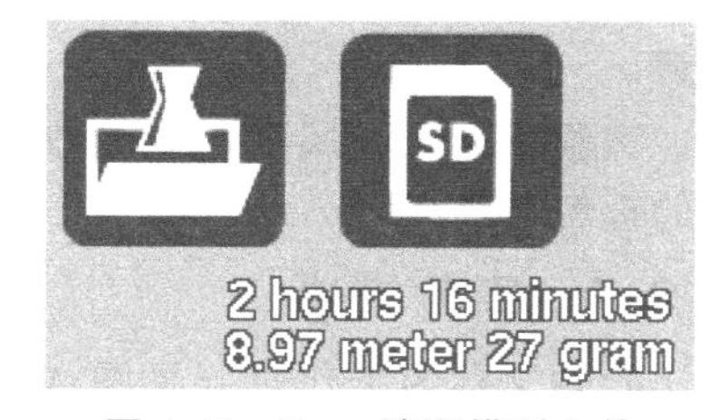

图 A.5　Cura 读取模型文件

2. 打印工艺过程

用户使用 3D 打印机打印 3D 模型之前，需要将 STL 格式的模型文件导入切片软件，根据设置好的打印头和热床温度、打印速度、填充率等参数，切片软件会调用内嵌的切片算法，将模型信息转换成可以控制 3D 打印机运动的 GCode 代码。在 3D 打印过程中，打印机根据接收到的 GCode 代码控制打印头按照预定的轨迹前进和出料，完成复杂烦琐的打印过程。

3D 打印前的准备工作包括校准 3D 打印机，调平 3D 打印机打印平台，确保料丝满足打印需求等。准备工作就绪后，将 3D 打印机插上电源，开机启动，3D 打印机显示初始画面，按压控制面板旋钮，进入主菜单，选择【Print form SD】（见图 A.6），并按压控制面板旋钮进入 SD 卡菜单，顺时针转动控制面板旋钮，选择已经生成好的 test. gcode 文件，按压旋钮确认打印，如图 A.7 所示，选择 test. GCO 文件进行打印。

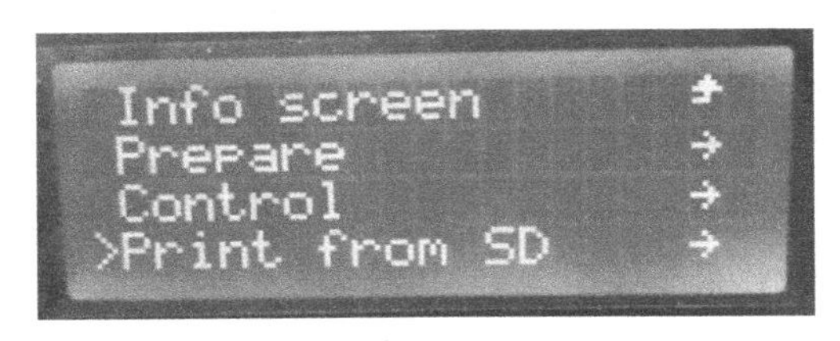

图 A.6　选择 Print from SD

图 A.7　选择 test. GCO 文件进行打印

进入打印状态后，3D 打印机会自动进行加温，待温度达到后将会自动进入打印状态。此时 LCD 显示屏会显示打印进度、打印时间、打印速度等参数，等待打印结束，监控 3D 打印机，防止打印过程出现错误。

当打印过程结束后，打印头会自动归位。但 3D 模型牢牢地黏在了打印平台上，使用小铲子慢慢将 3D 模型从打印平台上剥离下来，打印好的模型如图 A.8 所示。

图 A.8　打印的骰子模型

A.2　SLM 实验

实验目标：了解金属 SLM 3D 打印技术的成形实施过程、成形特点，以及产品的开发方法及过程。

实验重点：金属 SLM 打印技术实施过程的理解与掌握，金属 3D 打印后处理方法的理解。

实验难点：金属 SLM 打印制造的成形思路、操作注意事项的理解与掌握，SLM 成形技巧的理解与掌握。

A.2.1　实验描述

叶轮又称为工作轮（见图 A.9），一般由轮盘、轮盖和叶片等零件组成，是涡轮式发动机、涡轮增压发动机等的核心部件。气（液）体在叶轮叶片的作用下，随叶轮作高速旋转，气（液）体受旋转离心力的作用，以及在叶轮里的扩压流动作用，使它通过叶轮后的压力得到增强，常见的有汽车的涡轮增压器。

叶轮作为动力机械的关键部件，其加工制造一直是制造业中的一个重要课题。随着技术的发展，为了满足机器高速、高推重的要求，在新的中小型机设计中大量采用整体结构叶轮。

从整体式叶轮几何结构工艺过程可以看出：加工整体式叶轮时加工轨迹规划的约束条件比较多。相邻叶片之间的空间较小时，加工时极易产生碰撞干涉，自动生成无干涉加工轨迹比较困难。因此，在叶轮的加工过程中，不仅要保证叶片表面的加工轨迹能够满足几何准确性的要求，而且由于叶片的厚度有所限制，还要在实际加工中注意轨迹规划，以保证加工的质量。叶轮数控加工如图 A. 2 所示。

图 A. 9　叶轮

图 A. 10　叶轮数控加工

叶轮的形状比较复杂，由于叶片的扭曲大，极易发生加工干涉，因此其加工的难点在于流道及叶片的粗、精加工。

根据整体式叶轮的实际工作情况，整体叶轮的曲面部分精度高，工作中高速旋转，对动平衡的要求高等诸多要求。如采用传统制造方式，其加工的工艺路线通常如下：铣出整体外形，钻、镗中心定位孔→精加工叶片顶端小面→粗加工流道面→精加工流道面→精加工叶片面→清角。

使用 3D 打印技术，可以简化加工工艺、降低成本，也能达到较高的精度和复杂度，直接生成零件，从而有效地缩短产品研发周期，是解决数控加工复杂零件编程难题的有效途径。

本例叶轮（见图 A. 10），结构虽不复杂，但叶片曲面精度要求高。

本例叶轮对硬度和实际使用功能性等有较高要求，更注重高效快捷、低成本和较高的精度，因此选择金属 SLM 成型技术。

A. 2. 2　数据处理

1. 设备描述

本例选用北京易加三维科技有限公司生产的 EP-M100T 打印机（见图 A. 11）作为叶轮 SLM 成形设备。EP-M100T 是工业级选择性激光熔融快速成形设备，主要用于医疗、义齿、医疗器械加工、植入物加工、贵金属加工。与传统的零件加工工艺相比，其最大优点是一次成形，不再需要任何的工装模具，且加工周期短、易于调整。此外，这种加工方式不受零件的形状及复杂程度限制，只需用三维软件（如 CAD、Solidworks 等）绘制出零件模型，并保存为 STL 格式，EP-M100T 打印机就能够直接利用模

图 A. 11　EP-M100T 打印机

型文件烧结出实体工件。

与国内外同类型设备相比，EP-M100T 打印机具备如下优势：

1）安装环境要求低（适用于办公室环境安装）。设备外形尺寸小，重量轻；采用 220V 电压。

2）基板安装方便。将平整的基板直接放置于成形仓底板后微调即可。

3）有效成型尺寸大：成形基板上无用于紧固的螺钉孔，提高了基板有效成形面积。

4）粉末回收快捷方便。采用了可快速拆卸的粉末回收桶。

5）惰性气体耗量低，排氧速度快。设备密封舱室体积小，能有效降低气体耗量，提高排氧速度。

6）实时设备状态监控：实时监控氧含量、惰性气体流量、舱室压力、滤芯压差等参数。

2. 模型 STL 数据处理

EPlus Hatch Tools 软件是 EP-M100T 打印机的配套软件，用于构建加工所需数据包。由于打印机控制软件 EPlus 3D 打印软件系统只能识别 EPC（实体）或 EPA（实体）及 SLC（支撑）文件，因此三维建模软件创建的模型导出为 STL 格式后，需要经过 Materialise Magics 软件对 STL 模型进行编辑、修复、添加支撑、切片环节，导出 CLI（实体）与 SLC（支撑）文件，再经过 EPlus Hatch Tools 软件设置 CLI（实体）文件打印相关工艺参数，并保存为 EPA 或 EPC 文件后，才能导入打印机控制软件中进行控制打印。

EP-M100T 打印机能够识别的文件准备一般流程如图 A.12 所示。打印数据准备的一般流程与其他切片处理软件相似，包括打印机和材料设置、导入 STL 模型、编辑模型、工件参数设置、碰撞检查和保存为 EPA 文件这几个阶段。不同工件打印项目的主要差别在于工件参数的设置。

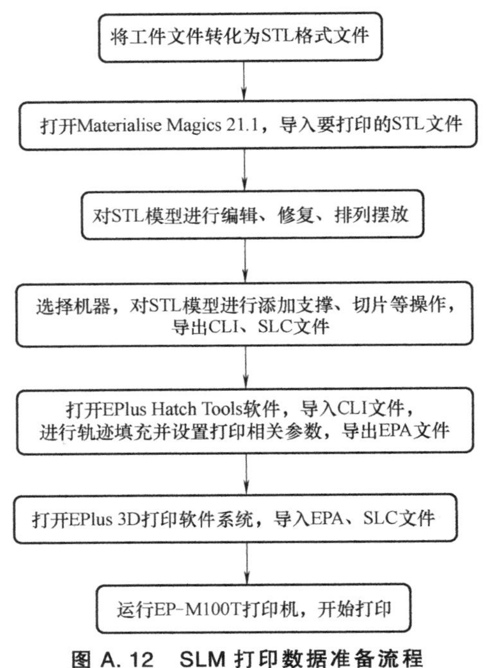

图 A.12　SLM 打印数据准备流程

双击桌面上的 Materialise Magics 21.1 图标，打开软件并导入叶轮模型，出现如 A.13 所示的主界面。首先，正确选择 Materialise Magics 软件上的设计平台。单击菜单栏【新平台】图标，选择机器【EP-100T-316L】，确定建造所用的材料为 316L 不锈钢材料，包含对 STL 模型进行添加支撑、编辑修复等操作的相关参数，如图 A.14 所示。

3. 生成支撑及切片

支撑作为 3D 打印技术的必要条件，Magics 能够快速、高效地生成支撑，大大减少用户的准备时间。Magics 内含 10 种支撑，根据不同支撑面及不同行业提供不同的支撑，充分满足用户的要求，包括点支撑、线支撑、网状支撑、块状支撑、综合支撑、肋状支撑、体状支撑和锥形支撑等。同时用户也可以手动添加支撑，对支撑进行二维或者三维编辑，使用户在生成支撑后能对其进行优化。

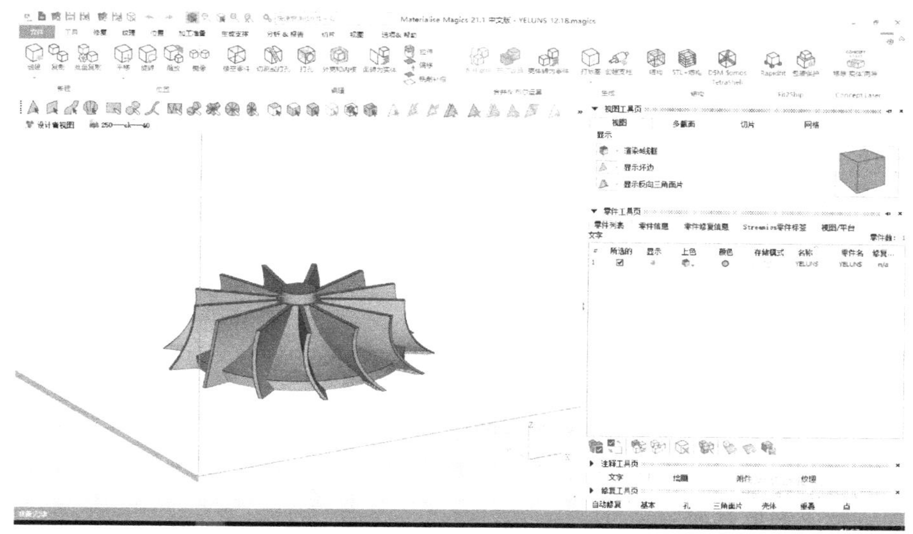

图 A.13 Materialise Magics 21.1 主界面

Magics 中可通过对支撑挖孔、改变支撑体间的距离等操作，在符合支撑强度的条件下尽可能节省支撑材料。

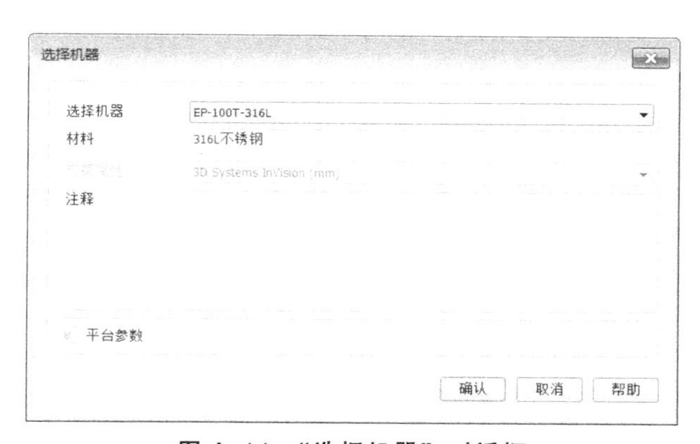

图 A.14 “选择机器”对话框

Magics 中生成支撑功能强大，包括手动支撑、支撑预览，可指定零件为支撑或导出支撑。生成支撑功能可在【生成支撑】工具栏单击激活。在软件界面添加支撑过程中，会出现 SG 模式，本例支撑如图 A.15 所示。

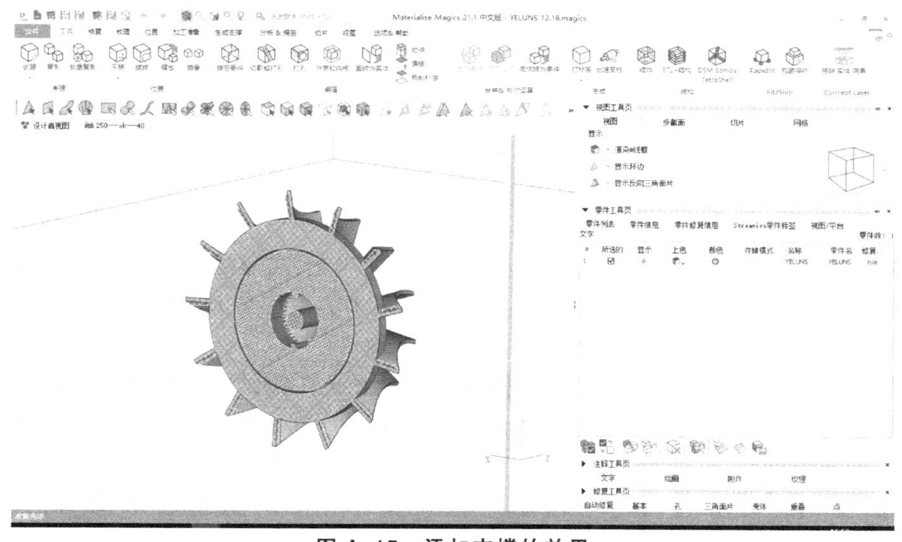

图 A.15 添加支撑的效果

支撑设置成功后，通过【切片】工具栏中的【切片所有】按钮，进行切片属性设置，如图 A.16 所示，切片层厚仅为 0.02mm，生成 CLS 格式实体文件及 SLC 格式的支撑文件。

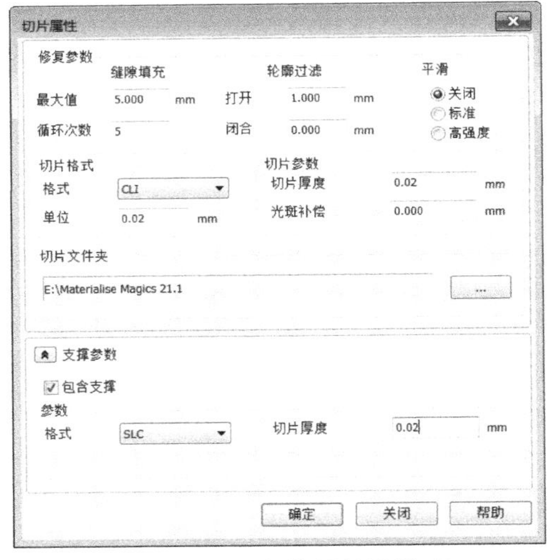

图 A.16 切片属性设置

4. 实体轨迹填充及工艺参数设置

在 SLM 过程中，成形制件会发生收缩。如果粉末都是球形的，在固态未被压实时，最大密度只有全密度的 70%左右，烧结成形后之间的密度能够达到全密度的 98%以上。所以，烧结过程中密度的变化必然引起制件的收缩。

因此，在烧结过程中，应该设置合理的工艺参数，并在烧结完成后待制件在设备中自然冷却后取出，减少温度收缩。

将 CLI 文件导入 EPlus Hatch Tools 软件，EPlus Hatch Tools 主界面如图 A.17 所示，主要工艺参数如下：

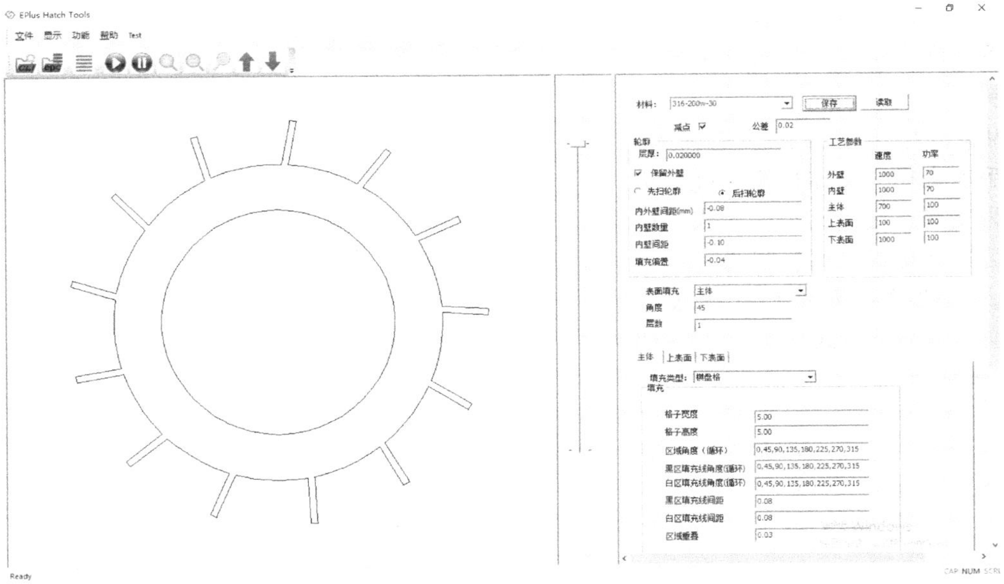

图 A.17 EPlus Hatch Tools 主界面

1）层厚（Layer Thickness）。层厚表示切片间距，等于成形缸每次下降的高度，过大会影响粉末的黏结效果，使得层与层之间无法黏结，过小会使加工时间增加。一般设置范围为 0.02～0.03mm。

2）激光功率（Fill Laser Power）。在固体粉末激光选区烧结中，激光功率决定了激光对粉末的加热温度。如果激光功率低，则粉末的温度不能达到熔融温度，故不能烧结，成形制件强度低或根本不能成形。如果激光功率高，则会引起粉末气化或炭化，影响颗粒之间、层与层之间的黏结。而激光功率与粉末特性有关，对于不锈钢粉末而言，通常设置为 80～100W。

3）扫描速度（Fill Speed）。扫描速度影响成形件的加热时间。在同一激光功率下，扫描速度不同，材料吸收的热量也不同，由于变形量不同引起的收缩变形也不同。当扫描速度快时，材料吸收的热量相对少，材料的粉末颗粒密度变化小，制件收缩小；当扫描速度慢时，材料接触激光的时间长，吸收热量多，颗粒密度变化大，制件收缩大。对于不锈钢粉末而言，通常设置为 700~1000mm/s。

4）扫描间距（Slicer Fill Scan Spacing）。扫描间距指相邻扫描线之间的距离，距离过大会影响零件强度，过小会增加加工时间，取值范围为 0.03~0.1mm。

参数设置操作：设置并检查建造参数，包括层厚 0.02mm，激光功率 100W、扫描速度 700mm/s、扫描间距 0.08mm 等，设置完毕后单击【保存】按钮，然后单击【功能】菜单下的“转换（EPA）”命令，生成 EPA 文件，如图 A.18 所示。

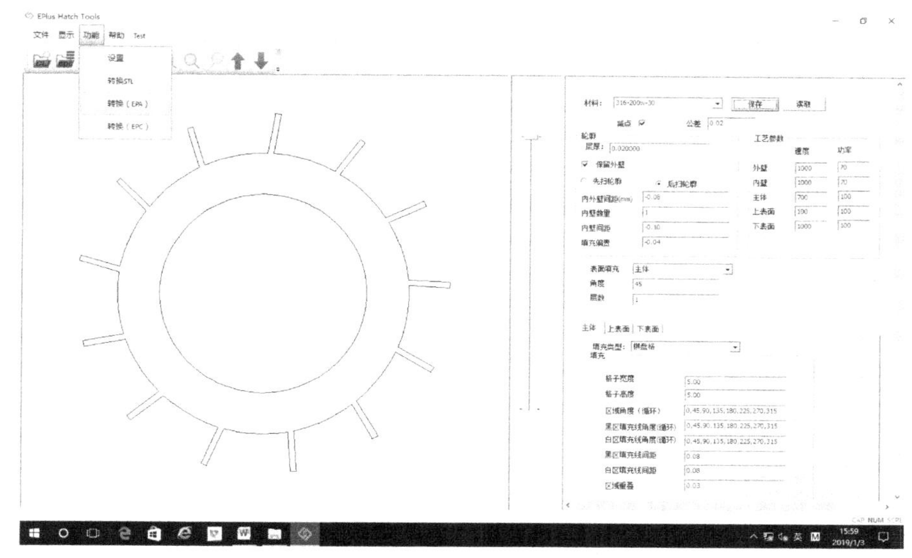

图 A.18　参数设置

A.2.3　模型成形过程

1. 建造前准备

模型成形流程如图 A.19 所示。

（1）成形前检查确认

1）成形前检查项目。

① 是否有足够的惰性气体。

② 工作腔内的氧气浓度是否在安全值以下（减少粉末材料在成形时发生氧化）。

③ 打印机成形缸、料缸、铺粉小车位置是否正常。

④ 设备所在的车间环境温度保持在（25±5）℃之间，湿度小于 75%。

2）成形前清理。每次成形前，操作者都应小心地将激光窗口镜清理干净，按下述步骤操作：

① 用空气球将镜片表面浮物吹掉。

② 用无水酒精或丙酮沾湿无尘布或无尘纸，轻轻地擦洗表面，注意避免用力来回地擦

洗，要控制无尘布或无尘纸划过表面的速度，使擦拭留下的液体立即蒸发，不留下条纹。

3）配制烧结材料。根据软件计算的粉末高度及粉末材料的密度大致可以计算出需要准备的粉末重量。不同的金属粉末在使用前，须经该材料对应目数的过滤筛或配套筛网规格的振动筛（见图 A.20）过筛，防止粉末里有异物，影响建造。

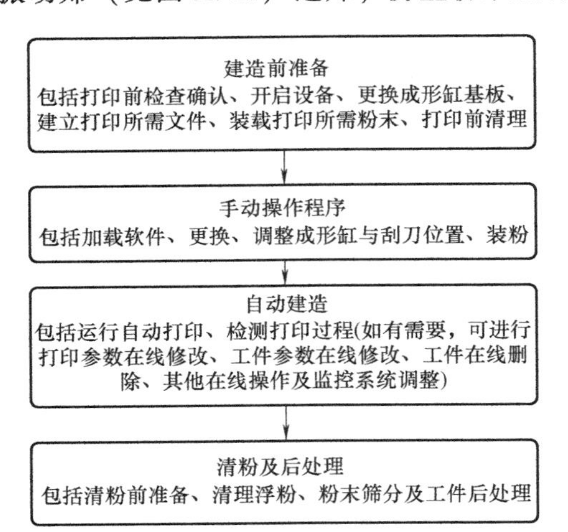

图 A.19　模型成形流程

图 A.20　振动筛

注意：更换成形缸基板时，请穿防护服，佩戴防尘口罩、防护眼镜和防护手套，以免粉末对人体造成伤害。

（2）设备起动

1）确保设备供电正常。

2）将设备后方的主电源开关旋至“ON”状态。

3）打开计算机及配套软件 EPlus 3D 打印软件系统。

（3）装粉

1）单击 EPlus 3D 打印软件系统中的【设备操作】工具栏中【电机】按钮备进入电机移动控制界面，如图 A.21 所示；

2）将料缸下降至工作平面以下 60mm，具体高度由打印模型需粉量而定。

3）将金属粉末缓慢导入料缸，将粉末捣实并刮平。

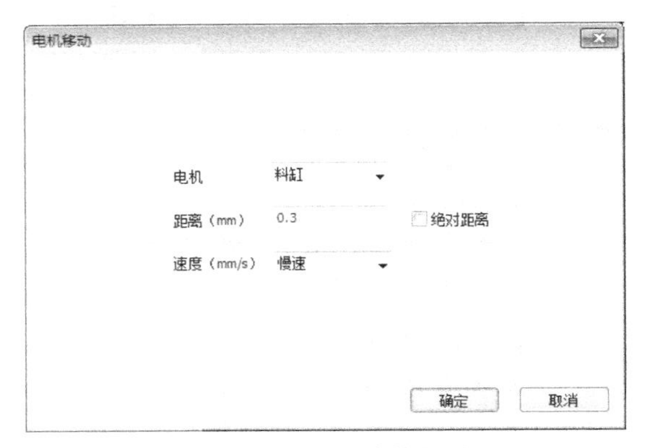

图 A.21　电机移动控制界面

（4）更换基板

EP-M100T 设备中，成形缸基板的作用是在烧结过程中作为成形件的底部支撑，防止成形件在打印过程中发生偏移或翘曲变形。基板材料与烧结材料成分相同，通过螺钉固定在成形缸活塞板上，每次烧结前需更换合格基板，更换前基板需通过平面度检查。

安装步骤如下：

1）单击 EPlus 3D 打印软件系统中的“设备操作”工具栏中“电机”按钮备进入电机移动控制界面。

2）将成形缸活塞上升至工作平面之上 2~3mm。

3）将平面度检查合格并经过酒精擦拭的新基板（见图 A.22a）缓缓放置在活塞板上，并对准固定螺钉孔，用螺钉将基板连接至活塞板上，并紧固（见图 A.22b）；

4）将成形缸活塞板下降至基板上表面与工作平面平齐或在工作平面之下，此时，更换完成（见图 A.22c）。

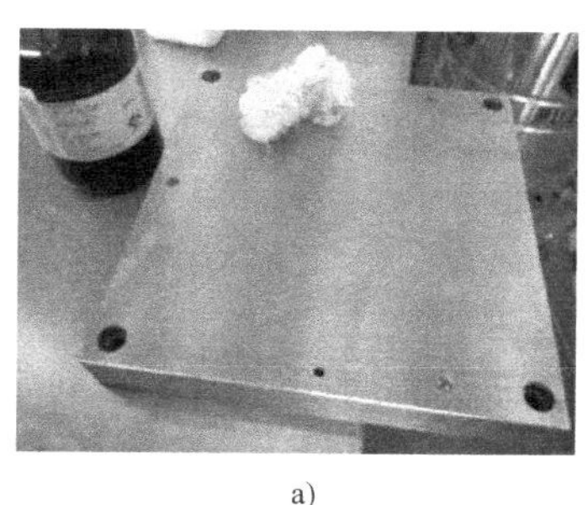

a)

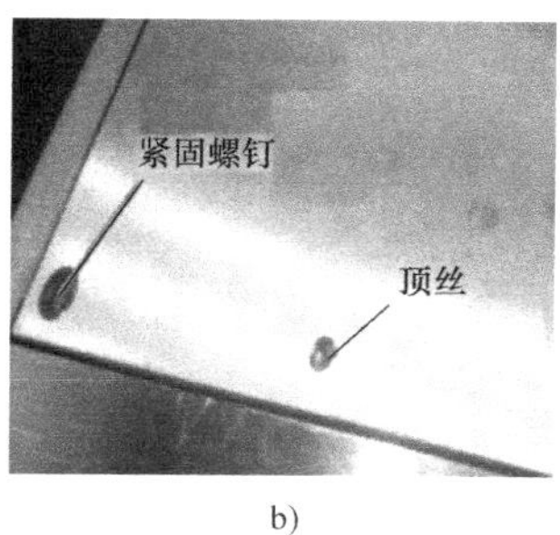

b)

c)

图 A.22　基板安装

（5）调整成形缸与刮刀位置

1）进入【电机移动】对话框，如图 A.23a 所示，将铺粉小车移至最前，安装刮刀，调整压板间隙，保证刮刀不紧不松，如图 A.24a、b 所示。

2）进入【电机移动】对话框，如图 A.23b 所示，反复小幅度调整成形缸间隙，确保铺粉效果如图 A.24c 所示，铺设一层薄粉。

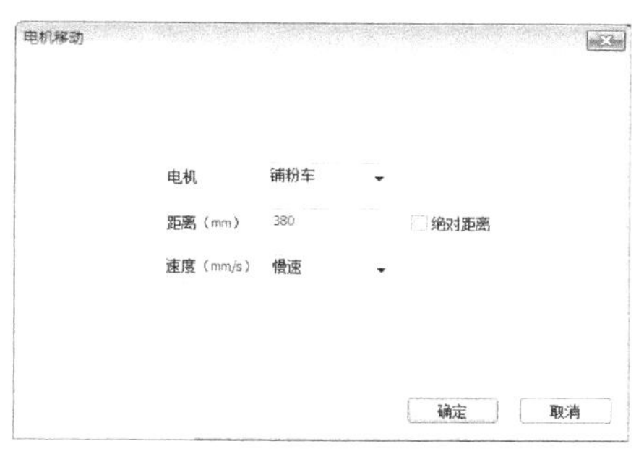

a)

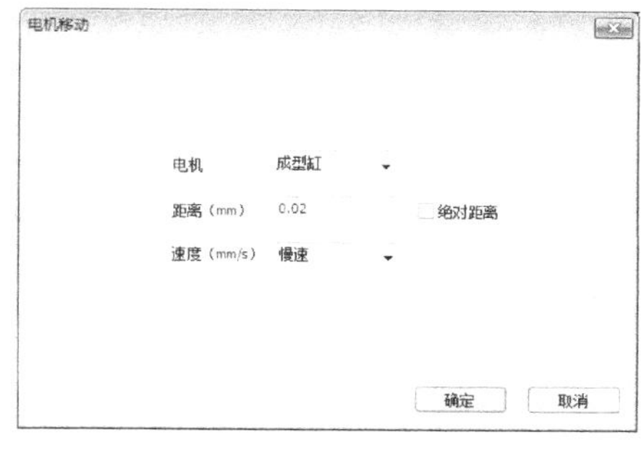

b)

图 A.23　“电机移动”对话框

a)

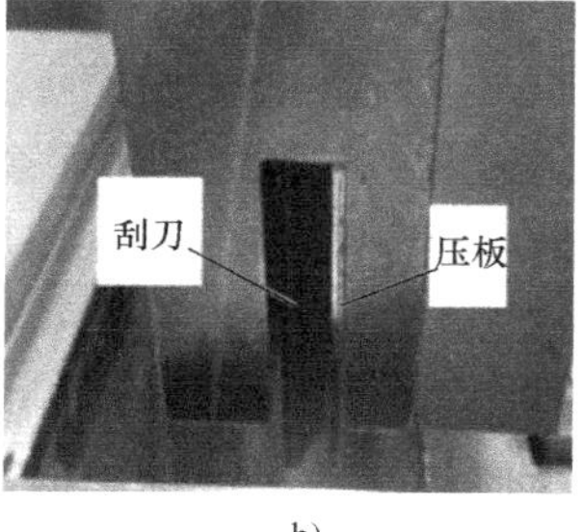

b)

c)

图 A.24　调整刮刀

2. 打印工艺过程

1）确保工作腔门已关闭，进入 EPlus 3D 打印软件系统主界面，导入 EPA 格式实体文件及 SLC 格式支撑文件，错位放置工件，避免铺粉时相互干涉。

2）依次单击【充入惰性气体】【门锁】【电机使能】【照明】【上料】【冷却】【激光器】等按钮，如图 A.25 所示。

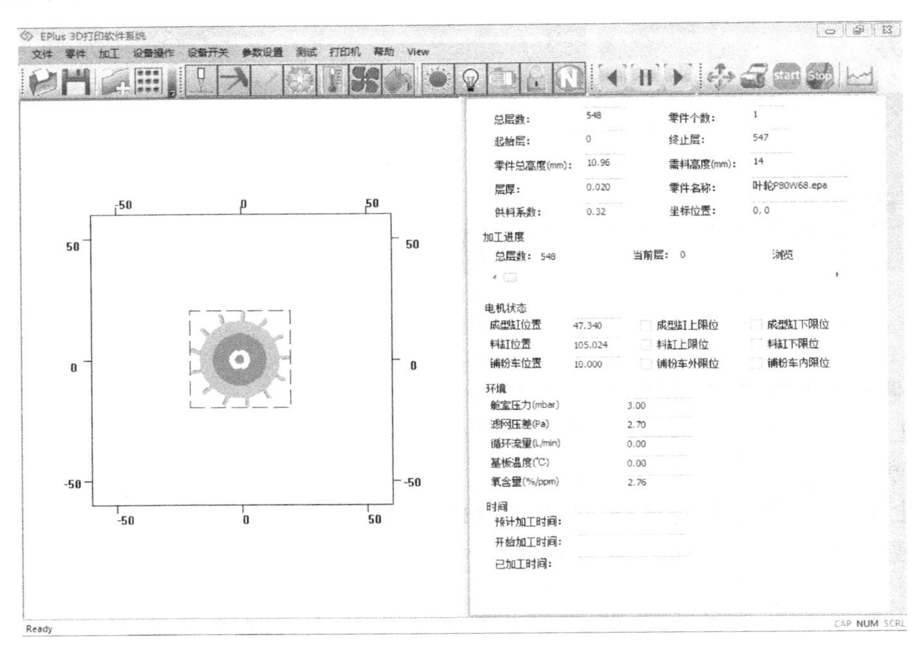

图 A.25 系统主界面

3）系统自动充入惰性气体，当氧含量到达 0.03 时，单击【Start】按钮，开始进行铺粉、打印。待打印完成后，将模型取出，作后续处理。

A.2.4 成形后处理

1. 清粉取件

1）准备好配套的个人防护用具及刷子、防护手套等工具。在取模型时要戴手套及口罩，避免皮肤直接接触造成伤害。

2）建造完成后，当成形缸内活塞温度足够安全时，单击 EPlus 3D 打印软件系统中的【设备操作】工具栏中【电机】按钮备进入【电机移动】对话框，将铺粉小车移至起点，控制成形缸以 10mm 为单位上升，每次上升后，用刷子将多余粉末刷到溢粉箱中。

3）重复该动作，直到成形缸到达上极限位置，将多余粉末清理到溢粉箱中，用吸尘器将基板螺钉孔及其他死角处的粉末清理干净，将基板从成形缸中取出，清理完模型表面的浮粉后拿出。

2. 工件后处理

1）分离工件。使用线切割将成形件从基板上逐个剥离，如图 A.26 所示。去除剩余的支撑，获得工件。用打磨工具初步清理模型表面毛刺，此时的模型已经初步平整了，还需要经过后期的打磨抛光等处理。

图 A. 26　剥离后的工件

2）去应力退火。将工件与基板从设备中取出后，放入热处理炉中进行工件去应力退火。

3）喷丸、抛光。根据技术要求对工件进行表面处理——喷丸、抛光。喷丸是用铁丸撞击材料表面，去除零件表面的氧化皮等污物，并使零件表面产生压应力，从而提高零件的接触疲劳强度。抛光是对材料表面进行细微地表面处理，平整表面，使得表面具备高的精度和低的粗糙度。

4）粉末处理。将供粉缸中剩余的粉末和溢粉箱中的粉末置入振动筛中过筛，将过筛后的粉末存储于干燥密封的容器或密封袋中。使用工业吸尘器将设备上，特别是工作腔表面残留的粉末清除干净。

A. 3　激光熔覆实验

实验目标：了解激光熔覆的加工过程。

实验重点：激光熔覆技术实施过程的理解与掌握，激光熔覆设备操作与相关参数调节。

实验难点：激光熔覆技术技巧的理解与掌握。

A. 3. 1　实验描述

曲轴是发动机中最重要的部件。它承受连杆传来的力，并将其转变为转矩通过曲轴输出并驱动发动机上其他附件工作。曲轴受到旋转质量的离心力、周期变化的气体惯性力和往复惯性力的共同作用，使曲轴承受弯曲扭转荷载的作用。因此要求曲轴有足够的强度和刚度，轴颈表面需耐磨、工作均匀、平衡性好。

图 A. 27　曲轴

曲轴轴颈表面的磨损是不均匀的，主轴颈与连杆轴颈的径向磨损主要呈椭圆形，且其最大磨损部位相互对应，即各主轴颈的最大磨损处靠近连杆轴颈一侧；而连杆轴颈的最大磨损处也靠近主轴颈一侧。随着使用时间的增加，曲轴上也容易出现细微裂纹等破坏，激光熔覆在曲轴修复上具有一定的优势。

A. 3. 2　激光熔覆应用及工艺说明

工件情况见表 A. 1。

表 A. 1　工件情况

工件名称	发动机用曲轴	需要熔覆长度	150mm
工件外径	ϕ259mm	工件表面情况	曲轴表面磨损
粗糙度	0. 08mm	材料/硬度	45#/HB162-187

1. 实验目标

1）修复磨损表面，修复部位中曲拐与回转中心线之间的平行度要求小于 0. 03mm，曲拐圆柱要求小于 0. 014mm。

2）曲轴修复后主要尺寸精度应达到 259. 84～259. 9mm，激光熔覆时必须避开曲拐连接部位圆弧倒角 5mm。

2. 工艺说明

1）激光熔覆主要参数说明。影响激光熔覆效果有五大参数特性（见表 A. 2），各参数相互影响，是一个复杂的过程，必须采用合理的参数调节，匹配组成特定熔覆工艺路线。

表 A. 2　激光熔覆主要参数说明

离焦距	焦点距离物质间的距离	扫描速度	光斑在前进方向上单位时间内所扫描过的距离，采用线速度表示(mm/s)
光斑尺寸	激光照射在物质表面上，所形成的光斑形状及尺寸	搭接量	在多道熔覆时，后道熔覆条部分覆盖前道熔覆条的宽度占单条熔覆条宽度的比例
送粉量	单位时间内送至光斑区域内粉末的总量(g/min)		

2）实验设备。创鑫激光 MFMC-4000W 多模连续光纤激光器波长范围为 1070～1090mm，光电转换效率高达 30%，光束质量高、稳定性佳，是厚板激光切割、激光焊接及激光熔覆、表面热处理等应用的理想激光源。该设备采用光纤配 QBH 头输出，可配合激光加工头、振镜等与机器人、机床等进行系统集成，广泛应用五金、医疗、汽车、船舶、航空、工程机械等领域，该设备的主要参数见表 A. 3。

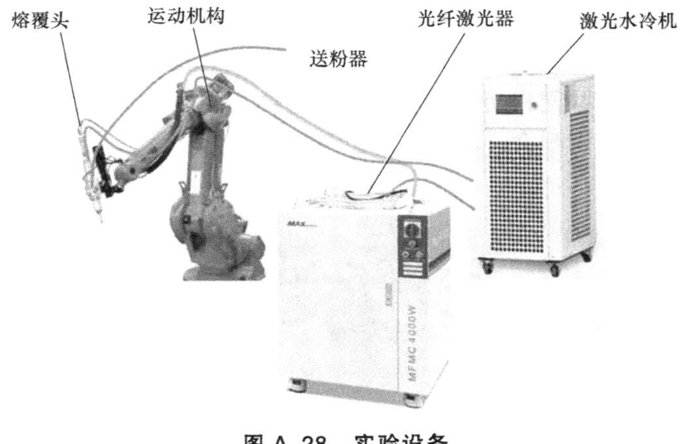

图 A. 28　实验设备

表 A.3　设备的主要参数

序号	特性参数	测试条件	最小值	典型值	最大值
1	工作模式	连续/脉冲			
2	偏振态	随机			
3	输出功率/W			4000	
4	功率调节范围(%)		5		100
5	中心波长/nm	100%连续	1070	1080	1090
6	光谱带宽/nm	100%连续		3	4
7	输入光纤芯径/μm			300	

3. 激光熔覆修复步骤

（1）工件检测及预加工

首先检测曲轴表面形貌，肉眼观察是否有明显的锈蚀、划伤、磕碰、补焊等现象；然后进行着色探伤，检查工件表面是否存在裂纹、气孔、砂眼等缺陷；再用便携硬度计检测工件需要的熔覆位置及周边的硬度。去除曲轴表面氧化膜层，采用手工磨削加工，再用丙酮清除表面杂物。

（2）熔覆前准备

在45#钢的样件上进行工艺试验，制作激光熔覆试样，进行硬度梯度、金相、强度试验及耐磨、耐疲劳试验等分析，优化激光熔覆工艺，直到达到工艺要求。检查激光熔覆设备是否正常，送粉器是否可以正常送粉；编写熔覆程序，烘干粉末。

（3）激光熔覆过程（图 A.29）

表 A.4　实验主要参数设置

激光功率	2000W	扫描速度	220~500mm/min
光斑大小	φ3~6mm	粉末	XS-320
送粉量	8~40g/min	搭接量	35%~40%
送气压力	0.05MPa		

1）将破损曲轴装夹在激光熔覆设备夹具上固定。

2）调节激光离焦量、光斑位置，调节激光器控制柜，设定激光熔覆功率；不打开激光器，运行熔覆程序，验证扫描速度是否正常，搭接量、熔覆面是否完整。

3）设置送粉器送粉量、铺粉位置，并进行铺粉。

图 A.29　激光熔覆过程

4）铺粉完成后，运行设备，进行熔覆处理，修复破损曲轴。加工过程中随时观察熔覆状况，包括熔覆厚度、平整度、搭接率、工件温度、反射光位置等，控制熔覆加工节奏。

5）熔覆完成后，肉眼观察熔覆层是否存在高点、低点或者咬边现象，着色探伤熔覆层表面是否存在裂纹缺陷，初步检测熔覆层的硬度、工件尺寸精度和位置精度。

（4）熔覆后处理（见图 A.30）

在激光熔覆完成后，用石棉布对熔覆表面进行保温，让工件缓冷以减小残余应力。熔覆后的曲轴，由于熔覆表面粗糙度过大，需要精加工。采用外圆磨床进行最后的磨削处理，以达到表面粗糙度要求、圆度要求，尽量恢复原始尺寸。

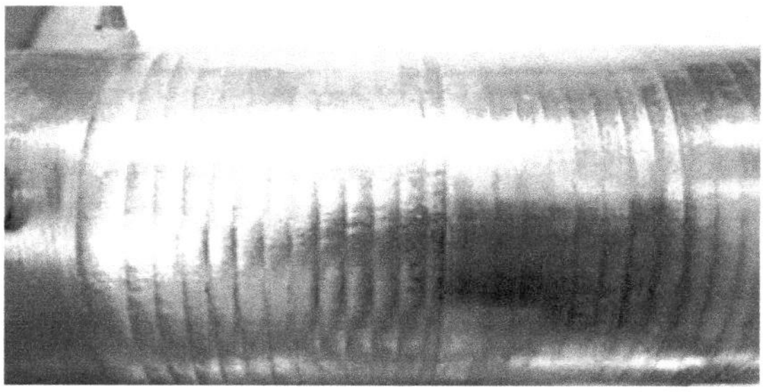

图 A.30　后处理

4. 曲轴激光熔覆注意事项

1）由于粉末受潮、粒径不均匀或送粉器的磨损、松动等因素影响，可能在熔覆过程中，由于粉末发生明显的变化，导致熔覆厚度不均匀。

2）在熔覆过程中，要佩戴专用眼镜多观察熔覆厚度的变化及送粉管送粉的均匀性。

3）熔覆温度测量。由于在熔覆过程中，曲轴冷却处理的目的是降低热量累计引起的变形，使用测温枪在曲轴向方向测量光斑后 20~30mm 处的温度（小于 50℃）。

A.3.3　实验结果

根据工艺方案对曲轴经过修复及磨削后，曲轴表面粗糙度 Ra 值为 0.8μm，熔覆层精确可控，圆跳度小于 0.014mm，硬度达到要求，完成了曲轴磨损缺失的修复。

A.4　扫描数据处理实验

实验目标：了解 Geomagic Qualify 的操作流程和功能介绍，掌握其检测过程。

实验重点：Geomagic Qualify 检测过程的理解与掌握。

实验难点：Geomagic Qualify 操作注意事项的理解与掌握，零件检测过程的理解与掌握。

A.4.1　实验描述

计算机辅助检测是一种基于逆向工程的检测技术，逆向工程的发展为计算机辅助检测的 实现提供了技术上的保证。逆向工程是一种通过三维扫描设备获取已有样品或模型的三维点云数据，然后利用逆向软件对点云进行曲面重构的技术。在重构过程中，需要反复比较重构曲面 与点云的误差，并反复修改重构曲面，以确保重构曲面和点云的误差在允许范围内。点云的获取和对比操作为零件的检测提供了一条新的途径。计算机辅助检测是通过光学三 维扫描设备获取已加工零件的点云数据，并将它与零件的设计模型比较，从而得到已加工零件和设计模型之间的偏差。下面以连杆的检测为例介绍 Geomagic Qualify 的检测过程。

A.4.2　数据处理

1. 辅助阶段

1）运行 Geomagic Qualify 后，单击下拉菜单中【文件】→【打开】命令，找到连杆的点云数据“link rod. igs”，单击【打开】按钮，得到连杆的点云数据，如图 A.31a 所示。

2）删除多余的点。用鼠标选中图 A.31a 两个小的黑点，单击【删除】按钮，结果如图 A.31b 所示。

3）单击【修补】→【着色】→【着色点】命令，将点云染色，这样容易看清点云的形状，

如图 A.31c 所示。

4）导入参考模型 单击下拉菜单中【文件】→【导入】命令，找到连杆的 CAD 模型“link rod. wrp”，单击【打开】按钮（见图 A.32，左上为点云，右下是 CAD 模型）。

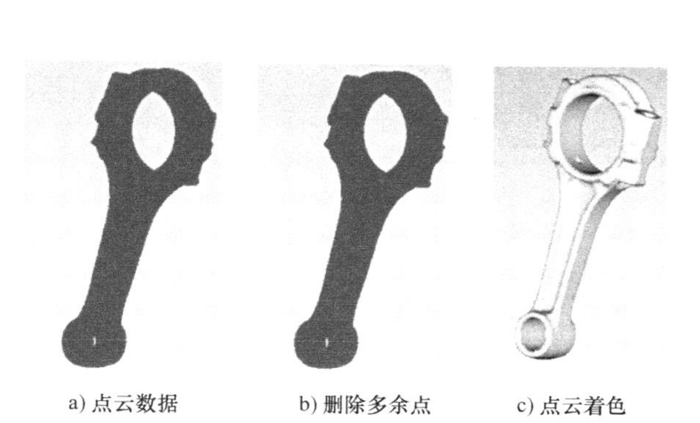
a) 点云数据　b) 删除多余点　c) 点云着色

图 A.31 点云阶段

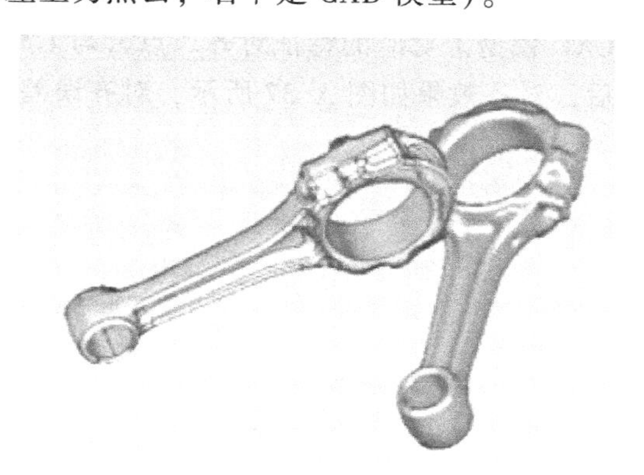

图 A.32 导入参考模型

2. 对齐操作

由于该连杆具有明显的特征，因此使用“特征对齐”方式将模型对齐。该连杆的两个圆柱孔及螺纹孔比较重要，因为它们需要和别的零件配合，所以可以在这些地方创建特征用于对齐，在大小两个圆柱孔处分别创建圆柱体。

1）在 CAD 模型上创建特征。首先在软件左侧一栏中选择 CAD 模型，此时屏幕中只显示 CAD 模型。单击主菜单中【特征】→【圆柱体】→【CAD】命令，在【CAD】对话框中选择“已选面、临近面和非临近面”，在连杆模型上选择大圆柱面，系统自动创建好一根轴（见图 A.33 轴 3），单击【应用】按钮确定创建圆柱体 1，单击【下一个】按钮，采用同样的方法选择另一个圆柱面，创建另一根轴和圆柱体 2（见图 A.33 轴 4）。

2）在 CAD 模型上创建圆特征。单击主菜单中【特征】→【圆】→【CAD】命令，在 CAD 模型上选择圆边界，创建圆 1（见图 A.34）。

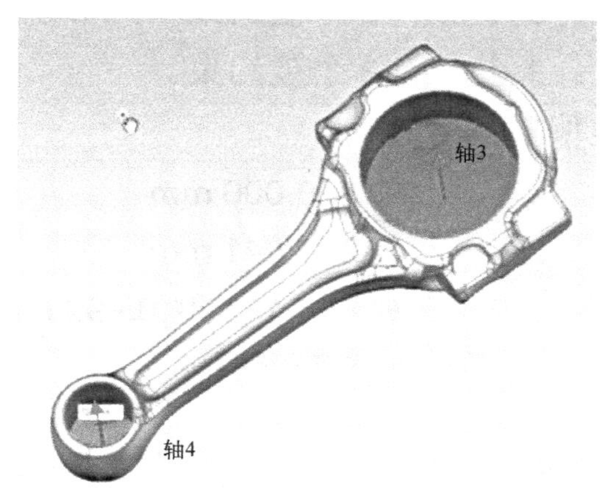

图 A.33 创建轴

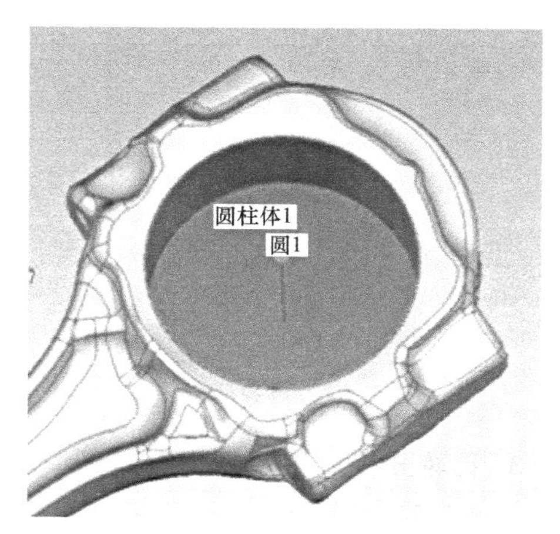

图 A.34 创建圆 1

3）在点云上自动创建特征。单击主菜单中【特征】→【工具】→【自动创建】命令，在自动创建特征对话框中单击选择【忽略统计体外孤点】复选框，单击【确定】按钮，在

CAD 模型上创建的轴和圆自动创建到了点云上（见图 A.35）。

4）将点云与 CAD 模型对齐。单击主菜单中【对齐】→【对象对齐】→【基于特征对齐】命令，弹出“基于特征对齐”对话框。在对话框中单击【自动】按钮，软件自动将点云和 CAD 模型上对应的特征对齐。点云与 CAD 模型对齐前如图 A.36 所示，单击【确定】按钮后，对齐效果如图 A.37 所示，对齐误差和约束状态如图 A.38 所示。

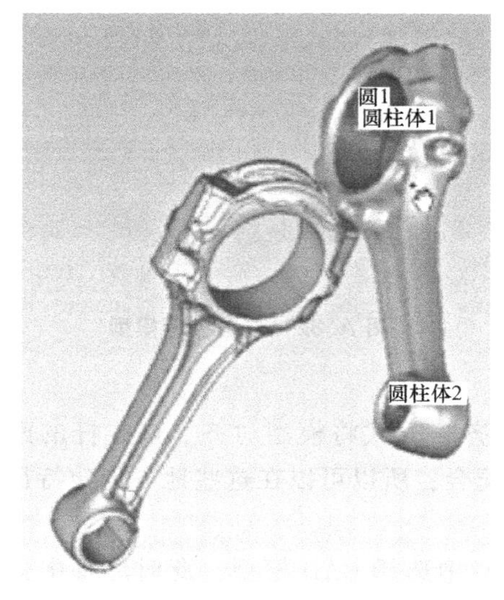

图 A.35　自动创建基准/特征

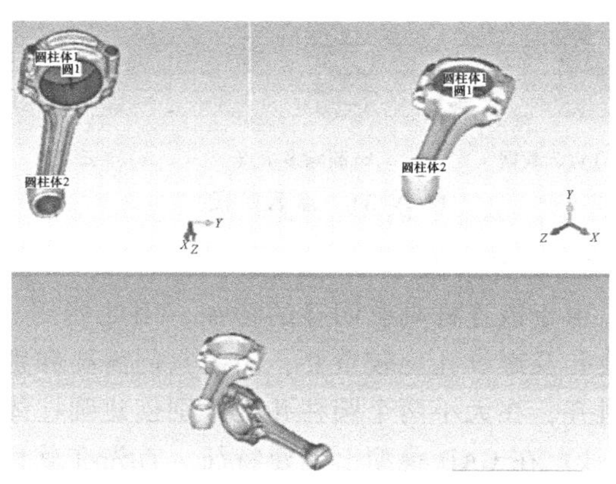

图 A.36　对齐前

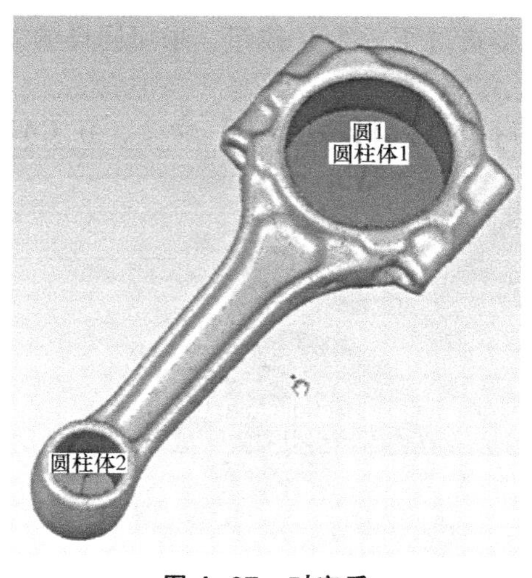

图 A.37　对齐后

状态：完全约束。

旋转：3 个中的 3 个被约束。

平移：3 个中的 3 个被约束。

基准偏差：

对 1: 0.000 mm

对 2: 0.041 mm

对 3: 4.132 度,0.999 mm

图 A.38　对齐后统计数据

3. 比较分析

下面主要介绍 Geomagic Qualify 检测功能的操作方法，包括有 2D 比较、3D 比较、创建注释、尺寸分析、几何公差评估等。

（1）3D 比较

单击【分析】→【3D 比较】命令，【偏差】类型中选择【3D 偏差】→【应 用】，生成点云与 CAD 模型的偏差（见图 A. 39a）。由于软件自动给出的设置可能不能很好地反映实际偏差情况，需要重设【最大临界值】【最大名义值】【最小名义值】【最小临界值】。在【最大临界值】文本框中输入“5”，按<Enter>键确认，在【最大名义值】文本框中输入“0. 5”，单击【确定】按钮，上述四个值分别为：5mm、0. 5mm、-0. 5mm、-5mm，更改后显示结果如图 A. 39b 所示。

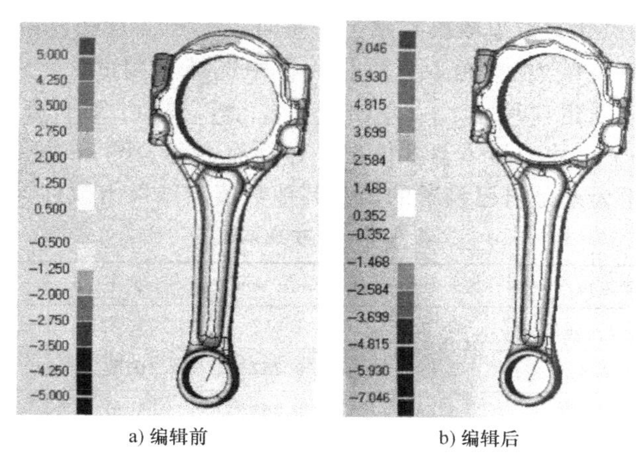

a) 编辑前　　b) 编辑后

图 A. 39　3D 比较

（2）创建注释

单击【结果】→【创建注释】命令，将上下公差分别设为“0. 5”“-0. 5”，在模型上选择不同的区域，单击【确定】按钮，在模型上显示每一处的具体偏差值，图 A. 40 显示出注释的具体情况。在单击【确定】按钮之前，可以单击【编辑显示】命令，勾选需要显示的项，从而改变注释显示结果。

（3）2D 比较

单击【分析】→【2D 比较】命令，在【截面位置】一栏中设置截面的位置（见图 A. 40a），单击【计算】然后单击【确定】按钮，生成截面的偏差（见图 A-40b）。通过调整截面的位置和方向，可以生成其他指定截面的偏差。

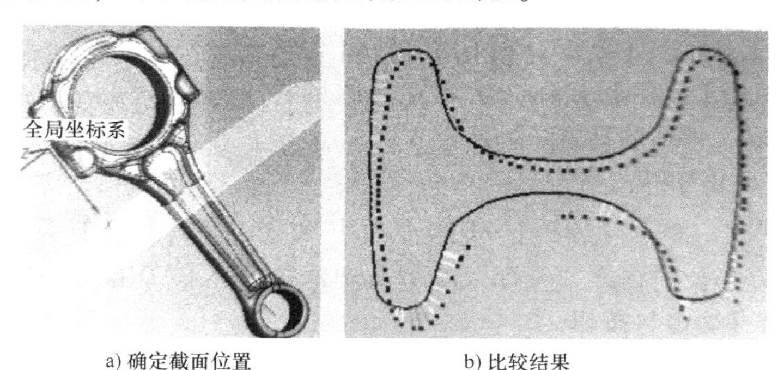

a) 确定截面位置　　b) 比较结果

图 A. 40　2D 比较

（4）点云 2D 尺寸分析

1）创建截面。单击下拉菜单中【工具】→【贯穿截面对象】命令，在【截面位置】一栏中设置截面的位置，单击【计算】按钮，单击【下一个】按钮，调整截面位置，单击

【计算】按钮，生成截面，最后单击【确定】按钮。

2）参数设置。在左侧顺序树中单击【点云】→【横截面】→【横截面1】，单击【分析】→【创建2D尺寸】按钮，进入创建2D尺寸菜单栏。单击底下的选项按钮，在【尺寸选项】中勾选“自动探测名义值”，当对点云进行标注时，软件自动探测出对应在CAD模型上的值。此外，将上下公差分别设为0.5mm和-0.5mm。

3）尺寸标注。在尺寸类型中依次有水平、垂直、半径、直径、角度、平行、两点、文本八种类型。选择“垂直”，在【拾取方法】一栏中选择“测试”（表示对点云测量）。用鼠标在图中选择区域，创建“尺寸1”，单击【下一个】按钮，如此反复操作可以创建多个尺寸 。表A.5显示每个尺寸的具体偏差情况，包括有名称、测量值、名义值、偏差、状态和上下公差。其中上下公差是自己设置的值，其他数值和结果由软件自动获得。

表 A.5　尺寸具体值

	名称	测量值/mm	名义值/mm	偏差/mm	状态	上公差/mm	下公差/mm
1	尺寸1	16.683	15.265	1.418	失败	0.500	-0.500
2	尺寸2	2.853	2.096	0.757	失败	0.500	-0.500
3	尺寸3	3.934	3.669	0.265	通过	0.500	-0.500
4	尺寸4	4.533	5.865	-1.331	失败	0.500	-0.500

（5）点云的几何公差分析

1）创建GD&T标注。

① 单击【分析】→【GD&T】→【创建GD&T】命令，从类型中可知，可以创建的几何公差有平面度、圆柱度、面轮廓度、线轮廓度、位置度、垂直度、平行度、倾斜度和全跳动。

② 选择“圆柱度”，选择大圆柱面，圆柱度误差设为0.5mm，创建大圆柱的圆柱度，单击【下一个】按钮选择小圆柱面，同样将圆柱度误差设为0.5mm，创建小圆柱的圆柱度。

2）评估GD&T。单击【分析】→【GD&T】→【评估GD&T】命令，单击【应用】按钮，生成点云的圆柱度，如图A.41所示，评估的具体结果见表A.6。

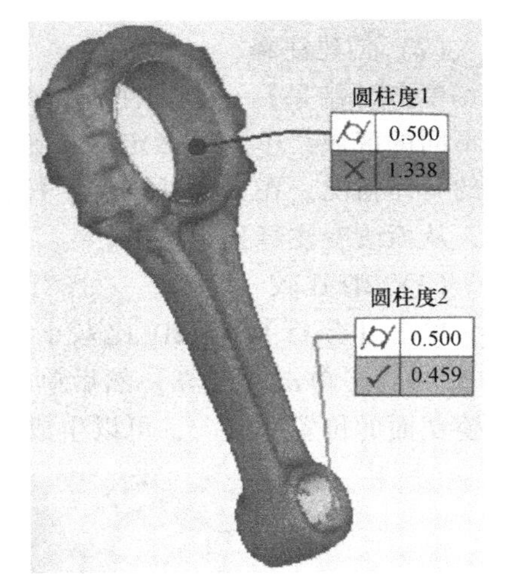

图 A.41　评估 GD&T

（6）点云3D尺寸分析

1）创建3D尺寸。单击【分析】→【3D尺寸】命令，在【尺寸】类型中选择“平行”和“3D”，【拾取方法】中选择“基准”在屏幕中依次选择CAD模型中的两根轴，生成两根轴的距离，单击【确定】按钮。

表 A.6　评估结果

	名称	公差/mm	测量值/mm	#点	#体外孤点	#通过	#失败	最小值/mm	最大值/mm	公差补偿/mm	状态
1	圆柱度1	0.500	1.338	15942	106	15632	204	-0.669	0.669	0.000	失败
2	圆柱度2	0.500	0.459	4339	66	4273	0	-0.229	0.229	0.000	通过

2）自动创建3D尺寸。单击【分析】→【自动创建3D尺寸】→【应用】→【确定】按钮，在左侧顺序树中单击【点云】→【尺寸视图】→【尺寸视图1】，便可看到在点云上自动创建的3D尺寸，分析的结果见表A.7。

表A.7 3D尺寸检测结果

	名称	测量值	名义值	偏差	状态	上公差	下公差
1	D3D1	135.177	135.012	0.165	通过	0.500	-0.500

A.4.3 实验结果

输出报告，得到连杆零件与设计模型之间的偏差。

单击【报告】→【创建报告】命令，可以定制报告的格式，更改报告的输出目录等，设置完后单击【确定】按钮，软件自动生成检测报告（Qualify报告、3D比较结果、2D比较结果、GD&T视图等）。

参考文献

[1] 成思源，杨雪荣. 逆向工程技术 [M]. 北京：机械工业出版社，2017.

[2] 陈雪芳，孙春华. 逆向工程与快速成型技术应用 [M]. 北京：机械工业出版社，2009.

[3] 陈继民. 3D 打印技术基础教程 [M]. 北京：国防工业出版社，2016.

[4] 高锦张. 板料数控渐进成型技术 [M]. 北京：机械工业出版社，2012.

[5] 胡成武，徐弘，朱小东. LOM 型快速成型件精度的影响因素与改进措施 [J]. 锻压装备与制造技术，2003 (6)：83-85.

[6] 汤慧萍，王建，逯圣路，等. 电子束选区熔化成型技术研究进展 [J]. 中国材料进展，2015，34 (3)：225-235.

[7] 李嘉宇，等. 激光熔覆技术及应用 [M]. 北京：化学工业出版社，2016.

[8] 邢希学，潘丽华，王勇，等. 电子束选区熔化增材制造技术研究现状分析 [J]. 焊接，2016 (7)：22-26，69.

[9] 电子束快速成型技术的研究进展 [EB/OL]. https：//wenku. baidu. com/view/5d44801171fe910ef12df8c5. html.

[10] 王学让，杨占尧. 快速成型与快速模具制造技术 [M]. 北京：清华大学出版社，2006.

[11] 范春华，赵剑锋，董丽华. 快速成型技术及其应用 [M]. 北京：电子工业出版社，2009.

[12] 铸造方法 [EB/OL]. https：//wenku. baidu. com/view/acf4349f7fd5360cbb1adb41. html.

[13] 吴立军，招銮，宋长辉，等. 3D 打印技术及应用 [M]. 杭州：浙江大学出版社，2009.

[14] 袁小翠，吴禄慎，陈华伟. 特征保持点云数据精简 [J]. 光学精密工程，2015，23 (9)：2666-2676.

[15] 曹爽，岳建平，马文. 基于特征选择的双边滤波点云去噪算法 [J]. 东南大学学报 (自然科学版)，2013 (S2)：351-354.

[16] JU T，LOSASSO F，et al. Dual Contouring of Hermite data [J]. ACM Transactions on Graphics，2002，21 (3)：339-346.

[17] VOLLMER J，MENCL R，MULLER H. Improved Caplacian smoothing of noisy surface meshes [J]. Computer Graphics Forum，1999，18 (3)：131-138.